农用益生菌生产与应用手册

何若天　何勇强　农友业　编　著

金盾出版社

内 容 提 要

本书由广西大学专家编著。主要内容包括：能营光合作用的光合细菌，复合家族的有效微生物群(EM)，身上具芽孢的芽孢杆菌，硝化细菌和反硝化细菌，5406抗生菌(细黄链霉菌)菌肥等5篇25章。本书全面系统地介绍了近年来农用益生菌开发研究的新技术、新成果和新经验，集科学性、实用性和针对性于一体，内容新颖，文字通俗易懂，适合菌肥生产厂管理者、技术人员阅读，亦可供高等院校相关专业师生阅读参考。

图书在版编目(CIP)数据

农用益生菌生产与应用手册/何若天主编．—北京：金盾出版社，2015.9(2016.2重印)

ISBN 978-7-5186-0101-1

Ⅰ.农… Ⅱ.①何…②何…③农… Ⅲ.①农业—微生物—生产—手册②农业—微生物—应用—手册 Ⅳ.①S182-62

中国版本图书馆CIP数据核字(2015)第041867号

金盾出版社出版、总发行

北京太平路5号(地铁万寿路站往南)

邮政编码：100036 电话：68214039 83219215

传真：68276683 网址：www.jdcbs.cn

北京易丰印捷科技股份有限公司印刷、装订

各地新华书店经销

开本：787×1092 1/16 印张：25 字数：430千字

2016年2月第1版第2次印刷

印数：2001～5000册 定价：78.00元

前　言

在农业生产中，当被动物摄食后能调节肠道菌群的平衡，并具有抵抗病原微生物入侵或促进动物免疫功能，提高饲料利用率，间接或直接地促进动物健康生长；当被施用于植物上，能促进植物生长并能增强其抗病力和抗逆性，从而提高产品产量和品质；具有上述功能的微生物统称为农用益生菌。它们广泛地存在于自然界中。目前，农业生产中常用的益生菌主要有光合细菌、益生芽孢杆菌、酵母菌、乳酸菌、硝化细菌、抗生菌以及它们的组合菌群，即“有效微生物群”等。本书主要介绍光合细菌、益生芽孢杆菌、有效微生物群、硝化细菌和5406抗生菌等5大类常用微生物菌剂的基本知识、培养方法和它们在农业生产上的应用。

鉴于当前农业生产上广泛并长期施用化学肥料和过量施用农药，导致市场上供应的肉、禽、鱼、蛋、奶以及各种瓜、果、蔬菜等，有的不仅口味不佳，其安全性也令消费者担心，如果养殖者和种植者都广泛地使用益生菌剂并配施有机肥料，大大减少化肥和农药的施用，生产出真正的绿色动物和植物食品供应市场，让消费者放心，那是多好的情景！笔者冀望广大养殖者和种植者能通过本书获得一些生产农用益生菌的基本方法，从市场上购回所需菌剂为种源，自行扩大培养，便可满足个人生产之需，如此可大大减少购买菌剂的成本。这就是笔者编写本书的目的。

由于笔者长期在高等院校从事教学工作，受生产实践机会所限，虽然近年对某些益生菌的开发和应用做了一些工作，但对这一领域的有关学识亦颇为肤浅。为了能将这些益生菌的应用知识广而播之，让广大农户在生产上能广泛使用益生菌，生产出真正放心的农产品，笔者认为这是具有深远意义的好事，因而特将所掌握的有关资料和个人的生产经验写成此书。若有错误之处，望广大读者斧正，则不胜感谢！

承蒙上海汉和生物科技有限公司总经理罗培繁和副总经理余义发的关心和支持，使本书能及时与读者见面，在此特表感谢。

何若天

目　　录

第一篇　能营光合作用的光合细菌

第二篇　复合家族的有效微生物群(EM)

第三篇　身上具芽孢的芽孢杆菌

第四篇　硝化细菌和反硝化细菌

第五篇　5406抗生菌(细黄链霉菌)菌肥

第一篇　能营光合作用的光合细菌

光合细菌与别的许多细菌不一样，它们具有为许多其他细菌所没有的特殊功能，那就是能像一般植物那样能吸收阳光的能量进行光合作用。所以，人们把它们叫作光合细菌。外国人给它的英文名称是 photosynthetic bacteria，简称 PSB。由于它们的细胞内没有完整的细胞核，只有一团无外膜包裹的核物质，因此它们与其他细菌一样被归属于原核微生物。它们的生活环境也比较特殊，主要在水体深层的缺氧层（或称厌氧层）中生活，它们基本上是属于一类厌氧菌。它们能利用太阳光能和简单的小分子有机或无机化合物合成自身所必需的复杂有机成分，但它们不能利用水（H_2O），因此它们营光合作用时不能像植物那样有氧（O_2）释放出来，所以我们把它那种光合作用方式看作一种原始的光合作用。光合细菌广泛分布在各类水体中，如海洋、池塘、河川、湖泊、沼泽、水渠、水田和有水的土壤中都有它们的存在。自 19 世纪中叶发现光合细菌以来，许多科学家对它做了系列研究，迄今已有 160 余年，但把它应用到动、植物生产和环境保护等领域才始于 20 世纪 60 年代。日本、美国、英国、法国、德国、澳大利亚、丹麦等国先后利用它对人、畜粪尿及各种工业污水进行净化处理，获得了良好效果。我国亦对其应用研究做了许多工作，在水质净化、水产和畜禽养殖、作物栽培等方面对光合细菌的应用开展了广泛研究，取得了不少成果。在水产、畜禽养殖和作物栽培的丰收以及生产真正的绿色食品中发挥了重要作用。

第一章　光合细菌的生物学特性

第一节　光合细菌的种类与分布

科学家们把光合细菌这群细菌归属于原核生物界、真细菌亚界、细菌门、真细菌纲、红螺菌目。由于光合细菌这个家族的成员很复杂，彼此差别很大，因此微生物学家们曾对它们分门别类，分为红螺菌科、着色菌科、绿杆菌科和绿色丝状菌科等 4 科。近年又把光合细菌细分为着色杆菌科、外硫红螺菌科、紫色非硫细菌、绿色硫细菌、多细胞丝状绿细菌、螺旋杆菌科、含细菌叶绿素的专性好氧菌等 7 大群（东秀珠等，2001）。

着色杆菌科（Chromatiaceae）又称内硫紫色硫细菌，是人们最早认识的一类光合细菌。计有 12 个属：①着色菌属（*Chromatium*，又称红硫菌属）；②囊硫菌属（*Thiocystis*）；③硫螺旋菌属（*Thiospirium*）；④荚硫菌属（*Thiocapsa*）；⑤闪杆菌属（*Lamprobacter*）；⑥闪囊菌属（*Lamprocystis*）；⑦网硫菌属（*Thiodictuon*）；⑧可变杆菌属（*Amoebobacter*）；⑨板硫菌属（*Thiopeido*）；⑩硫红球菌（*Thiorhodococcus*）；⑪硫红弧菌属（*Thiorhodovibrio*）；⑫杆状色菌属（*Rhabdochromatium*）。

外硫红螺菌科（Ectothiorhodospiraceae，又称外硫紫色硫细菌）计有 2 个属：①外硫红螺菌属（*Ectothiorhodospirace*）；②嗜盐红螺菌属（*Halorhodospira*）。

紫色非硫细菌（又称红螺菌科，Rhodospirillaceae）。计有 18 个属：①芽生绿菌属（*Blastochloris*）；②褐螺菌属（*Phaeospirillum*）；③红细菌属（*Rhodobacter*）；④红菌属（*Rhodobium*）；⑤红篓菌属（*Rhodocista*）；⑥红环菌属（*Rhodocyclus*）；⑦红育菌属（*Rhodoferax*）；⑧红微菌属（*Rhodomicrobium*）；⑨红游动菌属（*Rhodoplanes*）；⑩红球形菌属（*Rhodopila*）；⑪红假单胞菌属（*Rhodopseudomonas*）；⑫红螺细菌属（*Rhodospira*）；⑬红螺菌属（*Rhodospirillum*）；⑭红海菌属（*Rhodothalassium*）；⑮红弧菌属（*Rhodovibrio*）；⑯小红卵菌属（*Rhodovulum*）；⑰玫瑰螺菌属（*Rosespira*）；⑱红长命菌属（*Rubrivivax*）。

绿色硫细菌或称绿菌科（Chlorobiaceae，又称绿杆菌科、绿硫菌科），计有 5 个属：①绿菌属（*Chorobium*）；②突柄绿菌属（*Prosthecochloris*）；③暗网菌属（*Pelodictyon*）；④*Ancalichliris*；⑤绿滑菌属（*Chloroherpeton*）。

多细胞丝状绿细菌又称滑行丝状绿硫菌科（Chloroflexaceae）已知有 4 个属：①绿屈挠菌属（*Chloroflexus*）；②螺丝菌属（*Heliothrix*）；③绿颤细菌属（*oscillochloris*）；④绿丝菌属（*Chloronema*）。

含细菌叶绿素 *g* 的光合细菌又称螺旋杆菌科（Heliobacteriaceae）。目前已知有 2 个属：①螺旋菌属（*Heliobacillus*）；②螺旋杆菌属（*Heliobacterium*）。

含细菌叶绿素的专性好氧菌又称含菌绿素好氧化菌，已知有 7 个属：①赤细菌属(*Erythrobacter*);②玫瑰杆菌属(*Rosebacter*);③赤微菌属(*Erythromicrobium*);④红单胞菌属(*Erythromonas*);⑤玫瑰球菌属(*Roseococcus*);⑥产卟啉杆菌属(*Porphyrobacter*);⑦橘色杆菌属(*Sandaracinobacter*)。

此外,还有一类能进行光合作用但通常不把它归入本系统内的光合细菌称为蓝细菌(*Cyanobacteria*),因为它们与植物的光合作用一样,能利用水分子(H_2O)为电子和氢供体并产生氧,属于放氧的自养光合细菌,应属于藻类,所以又称之为蓝藻。

目前,与生产应用关系密切的主要是紫色非硫细菌科的一些属和种,如红假单胞菌属中的沼泽红假单胞菌、荚膜红假单胞菌、球形红假单胞菌、嗜硫红假单胞菌;红螺菌属的深红红螺菌、黄褐红螺菌等,其中尤以沼泽红假单胞菌应用最广。

光合细菌通常最喜欢生活在富营养化的水体中,因为这种水体具有最适合它们生长繁殖的营养环境,故在含有各种营养源(有机物或硫化物等)和光线能到达的缺氧层中通常都有光合细菌存在。在海洋、河川、湖泊、沼泽、池塘、污泥槽、水渠、硫磺泉、水田和灌水的土中都或多或少地分布有光合细菌(表1-1)。

表1-1　各种自然水体中的光合细菌数

水　体	污染程度	含光合细菌数(个/g样品)
沟　渠	BOD* 250mg/L	$10^6 \sim 10^7$
湖　泊	BOD 10mg/L	$10^2 \sim 10^3$
河　川	BOD<1.0mg/L	$+ \sim 10^3$
下水处理场	活性污泥式	$10^6 \sim 10^7$
水田土壤	—	$10^5 \sim 10^6$
海岸土	—	$10^3 \sim 10^4$

* BOD为生化耗氧量,是用需氧细菌分解每升水溶液中有机物所需溶解氧的毫克值。

在上述各种自然水体中,不仅存在有光合细菌,与它共同生活的还有绿藻、蓝藻和各种非光合细菌。在阳光直射的有氧水层中,绿藻通常占优势。在缺氧水层中,除光合细菌外,还有诸如硫磺还原菌、发酵细菌等存在。最近由加拿大、美国、德国等国科学家在太平洋海面以下2 400米处也发现了光合细菌的踪迹,它是一种属于绿硫菌家族的光合细菌,能依靠海底热泉眼中极其微弱的光进行光合作用而生存。可见光合细菌是一类适应性非常强的细菌。

第二节　光合细菌的颜色、细胞形态与大小

因为光合细菌是个大家族，组成这个家族的成员也是千差万别，尤其是不同成员所呈现的色泽、细胞形态、运动性能等均有差异。

一、光合细菌的颜色

光合细菌能营光合作用，所以它们的细胞内都含有能吸收光能的光合色素，包括细菌叶绿素(Bacteriochlorophyll，缩写为 Bchl)和类胡萝卜素等。不同科、属的光合细菌的色素含量和种类有差异。例如，着色杆菌科的成员主要含细菌叶绿素 a(Bchla)，个别种含细菌叶绿素 b(Bchlb)；外硫红螺菌科的成员主要含 Bchla 或 Bchlb；绿色硫细菌则含细菌叶绿素 c(Bchlc)或细菌叶绿素 d(Bchld)；多细胞丝状绿细菌则含 Bchla、c、d；螺旋杆菌科的成员则特含细菌叶绿素 g(Bchlg)。所有光合细菌都含有类胡萝卜素，只是类胡萝卜素的种类有些差别罢了。各科光合细菌，其 Bchl 和类胡萝卜素的含量和比例亦有不同，因此它们的菌体培养物呈现不同的色泽。一般多呈红棕色、橘红色、橘棕色或红色(如着色杆菌科、紫色非硫细菌、外硫红螺菌科等的成员)；绿色硫细菌则主要呈草绿色或巧克力棕色；螺旋杆菌科的成员亦呈绿色。往往由于培养条件不同，其颜色亦有所变化。例如，王兰和廖丽华(2004)曾见到光合细菌在厌氧光照下生长时，菌液呈棕红色，在微氧光照下则显淡红色，而在无氧黑暗和微氧黑暗条件下菌体均为无色，可见光照对光合细菌色素的形成有密切关系。但过强的光照对光合细菌色素的合成也不利。

二、光合细菌细胞的形态与大小

在光合细菌的成员中，除个别属的成员为革兰氏染色呈阳性外，绝大多数的成员均为革兰氏阴性细菌。其形态多种多样，有球形、卵形、弧形、环形、半环形、杆状、丝状等；有的球形还有突起，细胞外形轮廓显得不规则，但仍具有一定的形态特征。大部分光合细菌以单个细胞存在，属于单细胞的微生物，仅有少数菌种由于菌体细胞间有细丝相连，从而形成链状、格子状或网篮状等。光合细菌每个种有其独特的细胞形态，但其细胞形态又常会由于培养条件不同或所处的生长阶段不同而发生某些变化。

光合细菌的菌体细胞大小因种类不同而差别很大，有的仅有(0.4～0.5)微米×(1～2)微米那么小，有的可以有(4.5～6.0)微米×(8～10)微米那么大。

第三节　光合细菌的生理生态特性

一、光合细菌的细胞繁殖方式

光合细菌繁殖后代的方式与许多其他细菌一样，绝大多数种是以二分分裂方式繁殖的，即由一个菌体细胞一分为二（图 1-1a）；仅有少数例外，如芽生绿菌属的种和沼泽红假单胞菌等是以出芽分裂方式繁殖，即从母细胞上先长出一个小芽，小芽长大后便脱离母细胞而形成 1 个子细胞，这是一种不对称的出芽分裂（图 1-1b）；绿菌科中的暗网菌属的某些种能进行二分分裂或三分分裂而呈分支状，使细胞排列成网状（图 1-1c）。

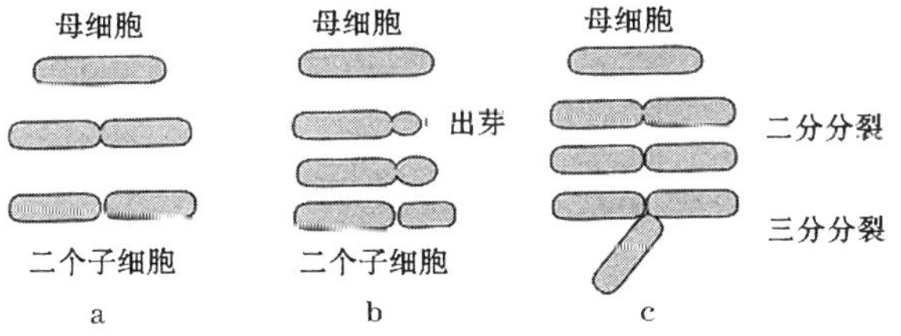

图 1-1　光合细菌的细胞分裂方式示意图

a.二分分裂　b.不对称出芽分裂　c.二分和三分分裂

二、光合细菌的生长规律和氧对其生长的影响

光合细菌与一切生物一样，都有一个基本相同的生长规律。现以紫色非硫细菌的群体生长变化为例，如图 1-2 所示，它们在接种培养后的头 3 天时间内，细菌生长缓慢，人们把它称为延滞期；从第三天开始，它们便迅速分裂和生长，在第三至第五天，其菌体增殖量随时间基本上呈直线上升关系，我们把它称为对数期，在此阶段，菌体生长代谢旺盛、活性较强；持续至第六天细胞增殖已达高峰，便进入所谓的稳定期；在第六至第八天的稳定期内，细胞增长速度下降，数量基本不变，细胞的增殖和死亡处于动态平衡。但在第八天以后，细菌的生长便进入衰亡期，细胞分裂由缓慢而逐渐停止，死亡率提高，存活下来的细菌总数开始减少，处于内源代谢阶段。此时如果调节好其 pH 值并补充营养物，细菌仍可继续生长并增殖，衰亡期可以大大减缓。

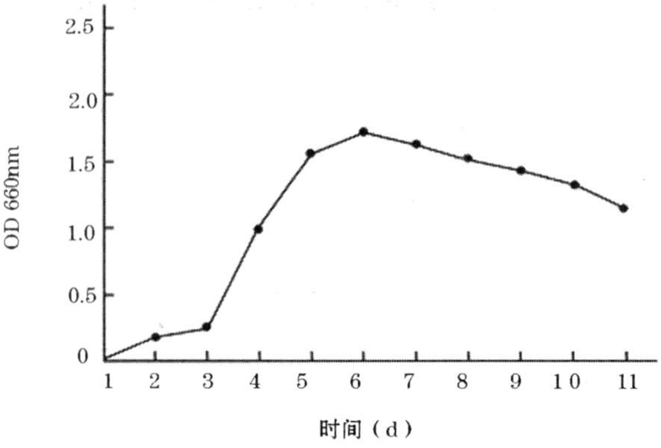

图 1-2 光合细菌的生长曲线 （引自安立超等，2004）

光合细菌基本上是厌氧生长，但有的光合细菌，如紫色非硫细菌在微氧条件下，其生长反而较厌氧条件下来得快。

魏玉利等（2007）也发现通气量对红螺菌属中某些光合细菌的生长起重要作用，认为通气有利于增加其菌体的生物量。但通气培养时培养物的颜色变黄，这是由于细菌叶绿素和类胡萝卜素的合成受到抑制，也就是说，通气对菌体的增殖生长有利但对色素的合成很不利。

有的光合细菌，例如荚膜红假单胞菌，据倪黎纲等（2004）的试验表明，它们在有氧条件和全天光照下生长最快，菌体产量最高；在微氧条件下则次之，缺氧条件下生长最慢，菌体产量最低，认为该菌种是一种光能异养兼性好氧细菌。

三、光合细菌的运动方式

外硫红螺菌科、紫色非硫细菌、多细胞丝状绿细菌等的细菌大都具有运动能力，而且大多数具有运动能力的光合细菌都是靠鞭毛运动的，其中多数是有极生鞭毛，即在菌体细胞的一端具有多根鞭毛，如度光红螺菌；有的在菌体细胞两端都长有鞭毛，如红螺菌属的种；也有少数光合细菌，如红微菌属的新生细胞是具有周生鞭毛的。细菌鞭毛的生长状态如图 1-3 所示。

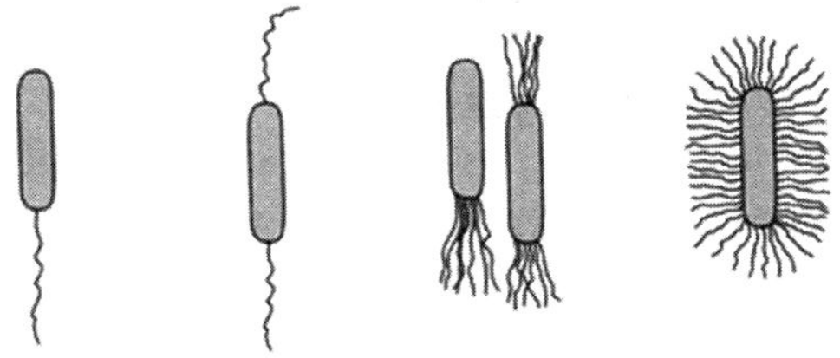

图 1-3　细菌鞭毛的生长状态示意图

有的光合细菌是以滑走方式和痉挛方式运动的，如多细胞丝状绿细菌便是以滑走方式运动。

有的光合细菌无运动能力，如绿色硫细菌大都无运动能力。即使有运动能力的细菌也往往由于温度、光照强度、酸碱度等培养条件的变化而丧失其运动性能。

四、光合细菌是怎样进行光合作用的

绿色植物的叶子进行光合作用是通过光合色素（叶绿素和类胡萝卜素等）吸收太阳光能把水（H_2O）分解，利用其中释出的氢和电子把吸收进来的二氧化碳（CO_2）还原为有机的糖分子，水成为 CO_2 的还原剂，并且把水中脱出的氧（O_2）释放到大气中。光合细菌进行光合作用时，同样利用它所含有的细菌叶绿素和类胡萝卜素吸收光能把碳还原合成有机的糖分子，但不能像绿色植物那样能利用水中的氢和电子来还原 CO_2，所以它们营光合作用时没有氧放出（李斯，1960）。

多数光合细菌也是像植物那样以 CO_2 为碳源的，但它们用于还原 CO_2 所必需的氢和电子不是来自水，而是来自各种还原态的硫化物，如硫化氢（H_2S）、元素硫（S°）、亚硫酸氢盐或硫代硫酸盐等，这是一种光能自养型的光合细菌，因为它们不需要任何含碳的有机物。但有些光合细菌，如红假单胞菌属的成员进行光合作用时，是单纯以有机物质为氢和电子供给体，甚至碳源也是来自这些有机物，这是一种光能异养型的细菌，因为它们只需要小分子有机物为光合作用的唯一原料。但有些光合细菌既能利用 CO_2 为碳源，又能利用有机物为碳源和氢（含电子）供体来营光合作用，这是兼性营养型的细菌。可见各种不同的光合细菌营光合作用时对碳源和还原剂（电子和氢供体）的需求有较大的差别。现分别举例简述于下：

（一）光能自养型细菌的光合作用

例如，着色杆菌科（内硫紫色硫细菌）、外硫细螺菌和绿色硫细菌等均能利用 CO_2 为碳源，以硫化物（如 H_2S）为光合作用的还原剂，其光合作用的化学反应式如下：

$$CO_2 + 2H_2S \xrightarrow[\text{Bchl}]{\text{光}} \underset{\text{糖}}{(CH_2O)} + H_2O + 2S$$

这是一种纯粹利用无机物进行光合作用合成有机的糖，为细菌生长所需的营养物，所以说它们是光能自养型的。

（二）光能异养型细菌的光合作用

例如，紫色非硫细菌则不能利用硫化物，其中有的成员只能利用各种小分子有机物为营光合作用的碳源和还原剂，进行光能异养生长。例如，当它们利用有机的乙酸进行光合作用时，其化学反应式为：

$$\underset{\text{乙酸}}{CH_3COOH} \xrightarrow[\text{Bchl}]{\text{光}} \underset{\text{糖}}{2(CH_2O)}$$

（三）兼性营养型细菌的光合作用

在紫色非硫细菌中，有的成员如沼泽红假单胞菌和荚膜红假单胞菌能利用 CO_2 为碳源，以有机物为还原剂进行光合作用，这就是一种兼性营养型形式。例如，利用异丙醇为还原剂时，其化学反应式为：

$$\underset{\text{异丙醇}}{2CH_3CHOHCH_3} + CO_2 \xrightarrow[\text{Bchl}]{\text{光}} \underset{\text{糖}}{(CH_2O)} + \underset{\text{丙酮}}{2CH_3COCH_3} + H_2O$$

从上述可见，不管是自养型、异养型或兼性营养型的光合细菌，都不能像绿色植物那样能利用水为还原剂而提供氢和电子。那是因为绿色植物叶绿体内有能吸收长波光的光系统Ⅰ(PSⅠ)和能吸收短波光的光系统Ⅱ（PSⅡ），其中只有 PSⅡ与水的光解和氧的释放有密切关系。而光合细菌则被公认为只有一个光系统（汤佩松等，1976），那可能就只有 PSⅠ而缺少 PSⅡ，所以它们营光合作用时不能把水光解和没有氧产生，它们都是厌氧生长的。

五、光合细菌的营养需求

如上所述，各类光合细菌营光合作用时，对环境营养源的要求有差异，有的以有机物为碳源和还原剂；有的以 CO_2 为碳源，以硫化物为还原剂；有的二者兼而有之。故在人工培养光合细菌时，应据各科光合细菌的光合特性提供合适的碳源和还原剂。

光合细菌的生长除需要碳源外，还需要氮源。光合细菌能利用的氮源有氨态氮（NH_3-N）、硝态氮（NO_3-N）、尿素等。此外，对光合细菌的代谢研究已确定钠（Na）、钾（K）、钙（Ca）、镁（Mg）和铁（Fe）等是其生理代谢所必需的元素。还有钴（Co）、锰（Mn）、锌（Zn）、铜（Cu）、镍（Ni）、钼（Mo）等微量元素亦为光合细菌代谢中所不可缺少的。

据报道，紫色光合细菌对缺钙非常敏感，在水体中缺钙时，它们会发生凝集现象。所有光合细菌都需要镁参与细菌叶绿素（Bchl）的合成，镁还与其他金属元素（如 Zn、Mn、Mo、Cu 等）一样参与某些酶系统的催化活动。水中有少量的镁便能刺激光合细菌的生长和对 CO_2 的同化。锰也能促进光合细菌的生长。在紫色光合细菌中，铁是合成卟啉和其他含铁化合物必不可少的成分。光合细菌缺铁时，不仅生长受抑制，而且会抑制 Bchl 的合成。钴和维生素 B_{12} 的合成有密切关系，钴是维生素 B_{12} 的必需成分。故在光合细菌的培养基中必须添加一些上述的微量元素。

紫色非硫细菌还要求有多种生长因子。所谓生长因子是指微生物生长所必需，但自身不能合成，必须从外界环境获得的有机物质（或其前体物质），主要有氨基酸、维生素、嘌呤与嘧啶等 3 类。光合细菌所需要的生长因子多为 B 族维生素，如生物素、对氨基苯甲酸、烟酰胺、硫胺素（维生素 B_1）、维生素 B_{12} 等。绿色硫细菌需要维生素 B_{12}。着色杆菌科一般不要求生长因子，但其中的奥氏着色杆菌则需要维生素 B_{12} 才能生长。外硫红螺菌科一般亦不要求生长因子。常用的酵母浸膏都含有丰富的维生素，故一般在培养基中添加适量的酵母浸膏（或酵母粉）便可满足光合细菌对生长因子的需求。这些生长因子通常都是各种酶的活性基团中的组成成分，对光合细菌的生理活动非常重要。

第二章　光合细菌的分离与培养

为了人工培养光合细菌，首先要求获得菌种。菌种可从其生活环境中分离出来。分离是获得光合细菌纯种和优良菌株的基本手段。

目前，应用于水产养殖和水质净化的光合细菌主要是紫色非硫细菌中的一些种，包括红螺菌属、红假单胞菌属和红微菌属等。例如，红假单胞菌属中的荚膜红假单胞菌、球形红假单胞菌、沼泽红假单胞菌、胶质红假单胞菌等，红螺菌属中的深红红螺菌、黄褐红螺菌、盐场红螺菌等。这些光合细菌有的能在全厌氧条件下生长繁殖，也有的可在微氧条件下生长繁殖。

光合细菌的分离培养程序一般可分为3个步骤：第一步是富集培养与分离纯化，这是操作程序最为复杂的一步，需要有一定的基本设备的实验室才能进行；第二步是用小型培养容器把分离得到的菌种扩大繁殖量；第三步是在扩大菌种繁殖量的基础上采用较大的培养装置进行较大规模的生产性培养光合细菌菌剂。

第一节　光合细菌的富集与分离方法

一、富集培养法分离光合细菌

采用富集培养法分离光合细菌之前，须做好下列工作：①选择分离源；②选择合适的生长培养基；③培养所需的环境条件。

(一)分离源的选择

通常以营养丰富的湖泊、沼泽、池塘、下水道、海岸、硫磺泉、水田或灌水土壤等缺氧层中的污水或底泥为分离源。这些环境中的水和底泥多数含有多个科属的光合细菌，当然不可能包罗所有的科、属或种。故为了分离得到各种菌种，必须一年四季从各地不同水体中不断地收集样品供分离用。但只需分离某一两种菌种就无须如此麻烦。

样品可从河底、湖底、海边、水田、池塘、沟渠等有污水进入的地方，以及食品工业污水排放处呈现橙黄色或粉红色等泥土中采集。可用杯子、吸管或采水器、采泥器等工具采集少量污泥，连水一起装入具塞的白色广口瓶或大试管中。取样泥时应测量样品的水温、pH 值及有无硫化氢气味等。把样品装入容器内，加入已配制好的培养基溶液直到装满容器，排除空气，加盖密封。白天可置于窗边利用太阳漫射光进行光照，夜里可放在 40～60 瓦白炽灯光下培养。

（二）生长培养基

富集培养的目的是为了分离得到某种所需的光合细菌，因此必须根据所需菌种的营养要求，选择合适的生长培养基进行富集培养。已知可供光合细菌生长用的培养基有多种配方。在此仅介绍两种培养基。

培养基 1：这是行之有效的常用培养基

磷酸二氢钾(KH_2PO_4)	0.4g
氯化铵(NH_4Cl)	1.0g
乙酸钠(CH_3COONa)	2.0g
氯化钠(NaCl)	1.0g
硫酸镁($MgSO_4 \cdot 7H_2O$)	0.2g
氯化钙($CaCl_2 \cdot 2H_2O$)	75 mg
碳酸氢钠($NaHCO_3$)	1～3g
酵母膏	1～2g
微量元素母液★	1～2mL
加蒸馏水定容至 1 000mL	调 pH 值 6.5～7.0

注：配方中的氯化钠可用精制食盐代替，碳酸氢钠可用小苏打代替，酵母膏可用酵母粉代替。

★微量元素母液组成：

乙二胺四乙酸二钠(Na_2-EDTA)	2g
钼酸钠($Na_2MoO_4 \cdot 2H_2O$)	20 mg
硫酸亚铁($FeSO_4 \cdot 7H_2O$)	2g
氯化镍($NiCl_2 \cdot 6H_2O$)	20 mg
硼酸(H_3BO_3)	100 mg
氯化铜($CuCl_2 \cdot 2H_2O$)	10 mg
氯化钴($CoCl_2 \cdot 6H_2O$)	100 mg
硒酸钠(Na_2SeO_3)	1 mg
氯化锌($ZnCl_2$)	100 mg
氯化锰($MnCl_2 \cdot 4H_2O$)	100 mg
加蒸馏水定容至 1 000 mL	

＊＊生长因子母液组成：

维生素 B_1　对氨基苯甲酸

烟酸（尼克酸）生物素

以上成分用量按需要可用数毫克至数十毫克，如果培养基中已加有酵母膏可不需再添加生长因子母液，因为酵母膏中已含有这些生长因子。

上述溶液配制后均置于低温暗处保存（下同）。当采用含硫酸还原菌多的样品，特别是海洋性样品作为分离源时，为了抑制硫酸还原菌的生长，可把上述培养基的硫酸铵〔$(NH_4)_2SO_4$〕和硫酸镁（$MgSO_4 \cdot 7H_2O$）改换为氯化铵（NH_4Cl）和氯化镁（$MgCl_2 \cdot 6H_2O$），使用量相同。

培养基 2：Saward（1975）培养基

本培养基可供荚膜红假单胞菌富集培养与单菌落分离用。

CH_3COONa（或 CH_3CH_2COONa）　1.0g

NH_4Cl	1.0g	$MgSO_4 \cdot 7H_2O$	0.4g
NaCl	0.1g	$CaCl_2 \cdot 2H_2O$	0.05g
KH_2PO_4	1.0g	$NaHCO_3$	0.3g
酵母浸膏	1.0g		

（或组氨酸、谷氨酸各 0.1g）

微量元素溶液＊　1mL

生长因子溶液＊＊　1mL（有酵母膏时可不加入）

蒸馏水定容至 1 000mL 调 pH 值 6.5～7.0

★微量元素母液组成：

Na_2-EDTA	2.5g	$FeSO_4 \cdot 7H_2O$	7.0g
$ZnSO_4 \cdot 7H_2O$	10.95g	$MnSO_4 \cdot H_2O$	1.54g
$CuSO_4 \cdot 5H_2O$	0.39g	$COCl_2 \cdot 6H_2O$	0.2g

＊＊生长因子母液组成：

生物素	1 mg	对氨基苯甲酸	10 mg
烟酸	100 mg	维生素 B_1	100 mg

蒸馏水定容至 1 000mL

（三）选择和配制培养基时应注意的事项与配制方法

1. 注意事项

（1）配制培养基所用水质　如果培养的光合细菌是淡水种，菌种培养时可用蒸馏水或无离子水；大规模扩大培养时可用洁净井水（地下水）或经过暴晒脱氯的自来水来配制培养基。如果培养的光合细菌是海水种，则用天然海水（或人工配制的模拟海水）配制。用天然海水配制时，培养基中可免加镁盐和钙盐，因为海水中镁、钙元素含量已满足需要。此外，在海水中加磷元素时应采用 KH_2PO_4，不能用 K_2HPO_4，否则会发生大量沉淀。

（2）配制时，把培养基配方中的成分归为 3 类　将大量元素盐、微量元素盐和生长因子分别称重，逐一溶解后混合，有的也可混合后再溶解，配成基本培养基。也可把它们分别配成母液保存于黑暗低温中，使用时再分别吸取所需容量混合成完全培养基，如此甚为方便。

（3）高压蒸汽灭菌　供菌种培养用的培养基，连同培养容器，所需工具均应采用高压蒸汽灭菌（以下简称热压灭菌）。小规模的菌种扩大繁殖，所用培养基及所用培养容器可用常压煮沸法杀菌；也可把水溶剂煮沸后，再把称好的培养基混合组分投入沸水中溶解，混合均匀和冷却后使用。大规模培养时则无须如此严格，采用经过 2～3 天暴晒，消除因漂白粉处理而残留的氯气便可使用，无须高温灭菌了。

2. 培养基配制方法

（1）母液的配制和保存　通常将所用药物配成比所需浓度高 10～200 倍的母液。每种药物称量 1 次，可供多次使用，还可减少多次只能称取少量所造成的误差。尤其是用药量很低的微量元素和维生素，更应配制比所需浓度高 500～1 000 倍的母液，在药物称量上比分别只称取极微量更为可靠。

配制大量无机盐母液时，为防止各种盐类混合时发生沉淀，必须把各种药物分别充分溶解后再行混合，对其中彼此会发生化学反应而形成沉淀的盐类更应彼此分开配制。例如，KH_2PO_4 和 $MgSO_4$ 跟 $CaCl_2$ 就很易发生反应形成磷酸钙和硫酸钙等不溶性化合物而沉淀。所以，通常把氯化钙单独配制成母液保存，使用时再与其他母液混合。铁盐母液也是单独配制。现以 Saward 培养基配制成浓度为 50～1 000 倍的母液为例。如表 1-2 所示。

表 1-2　Saward 培养基母液的配制

母液编号	母液种类	化学成分	规定量(mg)	扩大倍数	称取量(mg)	母液容量(mL)	配制 1L 培养基应吸取量(mL)
1	大量元素	NH_4Cl $MgSO_4 \cdot 7H_2O$ NaCl KH_2PO_4	1 000 400 100 1 000	50	50 000 20 000 5 000 50 000	1 000	20
		$CaCl_2 \cdot 2H_2O$ * *	50	50	2 500	1 000	20
		Na_2-EDTA $FeSO_4 \cdot 7H_2O$ * *	2.5 7.0	1 000	2 500 7 000	1 000	1
2	微量元素	$ZnSO_4 \cdot 7H_2O$ $MnSO_4 \cdot H_2O$ $CuSO_4 \cdot 5H_2O$ $CoCl_2 \cdot 6H_2O$	10.95 1.54 0.39 0.20	1 000	10 950 1 540 390 200	1 000	1
3	生长因子	生物素 烟　酸 维生素 B_1 对氨基苯甲酸	0.01 0.001 1.0 0.1	1 000	5 0.5 500 50	500	1

*原配方中的乙酸钠(CH_3COONa)或丙酸钠(CH_3CH_2COONa)、酵母浸膏和 $NaHCO_3$(或 Na_2CO_3)等在配制完全培养基时再按配方用量临时称量和溶解后加入，现用现配。如需灭菌时 $NaHCO_3$ 或 $NaCO_3$ 应采用微孔滤膜过滤法除菌，不能高温灭菌。

* *钙盐和铁盐分别配制。

其他培养基母液亦可按上法配制。配好的母液应置冰箱中保存备用。

(2)完全培养基的配制　配制完全培养基时可按表 1-2 中所示，从各母液中吸取所需容量配合，对附加的有机物如酵母浸膏、乙酸盐等则临时称取，用少量蒸馏水溶解后加入；一些不耐高温的碳酸氢钠和碳酸钠如需要灭菌时，必须用微孔滤膜法过滤除菌后再加入，最后用蒸馏水把培养基定容至 1 000 毫升即为完全培养基。

一般要求培养基的 pH 值在 7.0 左右，可按所培养的菌种对 pH 值的要求，用经过微孔滤膜过滤除菌的 1N 磷酸(或 1N 盐酸)和 1N 氢氧化钠把完全培养基的酸碱度调节至所要求的值。

3. 光合细菌大规模生产性培养时对培养基的要求　大规模生产性培养光合细菌时，为降低成本，可因地制宜，选用食品生产的下脚料。例如，用糖厂的糖蜜、豆制品厂培养白地霉后的排放废液、鱼内脏的酵母菌水解物、经酸水解的麦麸渣水解液等为有机原料，适当配以一些氮、磷、钾等无机盐来代替。在采用此类培养原料时，需先做试验性培养，筛选出合适、有效的培养基原料和用量；而且这些原料通常杂菌含量较多，使用前必须煮沸杀菌后才能使用。

（四）培养光合细菌所需的环境条件

配制好营养全面的培养基后，尚需有一个良好的培养环境条件，方能培养出优质的光合细菌产品。所需条件主要有：

1. 培养介质　按菌种来源选用淡水或海水，缺海水时可在淡水中加食盐（3%）代替海水。所用水质必须取含杂菌少的清洁水。使用淡水时，最好使用地下水，硬度低的水更好。选用水源时，应先做几种水源对比试验，再确定选用哪种水。对比试验中，以最快变成红色的那种水用作培养用水为好。使用自来水时，前已述及，须先放置或暴晒数天后方可使用。

在使用海水培养光合细菌时，极易出现沉降现象，那是因为海水中含有大量的钙、镁等物质，极易与培养基中的磷酸盐即 PO_4^{3-} 或 HPO_4^{2-} 形成磷酸钙〔$Ca_3(PO_4)_2$〕或磷酸氢钙（$CaHPO_4$）等沉淀物，从而导致附着在沉淀物表面生长的光合细菌出现严重的沉降。因此，杨启霞等（2009）从改善培养基入手，经研究获得一个优化的培养基，其组分为：乙酸钠 3.0g/L，氯化铵 1.0g/L，磷酸二氢钾 0.1g/L，酵母浸膏 0.5g/L。严格减少了培养基中磷酸盐的含量，并且保持培养过程中培养液的 pH 值在 6.5～7.0，防止 pH 值逐渐升高。结果沉降现象明显减少，并可在培养 7 天后获得的活菌数达 3.16×10^9 个/mL。

2. 酸碱度（pH 值）　光合细菌生长能适应的 pH 值范围为 6～9，有人认为大多数光合细菌以 pH 值 7.0～8.6 为好。少数光合细菌要求 pH 值 6.5～6.8。有试验表明，对紫色非硫细菌来说，培养基的初始 pH 值低于 6.0 和高于 9.0 时，光合细菌的生长受到明显抑制。只在 pH 值为 6.0～9.0，光合细菌才能生长良好。初始 pH 值对其生长的延缓期之长短有明显影响。在 pH 值8.0 左右时几乎无延缓期；pH 值 7.0 左右时，延缓期为 2 天；pH 值为 6.0 左右时，延缓期则长达 6 天，可见培养基的初始 pH 值以 7.0～8.0 最好。

不同的光合细菌对培养基的初始 pH 值要求也有不同。例如，沼泽红假单胞菌在初始 pH 值为 6.0 时生长最好，随 pH 值升高，生长速率便下降。球形红假单胞菌和荚膜红假单胞菌对 pH 值的适应性较宽。因此，在培养某种光合细菌时，必须考虑到它对培养基的初始 pH 值的要求。在培养过程中，需定时检测培养液 pH 值的变化，如果 pH 值变化过大，应及时予以调节（倪黎纲等，2004）。

3. 温度　光合细菌生长的适宜温度范围为 15℃～41℃，以 28℃～30℃ 为最适温度（图 1-4）。在 41℃～42℃ 中培养的光合细菌仍能生长，但当温度降至 10℃ 以下时，生长便缓慢。5℃ 以下便基本停止生长。在 1℃ 左右，并置于黑暗中 7～15 天，大部分菌体中的细菌叶绿素便会发生分解并沉淀死亡。在室外培养时，冬季气温降至 10℃ 以下，接种后菌液转色较慢，10～15 天才略见菌液色泽变深。冬季气温低，光照也较弱，培养和保存菌种较其他季节难，因此只能在室内加温和用人工光照培养。但在我国华南，冬季气温多在 10℃ 以上，上述困难较易解决。

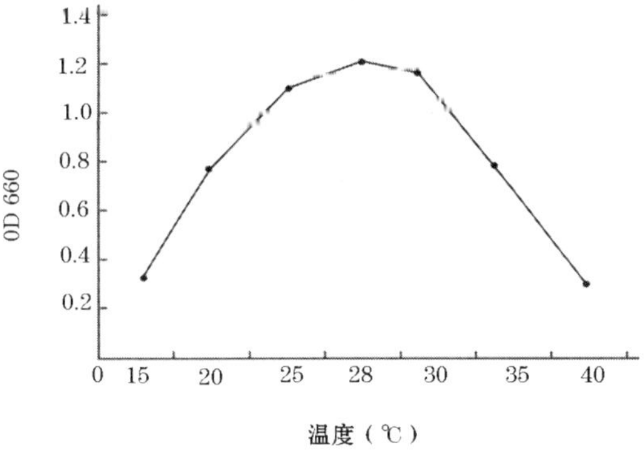

图 1-4　温度对沼泽红假单胞菌生长的影响

（引自朱延钊，2002）

4. 光照强度　光合细菌体内色素合成必需光，营光合作用更缺不了光。在黑暗条件下不仅不能营光合作用，而且色素也会遭破坏而变为无色。有研究表明，光强度低于 7×10^3 尔格 · cm^2/min 时，便会强烈抑制培养液中光合细菌的生长。那么，多强的光照才最适合光合细菌生长？据许多有关试验均表明，光照强度 1 500～3 000 勒克斯为最佳（图 1-5），这对大多数光合细菌都合适。培养 1 千克菌液大约需要一个 60 瓦白炽灯所发出的光强。

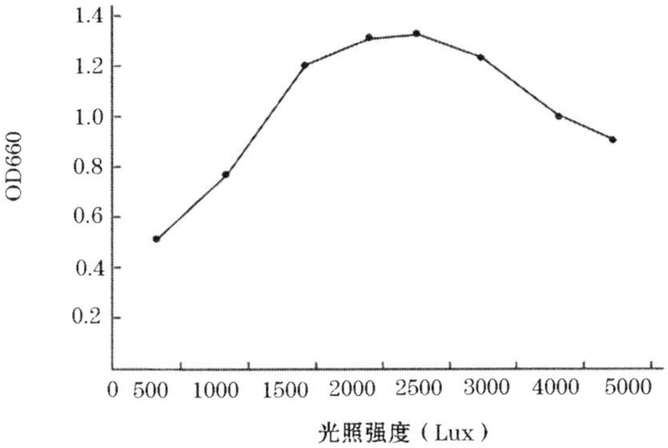

图 1-5 光照强度对沼泽红假单胞菌生长的影响

(引自朱延钊,2002)

把培养物放在距灯泡(40～100 瓦)10～25 厘米处,其所得的光照强度为500～1 100 勒克斯。在阳光下培养当然更好,又可降低成本。但在阳光直射下会出现两个不利因素,即烈日下会使温度升高和光照过强。温度过高(>40℃)不利于光合细菌生长,高光照强度对光合细菌的生长亦不利。尤其是光合色素的合成会为高光照强度所抑制。在室外烈日照射下,光合细菌的光合作用很容易出现光饱和现象,再高的光强不仅不能再提高其光合速率,反而对其正常生长不利。所以,在阳光直射下培养光合细菌,必须采用遮阳网适当降低光强度,并加强通风以防温度过高。室内采用灯泡光照培养时,可通过移动电灯泡的位置或距离来调节温度与光照强度(郭庆文等,1994;倪黎纲等,2004)。光源必须用白炽灯(40～60 瓦),勿用荧光灯,因白炽灯才具有能为光合细菌体内胡萝卜素所吸收的短波光(450～550 纳米),亦有为细菌叶绿素吸收的波长(715～1 050 纳米)。

(五)富集培养

前已述及,初始富集培养时,可用白色透光的玻璃容器、较粗大的试管,也可用白色透光的塑料瓶、医用盐水瓶等为培养容器。把采集到的泥样或水样装入容器内,再倒入已配好的培养液(初始富集培养时,培养液可不需高压蒸汽灭菌,只需用煮沸的水配制便可),充分搅匀。为造成缺氧环境,可在容器内液面上加入一层液状石蜡以隔绝空气,或把培养液加满容器直至冒出瓶口,然后加盖或塞把瓶口密封。容器瓶口外可再用一层塑料薄膜包扎,以防水分泄漏。

把培养容器置暗处静置数小时至 24 小时后，移置 25℃～35℃中光照培养。白天可利用漫射的阳光，夜里使用人工光照。所需光强以 500～4 000 勒克斯足矣。

在适合条件下，经 2～3 周培养，在容器底部和瓶壁上会出现红色的光合细菌的菌落，或者整个溶液呈红色(较少见)。培养来自海水的样品时，因其光合细菌生长缓慢，需要更长的富集时间。

富集培养操作需要重复多次。方法是用刮匙把初始富集得到的光合细菌菌落小心刮下移至已灭菌的新鲜配制的培养液中如法培养。如果初始富集培养所得的光合细菌菌落很少，可以把初步富集的少数光合细菌菌液或带红色的泥土移入新鲜配制的培养液中再培养。如此反复培养直至光合细菌占绝对优势时才能确认富集成功。

在反复多次富集培养时，接种量可按每 20 毫升培养液加入 1～2 滴样液即可，以不超过 1%～2%的接种量为宜。因接种量太多，可能会改变培养液的条件。

二、光合细菌的纯化分离方法

由于富集培养所得到的光合细菌菌株是多种多样的，是个混合菌株，因此为了获得某种或某些最近亲的菌株，必须做进一步的分离纯化。在实际生产中可不需再分离纯化，直接使用在当地富集得到的混合菌株应用效果更好。如果需要分离纯化，可采用琼脂平板分离法和试管振荡分散培养法。

在所用的富集培养基中加入 1.5%左右的琼脂(或卡拉胶)作为分离培养基。培养基中的有机物除乙酸盐外，还可采用苹果酸、丙酸或戊酸等钠盐。在这种培养基中，紫色非硫细菌中大多数菌种均能生长。如果要分离某个特定的菌种，可以在培养基中再添加一些别的化合物。

在进行琼脂平板分离培养之前，先将待分离的菌液做一系列稀释。准备好 10 支左右已灭菌的试管，其中第一支管盛 10 毫升待测菌液，其余各管均盛有 9 毫升培养液或无菌生理盐水。然后如图 1-6 所示，用 1 毫升无菌吸管从第一管中吸取 1 毫升菌液加至第二管中并把该管溶液充分摇匀，便得稀释度为原菌液浓度的 1/10，即 10^{-1}；再另取一支无菌吸管从第二管中吸取 1 毫升稀释液加至第三管中，成为稀释度 10^{-2} 的稀释菌液；依此继续稀释下去，直至达到所需求的稀释度为止。

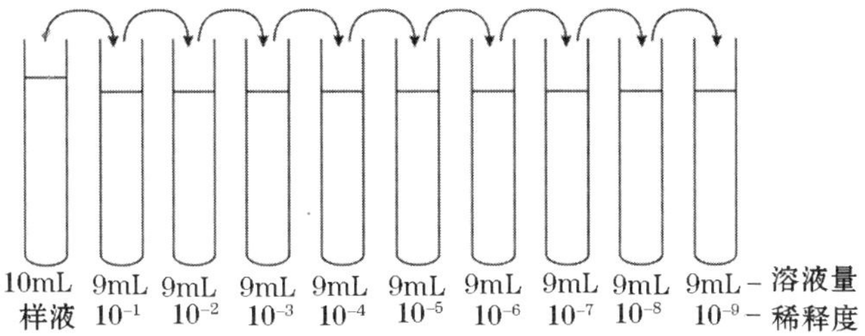

图 1-6　菌液系列稀释方法示意图

琼脂培养基经高压蒸汽灭菌后，就热注入无菌培养皿内，制成琼脂平板培养基，待凝固后，用划线法（详见附录一）把经过系列稀释后达到稀释度最高的那管菌液接至平板培养基上。也可采用琼脂培养基与稀释度最高的菌液混合培养法接种。方法是当经过灭菌的琼脂培养基的温度降至 45℃左右而尚未凝固时，立即从稀释度高的试管中吸取 0.1 毫升菌液注入培养基中并迅速混合均匀，然后迅即倒入无菌培养皿内令其凝结成平板。不管采用哪种方法，接种后均把已凝固的平板加盖后倒置。在进行上述操作时，由于专性厌氧的光合细菌在光照下暴露于空气中特别容易死亡，故从接种至移入培养装置中均应迅速操作。最好是每接完一皿，立即移入暗箱中或用黑布遮盖，待全部接种完毕后即移入无氧培养装置中。

如果没有无氧培养装置，可以采用下列覆盖隔氧法和试管振荡离散培养法。

（一）覆盖隔氧法

在没有无氧培养装置的情况下，可以采用一种最为简便的方法，即覆盖隔氧法。当在平板培养基上接种后，待稍干，在培养基表面加入一层0.8～1.0厘米厚的无菌液状石蜡或纯琼脂培养基予以覆盖、盖上皿盖后置光下培养。本法也易于观察菌落的形态，更易出现单菌落以及易于挑取单菌落（徐成斌等，2011）。

（二）试管振荡离散培养法（深层试管培养法）

本法是把琼脂培养基配制好后盛于三角瓶中并塞上棉花塞，并在塞子上外包两层牛皮纸，另外准备若干支具塞大试管和吸液管（刻度 1 毫升），均于

121℃中热压灭菌30分钟。待琼脂培养基冷却至45℃时，吸取1～2毫升经高度稀释的待分离的光合细菌培养物注入培养基中并立即用力把三角瓶中混合液充分摇匀，让其中的光合细菌能呈单个菌体地分散在培养基中，然后迅速把该培养基混合物注入已灭菌的具塞大试管内，塞好塞子，让试管直立并置于冰块中令培养基迅速凝固。上述一系列操作均应迅速进行。把试管置于暗室中24小时后再行光照培养。

光照培养1～2周后，菌落形成，分散在柱状培养基内。此时可拔去塞子，把试管内柱状琼脂培养体倒出，置于无菌培养皿内。如果试管内的柱状培养基与试管壁粘连较紧而难以脱离时，可用一无菌的具长形注射针的医用注射器吸取无菌蒸馏水沿着试管壁插入并同时注入无菌水，便容易使培养基与管壁分离而脱出。然后在无菌条件下把柱状琼脂培养体切割开来，挑出其中的菌落并接种至已准备好的液体培养基中。如果为了获得单个纯种的菌株，每个菌落都必须有一支单用的培养液做单个培养，各个菌落不能混合。

如果琼脂培养基中形成菌落较多，在培养基外表也有菌落时，在挑选菌落时应特别注意，切莫混入其他好氧菌。通常对这种菌落较多的培养体不宜采用。

上述方法适用于分离红假单胞菌。

三、光合细菌的鉴定

当通过上述分离方法对各单个菌落分别单独培养后便可获得一些比较纯化的菌株，但是它们是属于哪一科或属尚需做进一步的鉴别。包括培养物的色泽，在各种有机物培养基中以及在H_2S+CO_2培养基中的生长能力，菌体细胞内有无硫磺颗粒及其存在的部位，细胞的形态、分裂形式、运动方式和有无气泡形成，菌体的吸收光谱，细胞内所含细菌叶绿素的种类，在好气、黑暗条件下的生长能力等。这些均属于表观的特性，通常较容易鉴别。如果做更精确的鉴定，必须对菌种中类胡萝卜素组成、细胞膜结构、对生长因子的要求，利用各种氮源、硫源的能力以至对其DNA中鸟嘌呤与胞嘧啶(G≡C)含量等做进一步的检查。在此不再一一介绍。

第二节　光合细菌的增殖和扩大培养

经过富集、分离和纯化培养等过程所获得的光合细菌，如果已做过精确的菌种鉴别，或者虽未经菌种鉴别而打算供应用需要，便应进一步增殖培养。在增殖培养过程中，也可用各种方法对尚未纯化的菌种通过选择性培养做进一步的分离纯化。

一、光合细菌的增殖培养

光合细菌增殖培养之目的是将富集分离所得的菌剂(或向有关单位购买所得的菌剂)扩大繁殖,为下一步大规模培养提供足够的种源。这是光合细菌的一级增殖培养,所需要的条件和其富集培养时的条件基本相同,只不过所需用的培养基数量和培养容器的容积均加大而已。通常可采用较大的三角玻璃瓶或500毫升的医用盐水瓶以及能耐高温的聚丙烯白色塑料瓶为培养容器。所用容器和培养基均需高压蒸汽灭菌,接种时在无菌条件下操作。

二、光合细菌的扩大培养

按上述方法增殖培养所得到的菌剂如果数量足够多,可以满足规模化培养所需菌种数量的话,便可做规模化培养。但一般尚属于一级培养的增殖培养所得菌种数量是不多的,因此必须把增殖培养所得菌种再行扩大增殖培养,也就是说进行1~2次以上的扩大培养,也可视为二级增殖培养。

(一)二级增殖培养所需的培养条件

1. 培养基和水源　目前在水产养殖和水质净化中应用最多的光合细菌主要是紫色非硫细菌中的一些种类,即红螺菌属、红假单胞菌属中的少数种,特别是红假单胞菌属中的沼泽红假单胞菌、球形红假单胞菌、荚膜红假单胞菌等使用较多。因此,在此着重介绍这些菌种是怎样扩大培养的。

二级扩大增殖培养可在一般条件下进行,不一定要求像一级增殖培养那样需要无菌操作。

二级增殖培养所用培养基与一级增殖培养用的培养基基本相同。至于培养基中所需添加的小分子有机物不一定限用乙酸盐,其他如丙酸盐、甘油、糖、蛋白胨等均可采用。为了减少杂菌污染,配制这些培养基时最好把它煮沸一下,冷却后再使用。如果需要添加 $NaHCO_3$ 或 Na_2CO_3 为碳源,应在培养基冷却后再加入,否则在高温下其 CO_2 会大量释放而外逸。

二级增殖培养所用水源最好采用地下含杂菌较少的清洁淡水;采用自来水如果不予以煮沸则应暴晒2天,让其中残留氯气挥发完后才能使用。如果所培养的菌种为海生种,则应采用天然海水或人工海水来配制培养基。

对配制好的培养基在煮沸消毒后,应调节其pH值,令其达到被培养菌种所要求的最适值。一般pH值为6.0~7.0。

2. 培养条件和方法

(1)培养温度　以28℃～35℃为宜。

(2)光照强度　以1 500～4 000勒克斯为佳。

室内培养时可用60～100瓦白炽灯为光源。为节省成本,可在有遮阳网适当遮光并且有能通风降温条件的阳光下培养。但阳光下培养效果不如室内光照培养,因为室内光照培养环境条件较稳定,也较易控制。

(3)培养容器　二级培养可选用容积2.5～5升白色透光的玻瓶或塑料瓶(罐)为培养容器。

(4)培养方法　二级增殖培养方法与一级增殖培养方法基本相同。把一级增殖培养所得的菌种与培养液按1∶4～1∶3的比例混合后,将培养瓶装满并加盖密封,置上述所要求的光照和温度条件下培养即可。一般培养7～8天便可供作生产性扩大培养所需的菌种。

(二)小型生产性培养方法

通过二级增殖培养获得足够数量的菌种后便可正式投入生产性培养。生产性培养的规模可大可小,由市场需求而定。生产性培养可视为三级培养。这里先介绍小型生产性培养的一般方法。

1. 培养容器　可采用白色透光容量20～100升的塑料罐或玻璃缸、塑料缸等为培养容器。

2. 培养基配制与接种　所用培养基应与二级增殖培养用的培养基配方相同。把根据培养所需药物数量称好,先用煮沸的水把药品完全溶解。其中所需的生长因子如维生素、酵母浸膏以及用作碳源的碳酸氢钠(可用食用小苏打代替)必须在培养液冷却后再加入,拌匀后便成浓缩的培养基母液。

将培养基母液等量地分装于各培养容器中,然后按10%～20%的接种量把菌种接入各容器的培养液中。所用菌种必须是颜色鲜紫红色,活菌数达5亿个/mL以上的合格菌剂。接种量对群体生长速度有较大影响,通常以20%的接种量为好。

接种后用已准备好的清洁水把培养容器装满,尽量减少残留空间。培养容器是有盖的塑料罐,应加盖密封,形成缺氧环境。如果所用培养容器是宽口的长方形、容积在100升或以上的缸,在加满培养液后,用一干净的厚质白色塑料薄膜(大小应比缸口稍宽)紧贴在液面上,然后加盖密封。培养缸的培养装置可如图1-7所示的那样安置。在室内培养时,可在两缸之间装置2盏60～100瓦的白炽灯泡照光。在室外的大棚内培养时可利用太阳的漫射光。

如果阳光太强则在篷顶上用遮阳网遮阴。根据经验，室外培养时只需白天光照，夜里可不用再补充光照，光合细菌同样生长良好，只不过培养时间稍微长些，但这样可大大节省能耗。

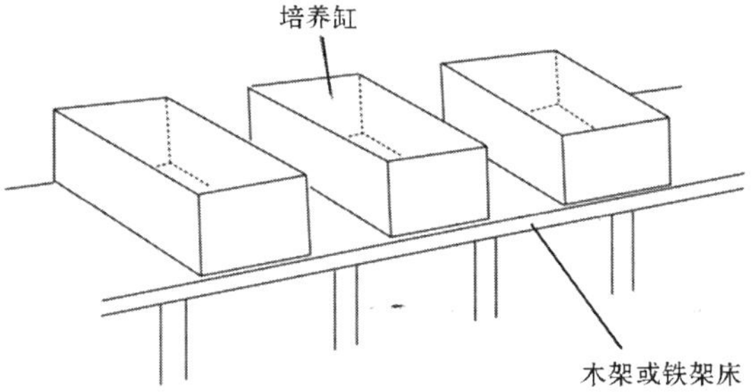

图 1-7　密封式培养缸培养光合细菌示意图

一般采用静置培养，但为了使受光均匀和加速细菌生长，在开始培养的最初 2～3 天应每天把培养缸内的菌液搅拌 1～2 次，用培养罐时，把培养罐也摇动 1～2 次。

光照培养期间，应注意保持培养物的合适温度在 28℃～35℃。夏季自然气温较高，容易达到最适温度。但在室内使用白炽灯照光时，应防灯泡附近局部温度上升过高，此时应把培养容器的照光面适当更换或移动灯泡位置。室外在烈日下培养时则用遮阳网遮光并加强通风。在秋、冬季节，自然温度下降，达不到最适温度时，室内则应采取增温措施。

3. 培养期间光合细菌的变化　光合细菌在合适条件下培养过程中，其每天的颜色、气味、pH 值、透光度、液体浑浊度等均会发生不同的变化。

通常在培养前 3～5 小时，菌种开始适应培养基，吸收水分和营养物进行光合作用，细胞增长并准备进行分裂繁殖，此时菌液色泽和 pH 值没有多大变化。培养 24 小时后，培养物的红色或紫色开始加深，并产生正常的尿臭味。此时透光度会逐渐降低，pH 值有所上升。如果在分光光度计中测定其光密度 OD 660 纳米值时，便会相应增大。随培养时间延长，培养物的红(紫)色逐渐加深，气味更浓，培养液透光度更低，OD 660 纳米值更高，pH 值亦上升。但在3～5 天后，pH 值达 9.0～9.5 时便不会再升高。在此高 pH 值下，光合细菌的生长会受阻，如欲继续培养，必须用醋酸或乳酸调节其 pH 值降至 7.0 左右。此时，应更多地摇瓶或搅拌，令其受光均匀。

通常在培养6～7天后，光合细菌浓度已很高。如果培养条件合适，此时的光合细菌活菌含量应在5亿个/mL以上，甚至可达数10亿个/mL。此时色泽应呈深红(紫)色，有发酵臭味但无刺激性，pH值9.0左右，透光度很低，可用作成品菌剂使用或出售。

如果把培养液的pH值调节为7.0左右，并继续培养数天，光合细菌含量还会增加，在10～15天时可达到最高浓度(可超过100亿个/mL)，表明培养物已成熟。其中一些已衰老的菌体会聚集而发生沉淀。此时不宜再培养下去，否则会有更多的菌体老化死亡。但在培养期间，温度和光照均较低，达不到最适范围时，其培养时间便应相应延长。

4. 收获期　光合细菌的生长曲线符合生长大周期规律，在增长最快的对数生长期，质量最好，因此在此时期之末(正常条件下需6～7天)便可收获。作为小规模培养，由此得到的菌剂既可供使用，也可作为产品出售，还可供作大规模生产性培养所需的菌种。

(三)工厂化大规模培养光合细菌的方法

工厂化大规模培养光合细菌和小规模培养方法基本相同，只不过培养容器的容积大些和数量多些。所用培养基可选用供小规模培养用的标准培养基。但为节省成本，亦可选用无毒害的食品工业有机废水、废渣和农副产品，甚至动物粪便等为基本原料。但这些材料必须经过过滤清除固体残渣，所得滤液再经高温杀菌或酸水解后才能使用。有的需要经过充分发酵分解、过滤或灭菌后才能使用。现以麦麸为例，先将麦麸煮成稀粥，其中麦麸含量约为30%，加入36%的盐酸，通入蒸汽，使温度达121℃，保温4小时进行水解；冷却后离心除去未水解的麸渣；然后将水解液注入不锈钢贮存罐中，用无水氨中和，再添加酵母膏补充损失的维生素便可构成培养液。也可利用诸如豆腐厂、腐竹厂等的废液。可先用这些废液培养一批白地霉菌体，收获白地霉后剩下的废液用浓氨水调节其pH值至7.0，并通气促使好氧性异养细菌大量增殖，利用它们把废液中的大分子有机物水解为小分子有机物。经过滤后，将滤液煮沸数分钟杀菌，调节其pH值为7.0左右，便可供作光合细菌的培养液。云南省某生物环保公司曾利用糖蜜、酒精废醪溶液培养光合细菌亦获成功。可见合理利用一些食品工业副产物为培养基原料既可成功培养光合细菌，又可降低生产成本。

大规模培养光合细菌时，接种量应加大至20%～50%，不宜低于20%，尤其是在微气条件下培养时，接种量更要高些；否则，培养液中的光合细菌很难占绝对优势。所用菌种最好采用二级培养的活菌含量最高（20 亿个/mL 以上）、颜色深红（紫）色的菌液。接种后可滞留 24 小时不照光。照光培养时，白天可利用太阳光，夜间可不需补充光照以节省能源。如果夜里需要光照，则应采用大功率的太阳灯照光。

大规模生产性培养光合细菌的方式可采用封闭式和半开放式两种方法。

1. 封闭式光照培养　大规模培养光合细菌的工艺迄今工业上尚无很理想的密封式生物反应器（即培养器）。在国外，Shipman（1977）曾报道在卧式透明的聚乙烯培养罐中培养光合细菌。Juttner 等（1971）亦曾报道在管道系统中连续培养光合细菌的方法。国内多采用玻璃缸或塑料缸静置培养。最近有人用厚 10 毫米的玻璃制成 40 厘米×50 厘米×100 厘米的培养容器。该容器顶部有进料孔、排气孔、温度调节器孔，两侧分别有进水孔和出水孔，其间有密封的循环泵相连。温度调节器与循环泵均用继电器自动调控。循环原流量为 1 m^3/h。

在一般缺乏大容量的特制封闭式培养装置的条件下，可采用容量 100 升或更大的白色透光质量较好的长方形有盖玻璃缸或塑料缸，如图 1-9 所示的那样排列在支架床上进行培养。培养装置可放在顶部可适当透光的大棚内，如此白天可利用太阳漫射光，夜里如果需要照光则采用 60～100 瓦或瓦数更高的白炽灯泡照光。但通常只需白天有足够光照便可以了。

倘若无上述培养缸，可采用白色透明的较厚的优质塑料袋来代替。培养液与菌种的比例按 4∶1～1∶1 混合后装入塑料袋内，把袋装满，不留空气，把袋口扎紧便可。

2. 半开放式光照培养　在此介绍一种最简单的半开放式的池养方法。以培养 2 吨菌液为例，选择阳光充足之处，开挖或用砖砌一个土池（长 5 米、宽 1.8 米、深 0.4 米）。池底垫上塑料薄膜，然后再铺上一个容积可装 2 吨溶液的桶状塑料薄膜袋，用沙袋或板把袋的边缘压在池的周边上，然后倒入 1.5 吨配好的培养液和 0.5 吨菌液，搅拌均匀后，用一块面积与池面面积基本相同的白色透光薄膜覆盖液面。池的上部搭盖一个能透光的塑质拱棚，四周通风，保持适当的温度和光照。如果温度过高和阳光太强，则在拱棚上罩上一遮阳网，冬季低温时则盖一白色塑料薄膜予以密封进行增温。

大规模培养时，为获得鲜艳的红色或紫色光合细菌，应注意以下几点：

第一，适当保持微氧的培养条件。

第二，培养温度和光照不宜太高。因为在高温、强光照下容易造成水体缺氧，从而导致其中的绿色光合细菌生长过快而占优势。此时如果把培养物充分暴露于空气中一段时间，有时也会转变为红色。

一旦出现绿色时，亦可增加一些氧气（增氧量需控制在 1 mg/L 以下）和遮阴降温，如此继续培养下去，让原来占弱势的紫色光合细菌加快生长，培养物也会逐渐转红。

第三，在培养期间，有时液面会产生一些白色的菌膜或绿色的藻类，此时应及时把它们刮除并更换一块新的塑料膜覆盖液面。

第四，平时应注意不断地对菌种进行增殖培养或二级培养扩增合格的菌种，以随时满足大规模培养对菌种的需求。

（四）光合细菌的浓缩方法

通常培养所得的光合细菌菌液含活菌量并不一定很高。包装运输成本也偏高，保质期也较短，但菌体细胞尤其是那些活细菌自然沉降相当困难。因此，有必要把培养所得的菌液进行浓缩。

离心法虽是最简便的浓缩法，但用此法浓缩大批量的菌液在人力和时间上均花费太大，因此要采取一种能在短时内把菌剂浓缩起来的方法才是最简便的。

目前，常用的细菌菌液浓缩法是采用多糖物质如卡拉胶、角叉菜胶或高分子表面活性剂如聚乙烯醇、聚丙烯酸钠等有机絮凝剂作沉淀剂，使光合细菌沉淀下来。但这些物质不仅价格较高，而且有的在生产工艺中要求一定的温度才能形成胶体。例如，使用聚丙烯酸钠（150～200）$\times 10^{-6}$，把 pH 值调至 4.0，加热至 50℃保持 5 分钟以上，光合细菌的菌体才能絮凝而沉淀下来。如此低的 pH 值和高的温度处理，虽然处理时间不长，但对光合细菌的存活力很不利。

另一方法是采用无机硫酸盐的复盐如硫酸铝钾作沉淀剂，利用它们在碱性溶液中带正电荷的特点，与菌体细胞壁呈负电荷的特性形成聚合体而沉淀。磷酸氢钙亦为一种有效的菌液浓缩剂。

还有一种最为简便的方法是利用光合细菌的趋光性和附着性，让光合细菌附着在玻璃壁上，然后将容器中的菌液排掉 2/3，将余下的 1/3 菌液和从玻壁上刮下的光合细菌混匀，亦可获得浓稠的光合细菌菌液。据测定，其活菌含量远高于 180 亿个/mL。

（五）固态光合细菌菌剂的制备方法

市售光合细菌成品有液态和固态 2 种。其中，固态光合细菌的制备方法有以下几种。

1. 喷雾干燥　先将光合细菌菌液经离心或沉淀法浓缩后，再用本法获得干菌体。喷雾干燥有压力式和离心式两种。压力式喷雾干燥是利用高压泵（10^7～2×10^7 帕）强制液体通过小孔（孔径 0.5～0.8 毫米），使之分散为雾滴。适用于一般黏度不高的料液，动力消耗较小，每吨料耗电 4～10 千瓦小时。离心式喷雾干燥是将溶液送至高速旋转（3 000～20 000r/min）的转盘上，通过离心力之作用，溶液被拉成薄膜，由转盘边缘甩出，同时受到周围空气的摩擦及本身表面张力的作用而成雾滴。压力式喷雾干燥较适用于光合细菌的干燥。此法优点是干燥速度快，可在较低温度下进行，菌体存活力不易受损。但设备昂贵，耗能大。

2. 载体吸附法　这是一种最简单、不需特殊设备、成本最低的固态光合细菌制备法。将经离心或沉淀法获得的高度浓缩的光合细菌和蛭石粉或沸石粉按 1∶3～1∶4 的比例混合均匀，被吸附后，再经阴干或风干即得固态光合细菌产品。可包装出厂，便于运输和销售。也可用粉碎的草炭、硅藻土和灭菌后的谷糠等为光合细菌的载体。

固态光合细菌在包装和运输方面虽然简便，但由于干燥后细胞失水较多，其存活力会受到影响，因此其保质期较短，使用时应尽早使用。

三、光合细菌保存方法

（一）少量菌种保存法

1. 液体保存法　富集培养和分离纯化所得的菌种（母种），如果以液体状态保存，应接种在新鲜培养基（配方与分离用的培养基相同）中，置 10℃～20℃、弱光照（30 勒克斯左右）下保存。若置于暗处保存，菌种易死亡，仅可保存 2 周。本法优点是操作简便、成本低，适用于实验室条件较简陋、以人工扩增为主的小规模生产或应用单位进行保种。但本法保种时间不长，一般 2～3 个月必须转接 1 次以保存菌种存活力。而且本法容易污染杂菌，很难保存至 3 个月。因此，本法宜用容积较小（350～500 毫升，甚至更小）的培养容器，所用培养基需经高压蒸汽灭菌，并且尽可能在无菌条件下接种，以减少污染杂菌之概率。也可缩短继代接种时间为 1 个月左右。

2. 半固态和固态保存法　这里所指的半固态和固态是相对而言，只是使用琼脂或卡拉胶的量不同而已。紫色非硫细菌中具兼性厌氧的细菌可用本法保存。采用具螺旋盖的试管制备琼脂培养基，可控制琼脂用量来制备浓稠度不同的半固态或固态培养基。用穿刺法把菌种接入琼脂培养基内。在光照下培养好后，转置 10℃～15℃的弱光下保存。也可制成斜面琼脂培养基，把菌种穿刺接种在斜面上。最好在穿刺后，在培养基上适当加入些液态培养基，然后再滴加厚约 1 厘米的液状石蜡封面。在上述低温和弱光条件下可保存 5～6 个月。

张李阳等(2005)发现，半固态培养基培养沼泽红假单胞菌比全固态培养基培养的效果更好一些。表现在菌体生长得更好，活菌数亦高些。

本法优点是保存时间比液体保存法长，操作亦简单，杂菌污染率低于液体保存法。缺点是总菌含量偏低，使用前需要对菌种进行活化扩增。本法适用于具有常规生物仪器设备的实验室进行保种。

紫色非硫细菌中的一些专性厌氧菌可用本法做穿刺培养，塞好瓶塞，置于除氧培养缸内光照培养，待菌体长好后取出，于培养基表面加入无菌石蜡隔绝空气，便可保存较长的时间。如果不用液状石蜡封闭，可把它们保存在较大的试管中，试管底部放有吸氧剂(碱性焦性没食子酸法)。或者用有抽气支管的橡皮塞塞紧管口，抽气减压后通入由氮气和二氧化碳组成的气体，进行光照培养后，置 15℃左右的弱光下可保存 1 年之久，如图 1-8 所示。

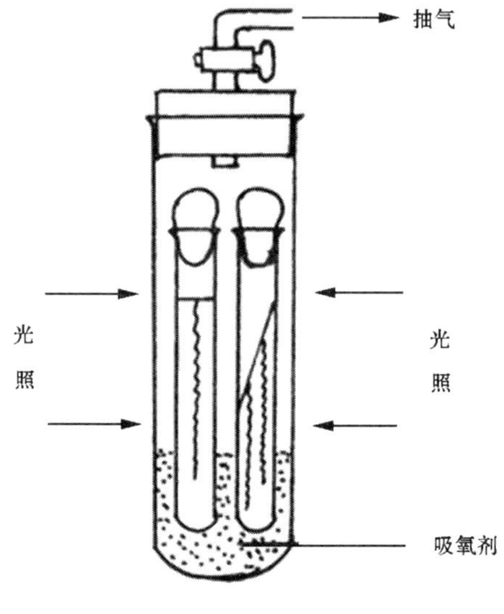

图 1-8　保存 PSB 的无氧装置

3. 冷冻干燥保存法　本法是先将光合细菌培养物经 4 000r/min 离心 15 分钟后，弃上清液，把浓缩的菌液加入塑质冻干瓶内，然后加入 2 倍容量的 10%海藻糖或 10%蔗糖作为保护剂，置于−30℃冰箱中冷冻过夜后，置冷冻干燥机中冷冻干燥 30 小时。经保存 6 个月，其存活率始终可保持 97%。其中，海藻糖价格较昂贵，采用价廉的蔗糖如法处理，保存半年后存活率仍有 75%。

本法操作较复杂，成本较高，对实验室仪器设备要求亦高，但保种时间较长。据张李阳等(2005)认为该法可使菌种保存长达 10 年以上。

4. 液氮保存法　Malir(1984)曾介绍用液态氮保存光合细菌。但本法必须是确保无氧状态。方法是将光合细菌封存在 2 毫升安瓿瓶内，用二甲基亚砜(DMSO)作冷冻保护剂，于液态氮的−196℃超低温下可保存 8～9 年，其菌体仍具有活力和较高的复原率，并能迅速恢复光能自养或异养生长。

5. 固定化保存法　王家芳等(2011)考虑到液态保存和固态保存时间较短，需经常转接，容易造成变异和污染，冷冻干燥和液氮保存虽可长久保存菌株，但需专门设备，费用昂贵，不适用于工业化菌种的保存。因此，他们利用硫酸铝钾作絮凝剂，海藻糖作菌种保护剂，陶瓷粉作菌种固定剂，对液态光合细菌进行固定化保存。本法操作如下：采用食品级的海藻糖和硫酸铝钾、工业级的陶瓷超细粉为基本材料，先在 1 升菌液中加入 10%硫酸铝钾溶液 60 毫升，拌匀后静置过夜，令菌体絮凝沉淀下来，然后吸去上清液，在絮凝沉淀物中加入用少量无菌水溶解的海藻糖 10 克和 1 升培养基溶液对菌体进行保护，最后加入已灭菌的陶瓷粉进行固定化(陶瓷粉：水＝7：3)，真空干燥后封口保存。将原有活菌数 10.3×10^{8} 个/mL 的菌液用本法固定后于 4℃中保存 12 个月后其活菌数仍保留有 2.99×10^{8} 个/mL。

(二)大量菌剂产品保存法

液态菌剂最好放在低温(15℃)下保存。夏季应放在凉爽、保持有一定强度的光照下，每天光照时间不短于 2 小时。因为光合细菌在刚结束光照培养时，正处于生长盛期，形成很强的“生长惯性”，如果此时突然无光照或光照很弱，经 5～10 天便会出现光合作用失衡而导致光合细菌大量死亡，使菌液变黑并有恶臭。若在刚开始发黑时给以适当光照，恶臭便可缓和。故刚培养好的光合细菌成品应尽量降温，逐步降低光照，以减轻其“生长惯性”，直到生长惯性很弱或已消除时，光合细菌便进入了稳定期，此时置于阴凉又可避强光的地方可保存 6 个月左右。

保存期时间之长短主要取决于温度。通常在正常连续的生产性培养和使用过程中，可不断循环式地再培养、扩大，即使在夏季盖有遮阳网的阳光下培养，仍可保存2个月。秋季最后一批培养物产品在较低气温下可保存半年以上。

注意保存光合细菌的容器必须避免使用金属容器贮存。最好是用5升或20升的白色透光有盖塑料罐保存光合细菌。

第三节　光合细菌产品质量指标

按照我国农业部2002年8月27日发布的农业行业标准（NY 527－2002）及有关生产单位所制定的质量暂行标准，对所生产的光合细菌菌剂有严格要求。对所生产的产品质量必须做严格检查，合格后才能销售或使用。其中，主要要求的质量指标有微生物指标、感官指标、有效活细菌含量、理化指标、光密度值等。兹将各项要求的主要指标和检查方法简介于下。

一、产品质量指标

（一）产品分类

1. 液体菌剂　以有机、无机原料培养液接种光合细菌，经发酵培养而成的光合细菌菌液。

2. 固体菌剂　由某种固体物质作为载体吸附光合细菌菌液而成的菌剂。

（二）微生物指标

1. 菌种　生产光合细菌菌剂所使用的菌种，都应经过农业部认定的国家级科研单位的鉴定，包括菌种的属及种的学名、形态、生理生化特性以及鉴定依据、活性、安全性等完整资料，以杜绝一切植物检疫对象、传染病病原作为菌种生产的产品。

2. 菌落形态　以沼泽红假单胞菌为例，在它被稀释后在琼脂培养基上培养，菌落形态主要为草帽形或圆形，表面光滑，边缘整齐，棕红色。

3. 菌体形态　显微镜下观察时，各种光合细菌都有其特有的形态和大小。例如，沼泽红假单胞菌多为短杆状，大小为（0.6～2.5）微米×（0.6～5.0）微米，有极生鞭毛，不对称出芽分裂。

4. 染色特征　革兰氏染色阴性。

(三)感官指标

常用的沼泽红假单胞菌或荚膜红假单胞菌等红假单胞菌属的菌剂液体产品均应为紫红色、褐红色、暗红色、棕红色、棕黄色等,略有沉淀并略具清淡的腥味。倘若是粉剂产品,则呈粉末状、略具清淡的腥味。颗粒型产品则为颗粒状,略具清淡的腥味。

(四)理化指标

1. 酸碱度　pH 值为 6.0～8.5。

2. 剂型含水量　除液体产品外,粉剂型含水量为 20.0%～35.0%;颗粒型含水量为 5.0%～15.0%。

3. 细度筛余物　粉剂型产品通过孔径 0.18mm 的筛余物应≤20.0%,颗粒型产品通过孔径 1.00～4.75mm 的筛余物应≤20.0%。

4. 电导率　液体产品应为 6～8 ms/cm。

5. 光谱指标　对于含活菌量达 30 亿个/mL 以上的产品来说,其光吸收值(OD 值或 A 值)为 A 490>2.5;A 660>1.5;A 805>1.7;A 860>1.9。

(五)有效活菌数和杂菌数

按农业部发布的农业行业标准中的规定,光合细菌液体菌剂中有效活菌数应为 $\geq 5.0\times10^8$ 个/mL;粉剂产品中为 $\geq 2.0\times10^8$ 个/g;颗粒型产品中为 $\geq 1.0\times10^8$ 个/g。

而杂菌率,在液体菌剂中应≤10.0%,粉剂中应≤15.0%,颗粒型产品中应≤20.0%。霉菌含量应更低,3 种类型的菌剂中霉菌含量均应 $\leq 3.0\times10^4$ 个/mL (g)。

(六)卫生指标

1. 沙门氏菌　不能存在;

2. 黄曲霉素 B_1　必须<0.02 mg/kg;

3. 蛔虫卵死亡率　应≥95%;

4. 粪大肠菌群　必须≤100 个/mL (g)。

5. 对 5 种金属有严格限量

(1)汞及其化合物(以 Hg 计)的标准极限为≤5 mg/kg;

(2)镉及其化合物(以 Cd 计)的标准极限为≤10 mg/kg;

(3)铬及其化合物(以 Cr 计)的标准极限为≤15 mg/kg；

(4)砷及其化合物(以 As 计)的标准极限为≤75 mg/kg；

(5)铅及其化合物(以 Pb 计)的标准极限为≤100 mg/kg。

二、检验方法

(一)微生物检验

1. 菌落形态检验

(1)配制光合细菌琼脂培养基　分别称取 1.64g 乙酸钠、0.2g $MgSO_4 \cdot 7H_2O$、0. 9gK_2HPO_4、0. 6gKH_2PO_4、0. 075g $CaCl_2 \cdot 2H_2O$、1. 32g $(NH_4)_2SO_4$、0.0118g$FeSO_4 \cdot 7H_2O$、0.02gEDTA 和 1mL 微量元素溶液由 280mgH_3BO_3、4mg $Cu(NO_3)_2 \cdot 3H_2O$、75mg $Na_2MoO_4 \cdot 2H_2O$、210mg $MnSO_4 \cdot 4H_2O$、24mg $ZnSO_4 \cdot 7H_2O$ 和 100mL 蒸馏水配成 2g 酵母膏和 15g 琼脂粉溶解后定容至 1 000 mL。分装于 5 个 300 mL 三角瓶中，每瓶约 200 mL，于 121℃中热压灭菌 20min 后待凉。

(2)制备平板培养基　待上述培养基冷却至 45℃时，在无菌环境中，于无菌培养皿内注入厚 4～5mm 的琼脂平板培养基。

(3)划线培养　待平板培养基凝固后，用接种针蘸取少量菌液于平板培养基上画线。详细操作方法见附录一。加盖后把培养皿置于无氧培养缸内，于 30℃中光照培养数天，待长出红色菌落后，便可观察菌落形态。

2. 细菌形态观察　由于光合细菌细胞个体太小，而且减光率低，在光学显微镜下难以清晰地看清细菌真实形态结构，故需做染色观察。染色方法可采用一般的简易染色法，详细操作可参阅有关微生物实验指导书。在洁净的载玻片中央加 1 小滴无菌蒸馏水，然后用无菌接种针蘸取一小点菌体置于水滴中，混匀并涂成均匀的薄层，自然干燥后，在酒精灯火焰上固定，然后滴加 1 滴染色剂于涂片面上。所用染色剂有多种，常用的有草酸铵结晶紫染色液，石炭酸复红染色液、吕氏碱性美蓝染色液等。一般采用石炭酸复红染色液便可，染色 1～2 分钟后，倾去涂片上残余染色液，用自来水细流轻轻冲洗干净染色液和自然干燥后，在涂片上加 1 滴香柏油，于油镜(16×100)下观察，菌体呈红色。

3. 有效活细菌含量测定

由于光合细菌体积太小，采用常用的血细胞计数板进行计数测定活细菌含量有很大困难，因此只能采用以下方法测定。

(1)平板培养基培养法　按附录一介绍的方法，把原菌液稀释至 1 亿倍

(10^{-8})后，吸取1毫升的10^{-8}稀释液加至5毫升琼脂培养基中，混合均匀，制成平板，加盖，待平板培养基凝固后，在25℃～30℃无菌环境中光照培养。需有25个平皿做重复。培养数天后观察和计数菌落数。按下式计算每毫升样品中有效活菌数＝总菌数/25×10^{8}。

(2)MPN5管法　MPN是指最大可能数，该法是农业部在光合细菌的农业行业标准中推荐的规范性方法。其详细方法可参阅附录一。吸取10毫升菌液(固体菌剂则称取10.0克)加入90毫升(对固体菌剂则用100毫升)无菌生理盐水中，并加入数颗无菌小玻璃珠，静置20分钟后，在旋转式摇床上以200r/min的转速充分振荡30分钟，即得10^{-1}稀释度的细菌悬浮液。然后用无菌移液管吸取5.0毫升上述细菌悬浮液加入装有45毫升无菌生理盐水的三角瓶中，充分振荡摇匀，得到10^{-2}稀释度的细菌悬浮液，依此法可制成10^{-3}、10^{-4}、10^{-5}……10^{-10}等系列的细菌悬乳液。注意吸取每个稀释度的细菌悬浮液时必须更换1支无菌移液管。

选择最后5个适宜的连续稀释度，用无菌移液管分别吸取不同稀释度的细菌悬浮液1毫升加至已盛有9毫升无菌培养液的试管中，每一稀释度重复接5支试管(注意不同稀释度间要更换无菌移液管)，同时用无菌培养液作对照。

各试管接种后立即摇匀，于各管液面加入厚约1厘米的液状石蜡覆盖液面以隔绝空气，旋紧帽盖或塞上小胶塞封口，把试管置于40瓦钨丝灯下连续照光，培养期间要经常转动试管，以使照光均匀，于28℃～32℃中培养10～12天后，统计出现光合细菌生长(培养物应呈紫红色)的试管数。然后根据出现光合细菌生长的阳性试管数。查MPN、LgMPN表(见附录一)，即可按附录一所介绍的方法计算出所待测菌液中有效活菌最大可能数，以×10^{8}个/mL或×10^{8}个/g表示。

(二)感官检验

量取样品菌液500毫升，置三角瓶中，用肉眼观察颜色，用嗅觉检查其气味。对长期静置已有沉淀的产品，应先振荡或搅拌均匀后再取样。

(三)理化指标的测定

1. 酸碱度测定　以pH值不低于0.01精度的酸度计，直接测量20毫升样品菌液的pH值。

2. 电导率测定　以DOS-11A型(或同等精度的其他型号)电导仪直接测量20毫升样品的电导率。

3. 光谱指标(OD 或 A 值)测定　取 0.5 毫升样品菌液置于 3 毫升容积、光径 1 厘米的比色杯中，加入 2 毫升蒸馏水，并以蒸馏水为对照，在可见分光光度计中读取 490 纳米、660 纳米、805 纳米、860 纳米的 OD(或 A)值。

OD 值和细菌干重之间呈近似线性关系，根据这种相关关系可用以测定培养物的总细菌含量和相应的 OD 值(例如 OD 660 值)，由低至高，绘出标准曲线，以后只需测定每批产品菌液的 OD 660 值，便可根据标准曲线估算出其细菌含量。在日常生产管理工作中，也可通过测定菌液的 OD 值以了解光合细菌生长繁殖动态。

(四)生长情况的观察和检查

在光合细菌培养过程中，可通过观察菌液颜色及其变化来了解光合细菌生长繁殖的大致情况。菌液颜色是否正常，接种后色泽是否由浅迅速变深，均能反映出光合细菌生长是否正常和繁殖速度之快慢。通过测定菌液 OD 值及其变化，更能准确地了解菌体生长繁殖情况。接种培养后，OD 值迅速增大，表示生长正常，繁殖快。否则，OD 值不增加，菌液颜色不正常，出现菌体附壁等现象，表明效果不好。必要时还可通过显微镜检查以了解细菌生长情况。

如果发现有不正常现象，可结合当时环境条件的变化进行分析，找出影响光合细菌正常生长的原因，采取相应措施。因为影响光合细菌生长的因素很多。从内因看，菌种本身是否优良，有无退化；外因则有杂菌污染程度、光照、温度、营养、厌氧程度等。

第三章 光合细菌在净化有机污水中的应用

第一节 我国对主要水体水质的要求

水是地球上一切生命赖以生存、人类生活和生产必需的基本物质。地球上水的总储量约14亿立方千米，其中97%以上是海水。可供人类使用的淡水只占3%左右，而且其中约77.2%分布在南北两极地带及高山高原地带，以冰帽或冰川形式存在，22.4%以地下水和土壤水的形式存在，湖泊、沼泽水只占0.35%，河水就更少，只有0.01%，大气中水却占有0.04%。便于人们取用的淡水只有河水、淡水湖水或浅层地下水，估计约有280亿$米^3$，占地球水量的0.2%左右。因此，淡水是一种极为有限的资源。但是由于受到生物活动的影响，尤其是工业化的发展，给自然界的水质带来不同程度的污染。因此，自然界的水通常是不纯净的，其中含有物理的、化学的和生物的成分。早期的水体污染，主要是人口稠密的大城市所排出的生活污水造成的，18世纪产业革命后，工业生产排放的废水和废物便成为水体污染的主要来源。随着工业的发展，水污染的范围不断扩大，污染程度日趋严重。20世纪70年代以来，由于采取了一些防治措施，部分水体的污染有所减轻，但全球性水污染情况还在发展。我国的水体污染也日益严重，誉称“母亲河”的黄河和长江的污染情况亦已到了非治不可的程度。其余水系亦遭受不同程度的污染。几乎没有一条不受任何污染的河。

向水体排放污染物的源头和污染物进入水体的途径称为污染源。按原因区分，污染源有天然的和人为的两大类。按性质分类，则有物理性污染源、化学性污染源和生物性污染源。物理性污染源包括热电站、核电站、冶金和石油化工等工厂的排水；核生产废物、核试验沉降物、核医疗和核研究单位可能含有放射性残留物质的排水。化学污染源所排泄的水可能含有无机物和有机物两大类。无机物中常见的有由有关生产厂排放的含有铬、汞、铅、镉、砷、氰化物、氮、磷、酸、碱和盐等的排放水；有机物主要是酚类化合物、苯类化合物和油类物质。生物性污染源有病原菌和霉素，病原菌主要来自生活污水、医院污水和畜禽养殖场、屠宰场等的排水；霉素则来自制药、酿造、制革等工厂的排水。

由于污染水体的物质太多，为衡量水质好坏，通常采用悬浮物、有机物、生化耗氧量、化学耗氧量、pH值、细菌含量和主要有毒物质含量等几个重要参数作为指标。其中，悬浮物、pH值、细菌含量和主要已知有毒物质均可直接测定，而有机物由于种类繁多，难以对它们分别进行定性或定量分析，因此必须采用一种概括性的指标，可借以表示有机污染物污染的程度。最常用的指标便是生化耗氧量和化学耗氧量。

生化耗氧量是生物化学耗氧量的简称，常用BOD来表达，BOD值的大小可以代表污水中有机物含量的高低。因为有机物在微生物的作用下在被氧化分解过程中，必须消耗一定数量的氧，BOD便是指有机物在微生物作用下进行有氧分解时所消耗的氧量，单位为mg/L。考虑到自然条件下有机物的氧化分解过程需要一定时间，而且与温度和微生物含量有关，而耗氧速率一般在开始时最快，5天内能使BOD值降低68%左右，故目前多规定将污水在20℃温度下培养5天作为BOD检验的标准，所得结果称为5天生化耗氧量，以BOD_5表示。

化学耗氧量是指在酸性条件下，用强氧化剂使污水中全部有机物氧化分解时所耗用的氧量，通常用COD来表达，单位亦为mg/L。COD值越高，表示污水或废水中有机和无机物越多。目前，常用的氧化剂主要为重铬酸钾（$K_2Cr_7O_7$）和高锰酸钾（$KMnO_4$）。用重铬酸钾为氧化剂时，常用CODcr来表示；用高锰酸钾为氧化剂时则用COD_{Mn}来表示。COD的检验只需数小时，而BOD的测定需要5天（但近年使用仪器分析，可在短时间内测得结果），但COD检验只能反映有机物含量，BOD检验可以反映污水中有机物氧化分解时所需的氧量。

水体中BOD_5值高，表明该水质的有机物质含量高，BOD_5值降低，说明其有机物含量减少；同样，COD值高，表明该水质中诸如氨、亚硝酸、硫化物及其他化合物含量高，COD值降低，说明其化学物质减少。另外，还有一个指标可以表示水的浑浊度的悬浮固体颗粒（SS）。SS值高，表明该水质悬浮固体颗粒多，水质较浑浊；SS值低，说明该水质固体颗粒少，水质较清爽。

有鉴于水体污染严重，我国对已净化的工业废水中有毒物质的最高容许排放浓度、地面水环境质量标准、农田灌溉水质标准、渔业水质标准和人的生活饮用水质标准均制定了有关质量标准。

目前，处理污水的方法有多种，常用的方法有物理处理法、化学处理法、物理化学处理法和生物处理法等。其中，生物处理法是现代净化水质中最常用的方法之一，它是采用一定的人为措施，创造有利于微生物生长、繁殖的环境，使微生物大量繁殖，以提高微生物氧化分解有机物的一种技术，主要用于去除废水中呈溶解状态和胶体状态的有机物。根据反应过程中有无氧的参与,生物处理法又分为好氧生物处理法和厌氧生物处理法。好氧生物处理适用于有机物含量低于 1 000 mg/L 的水体净化,最常用的方法是活性污泥法;厌氧生物处理主要用于处理含高浓度有机物的废水处理,通常是利用兼性厌氧菌和专性厌氧菌在无氧条件下降解有机污染物。常用于厌氧生物处理的细菌有发酵细菌(产酸细菌)、产氢产乙酸菌、产甲烷细菌和光合细菌等。本章主要阐述近年利用光合细菌进行某些水质净化的效果。

第二节 自然界光合细菌在水域环境中的作用

已知光合细菌广泛分布在各种水域中(见表 1-1)。光合细菌不仅能利用水中小分子有机物或 CO_2、H_2S 和光能进行异养或自养,而且还具有固氮能力。光合细菌之所以分布极广,能在各种环境中生存的原因之一就是它们有固氮作用,并且在无氧光照条件下,其固氮能力最强。当它与固氮菌共存时,其固氮能力更迅速增强。

排放到自然环境中的污水使水质恶化,使江湖河海成为富营养化,动物性和植物性浮游生物大量增殖。当这些生物死亡,经腐败菌的作用又成为污染源。在它们被分解的同时,产生有毒、恶臭物质,使水质严重恶化。水底污泥腐败分解时,H_2S 浓度可达每升数十至数百毫克,并且含有毒胺类,如四甲基烯二醇胺(*Tetramethylediamine*)、五甲基烯二醇胺(*Pentamethylenediamine*)等恶臭胺类可达每升数百毫克。当这些物质大量存在,恶臭层扩散时,植物、动物(鱼、贝类等)生长便受到抑制,甚至死亡。在人工养殖的水环境中,水生生物的密度更大,是自然界的几十倍至数百倍,再因人为施肥投饵与鱼、虾的大量排泄物,污染相当严重,水中有机物大量增加,水质的各项理化指标严重恶化。在此种状况下,势必严重影响鱼、虾之健康生长。因此,必须及时在养殖水体中投入光合细菌,因为光合细菌能利用这些有毒的胺、H_2S 等,并能分泌一些对动、植物有益的活性物质。因此,光合细菌在污水的自然净化中起着重要作用。在自然界中,光合细菌与各类生物的关系可用图 1-9 表示。

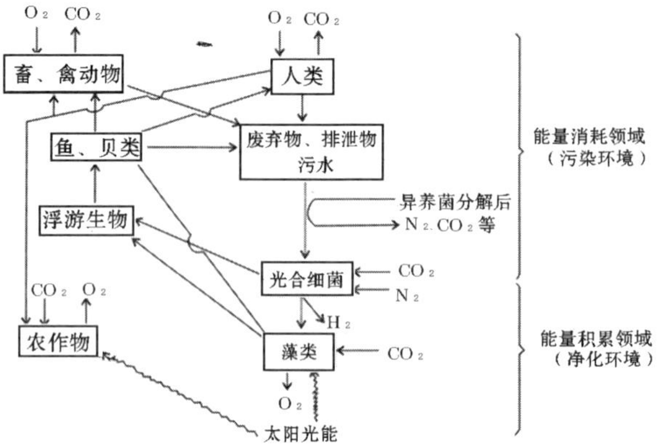

图 1-9　光合细菌与自然界各领域间关系模式图（引自朱章玉等，1991）

第三节　光合细菌净化有机污水的原理和特点

一、光合细菌净化有机污水的理论依据

有人做过如下试验：在自然条件下，把含有每升数千毫克的高浓度 BOD 有机污水盛入一透明玻璃瓶内，再加入少量水田土壤，置于阳光下。结果发现：随放置照光时间的延长，该污水中的微生物群发生如图 1-10 所示的变化。最初是异养微生物迅速增殖，导致有机污水中大部分大分子有机物降解为小分子的挥发性酸、糖类、氨基酸等有机物。随水中有机酸增加，水体变酸，不利于异养微生物生长而逐渐减少。而能利用这些小分子有机物的光合细菌便开始急剧生长繁殖，液体颜色也渐变为红色或紫色。当这些小分子有机物大部分被利用后，光合细菌菌群数量亦开始减少。藻类、原生动物等便开始繁殖，最后，有机污水得以净化。例如，日本的小林正泰(1978)发现高浓度粪便污水自然放置时，其中的生物类群发生交替变化。在 BOD 高达 10 000 mg/L 的污水中，首先是异养微生物大量生长，高分子糖类、脂肪、蛋白质分解，产生低级的脂肪酸和氨基酸等有机物，异养菌逐渐减少；接着，利用小分子有机物的光合细菌迅速增殖，BOD 逐渐减至 1 000 mg/L；约 2 周后，光合细菌减少，由绿藻类所代替，并进一步把 BOD 降至 30 mg/L 以下。可见在自然界中，有机污水就是遵循此种微生物演替规律而获得净化的，这就是光合细菌能净化有机

污水的基本依据。光合细菌对有机物的利用能力按绿色硫细菌、紫色硫细菌、紫色非硫细菌的顺序而增强。也就是说,紫色非硫细菌利用有机物的能力最强。光合细菌之所以能在有机污水中起净化作用,与其结构和物质以及能量代谢的特点有密切关系。尤其是紫色非硫细菌中的一些兼性好氧菌菌株,如红假单胞菌属的一些菌株,其细胞内具有由细胞膜分化而成的能营光合作用的载色体。在缺氧条件下,这些载色体能进行光合磷酸化和光氧化还原反应;而在有氧条件下,细胞内的载色体便会解体,在有氧黑暗中,它们能通过三羧酸循环进行有机酸的代谢。一旦转入缺氧光照条件中,这些载色体又能很快形成,三羧酸循环被抑制,重新进行光合磷酸化和光氧化还原反应。也就是说,这些光合细菌在缺氧和有氧条件下,其物质代谢途径截然不同,而且在条件改变时,其代谢途径能迅速转换。此种随环境条件变化而机动地改变其代谢类型,在无氧和有氧条件下均能降解有机化合物的特点,是这类光合细菌能净化高浓度有机污水的主要原因。

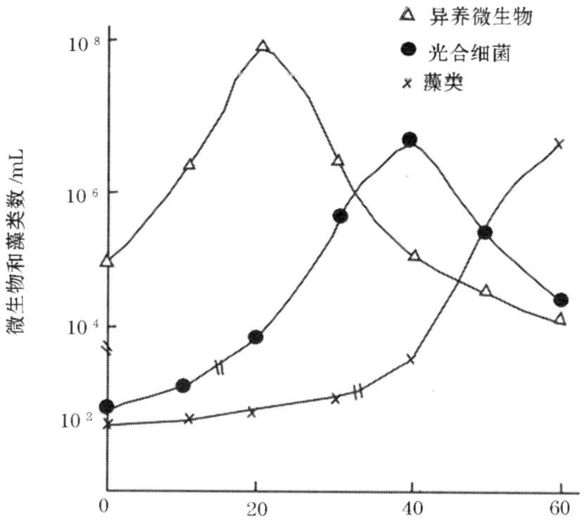

(d)

图 1-10　高浓度有机污水自然净化过程中各种微生物菌群和藻类的演变

二、光合细菌处理有机污水的特点

利用生物处理污水的方法主要是通过微生物的代谢把污水中的有机物转

化为组成微生物细胞所需的物质，并且形成简单的无机物如 CO_2、水等，从而实现去除水体中有机物之目的。

目前，对城市生活污水和工厂排放的有机废水常用的净化处理方法是活性污泥法。活性污泥是一种含有机污染物的污水在连续曝光时，大量增殖的好氧微生物凝聚成大小从几分之一毫米至数毫米的絮凝体。此种絮凝体具有很强的降解有机物的能力。活性污泥法便是利用絮凝体中的好氧微生物的代谢来氧化分解污水中的有机物。但该法需要提供充足的氧，并且只能处理有机物浓度较低的污水。

某些种类的光合细菌则可在溶解氧浓度很低的条件下，在自然环境中吸收光能而将污水中高浓度的有机物吸收利用掉，供自身生长之需。这些光合细菌能与异养菌共生并且能保持其优势生长能力。异养细菌把污水中高分子有机物降解为小分子有机物供光合细菌利用，两者协作，从而使污水获得净化。据日本阪田市在冻豆腐工场废水处理设施中观察到，从春季至秋季的废水呈赤褐色。对其微生物相分析，发现其中光合细菌总菌数达 2.0×10^6 个/mL，异养菌总数为 8×10^7 个/mL，其中光合细菌以紫色非硫细菌中的球形红假单胞菌最多，其次为荚膜红假单胞菌、胶质红假单胞菌、黄褐螺菌。可见，即使在开放系统中，只要水体中有机物浓度、溶解氧、光照强度、滞留时间合适，光合细菌便能与异养菌共存，并且保持优势生长。目前，日本在各地废水处理厂中使用的光合细菌主要是球形红假单胞菌的 S 菌株。该菌株是从淀粉废水处理系统中分离而得，它能利用低级脂肪酸、糖、氨基酸等各种小分子有机物而生长。在醋酸、丙酸混合比为 2～5∶1 的培养液中比在单用醋酸为基质中生长得更好。用光合细菌净化高 BOD（主要为低级脂肪酸、醋酸、丙酸、丁酸等）的有机废水和粪尿等是很有效的。

用光合细菌处理有机污水有如下特点：①在 BOD 达每升数千至2 万～3 万毫克的高浓度有机污水中，该菌能有效地净化水体。②只需利用白天自然光照，无须再行夜间人工光照。③只需水体中存在有微量氧。④光合细菌具有反硝化脱氮能力，在 BOD 减少之同时，还能将硝态氮还原为氮气，或者把有机氮经氨化作用产生氨氮，被同化参与光合细菌体内含氮有机物，从而除去废水中过多的氮，其脱氮率通常在 70%以上。⑤光合细菌在一定条件下，能把污水中多余的磷吸收利用生成多聚磷酸盐而积累在菌体内，它对磷的去除能力远高于一般微生物对磷的去除能力。⑥光合细菌中的紫色硫细菌和绿色硫细菌能很有效地去除废水中的含硫化合物，这些光合细菌能利用各种硫化合物，甚至单体硫元素（S）作为电子供体同化 CO_2。光合细菌利用硫化物时，先将硫化物氧化为单体硫元素，沉积于细胞内（如紫色硫细菌）或细胞外（如紫色外硫细菌、绿色硫细菌和紫色非硫细菌的某些种）；当硫化物被光合细菌氧化为单体硫颗粒时，便可通过沉淀法去除。⑦光合细菌中某些种对重金属化合物有很强的耐受性，能还原重金属化合物为单体金属，从而有望去除污水中的重金属。⑧光合细菌对难降解的有机物，对广泛存在于化工、医药和焦化废水中的含氮杂环化合物如咪唑等，有很好的降解能力。例如，沼泽红假单胞菌在 24 小时内便可将浓度为 1.47～7.35 mmol/L 的咪唑完全降解（刘宏芳等，2003）。⑨经光合细菌净化处理后的剩余污泥中，大部分为光合细菌的菌体，富含营养，可望用作家畜、家禽之饲料，鱼虾养殖所用的饵料以及农作物种植用的优良肥料。⑩目前，光合细菌净化废水方法多采用混合菌种，那是因为废水中有机物成分复杂，单种光合细菌对有机物的利用往往不够充分，如果采用混合型光合细菌，由于对各种营养要求和代谢方式不同，因而对不同有机物的利用有所不同，故利用混合光合细菌对有机物的降解就会更有效。此外，只要保持光合细菌在系统中的优势，把光合细菌与其他异养细菌和自养细菌混合培养，各自尽其所能，相互协作，将会更有利于有机污染物的清除。当光合细菌与能分解大分子有机物的异养细菌一起处理污水时，异养细菌把大分子有机物迅速分解为有机酸、醇等；而光合细菌能快速利用这些有机酸和醇，既解除了有机酸对异养细菌的毒害，又可以彻底地消除这些有机污染物。例如，把光合细菌与酵母菌联用处理皂素废水，先用产朊假丝酵母菌处理，使 CODcr 去除 31.77％，然后用光合细菌处理，最后 CODcr 总去除率便达91.2％，NH_4^+—N 总去除率达 96.7％（凌云等，2006），达到很明显的处理效果。⑪采用固定化光合细菌对污水的净化效果比悬浮态光合细菌更为优越。例如，王兰和廖丽华（2005）采用海藻酸钠把光合细菌（纤细红螺菌）固定起来，用以处理养殖水质。结果表明，固定化大大提高了光合细菌的生长速率，在生长初期，光合细菌菌体在载体内分布不均匀，但后来便趋一致。对养殖水的净化能力大大优于悬浮态光合细菌，不仅可固定化光合细菌在水体中具有较强的抗冲刷性、抗摄食性和高活性，而且可在封闭性水体中发挥较好的作用，在开放水域（如河口港湾的贝类养殖区）中也可以使用。

光合细菌在处理各种有机污水和工业污水方面均取得了有效的净化效果，在此不一一介绍，仅简介一些与农业生产直接有关的污水的净化效果。

（一）光合细菌处理畜禽粪尿的效果

据统计，每人每天平均排泄约 1 千克粪尿，每头猪日平均排泄 5～6 千克粪便，每头牛日排泄约 30 千克粪尿。随畜牧业之发展，家畜排泄物对环境的污染必会日益严重。在清除此类污染物中，光合细菌亦起着重要作用。

日本电力中央研究所等单位曾做过牛粪便再生利用的联合研究。其中一部分用光合细菌法处理，在牛粪尿中加入几乎等量的水，混合后经固液分离装置进行分离。固体部分用作肥料，播种牧草，牧草作牛饲料。液态部分先送至嫌气性发酵槽中回收甲烷气体（沼气）作为燃料，甲烷发酵后的流出液（BOD 约为 70 000 mg/L 左右）再流入光合细菌处理槽，使其中有机物转化为光合细菌菌体物质。将菌体与麸糖混合（或直接加入饮用水中作饲料）喂牛。如此处理，粪便全被反复循环利用，牛饲料自给率可达 25%，同时保证了环境不受污染。

上海交通大学生物技术研究所从 1983 年起，在上海市郊东风、五四奶牛场做大规模生态工程试验。其中，有利用光合细菌处理粪尿的研究。试验结果表明，牛粪尿中含大量固形物，其残留量 CODcr 达 150 000～170 000 mg/L，BOD_5 达每升数万毫克，粗滤后牛粪尿稀释液中含大量有机物，经可溶化处理后，CODcr 降至 16 000 mg/L 左右，BOD_5 为 11 000 mg/L 左右，其 BOD_5 主要组分为挥发性有机酸（其中，乙酸 75%、丙酸 15%、丁酸 5%～7%），为光合细菌利用的极好基料。经光合细菌处理 75 小时后，BOD_5 迅速降至 700mg/L 左右，降解率达 93%。经光合细菌处理后的废液，再经生物氧化处理，BOD_5 可降至 30mg/L，达到国家排放水标准（朱章玉等，1991）。

不少鱼养殖场利用养猪场的污水作为有机肥，往往不经处理即排入鱼塘中。由于猪场污水含有大量有机物、氨氮、亚硝酸盐、硫化物等有害物质，不仅消耗鱼塘中大量溶解氧，而且这些有害物含量过高时会直接危害鱼类生存。陈繁忠等（2000）采用红假单胞菌作为挂膜菌，令其附着填充于接触氧化塔（反应塔）中的煤渣粒（直径 1～2 厘米）上。当光合细菌附着在煤渣粒上时，便形成以光合细菌占优势的固定菌膜。然后固定气水比为 20∶1。让猪场污水在塔内停留 12 小时左右，结果出水中的 CODcr、NH_3-N、NO_2^--N 和 S^{2-} 的平均去除率分别达 89.3%、80.1%、90.6%和 82.4%，而水中光合细菌含量从 580 个/mL 增加至 4.8×10^4 个/mL，达到了废水资源化的目的。

（二）光合细菌处理水产养殖塘污染水质的效果

王育锋（1992）使用红假单胞菌的菌种原液（含菌量约为 50 亿个/mL），于每千克饲料中加入该菌液 0.4～0.8 毫升，每天 2 次加水拌入饲料中配成含光合细菌的饲料投入鱼池内，另外每隔 25 天于鱼池中泼洒 1 次光合细菌。结果发现，早上 8 时，试验池中溶氧量比对照池的溶氧量高 70.8%；至下午 5 时，则比对照池的溶氧量平均高 31.6%；而且试验池中亚硝酸氮平均降低了 71.9%，氨氮平均降低了 48.6%。而对照池中亚硝酸氮平均增加了 45.5%，氨氮平均增加了 26.4%。试验池中磷酸盐增加 160%，而对照池的磷酸盐仅增加 25.6%。

王育锋(1993)另一试验是用红褐色球形红假单胞菌和沼泽红假单胞菌为主所组成的光合细菌菌剂(50 亿个/mL)于 7～8 月份每 10 天 1 次，用加压低施与全池泼洒法交叉进行。加压低施量为每立方米达 80 亿个细菌，全池泼洒量为每立方米 100 亿个光合细菌；另于饲料中添加光合细菌数量为 100 亿个/kg。试验结束后测定结果表明：试验池中的 H_2S 比未施用光合细菌的对照池的减少 15.64%，由于光合细菌有促进物质循环的作用，使沉入底泥中的磷、氮量大减，底泥中全磷比对照池中的减少 28.2%；全氮比对照池的减少31.8%；而水中磷含量则相应增加 13.05%。

陈昌福(2004)在温室养鳖池中，用绿氧灵消毒剂和光合细菌配合使用。先在池中投施终浓度为 0.5mg/L 的绿氧灵消毒，24 小时后再泼施光合细菌菌液，使其终浓度达 1.0×10^4 个/mL。结果表明：该法对鳖池中 NH_3-N、CODcr、BOD_5 值均低于只施用光合细菌或绿氧灵的。说明绿氧灵和光合细菌配合使用，对鳖池中有机物等的消除更为有效，而且水中光合细菌增殖速度更快，由第一天的 3.4×10^3 个/mL 迅速增至第八天的 9.4×10^8 个/mL。

武广等(2006)于 2002－2005 年在郑州市郊某养虾场进行光合细菌应用于斑节对虾的试验，分设光合细菌试验组和对照组。各养殖池面积均为3 335 米^2(5 毫升)左右，放养虾苗密度约为 6 万尾/667 米^2。试验组池每隔 15～20 天施用 1 次光合细菌菌剂，两组饲料投喂和管理均相同，定期取样测定水体 pH 值、含氧量(DO)、COD_{Mn}和 NH_3-N 等。先后经 8 次取样测定表明，对照池水 DO 值日渐降低，由 3.78mg/L 降至 2.28mg/L，而光合细菌试验池 DO 值比对照池的从高 4.8%增至高 61.2%，而且施加的光合细菌菌剂浓度越大，DO 值也呈现平稳增加；对照池水体 COD_{Mn}值由 7.53mg/L 升至 9.53mg/L，而试验池水体 COD_{Mn}虽略有增加，但从原来比对照池的低 0.16%增加至低 9.91%；对照池水中 NH_3-N 由 0.428mg/L 增至 1.325mg/L，而试验池水中从低 9.67%增至低 70.2%；而两组 pH 值变化差异不大。由于施用光合细菌后，虾池水质 NH_3-N 基本稳定并略有降低，但与对照池相比，则明显降低，试验池斑节对虾平均体长(13.2cm/尾)显著大于对照池斑节对虾的平均体长(10.2cm/尾)，增长29.4%；试验池对虾平均尾重(12.9g/尾)明显大于对照池对虾平均尾重(9.1g/尾)，提高 41.8%；试验池对虾成活率比对照池的提高 10.5%；从而试验池对虾平均每 667m^2 产量比对照池的高 15%～20%。

伊玉华等(1990)认为，欲使虾池水中溶氧量获得改善，光合细菌投放量不能少于 740mL/(mu·d)。杨绍斌等(2005)认为光合细菌对水体的增氧作用是间接的。光合细菌生长繁殖时，既不需氧，也不放氧，但是它可通过吸收水体中的耗氧物质而间接地起到增氧作用，而且此种作用非常明显。

郭秒等(2004)采用复合光合细菌菌剂，以 $1mL/m^3$ 的用量投入分别养有孔雀和红箭两个品种的水族箱中，选用的鱼种均为刚孵出 1 个月左右的体长 1～2 厘米、健康状况良好的热带鱼。每个水族箱放养 30 条。光合细菌处理组和对照组(不施光合细菌)的水族箱从光合细菌开始添加时起，全都停止通氧，每 3 天取样 1 次，测定其 COD、DO、NH_3－N 和总磷等含量变化。结果表明：经过添加光合细菌的水族箱中的水质均获得明显改善。用光合细菌处理 9 天后，放养孔雀种的水族箱的水体 COD 去除率为 57.24%，NH_3－N 去除率为70%，总磷量去除率为 53.33%，而 DO 则提高 20.89%；放养红箭种的水族箱的水体 COD 去除率为 61.03%，NH_3－N 去除率为 75.86%，总磷量去除率为 53.85%，DO 提高 21.09%。两者水体中 pH 值均略提高至 7.5 左右，对热带鱼并无太大影响。但未投施光合细菌的对照组水族箱中的热带鱼在此期间生长和活动越来越差，在停氧第十天便开始死亡。由此可见，只需添加少量混合型光合细菌，便足以提高热带鱼幼苗的成活率。

周丹丹等(2011)在 6 个 1 000 $米^2$ 养殖池中采用光合细菌和芽孢杆菌联合施用，每周喷施 1 次，持续 8 周。结果表明：①未施菌剂的对照组水池中氨、氮含量随试验进程呈上升趋势，比原初时升高 6.7%；而施用混合菌剂的池水中氨氮含量则稳定下降，比原初时降低 66.4%，效果很显著。②对照池中 pH 值比原初时升高了 16.9%，而施用混合菌剂的池中 pH 值比原初时只升高 12.7%，而且水体 pH 值最终均维持在 8.0 左右，不利于水藻形成。③对照池中化学耗氧量(COD)出现上升趋势，与原初时相比升高了 12.5%；而施用混合菌剂的则降低了 33.8%，同样也不利于水藻形成。④在试验期间，对照池和施用混合菌剂的池中溶氧量均呈上升趋势，但与原初时相比，对照池只上升了 11.8%，而施用混合菌剂的则上升了 21.5%。这些结果表明，光合细菌与芽孢杆菌联合使用对净化水质效果更好。

采用海藻酸钠把光合细菌固定起来，对养殖水体的净化效果比游离态的光合细菌的净化作用更快更明显。例如，刘毅等(2008)用固定化光合细菌和游离态光合细菌分别处理虾池养殖水时发现，在 6 天的模拟试验中，在自然条件下水中 NH_3－N 只去除了 48.2%；经游离态光合细菌处理的，NH_3－N 只去除了 68.9%；而含有相同菌体含量的固定化光合细菌对 NH_3－N 的去除率高达 89.7%，而且在第三天，固定化光合细菌便使 NH_3-N 去除 77.2%，此时，游离态光合细菌处理的只去除 40.4%。在此期间，COD 自然去除率为 25.6%，游离态光合细菌处理的，去除率为 48.9%，而施入固定化光合细菌的，COD 去除率上升至 75.3%。这些均说明使用固定化光合细菌，对养殖水体的净化效果远高于游离态光合细菌。

在精养鱼塘中，为了获高产，通常采取高放养密度和高强度投饵，结果导致池中有大量排泄物和残饵等沉积，由此极易造成池水中氮、磷和有机物严重污染，有害藻类（如微囊藻）大量增殖，影响鱼虾生长。池塘中浮游藻类是初级生产者和食物链中的基础环节，因此采取有效方法来调节和维持池塘中藻相平衡，对池塘健康养殖有重要意义。赵巧玲等（2010）通过定期向池塘中投加光合细菌，结果发现光合细菌在调节水体藻相中起着重要作用。他们发现，在试验期间，池中藻类优势种随季节发生明显变化。在试验初期（5～6 月份），施用光合细菌的试验塘和不施光合细菌的对照塘中浮游藻类组成变化不大，均以硅藻门中的某些种如脆杆藻、尖针杆藻和颗粒直链藻等占优势，水色呈浅褐色和浅黄褐色。而对照塘水中以蓝藻发生频率较高。从 6 月底至 8 月期间，试验塘中藻类则主要以绿藻门的种类如绿球藻、四尾栅藻、单角盘星藻和衣藻等以及硅藻门中的菱形藻、小环藻等占优势，而且这些绿藻和硅藻种类在池塘中持续时间较长，水体稳定，水色呈浅绿色和黄绿色。而对照塘中藻类在 6 月底以小颤藻、小席藻、盘星藻为主，随水温升高（7 月 26 日后），演替以有害的如卷曲鱼腥藻、铜绿微囊藻和绿色颤藻等为优势种，水色长期呈蓝绿色或深蓝绿色。由此可见，添加光合细菌和不施光合细菌的池水中藻类变化差异很大。试验塘中，由于蓝藻数量减少而绿藻和硅藻获得较好发展，在 8 月份，绿藻数所占比例高达 54.6%，硅藻数所占比例也在 15%以上。而对照塘中由于蓝藻数量高达 70%以上，因而硅藻数所占比例均值低于 6.7%，而绿藻则降至 17%左右。可见定期向池塘中施用光合细菌等有益菌，能有效地控制水中蓝藻的增殖，保持了藻类多样性，使精养鱼虾池塘中藻相趋于稳定，有利于健康养殖。

（三）光合细菌固定化培养的方法及其在净化污水中的应用

光合细菌在净化高浓度有机污水和养殖水等方面具有其他微生物所无法代替的优势。但光合细菌菌体较小，自然沉降困难，在应用中存在两个难以避免的问题：一是菌体容易流失，因此在应用中需要不断地添加新鲜菌体；二是固液分离难，需要通过繁琐复杂的工艺流程进行处理。如果把光合细菌固定化，上述两大难题便容易解决。

固定化光合细菌是采用一定方法把光合细菌固定在载体上，可避免菌体流失，提高菌体利用率，因为菌体细菌聚集起来，改善了细胞微环境，更有利于光合细菌在载体上迅速生长繁殖，生物活性更强。

1. 光合细菌固定化所需载体材料 可供作光合细菌固定化使用的载体材料有无机材料、有机材料和生物材料 3 大类。

(1)无机材料 该类材料种类颇多，如沙石、矿渣、陶瓷、沸石、煤渣、炭渣和活性炭等均有使用。它们具有价格低廉、机械强度高、化学性质稳定等特点。光合细菌容易在石英砂、无烟煤、沸石、活性炭等载体的表面生长，形成菌膜。但石英砂和无烟煤与菌膜的结合力弱，只有那些与菌体吸附性强、表面粗糙、孔隙率大的无机材料才最适于用作光合细菌的载体(吴国庆等，1994)。沸石和活性炭具备这三个特征，故常用于实验研究。从大生产角度看，沸石应具有较高的开发利用价值。国外有人采用多孔的陶瓷(如陶粒)、多孔陶瓷板(10 厘米×10 厘米×0.5 厘米)等来固定光合细菌。煤渣亦为一种价廉易得的、孔隙率大的可供作载体的材料。

(2)有机材料 最常用的有琼脂、卡拉胶、海藻酸钠、聚乙烯醇(PVA)和软性纤维等。前 4 种均为包埋剂，通过包埋方法把光合细菌固定起来，其中以海藻酸钠对光合细菌的包埋效果最好，容易形成小球状，PVA、琼脂(或卡拉胶)次之。从包埋球的强度和稳定性看，PVA 性能最好，海藻酸钠次之，琼脂较差(朱铁群等，2006)。但海藻酸钠成本较低，成球操作容易，包埋球生物活性较高，故在实验研究中多以它为包埋剂。

软性纤维是一种吸附材料，由尼龙、维纶或涤纶等材料制成，具有质轻、强度高、纤维束比表面积大等特点，光合细菌容易吸附于其表面进行生长(韩庆祥等，1998)，有很好的实用性。

(3)生物材料 这是利用活性污泥为载体，先用凝聚剂把光合细菌与活性污泥凝聚在一起，然后再加入交联剂进行交联，制成活性污泥－光合细菌复合体，使光合细菌固定在活性污泥上。该法的优点是可以利用活性污泥中的其他微生物，把大分子有机物降解为小分子有机物，后者便成为光合细菌最易利用的生长基质(光合作用的碳源与电子供体)。

2. 光合细菌固定方法 固定光合细菌的方法主要有吸附法、包埋法和交联法等 3 种。

(1)吸附法 吸附法是借助载体与菌体之间所产生的分子力、疏水力或离子键力，把二者结合在一起。此种方法的优点是操作简单、反应条件温和、不会影响菌体细胞的活性，是生产中应用前景最好的方法。供吸附用的无机材料可选用沸石、多孔陶瓷等，有机材料以软性纤维为好，也可采用阳离子交换树脂和阳离子交换纤维为吸附材料。操作技术很简单，只需把载体材料投入光合细菌培养液中，然后接种光合细菌，在光照厌氧或微氧条件下培养数天，载体材料表面便可吸附着一层厚厚的菌体。

(2)包埋法　包埋法是通过凝胶型包埋剂把光合细菌菌体包藏在凝胶的微细格子里。所采用的凝胶包埋剂应考虑能否成球、包埋球的强度和其耐降解性是否足够强。现在实验室中通常都是采用海藻酸钠或把海藻酸钠与活性炭粉或 PVA 等联合使用。例如，王兰等(2005)采用经热压灭菌后冷却至室温的 4%海藻酸钠胶液以 0.48：20 菌体湿重(g)：胶液体积(mL)的比例与离心收集得到的纤细红螺菌菌泥充分混合均匀后，用注射器(由蠕动泵控制)匀速滴入 4℃、4%的 $CaCl_2$ 溶液中，经磁力搅拌，把形成的凝胶颗粒于 4℃ 中交联 24 小时，便可获得直径 3～5 毫米的固定化光合细菌颗粒。在 Van Niel 改良培养基中、30℃下光照培养后，光合细菌在固定化小球中能快速生长、繁殖，其速度比游离态光合细菌快得多。直径 4.5 毫米的大颗粒中光合细菌生长速度又比直径 2.5 毫米的小颗粒中的更快一些(图 1-11)。颗粒中包埋的菌泥越多，其中光合细菌生长速度便越快。

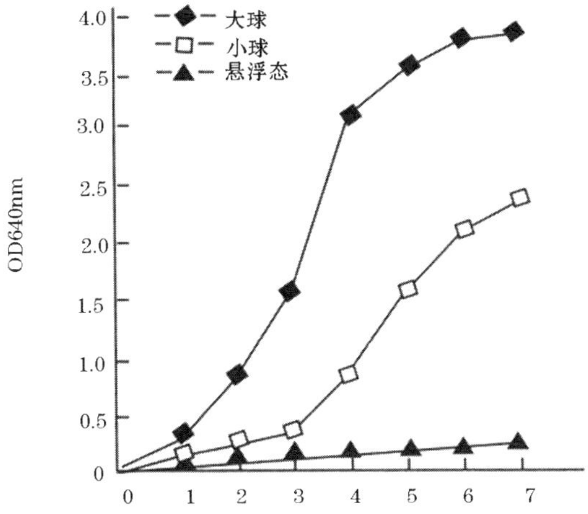

图 1-11　光合细菌在不同粒径固定化小球中的生长

(引自王兰等，2005)

采用吸附与包埋的组合法固定光合细菌，效果可能更好。例如，毛雪慧等

(2009)利用2%的海藻酸钠和2%的沸石的凝胶组合将含有球形红假单胞菌、荚膜红假单胞菌、沼泽红假单胞菌和万尼氏红微菌等复合光合细菌固定起来,并将它们和用2%的明胶与2%的海藻酸钠包埋的光合细菌的净水效果相比较。结果发现,在厌氧条件、菌液和包埋剂之比为1:5,颗粒投加量均为5g/L的最佳状况下,投入养鱼水中4天后,氨氮、磷酸盐和COD_{Mn}的去除率分别为74.4%、84.26%和78.92%,而明胶包埋的上述3项指标的去除率均远远低于用沸石固定的。究其原因,可能与下列因素有关:①天然沸石是含碱金属和碱土金属的含水铝硅酸盐类,颗粒表面凹凸不平,其结构中具有很多大小均匀的孔穴,这些孔穴和通道中存在的金属阳离子和水分子有吸附和离子选择交换性能,有利于氨氮、磷酸盐离子进入颗粒内部提供给光合细菌生长之需,而明胶颗粒结构密实,缺乏这些优点;②试验发现在沸石颗粒中光合细菌增殖速度不仅快于在明胶中的,而且增殖速度还超过游离培养的光合细菌的。

(3)交联法 这是借助双功能团试剂使光合细菌之间发生交联凝聚形成网格状结构,把光合细菌固定在网格内的一种技术。由本法形成的团状结构可悬浮于水中,但由于比重较大,易于沉降和收集。可用作双功能团试剂的种类很多,但目前唯一使用的是戊二醛。进行固定操作时,先用凝聚剂把光合细菌凝集起来,然后加入戊二醛与细胞表面反应,菌体便会彼此结成网状结构。但本法反应较剧烈,对光合细菌的活力有所损害,故在形成网状结构后,需要进行解毒活化。通常采用最适宜的反应条件,即戊二醛质量浓度为0.5%~1.0%,反应时间控制在1~2小时,pH值7.0,温度30℃便可获得对光合细菌毒害最低的交联效果。经解毒活化后,光合细菌生物活性可迅速复原。

3. 固定化光合细菌在净化污水中的优越性和问题 固定化光合细菌在净化养殖水体、处理有机废水中,与非固定化的游离光合细菌相比较有更好的应用前景。因为固定化光合细菌具有如下优越性:

一是光合细菌在载体微环境中,生长繁殖速度更快,生物活性更高,可以强化净化作用。

二是固定化后的光合细菌,在不需补添菌体的条件下,可以较长期保持优势生长,稳定地净化水体。例如,以海藻酸钠加沸石粉包埋的光合细菌在养殖水体中,保持1个月养殖水体的NH_3-N和COD一直维持在低水平,所养殖的对虾始终生长良好。

三是固定化光合细菌在水体中不会因流水而容易被流失,菌体利用率高,可利用时效长。例如,用凝胶交联法将光合细菌与活性污泥固定在一起,处理亚硫酸钠造纸废水,运行半年,光合细菌仍然保持优势(杨云龙等,2001);用生物转盘吸附光合细菌，处理味精工业废水，连续运转90天，回收菌泥中的光合细菌仍占45%～55%（郭养浩等，2000）。

四是处理废水时，固定化光合细菌对温度和pH值的适应范围大于游离态光合细菌；最适温度范围可从30℃～40℃扩大至30℃～45℃；最适pH值范围从8.0～9.5扩大为7.0～9.5（郭秒等，2004）。

五是采用固定化光合细菌，容易解决工艺流程中的固液分离。

六是目前有关固定化光合细菌净化养殖水体和处理高浓度有机废水虽然有许多优越性，但多停留在实验室内的小规模试验，尚缺乏稍大规模的中试，从而制约了固定化光合细菌在净化水体中的广泛应用。

（四）检测光合细菌净化水质的试验方法

当获得某种光合细菌，为了了解它对高浓度有机污水的净化能力时，可采用下述方法进行检测。步骤如下：

①取豆制品厂黄泔水（或淀粉废水、抗生素发酵废水、羊毛洗涤废水等高浓度有机废水）100毫升，盛于200毫升烧杯内。

②吸取80毫升光合细菌菌液放入烧杯内与废水充分混匀，调节pH值为7.0～7.5。

③吸取混合液50毫升，测定其COD和BOD值，作为试验起始时的水质污染。

④将余下的混合液加入已灭菌的100毫升有塞锥形瓶中，加至瓶颈口，盖上瓶塞，让余液溢出，注意切勿让瓶内留有气泡。

⑤置28℃～30℃中，光照（2 000～4 000勒克斯）24小时或48小时后取出，测定瓶内混合液（50毫升样品）的COD和BOD值，与初始的COD和BOD值对比，便可求得所测光合细菌对有机物的去除率。

第四章　光合细菌在水产动物养殖中的应用

第一节　生产绿色水产动物的技术准则

人工养殖的水产动物有鱼类、虾、蟹、鳖、贝、蛙等。生产绿色的水产动物所需条件有：

第一，养殖场要有良好的生态环境。

第二，饲料来源必须是绿色食品生产基地，或经有关部门检测符合绿色食品饲料要求的。

第三，养殖用水符合生产绿色食品水产品的水质要求。

第四，养殖水域不得使用毒性杀虫、灭菌和防腐药物。

第五，选择适合当地生态环境的水产优良品种。

其中直接影响水产动物生长和健康的因素是水质和饲料。

绿色食品产地的渔业用水中各项污染物含量不应超过表1-3中所列的浓度值。

表1-3　渔业用水中各项污染物的浓度限值　　(mg/L)

项　目	浓 度 限 值
色、臭、味	不得使水产品带异色、异臭和异味
漂浮物质	水面不得出现油膜或浮沫
悬浮物	人为增加的量不得超过10
pH值	淡水6.5～8.5　海水7.0～8.5
溶解氧	＞5
生化需氧量(BOD)	5
总大肠菌群	5 000个/L(贝类500个/L)
总　汞	0.0005
总　镉	0.005
总　铅	0.05
总　铜	0.01

续表 1-3

项　目	浓度限值
总　砷	0.05
六价铬	0.1
挥发酚	0.005
石油类	0.05

所用饲料必须新鲜、干净，饲料来源于绿色食品基地和加工厂。所含蛋白质、脂肪、糖类、矿物质等搭配合理。所需添加的添加剂，如矿物质、维生素等营养性物质必须符合《绿色食品饲料添加剂使用准则》中的规定，禁止使用有害人体健康的化学物质、激素、抗生素等。

为了培养天然饵料，改善养殖生物的生态环境、促进水体中的物质循环，可补施适量肥料，并配合采用光合细菌或 EM 等益生菌。但所施肥料必须符合《绿色食品的肥料使用准则》，所用有机肥必须充分腐熟并经过灭菌处理，禁止使用未经处理的有机肥和生活污水。

此外，病虫害防治用药亦应严格按照《绿色食品的水产养殖用药使用准则》，禁止使用对人体有害的化学物质，提倡使用中草药、矿物源药物、生物源药物及其提取物、疫苗及活体微生物菌剂。因此，鉴于光合细菌有能净化水质、增强动物抗病力等作用，在绿色水产品养殖中正可发挥其特有的功能。

第二节　光合细菌的营养成分及其安全性

一、光合细菌菌体中的一般成分

以紫色非硫细菌中的荚膜红假单胞菌和沼泽红假单胞菌 NS-04 菌株为例，它们在含有乙酸盐的培养基中培养所得的菌体的一些主要化学成分如表 1-4 所列。

光合细菌菌体所含干物质中，蛋白质含量占 60%以上，与号称营养最丰富的螺旋藻相当，而高于酵母、绿藻和大豆中的蛋白质含量。光合细菌菌体中维生素含量亦丰富，其某些维生素含量虽稍低于酵母菌，但维生素 B_{12}、叶酸和生物素等含量则远高于酵母和螺旋藻（表 1-4 和表 1-5）。光合细菌中的辅酶 Q（COQ 又称泛醌）和维生素 K 含量更远高于酵母（表 1-6）。

表 1-4　光合细菌和酵母菌化学组成的比较（引自朱章玉等，1991）

化学成分	荚膜红假单胞菌	沼泽红假单胞菌	ESSO-Nestle 酵母 SCP	torula 酵母	BP 酵母	Breuer 酵母
蛋白质	66%	61.24%	64%			
粗脂肪	7%	8.11%	10%			
糖 类	23%	5.73%	26%			
灰 分	4%	7.5%	7%			
维生素 B_1	12		11～13	2～20	3～16	50～360
维生素 B_2	50		110～130	30～60	75	36～42
维生素 B_6	5		4.8～7.6	40～50	23	25～100
维生素 B_{12}	21		0.11～0.17	—	0.11	—
烟 酸	125		165～200	200～500	180～200	310～1 000
泛 酸	30		14～23	30～200	150～100	100
叶 酸	60		1.8～2.4	—	—	3
生物素	65		0.1～1.6	—	—	—

注：表中 SCP 为单细胞蛋白简称；表中百分率数据均为细菌干粉的百分比；表中单位除标明为%外，其余成分的单位均为微克/克（μg/g）

表 1-5　光合细菌和酵母、螺旋藻等的营养成分比较

（综合自孙颖民等，2000，韩菲菲等，2004，和小林正泰，1978）

成分＼种类	蛋白质（%）	粗脂肪（%）	可溶性糖（%）	粗纤维（%）	灰分（%）	维生素 B_1（μg/g）	维生素 B_2（μg/g）	维生素 B_6（μg/g）	维生素 B_{12}（μg/g）	烟酸（μg/g）	泛酸（μg/g）	叶酸（μg/g）	生物素（μg/g）
光合细菌	65.45P	7.18	20.31	2.78	4.28	12	50	5	21	125	30	60	65

续表 1-5

成分/种类	蛋白质(%)	粗脂肪(%)	可溶性糖(%)	粗纤维(%)	灰分(%)	维生素B_1(μg/g)	维生素B_2(μg/g)	维生素B_6(μg/g)	维生素B_{12}(μg/g)	烟酸(μg/g)	泛酸(μg/g)	叶酸(μg/g)	生物素(μg/g)
酵　母	50.8	1.80	36.10	2.70	8.70	2～20	30～60	40～50	—	200～500	30～200	—	—
螺旋藻	65.22	1.64	20.22	5.20	7.70	55	40	3	2	118	11	0.5	—
小球藻	53.76	6.31	19.28	10.33	10..22	—	—	—	—	—	—	—	—
大　豆	30.99	19.93	30.93	7.11	5.68	—	—	—	—	—	—	—	—

表 1-6　光合细菌与酵母中辅酶 Q 和维生素 K 的含量　(μg/g 干重)

菌　种	C_0Q		
	类　型	含　量	维生素 K
红色红螺菌(*Rhocospirillum rubrum*)	UQ10	2069	0
球形红假单胞菌(*Rhodosp.sphaeroides*)	UQ10	3399	0
沼泽红假单胞菌(*Rhodosp.palustris*)	UQ10	1774	0
着色菌属 D 株(*ChromatiumstainD*)	UQ7	2143	588
酵母菌	UQ6	259	—

注:C_0Q 为辅酶 Q,又称泛醌(UQ)。

光合细菌还含有丰富的脂肪酸(表 1-7),其中除软脂酸为饱和脂肪酸外,其余均为不饱和脂肪酸,而且含量最多。但据朱励华(1997)认为光合细菌缺乏 W_3 系列的十二碳以上的高度不饱和脂肪酸,如果单独用作水产动物幼体的初期饵料时,须与其他富含高度不饱和脂肪酸的饵料同时使用为宜。

表 1-7　球形红假单胞菌所含主要脂肪酸

种　类	占全脂肪酸中的百分率(%)
软脂酸	21.5
棕榈油酸	11.9
硬脂酸	2.0
油　酸	50.4
亚油酸	1.4
亚麻油酸	0.8

此外，光合细菌具有为非光合细菌所缺乏的能营光合作用的特异化结构（由质膜分化而成的载色体、管状或囊泡状内膜系统），含有红色或绿色的细菌叶绿素（Bchl）和类胡萝卜素。现已知光合细菌中约含有80余种类胡萝卜素（约占每克干重的4.24毫克），其中包括番茄红素、叶黄素等。其具体含量和种类则因菌种不同而异。例如，球形红假单胞菌主要含有β-胡萝卜素，它是维生素A的前体；沼泽红假单胞菌主要含番茄红素，其含量可高达53.7μg/mg，比某些番茄和胡萝卜中的含量还高。光合细菌的代谢产物中还含有一种具有光动力抗癌治疗作用的5-氨基乙酰丙酸。

二、光合细菌的菌体蛋白质及其营养价值

光合细菌的菌体蛋白质的氨基酸组成和鸡蛋、牛奶相比，并不逊色。表1-8是采用不同培养基培养所得的球形红假单胞菌和沼泽红假单胞菌等菌体中分离得到的菌体蛋白，经水解后用氨基酸自动分析仪测得的氨基酸组分。光合细菌菌体蛋白质含氨基酸种类同样齐全，而且彼此的各种氨基酸含量也颇为接近。据此，可认为光合细菌的菌体蛋白是一种优良的蛋白质。

表1-8　以不同基质为培养基培养的光合细菌与鸡蛋、牛奶等的蛋白质中氨基酸的组成　（引自朱章玉等，1991）

氨基酸	A	B	C	D	E	鸡　蛋	牛　奶
赖氨酸(Lys)	4.3～5.1	5.3	5.0～6.6	4.8	5.2	6.3	6.7
组氨酸(His)	1.8	1.3	1.3～2.1	2.0	1.4	2.2	2.0
精氨酸(Arg)	4.5～5.3	4.7	4.4～5.5	4.3	4.0	4.8	2.1
天冬氨酸(Asp)	9.7～11.1	10.8	9.8～13.8	12.0	10.8	9.1	8.0
苏氨酸(Thr)	6.6～7.4	6.5	4.2～6.2	4.4	6.0	5.1	4.5
丝氨酸(Ser)	5.2～5.5	5.8	3.1～5.5	5.7	5.4	8.9	6.4
谷氨酸(Glu)	10.7～12.8	7.5	6.9～12.0	8.8	11.8	11.4	19.4
脯氨酸(Pro)	5.2～5.3	4.9	3.2～5.2	3.7	4.7	4.6	10.5
甘氨酸(Gly)	9.0～10.1	10.5	6.7～10.9	9.4	10.0	5.7	3.0
丙氨酸(Ala)	11.0～13.1	12.2	8.1～14.8	11.3	11.9	8.3	5.0

续表 1-8

氨基酸	A	B	C	D	E	鸡蛋	牛奶
半胱氨酸(Cys)	+	+	+	+	+	1.5	0.4
缬氨酸(Val)	6.2～6.8	7.3	5.2～9.6	6.0	6.3	7.4	7.2
蛋氨酸(Met)	0.8～2.8	2.4	2.2～4.0	1.4	2.6	3.0	2.1
异亮氨酸(Ile)	3.7～4.7	5.0	4.3～6.4	3.2	4.8	5.3	5.1
亮氨酸(Leu)	8.5～8.8	8.7	7.8～11.3	12.6	8.3	8.5	9.2
酪氨酸(Tyr)	2.4～2.9	3.0	2.5～4.0	3.4	2.7	2.8	3.9
苯丙氨酸(Phe)	3.9～4.5	4.1	3.1～5.4	4.7	3.4	4.1	3.5
色氨酸(Trp)	++	++	++	++	++	1.0	0.9

注：A：纯培养液；B：豆乳；C：豆腐工厂废液；D：柠檬酸发酵废液；E：粪尿。其中，A、B、C、E 为供日本球形红假单胞菌 S 菌株培养而得的菌体蛋白；D 为供中国上海交通大学生物技术研究所分离的沼泽红假单胞菌培养而得的菌体蛋白。

至于光合细菌的菌体蛋白之营养价值是高还是低，那就可以用常规的营养分析方法来测定。通常是采用酪蛋白作为对照蛋白源，光合细菌的菌体蛋白为测试用蛋白源，然后分别添加相同的维生素、芝麻油、盐类调配成饲料，用以饲养大鼠。饲养一定时间后，分别测定大鼠体重的增长情况，同时检查菌体蛋白质在大鼠体内的营养价值。据朱章玉等(1991)介绍的试验结果表明：加入 35%的光合细菌菌体(相当于含 20%的蛋白质)与加入 20%酪蛋白的饲料分别喂养的大鼠，其生长状态十分接近，而且经长期喂养试验证明光合细菌菌体蛋白未见有毒性副作用。

但是有人把光合细菌作为单一蛋白质来源，与藻类、鱼粉、酪蛋白等分别饲喂虹鳟鱼做对比试验，结果表明：光合细菌的营养效果与藻类的相当。但从饲料利用率来看，则比酪蛋白的低 13%～26%，只为 64%～77%；就蛋白效率比和净蛋白利用效率来说，分别为 2.46%～2.81%和 50%～54%，比酪蛋白的低 0.19%～0.54%和 6%～10%。可见仅以光合细菌为单一蛋白质来源则效果并不理想。但以它作为饲料添加剂和辅助剂，对动物生长便会有特殊效果。

三、光合细菌对动物的安全性

据张世静等(1998)采用紫色非硫细菌中的嗜酸红假单胞菌(*Rps.acidophila*)的菌粉饲喂小白鼠的试验。结果表明，该菌株对小白鼠的体重、血象、心电图、骨髓细胞染色体数和结构、精子、受胎率、每胎产仔数及子代性别比、新生仔鼠形态发育情况、仔鼠出生成活率和仔鼠体重增长等均与对照组无明显差异。而且发现，饲喂光合细菌的小白鼠的体重及其新生仔鼠体重与存活率均略高于对照组。这说明光合细菌作为饲料，对动物生长、健康状况和生育等均无致毒和致病作用，无潜在性危害，具有较高的安全性。

方立超等(2005)用沼泽红假单胞菌2C菌株的菌液(含菌量10^{13}个/L)给健康大鼠灌服所做的急性毒性试验亦表明，2C菌株对多数抗生素敏感，对大鼠无急性毒性作用，在宿主体内不会造成细菌易位，不具有致病性和感染性，不产生内毒素，对肝肾功能无不良影响，对肠黏膜和肠细胞形态与结构无不良影响。

当然，由于光合细菌种类很多，不同菌种的安全系数有无差异，尚有待进一步研究。但据国内、外许多国家对光合细菌的多年和广泛应用，尤其是一些常用菌株，并未见有不良报道。

第三节　光合细菌在水产动物养殖中的作用

光合细菌在水产动物养殖上的应用研究始于日本。1965年，日本主要养鳗区静冈县一些养鳗池中发生一种原因不明的疾病，大多数鳗鱼身体僵直呈棒状，易被折断。该病的发展使该县养鳗业遭到几近“全军覆灭”的打击。当时日本东京大学研究人员对此种病做了调查，发现病鳗腹部因出血而呈红色，确认为贫血病。但当时有少数养鳗者因将喂鸡用的光合细菌投入鳗池，结果意外地发现这些鳗池中的鳗鱼并无发生上述怪病，生长很正常。这一意外发现促使日本水产界对光合细菌的应用研究。当时，日本微生物资源研究所与东京水产大学，农村省的水产试验场，琦玉、冈山、鹿儿岛等县的水产试验场，濑户内海渔业协会，玄海渔业协会，新泻县渔业中心等机构合作，对光合细菌在水产动物养殖中的应用开展了研究，这项研究在海水和淡水养殖中均取得很大成功，所得成果在我国台湾省和东南亚等国也获得普遍应用。现在，日本市场上已有大量光合细菌菌液和菌粉出售，在水产动物养殖中广泛应用。我国在“八五”期间，亦由上海水产大学和中国水产科学研究院东海水产研究所牵头对光合细菌在水产动物养殖上的应用研究进行了科技攻关，取得丰硕成果。近年来，已在虾、蟹、鱼、鳖、龟、贝、泥鳅、青蛙等多种养殖动物的饲养中进行了光合细菌的应用试验，均取得明显效果。

光合细菌在水产动物养殖中的作用主要有4种：①净化水质，还有间接增氧作用；②减少了水产动物疾病的发生；③能促进水生动物个体生长；④能提高为鱼、虾等水产动物所能摄食的水中浮游生物的生物量。

兹对光合细菌在水产动物养殖中的作用和效果举例于下：

一、光合细菌可作为饵料添加剂

在鱼花（幼鱼）饲养中，使用光合细菌为饵料添加剂能明显促进幼鱼生长，提高其成活率。上海交通大学生物技术研究所和浙江上虞市鱼种养殖场（1987－1988）饲养夏花白鲢鱼苗时，在豆浆饲料中添加3‰的光合细菌，对照组只用同等数量的豆浆喂养。为防两塘环境差异所带来的干扰，2年内两组对换鱼塘位置，喂养23天所得结果如表1-9所示。

表1-9 光合细菌添加剂对白鲢鱼鱼苗生长的影响

（引自朱章玉等，1991）

	1987年		1988年	
	试验塘A	对照塘B	试验塘A	对照塘B
面积（mu）*	8.31	6.82	6.82	8.31
投入苗数（万尾）	14.66	14.44	14.44	14.66
添加PSB量（%）*	3	—	3	—
成活率（%）	68.4	68	90.4	86.6
总重量（kg）	38.3	30.9	54.0	49.1
平均个体重（g）	0.39	0.31	0.47	0.44
平均个体长（cm）	3.47	3.01	3.29	3.00
667米^{2}产提高率（%）	23.6		13.6	
饲料系数降低率（%）	26		20.7	

* 指投入饵料干物质中的百分含量，mu为市亩＝666.7m^2

由表1-11可见，添加光合细菌者，2年各在23天试喂中，鱼苗平均成活率提高3.4%，总增重比对照高15.4%，平均个体增重比对照高21.1%，饲料系数降低率比对照低25.6%；而且试验塘的鱼苗比对照塘鱼苗来得活跃、健壮和规格均匀、色泽好。

他们在夏花鱼苗培育基础上，在相同的两个鱼塘内进一步混养有青鱼、草鱼、白鲢、花鲢、鳊鱼、白鲫等6种夏花鱼种。试验塘按占总饵料量的3%添加光合细菌菌液。经5个月喂养，由于周期较长，光合细菌的作用更为明显（表1-10），在两个鱼塘的交换饲养下，2天内，试验塘中鱼的成活率分别比对照塘高40.7%和97.4%；每667米^{2}产鱼分别比对照塘高23.9%和91.8%；饲料系数降低率亦分别降低17.5%和48%。

表 1-10　光合细菌添加剂对鱼种养殖的作用

(引自朱章玉等,1991)

	1987 年		1988 年	
	试验塘 A	对照塘 B	试验塘 A	对照塘 B
面积(mu)	8.31	6.82	6.82	8.31
投入夏花数(万尾)	115 509	94 798	88 660	108 030
PSB 添加量(%)*	3	—	3	—
起捕鱼种数(尾)	110 227	64 277	88 207	54 479
成活率(%)	95.4	67.8	99.5	50.4
667 米^2 产(kg)	356.0	287.3	359.3	187.3
平均个体重(g)	26.8	30.5	27.8	28.6
平均个体长(cm)	13.4	13.5	13.9	14.9
667 米^2 产提高率(%)	23.9		91.8	
饲料系数降低率(%)	17.5		48	

* 同表 1-11。

黄皓等(1990)从水稻田根际土壤中分离得到一种光合细菌,经扩大培养后获得含活菌量达 47 亿个/mL 的菌液,用作鲤鱼仔鱼的开口饵料。结果显示,试喂 14 天后,单独投喂光合细菌者,仔鱼成活率达 90.1%,而只投喂蛋黄、配合饲料或活饵(臂尾轮虫)者,仔鱼成活率分别为 62%、30.2%和 50.3%;如果以光合细菌和活饵料配合投喂,其成活率高达 94.2%。在仔鱼生长速度方面,单独投喂光合细菌者比不上其他饲料的,其生长比速只有 9.30%,但将光合细菌和活饵配合投喂,仔鱼生长比速则为 17.85%,高于其他单施饵料的。

刘中等(1995)用红假单胞菌属的光合细菌为鱼类饵料添加剂,先在试验池中全池泼洒光合细菌,以后把光合细菌拌入豆浆中,用以培育鲤鱼苗(投放量为 9 000 尾/667m^2)。光合细菌添加量为 2%,喷洒在饵料上,混匀后投喂。从鲤鱼水花至乌仔阶段,连续投喂 13 天。结果是投喂有光合细菌的,鲤鱼苗平均体重(0.062 克)比对照组的(0.025 克)增加 0.037 克;平均鱼苗全体长增加3.36毫米;总出塘量增加 19.075 千克。

他们将光合细菌为饵料添加剂(添加量为 1%)投喂鲤鱼和罗非鱼,共投喂 2 个月。结果是试验池的鲤鱼比对照池的每 667 米^2 增产 6 千克,增产 11.7%;试验池的罗非鱼比对照池的每 667 米^2 增产 128 千克,增产 44.9%(表 1-11)。

表 1-11　光合细菌在成鱼养殖中的应用效果

处　理	面　积 (667m²)	鱼　种类	总　产 (kg)	每 667m² 产(kg)	规　格 (kg)	每 667m² 尾数	成活率(%)
PSB	7	鲤鱼	4 405	629	1.0	629	89.9
CK	8	鲤鱼	4 504	563	0.95	593	84.7
PSB	8	罗非鱼	3 325	416	0.30	1 390	81.7
CK	5	罗非鱼	1 438	288	0.28	1 029	60.5

他们认为，使用光合细菌不需要改变生产和管理程序，只增加光合细菌的支出。在鲤鱼种苗培育中，每 667 米^2 使用光合细菌菌液 27.5 千克，每 667 米^2 增产鱼种平均为 98 千克；在鲤鱼成鱼养殖中，每 667 米^2 使用光合细菌菌液 50 千克，667 米^2 增产鲤鱼成鱼平均为 66 千克。在罗非鱼养殖中，每 667 米^2 使用光合细菌菌液 100 千克，每 667 米^2 增产罗非鱼平均为 129 千克。按当时光合细菌市售价 6 元/kg，鱼价平均 8 元/kg 计算，以上 3 项每 667 米^2 可分别增加收入 619 元、228 元和 432 元。倘若自己掌握光合细菌的简易培养方法，自养自供，便可大大减少购买光合细菌的开支，所得经济收益就更大。

在暗纹东方鲀（河豚）养殖中，吴向华（2004）使用沼泽红假单胞菌，每 10 天向池中泼洒 1 次，换水时适量补充光合细菌以维持池中原有光合细菌浓度。结果表明，泼施光合细菌的池中，COD、BOD、NH_3-N、亚硝酸盐等含量均明显降低；鱼的成活率明显提高，而且有随光合细菌施用量的增加而成活率便更高的趋势，未见有发病情况。而对照池的豚鱼成活率较低，而且患有车轮虫、杯体虫、异钩虫等病害。光合细菌对豚鱼的仔鱼增重和生长均有明显提高，光合细菌投放浓度越高，豚鱼日增长便越快。

黄钧等（2000）在饲料中添加红螺菌属的光合细菌饲养月鳢鱼种时亦表明，在饲料中添加 5%的光合细菌后，与对照组的相比，月鳢鱼平均体长增加 2.9%，平均体重增加 9.31%，体长增长增加 4.93%，体重增重增加7.18%；饲料系数降低 9.96%。在饲料成本方面，试验组比对照组的降低 4.94%～12.22%，平均降低 8.55%。

杨健康等（1996）在饵料中添加光合细菌喂养欧洲鳗三类鱼苗时发现，试验组鳗苗成活率、增重率、饵料效率分别比未添加光合细菌的对照组提高 11.5%、9.48%和 20.09%。

在观赏鱼养殖中，使用光合细菌可提高孵化率和促进观赏鱼的生长。方法是在观赏鱼的孵化期和养殖过程中定期向水中加入浓度为 3～5mg/L 的光合细菌，也可在日常投喂的饵料中添加5%左右的光合细菌。

例如，龚惠卿(1992)选孵化出苗第三天的“龙睛金鱼”，以占水体5mg/L浓度的光合细菌拌入饵料中投放于试验池中，对照池只投放活饵料。结果表明：投入光合细菌的，鱼体全长比对照组的提高5.3%，成活率提高4%，体重提高14.42%，并且促进了金鱼由黑色转为彩色，转色率提高1.75%～3.0%。

裼金彩等(2005)在金鱼养殖中，按占水体积的0.5%、1.5%、2.5%和3.0%的量投入活性光合细菌(活菌含量达50亿个/mL)，每2周投入1次。投入后的前3天，夜间辅以15瓦白炽灯照明，正常喂养。60天后测得其COD和金鱼成活率如表1-12所示。表明光合细菌可明显改善金鱼池水体质量和提高金鱼成活率，并且随光合细菌用量增大，其效果越明显。

表1-12　光合细菌对金鱼池中水质和金鱼成活率的影响

活性PSB投放量(%)	COD(mg/L)	烂尾鱼数	成活率
0.5	5.84	5	50
1.5	4.57	2	80
2.5	4.32	1	90
3.0	4.22	0	100
0.0(CK)	6.18	7	30

张道南等(1988)用沼泽红假单胞菌菌液投喂金鱼苗，结果亦表明：投喂15天后，试验组金鱼鱼苗平均增重0.494克，对照组的只增重0.342克；前者鱼苗成活率为98.74%，后者为96.3%；并且发现光合细菌增加池中为鱼苗最爱摄食的枝角类浮游生物的数量，对鱼苗生长有明显促进作用。

尹伦甫等(2004)在观赏鱼仔鱼养殖中，选用出膜8天后转缸培育的七彩神仙鱼仔鱼为试材。采用5个30厘米×30厘米×30厘米的培养缸，分别编号为A、B、C、D、E，每缸放鱼30尾，水深20厘米。每天投喂1次光合细菌，投喂量分别占贮水量的0%(对照)、2%、4%、6%、8%；并保持用日光灯每天照光4小时。给仔鱼喂卤虫无节幼体，日投6次；10天后改喂以“汉堡”(每千克中添加8毫升光合细菌，A组不添加)，日投4次，光合细菌菌液投放量不变。经40天喂养后，凡投喂有光合细菌的，仔鱼平均体长和成活率均明显高于不投喂光合细菌的(表1-13)，其中以投放6%的光合细菌者效果最好。

表 1-13　光合细菌在不同投放量下七彩神仙鱼的生长和成活率

组　别	A	B	C	D	E
光合细菌投放量(%)	0	2	4	6	8
仔鱼平均体长(cm)	4	5	5.5	6	6
40d 后获得的幼鱼数(尾)	15	20	24	30	29
成活率(%)	50	67	80	100	97

由上述可见,光合细菌对提高观赏鱼的成活率、生长乃至体色的改善均起重要作用。究其原因,除了光合细菌具有抗病毒因子,既能提高动物抗病力,又有促生长物质能促进动物生长外,很重要的一点就是能净化水族箱内的水质。据张鹏等(2008)对养殖有观赏鱼的水族箱内的水质所做的测定结果表明,凡投入有光合细菌的,其水中 COD 值、氨氮含量均明显低于无光合细菌的对照组的;而含氧量(DO 值)则高于对照组。由于光合细菌改善了水族箱内的水质,因而可以大大减少对水族箱换水的次数。

据陈斌等(2004)介绍,类胡萝卜素能明显改善鱼、虾等水生动物的体色。例如,金鱼的红色色素主要来源的虾青素是由叶黄素通过氧化和异构化形成的(Katayama 等,1970);深海虾体内斑蝥黄大概是由 β-胡萝卜素代谢成虾青素的产物(Négre-Sadargues 等,2000);鱼虾类采食后可将某些色素转移至组织中或转化为其体色,从而呈现出不同的色泽。光合细菌是富含类胡萝卜素的一类细菌,当它们被观赏鱼和虾类等食用后,可使它们的体色显得更鲜艳也就不足为怪了。

二、光合细菌在虾、蟹养殖中的作用

(一)光合细菌在虾养殖中的增产作用

上海交通大学生物技术研究所在山东威海市双岛养殖二场选用两个自然条件相近的池塘进行光合细菌喂养对虾的试验。对照塘 29 348 米^2(44 亩),试验塘 35 351 米^2(53 亩),两塘放养虾苗密度相同。光合细菌用量为每 100 千克饵料添加 300 毫升菌液,用喷雾器把菌液喷在配合饵料上。试验结果表明,光合细菌试验塘的对虾规格整齐、均匀,个体粗壮,色泽好,单产比对照塘的增产10.58%。由于对虾个体规格大,故收购价较高,每 667 米^2 多增收 552.6 元。

田维熙等(1995)选用 6 个好坏不一的池用光合细菌喂养虾苗。其中,试验池是在饵料中添加光合细菌菌液，对照池则不加光合细菌。试验结果表明，与对照组的相比，喂有光合细菌的虾苗无染病，成活率提高 20%～49%，虾苗体长平均增加 0.39 厘米，而且规格较整齐。

他们还将光合细菌用于成虾养殖，对照组 1 个池，为 25 667 米^2；试验组两个池，面积各 15 667 米^2，其中一个池用光合细菌菌液拌入饵料中投喂，另一个池用光合细菌菌液直接泼入池中。结果是前者成活率(18.3%)比对照组的提高 13.3%，后者比对照组的高 20.9%。每 667 米^2 产量分别比对照组(17.4千克)高 15.0 千克和 20.1 千克。

中国科学院研究生院(1993)用光合细菌投喂对虾苗，每 5 天按 3kg/667m^2 泼洒光合细菌于池中，虾苗投放密度为 200 万～325 万尾/667m^2。结果是施喂以光合细菌的虾苗平均体长比对照池的提高 17.4%，成活率提高 111%。他们又将光合细菌喂成虾，投入量为按干饵料 10%拌入光合细菌，每 7 天以每 667 米^{2}10 千克泼洒 1 次光合细菌。38 天后，试验池成虾成活率比对照池的提高 72.2%～117%(吉海平等，1997)。

许进香等(1992)在对虾养殖中，使用光合细菌的结果亦表明，在基础饵料中添加 1%和 3%的光合细菌者，虾体增长速度比对照组的分别提高 15.06%和 28.92%；而且光合细菌能明显提高对虾对饵料中蛋白质和氨基酸的消化吸收率。对照组对虾的蛋白质消化吸收率为 76.95%，氨基酸的消化吸收率范围为 57.16%～83.75%；而添加 3%光合细菌的试验组对虾的蛋白质消化吸收率为 87.0%，氨基酸消化吸收率范围为 70.27%～89.44%。这说明光合细菌具有能改善对虾对饵料营养物质吸收利用功能之作用。这可能也是光合细菌能促进对虾增长的原因之一。

王建文(1999)在广西北海市银海区竹林盐场养殖斑节对虾，养殖面积为 1.33 公顷。把池塘水抽干，经阳光暴晒，池底翻犁并用石灰粉、漂白粉等较彻底消毒后，进水肥塘前每 667 米^2 泼施 15 千克光合细菌菌液，让细菌渗入底泥后再进水并施肥繁育藻类。投入虾苗前 8 小时再投施 100 千克光合细菌，以改善水质，提高虾苗入池后的成活率。以后视情况变化，每 10～15 天投施 1 次光合细菌，每次用量为每 667 米^2 水面 2.5～5 千克。经过 90 天的养殖，总产量1 430千克，规格为 44 尾/kg，成活率 62.9%，产值 10 万元，获税利 8.2 万元，平均每 667 米^2 获利 4 100 元，饵料系数 1.12。

广西大学的 Safia omar Abukar 等(2001)使用红螺菌投喂虾池中的罗氏沼虾幼苗表明，投菌的明显比不投菌的高产(表 1-14)，最高者可提高 1 倍以上，最低的也可提高 8.3%。

表 1-14　虾池中红螺菌含量及其对虾苗产量的影响

	池　号	虾池面积＊（m^2）	第十四天菌数（个/mL）	产虾苗数（万个）	平均产苗数（万个/m^2）
投菌池	C_{14}	6	＞1 600 万	16	3.9
	C_{15}	12	＞1 600 万	57	6.8
对照池	C_5	6	20 000	15	3.6
	C_6	6	160	9	2.14

＊ 池水深度均为 70cm 。

(二)光合细菌在蟹养殖中的作用

王典(2005)在盘山市坝墙子农场稻田中养蟹。供试面积 400 米^2，分为二块，每块 200 米^2。均放养河蟹，其中一块施用光合细菌菌液，另一块不施光合细菌作为对照。结果是施喂以光合细菌者不仅河蟹产量和产值增加，而且水稻产量亦提高。其中，河蟹增产 23.1％，增益 16.7％；水稻增产和增益均为 21％(表 1-15)。

表 1-15　稻田养蟹施用光合细菌的效益

处　理	水　稻		河　蟹		总产值（元）	PSB 成本（元）	总收益（元）
	产量(kg)	产值(元)	产量(kg)	产值(元)			
试验组	184.0	231.84	24.0	576.00	807.84	30.00	777.84
对照组	152.0	191.52	19.5	468.00	659.52		659.52

在蟹苗养殖中使用光合细菌，对蟹苗生长和存活率均有良好作用。陈应江等(1997)曾设 3 种处理。处理 1：泼洒光合细菌(含活菌量 1×10^9 个/mL) 5g/m^3；处理 2：泼施光合细菌 10g/m^3；处理 3：不施光合细菌(对照)。每种处理均投放蟹苗 2 千克。结果表明：经泼施光合细菌的养殖池水质均有改善，明显降低了水中 NH_3—N、NO_2—N 等有害物质浓度。蟹苗蜕壳能顺利完成，生长整齐度和存活率均明显高于对照。

王怡平等(1999)采用凝胶包埋法将球形红假单胞菌和荚膜红假单胞菌两种光合细菌(均浓缩至活菌含量达 5×10^{10} 个/mL)固定起来，制成复合光合细菌小颗粒，并与含菌量相同的游离态光合细菌分别投入中华绒螯蟹育苗池中。结果显示：①与投放游离态光合细菌的相比，固定化光合细菌不易受养殖水体中各种复杂因素的影响，既不会被蟹苗吞食，也不会因流水而流失，只需一次性投入便可连续重复使用，而且凝胶珠中的微环境更有利于光合细菌发挥净化水质的作用。②投入固定化光合细菌的池中，10 天溞苗存活率为40.6%，比不投施光合细菌的提高 15.7%，比只投施游离态光合细菌的提高11.2%。从最终大眼幼体育成率看，投施固定化光合细菌的比对照池多产大眼幼体23.25万个，比投施游离态光合细菌的池多产 15.75 万个。

三、光合细菌在龟、鳖养殖中的作用

黄金林等(2000)在稚龟养殖中，于试验组中投喂 1%光合细菌浓缩液，结果与对照组相比，平均每只稚龟增重 248.19 克，成活率提高 10%，并且净化了水体。

另有试验表明，在温室养鳖中使用光合细菌收益颇大。方法是每天在饲料中添加 4%的光合细菌菌液，全池泼施。首次使用量为 20mg/L 或 40mg/L，以后每天用 2mg/L 或 4mg/L。结果与对照池的相比，池中 COD、NH_3－N、硫化物等均明显降低，而溶氧量增高；稚鳖增重率比对照组高 75%，幼鳖增重率高 20.2%～22.2%，成鳖增重率高 16.4%～17.7%。由于水质良好，鳖显们活泼好动，个体大，发病率低。而对照组的鳖发生有穿孔病、红底板病、红脖子病、腐皮病、水霉病等，个体小，体质差。

姚志军等(1996)在 3 个面积为 20.2 米^2、水深 1.5 米的水泥池中，每池放养 75 只鳖种。所用饵料由脱脂鱼粉、饼粕、鱼肝油、多维素、无机盐、黏合剂等组成。所用光合细菌为沼泽红假单胞菌(活菌含量为 28 亿～30 亿个/L)。在 1 号池中投喂拌有占饵料干重 30%的光合细菌，制成软颗粒状，日投饵率为鳖鱼体重的 4%左右，以鳖在 2 小时内吃完为准，适当增减；2 号池投喂不加光合细菌的同一配方的饵料，制法和投喂量同 1 号池；3 号池则投喂以鲜活小杂鱼和动物下脚料(切成小块)，日投饵率为 15%左右。每日投饵前清洗饵料台，每 6～7 天换水 1 次，控制水温在(30±1)℃。每日开机增氧。经过 3 个月试养后，结果表明，饲喂有光合细菌的 1 号池中每只鳖的日均增重率最高，达1.47%，其次为 2 号池无光合细菌的纯配料组，只饲喂动物性饵料的 3 号池最差。规格亦为 1 号池的鳖最大，分别比 2、3 号池的提高 19.0%和 31.6%。饵料系数则以 1 号池的最低，分别比 2 号和 3 号池的低 25.4%和 78.2%(表 1-16)。

表 1-16　光合细菌对鳖生长的促进效果

组　别	平均初始重(g/只)	平均终末重(g/只)	日均增重(g/只)	增重倍数	每只日均增重率(%)	饵料系数
1号	215	500	4.75	3.32	1.47	2.14
2号	220	420	3.30	1.960	0.87	2.87
3号	213	380	2.78	1.78	0.78	9.81

王育锋等(1996)考虑到甲鱼养殖中水质极易败坏,要经常更换池水,而甲鱼生性又胆小,尤怕惊扰,常换水多少会影响甲鱼的正常活动和生长。因此,他们在温室设计建造甲鱼养殖池中,采用室外注菌、管输加压、池底铺管、多孔喷洒光合细菌的工艺。方法是通过光合细菌底施机,每周在池底施1次光合细菌,每次使养殖水体中含有活光合细菌120亿～150亿个/m^3。采用此法养殖甲鱼,无须经常换水。结果是:①在无惊扰条件下调整和改善了水质,使施用光合细菌的池底水质由初始硫化物含量为28.4mg/L、NH_3-N 71.28mg/L、H_2S 2.4mg/L分别降为0.36mg/L、0.56mg/L和0.1mg/L。施菌池基本消除了臭味,水质爽绿。而未施用光合细菌的对照组则相反,上述物质分别比初始时的浓度增加39%、17%和59%。②通过每2～4天在投饵时配合泼施1次光合细菌,使池水中含活菌量为120亿个/m^3左右,每天投喂采用光合细菌培育的轮虫和水蚤类的稚甲鱼,经150天越冬温室培育,成活率高达92%;而未施用光合细菌的对照组成活率仅为71%。说明光合细菌明显提高了稚甲鱼越冬培育成活率。③喂养甲鱼时,按每千克干饵料喷拌40毫升(约100亿个活菌)光合细菌,明显提高甲鱼食欲,改善其消化功能,饵料系数比对照组的降低15%左右。日均增重达1.6～1.8g/只,比对照组的提高88.8%以上。

四、光合细菌在刺参育苗中的作用

在海参育苗过程中,由于集约化育苗的密度大、水温高、周期长,加上排泄物和残饵的积累,往往会造成微生物大量繁殖,水中溶解氧下降,pH值、COD和NH_3-N上升,导致参苗疾病频繁发生,严重影响参苗生长和发育,甚至造成幼参大量死亡。为了解决这一难题,通常是采用换水和倒池两种方法,但这些方法会给幼参带来机械损伤以及环境变化太大。王立超等(2005)采用野生参为试材,在育苗厂中进行光合细菌应用试验。试验分两个阶段:第一阶段是在海参小耳幼体到樽形幼虫阶段,选1号和2号池为光合细菌试验组,3号和4号池为对照组;第二阶段为海参附着后的稚参、幼参的培育阶段,选10号和

11号池为光合细菌试验组；12号和13号池为对照组。在第一阶段试验中，每天上午8时开始换水，换水后投饵，紧接着以 2×10^{-6} 的量在1号、2号试验池中投喂光合细菌，均匀泼施，试验期间均不倒池，用吸底方式除去水中杂质、残饵和死亡个体。第二阶段试验中，每天下午5时投饵1次，紧接着以 4×10^{-6} 的量在10号、11号池中投喂光合细菌，此后停循环水2小时，其中试验组每10天倒池1次，对照组每7天倒池1次。结果表明，第一阶段试验组刺参幼体的发育比对照组的好，成活率高，单位水体出苗量明显增加（表1-17）；幼体培育过程中，对照组幼苗出现胃萎缩、烂胃等现象，并且有不少幼体活力减弱，出现下沉现象。第二阶段的试验组海参成活率亦明显高于对照组（表1-18），而且生长速度快，苗规格大，不发病；在高温期，试验组没有臭池现象，而对照组则出现臭池现象，而且滑板和溃烂现象特别严重；当时水温处于高温期，试验组的10号、11号池中的桡足类生物明显少于对照组的12号、13号池，其原因可能是光合细菌改善了水质，破坏了桡足类生物的生存环境，从而抑制了桡足类生物的生长。两阶段的试验结果均表明，光合细菌能改善海参育苗池的生态环境，从而可以减少换水或倒池次数，减少对幼苗的机械损伤，同时增强海参幼体的抗病力，明显提高海参幼苗的成活率。

李君华等（2013）在刺参养殖中，采用光合细菌（荚膜红假单胞菌）和枯草芽孢杆菌联合投喂，结果发现用混合菌投喂优于各自单一菌剂投喂的。在枯草芽孢杆菌和光合细菌的投喂浓度以 1.86×10^5 和 1.75×10^4 个/mL 搭配时，协同作用效果最优。在该组合作用下，水体中COD、NH_4^+-N 和 NO_2^-—N含量均显著地低于未施用菌剂的对照组的，其中 NH_4^+—N 和 NO_2^-—N 含量比对照组的降低48%和60%，刺参特定生长率最大（0.76%/d），比对照组的提高56.8%，成活率亦最高，达97.8%；刺参肠道蛋白酶和淀粉酶活性也最高，分别比对照组的提高149%和44.82%；体腔液中与免疫功能有关的酶，如SOD活性亦最高，达65.16U/mL，比对照组的高37%，对碱性磷酸酶和溶菌酶活性的影响虽然较小，但其活性仍均高于对照组。上述结果说明光合细菌和枯草芽孢杆菌合理搭配投喂，能有效地改善养殖水体的环境，提高刺参消化酶活性和免疫力，利于刺参生长。

表 1-17　第一阶段光合细菌对海参小耳幼体生长的影响

组别	池别	培养水体（m^3）	受精卵密度（个/mL）	小耳幼体密度（个/mL）	出苗量（头/m^3）	平均出苗量（头/m^3）	成活率（%）	平均成活率（%）
试验组	1	25	1.3	0.42	52 752	59 976	12.56	11.88
	2	25	1.3	0.60	67 200		11.2	
对照组	3	25	1.3	0.63	47 250	35 000	7.5	6.025
	4	25	1.3	0.50	22 750		4.55	

表 1-18　第二阶段光合细菌对海参的稚参和幼参生长的影响

组别	池号	7月20日苗数（万头）	10月20日苗数			成活率（%）	平均成活率（%）
			规格（头/kg）	数量（头）	总数量（头）		
试验组	10	50	50	8 378	257 295	51.46	33.02
			150	73617			
			350	29 460			
			500	125 840			
	11	50	50	5 443	72 908	14.58	
			150	25 668			
			350	14371			
			500	27 426			
对照组	12	50	50	801	43 077	8.62	7.66
			150	10 261			
			350	10 504			
			500	215 110			
	13	50	50	258	33 426	6.69	
			150	9 978			
			350	7 951			
			500	15 237			

五、光合细菌在蚌贝类养殖中的作用

鞠文(2002)在浙江诸暨王家井水产珍珠养殖场进行在池塘蚌鱼混养中应

用光合细菌的试验。供试池塘面积共 13.33 公顷。6.67 公顷为光合细菌应用塘，6.67 公顷为对照塘，养殖管理条件相同。2000 年 6 月下旬至 9 月下旬对供试塘泼施光合细菌，总用量为 1 500 千克菌液；2001 年 5 月中旬至 10 月中旬再次泼施光合细菌，总用量为 2 000 千克菌液。主要是根据天气、水质变化和养殖池水生生物生长情况而适时泼施光合细菌。结果表明：①应用光合细菌者，从珍珠蚌个体生长规格看，应用光合细菌的一龄蚌为 12～13 厘米，二龄蚌为 15～16 厘米；对照塘的一龄蚌为 11～12 厘米，二龄蚌为 14 厘米。②从每只蚌的珍珠重量看，应用塘中一龄蚌中的为 5 克，二龄蚌中的为 12 克；对照塘中一龄蚌中的为 4.5 克，二龄蚌中的为 10.5 克；而且应用塘的蚌所产珍珠的圆润度和光泽好于对照塘。③混养的银鲫和鳜鱼成活率、个体规格等也是应用塘的明显高于对照塘。④2 年内，应用塘的珍珠和鱼的每 667 米^2 产量均远高于对照塘（表 1-19）。⑤应用塘中每 667 米^2 珍珠产值为 3 045.35 元，对照塘的为2 550.24 元，应用塘珍珠产值比对照塘高 19.49%；应用塘的鱼每 667 米^2 产值为 1 708.30 元，对照塘的为 1 356.30 元，前者比后者高 26.0%。两者分别合计，应用塘的每 667 米^2 总产值为 4 753.65 元，对照塘的为 3 906.54 元。前者比后者增加 21.7%。

表 1-19　光合细菌对珍珠和混养鱼 667 米^2 产量的影响

	PSB 应用塘		对照塘		应用塘比对照塘增长（±%）	
	珍珠（kg）	鱼类（kg）	珍珠（kg）	鱼类（kg）	珍珠（kg）	鱼类（kg）
2000 年	21.5	160	18.5	135	+16.2	+8.5
2001 年	一龄 2.43	102	一龄 2.14	87		+17.2
	二龄 7.11		二龄 6.10			
	小计 9.54		小计 8.24		+15.8	

安树升等（1996）采用以红假单胞菌为主体的混合光合细菌饲喂海湾扇贝幼体。使用 8 个 8.6 米^2 的水泥培育池。各池投喂的单胞藻种类（湛江叉鞭金藻、新月菱形藻和扁藻）和数量均相同。单胞藻分 6 次投喂，平均 4 个小时投喂 1 次。光合细菌每日投喂含量分别为 10ppm、20ppm 和 30ppm，分 2 次投喂，平均每 12 小时投喂 1 次。结果表明：①使用光合细菌与单胞藻混合投喂海湾扇贝幼体的效果明显优于单纯投喂单胞藻的，并且证明，光合细菌与单胞藻混合投喂，对海湾扇贝幼体的生长发育起着十分重要的作用。其中以采用 20ppm 光合细菌与单胞藻混合饲喂的效果最佳。其中，混合饲喂光合细菌的 D 形幼虫日增长率为 10.3%，稚贝日增长率为 14.8%，稚贝附着变态率为

24.1%，比单纯投喂单胞藻的分别提高了28.8%、62.6%和344.4%。②由于光合细菌具有很好的净化水质的能力，因此由常规育苗每天需换水2～3次，每次换水1/3～1/2，混投光合细菌后，变为每天只换水2次，每次换水1/6～1/3，节省了劳动量和用水等成本。③常规育苗在23℃条件下，D形幼虫培育7～10天才出现眼点，开始附着，而混投光合细菌的，D形幼虫只用6～7天便开始附着，缩短了育苗时间，提高了效益。

刘志刚等(1998)使用属于红螺菌属和红假单胞菌属的混合光合细菌以及单胞藻(湛江叉鞭金藻和亚心形扁藻)饲喂马氏珠母贝苗。试验结果亦表明：①单独投喂光合细菌的，幼虫能生长发育并附着变态形成稚贝，但其长速、稚贝总育成率低于单独投喂单胞藻的。其原因可能有：光合细菌虽富含很高的营养物质，但对幼虫所需要足够的高度不饱和脂肪酸如亚麻酸和亚油酸等较为缺乏；光合细菌培养液中某些成分可能对幼虫有一定不良影响。但是，②当光合细菌和单胞藻混合投喂时，可能由于营养上的互补作用，上述不良影响便不再发生，并且幼虫的长速、稚贝总育成率均高于单独投喂单胞藻的。可见使用光合细菌培育贝苗时，不宜单独使用，应与单胞藻混用才能有效发挥其促进贝苗生长之作用。③光合细菌与单胞藻混合投喂时，在眼点幼虫未出现前可以不换水以节约成本，但在眼点幼虫出现后便须换水以提高幼虫附着率和育成率。

薛超波等(2004)对光合细菌应用于贝类养殖的效果归纳有如下几种作用：①净化养贝池水质；②可作为饵料添加剂，促进幼体变态和发育，但不宜单纯使用光合细菌为贝类幼体的开口饵料，因如前所述，其所含贝类幼体极需要的亚油酸和亚麻油酸的量很低；③光合细菌能促进亲贝的性腺发育，山东海洋水产研究所使用光合细菌投喂扇贝亲贝，结果发现使用光合细菌的比不使用光合细菌的提前产卵3～4天；④光合细菌能预防贝类疾病发生；⑤使用光合细菌时，最好采用固定化的光合细菌，因育贝幼体时要常换水，游离态光合细菌极易随水流失，固定在载体上的光合细菌就不易随水流失，可反复使用。

六、光合细菌对饵料生物的作用

光合细菌对水产动物成活率和生长等的提高有如此良好的作用，其原因除了光合细菌含有丰富的营养物质外，它还能促进养殖水体中可供作水产动物天然饵料的水生生物的生长量。

微型的浮游动物如枝角类、轮虫、卤虫(丰年虫)等是鱼苗、虾苗、蟹苗等的生长所不可缺乏的初期饵料。施用光合细菌培养这些饵料生物具有促进其生长繁殖的作用。采用饵料发酵物培养的轮虫，其质量与天然的有异，几乎不含类胡萝卜素。如果用它作饵料饲喂日本特产的油香鱼时，往往会使油香鱼患上夜盲症，鱼体常会碰撞池壁，影响其正常生长发育。但用光合细菌饲养轮虫，其体内含有多量的类胡萝卜素，可有效地预防这种疾病，而且轮虫密度可达 500～1 000 个/mL 以上。

用光合细菌培养卤虫，可提高其孵化率。1 个月后又可产卵，可多次重复增殖，从而可以减少购买价格昂贵的卤虫卵。

魏文志和陈立(2004)使用红假单胞菌属的光合细菌为浮游生物的开口生物饵料喂养卤虫。光合细菌投放量占养殖水体的 0.1%、0.3%和 0.5%。结果是添加上述不同用量的光合细菌饲喂的卤虫，成活率分别比对照组的高 18.10%、27.61%和 25.71%。卤虫平均体长比对照组的高 16.26%、83.74%和 109.17%。卤虫内禀增长率也显著地高于对照组(表 1-20)。

表 1-20　不同含量的光合细菌对卤虫生长的影响

	卤虫成活率(%)	卤虫平均体长(mm)	卤虫内禀增长率
0.0%PSB(CK)	70.00±4.243	2.811±0.691	0.105±0.015
0.1%PSB	82.64±2.867	4.571±0.457	0.139±0.007
0.3%PSB	89.33±1.700	5.165±0.851	0.174±0.078
0.5%PSB	88.00±3.266	5.902±0.564	0.156±0.006

对卤虫蛋白质和氨基酸等含量所做分析亦表明，施用上述不同浓度的光合细菌喂养的卤虫所含蛋白质分别比对照组的高 11.6%、13.3%和 8.5%；氨基酸总含量分别比对照组的高 7.64%、0.27%和 2.77%。这表明光合细菌不仅促进了卤虫的生长，还提高了卤虫的营养价值。

卤虫幼体能摄食的最大饵料颗粒为 25～320 微米，成体能摄食的最大饵料颗粒为 40～50 微米，而光合细菌菌体大小为 0.4～4 微米，极易为卤虫所食和非常适合。光合细菌对卤虫的投喂量以 0.3%为宜。

轮虫也是鱼、虾、蟹类人工育苗幼体阶段重要的活饵料之一。近年用面包酵母单独投喂轮虫，可获高产，而且酵母来源广，贮运方便。但发现只用酵母投喂轮虫，培养过程易出现延滞期，而且培育出来的轮虫个体小，饵料价值尚需提高。因此，姚雪梅等(2003)采用光合细菌(红假单胞菌属的混合菌，密度为 50 亿个/mL)和面包酵母和螺旋藻粉等混合投喂轮虫。结果表明，投喂适宜量的光合细菌的轮虫增殖明显加快；投喂光合细菌新鲜培养物(接种后培养 7～14 天的)与老培养物(接种培养后 4 个月的)对轮虫的增殖效果相近；当光合细菌配合酵母、螺旋藻粉等投喂轮虫时，效果最佳，因为三者在饵料营养上起到了良好的互补作用。

庄惠如等（1997）在鱼塘中施用一种嗜酸红假单胞菌〔含菌量为(2.4～2.5)×10^9 个/mL〕后，第 15～30 天检测池中浮游植物的种类和含量的变化。结果发现，施用光合细菌后，夏季鱼塘中水花蓝藻类的暴发性过量增殖受到有效限制；而绿藻、硅藻等藻类种类和数量明显增加，浮游植物种类的多样性相应获得提高；因而优势种群中，鱼类适口性藻类种类增加，有害种类减少。他们认为，光合细菌对浮游植物的影响是间接起作用的。光合细菌对塘鱼之所以有增产作用，原因之一就是通过净化水质，控制有害蓝藻的发展，增加浮游植物生物量，提高鱼塘原初生产力，从而使鱼获得丰产。

多刺裸腹蚤俗称"红虫"，是一种常见的淡水枝角类，营养价值高而且易被鱼类消化，是广泛用作淡水鱼虾蟹苗种生产的活饵料。光合细菌对它的生长繁殖同样有很明显的促进作用(陆建学等，2007)。但光合细菌(沼泽红假单胞菌)的施用量在合适浓度时对多刺裸腹蚤的增长才有促进作用，施用浓度太高则不仅无促进效果，反而会抑制多刺裸腹蚤的生长。例如，陆建学等(2007)发现当沼泽红假单胞菌施用浓度为 16mg/L 和 32mg/L 时，多刺裸腹蚤的生殖量显著地高于对照组，其平均值分别为对照组的 1.54 倍和 1.40 倍；但当施用浓度高达 900mg/L 时，多刺裸腹蚤的生长繁殖便受到严重抑制。

七、光合细菌能提高水产动物的抗病力

1965 年，日本静冈县因发生鳗鱼"贫血病"，使养鳗业损失惨重，而少数池因投施有光合细菌，鳗鱼却生长正常，未染此种病。后来的研究结果认为可能是光合细菌中所富含的叶酸起到了防止鳗鱼贫血病的作用。

日本曾进行过光合细菌对虾镰刀霉菌的拮抗试验，结果发现，稀释 3 000 倍的光合细菌(原含菌量 10^9 个/mL)菌液便可将镰刀霉菌杀灭。鲫鱼、鲤鱼、红鲤等发生的"穿孔病"，亦可预先把它们置于稀释 5 倍的光合细菌(原含菌量 10^9 个/mL)菌液中，药浴后再放入含光合细菌 500 倍稀释液的水槽中放养 5～7 天，便可得到有效治疗。

无锡市海得生物工程有限公司研发部采用光合细菌防治鲫鱼病害，把 32 尾鲫鱼分成 A、B、C、D 4 组，每组 8 尾。其中，A、B、C 为施菌试验组，D 为空白对照组。将嗜水气单胞菌接种于蛋白胨培养液中培养并适当稀释后，用无菌针筒吸取 10^{-4} 稀释液，分别注入 A、B、C 组鲫鱼的胸鳍基部内，每尾 0.5 毫升。注射后回感第二天后，待鲫鱼出现症状，即采用光合细菌治疗。A 组病鱼

在稀释10倍的光合细菌菌液中浸泡20分钟，而后放入含有5mg/L光合细菌的水族缸水中；B组病鱼直接放入含5mg/L光合细菌的水族缸水中；C组病鱼不做任何处理。其中，C、D组均不加入光合细菌，而且均连续数天不换水。试验结果表明，注射回感的第二天，A、B、C组的鲫鱼腹部略微膨胀，呈现几块红斑，肛门红肿，鳍基充血，肝脏破坏，鳞片脱落。经光合细菌防治后的第一天，A组病鱼病灶缩小，B组病鱼基本上无变化，C组病鱼病灶明显；到第二天，A组病鱼病灶全部消失，活动正常，B组病鱼基本恢复健康，而C组病鱼则全部死亡。未染病的D组仍全部正常。

夏天常发生鲤鱼鳃腐病，主要是由一种黏液细菌 *Chondrococcus columnaris* 的寄生引起的。若在发病前或发病初期，即投喂光合细菌，使鱼池中非病原性微生物大量繁殖，形成对鱼、虾生长有利的微生物群落，即可有效地预防和抑制鳃腐病的发生和蔓延。

尹伦甫等(2004)采用分离病原细菌并经培养使其对健康金鱼进行攻毒的方法，获得有显著烂鳃病症的鱼16尾，随机平均放入4个鱼缸内，编号为W、X、Y、Z。治疗方案为：W组泼施亚甲基蓝溶液，浓度为2mg/L，24小时后换水，隔天1次，连续3次；X、Y、Z组施用光合细菌菌液，投放量分别占蓄水量的2%、4%和6%，每2天投施1次，连续施用。治疗期间，管理与饵料投喂按常规进行。15天后发现，随光合细菌施用量的增加，鱼病治愈率呈上升趋势；当光合细菌投施量为6%时，能立即抑制病情，并且慢慢全部治愈。施用光合细菌者，疗程比用亚甲基蓝的长，但鱼病治愈后无痕迹。

在梭子蟹育苗中，通常大量使用抗生素药物防病，结果导致梭子蟹生长缓慢，并且有抗药性，成本高，效益低。丁志起等(2004)改用光合细菌代替抗生素培育梭子蟹苗，把光合细菌和常用饵料配合投喂。结果表明：①共育出Ⅱ期幼蟹190.5万只，平均每立方米水体出幼蟹3.17万只，培育成活率为35%。②育苗期间从蚤状幼体→大眼幼体→幼蟹各个阶段变态顺利，没有发生病变和不良反应。幼蟹大小均匀，体表光滑，附肢完整，无病无伤，游泳能力强。③整个育苗期间，水质清新，水体无异味，不变质，前期不须换水，后期少量换水。可见光合细菌代替抗生素培育蟹苗有很好的效果。

虹鳟鱼是喜氧鱼类，对水中溶氧浓度要求在5mg/L以上，对其进行高密度精养时，由于需要投喂大量饲料，因此池水中总磷、总氮、氨态氮和硫化氢等含量均很高，远远超过普通池塘养鱼水中的指标，极易发生水体富营养化，造成藻类大量增殖，产生毒素和缺氧，导致鱼病发生。对此，祝莹等(2009)先采用臭氧处理再配放复合光合细菌，结果有效地防治了虹鳟鱼的多种疾病。他们在先用臭氧每隔4天左右处理1次虹鳟鱼池水后,次日便投放5%的复合光合细菌,对虹鳟鱼的烂鳃病和水霉病等的治疗效果最佳,如果每隔1周用臭氧处理水体1次,次日只需投放1%的光合细菌便可有效地预防水霉病和烂鳃病的发生。因为采用臭氧处理,既可杀灭病菌,又能增加水中含氧量,但由于臭氧对水中有益菌也会杀灭,故于次日必须及时投放光合细菌便可克服此弊端,而且光合细菌本身又能提高鱼的抗病力。

综上所述可见,光合细菌在防治水产动物某些疾病方面有很明显效果。其原因可能有以下几方面:

第一,光合细菌对某些危害水生动物的病原菌有明显的抑制作用。一种菌对另一种菌的抑制作用大概有两种方式,一是分泌拮抗物质,二是自身的生长代谢占优势。易力和汪洋(2008)的研究表明,他们所采用的4株光合细菌即荚膜红假单胞菌、球形红假单胞菌、沼泽红假单胞菌和胶质红假单胞菌等菌液经离心分离后所得上清液(主要含菌体的代谢分泌物)对温和气单胞菌、嗜水气单胞菌、溶藻弧菌、恶臭假单胞菌、副溶血弧菌和伤寒沙门氏菌等水产动物病原菌的生长繁殖有明显的抑制作用;对铜绿假单胞菌、金黄色葡萄球菌、大肠埃希氏菌、枯草芽孢杆菌等人体条件致病菌性细菌亦有较好的抑制作用(表1-21)

表1-21 4株光合细菌在细胞上清液的抑菌效果

指标菌	抑菌圈平均直径(mm)			
	荚膜红假单胞菌	球形红假单胞菌	胶质红假单胞菌	沼泽红假单胞菌
温和气单胞菌	10.6	9.8	10.5	10.0
嗜水气单胞菌	10.5	10.5	10.6	10.4
溶藻弧菌	12.0	10.2	11.3	10.0
恶臭假单胞菌	12.0	11.0	12.0	11.0
副溶血弧菌	13.0	11.2	11.3	11.0
铜绿假单胞菌	11.0	10.0	10.5	9.5
金黄色葡萄球菌	9.4	9.0	10.5	9.0
大肠埃希氏菌	11.0	9.0	11.0	10.0
枯草芽孢杆菌	8.7	8.1	7.5	8.2
伤寒沙门氏菌	11.0	9.8	10.5	10.5

邱宏满等(2003)亦曾发现耐盐荚膜红假单胞菌的无菌滤液(只含代谢产

物）对弧菌属、气单胞菌属和假单胞菌属等水生动物致病菌均有明显抑制作用。并且发现该无菌滤液中的抑菌物质为荚膜红假单胞菌分泌的小分子热稳定的肽。国外学者 Burgess 等亦曾报道一株海洋光合细菌（绛红着色菌）对酿酒酵母具有抑制作用，并且从中分离获得两种具有抑菌活性的有色化合物，其抗菌产物最高活性部位位于细胞内的色素部分。Hirotani 等从荚膜红假单胞菌细胞中提取出顺式 11-十八烯酸，该烯酸具有抗病毒和抗噬菌体的活性。刘勇等的研究还表明，光合细菌中的寡聚核苷酸对病原菌亦有较好的抑制作用。易力和汪洋认为光合细菌培养至对数生长期后，便逐渐产生拮抗物质并分泌到细胞外，抑制病原菌生长。认为这是一些具有蛋白质特性的物质，称之为细菌素，是最常见的一类抗菌肽。还有人认为光合细菌分泌的胰蛋白水解酶在防止疾病发生中可能亦起重要作用。但是，张信娣等（2008）采用嗜酸红假单胞菌、球形红假单胞菌和桃红荚硫菌等 3 株光合细菌，研究它们对能使鱼类发生败血症的嗜水气单胞菌和豚鼠气单胞菌的抑制效果。结果发现，其中只有球形红假单胞菌的代谢分泌物对嗜水气单胞菌的生长有微弱的抑制作用，其余 2 株光合细菌代谢分泌物无此种抑制作用。但当这 3 株光合细菌与这两种病原菌共同培养时，由于光合细菌的代谢生长占优势，对这两种病原菌的生长繁殖均有明显的抑制，尤以球形红假单胞菌的抑制作用最强。因此，他们认为这 3 株光合细菌是通过生长和代谢优势进行空间和营养物质的争夺来阻止病原菌的增殖的。

不管光合细菌对水产动物病原菌是采取什么方式进行抑制的，它们对致病菌确有明显抑制作用，从而对水产动物疾病的防治起重要作用。

第一，据日本东京大学的研究者推测，可能是光合细菌促进了水体中放线菌的增殖，从而抑制了致病菌的活动。因为当池塘施用光合细菌后，其放线菌/病菌的比例显著增大。

第二，光合细菌改善了鱼、虾类肠道微生物群的结构。王梦亮等（1999）发现对鲤鱼投喂光合细菌（沼泽红假单胞菌，活菌数为 1.6×10^9 个/mL）后，鲤鱼肠道中光合细菌最高检出数为 4.78 ± 0.75（Log^n/g 肠道内容物），肠中大肠杆菌、拟杆菌等数量明显低于不喂光合细菌的对照组，而有益的乳酸杆菌显著高于对照组，气单胞菌、双歧杆菌等益生菌亦有增多趋势。同时，光合细菌还可以使肠道内的淀粉酶和蛋白酶等活性分别比对照组的提高 2.68 倍和 2.94 倍。可见，光合细菌有抑制肠道内大肠杆菌和拟杆菌的增殖，使肠道中微生物数量通过其他微生物，特别是有益微生物的增加而达到新的平衡状态。在动物肠道中，大肠杆菌和拟杆菌本是正常菌群的一员，但对某些血清型在一定条件下会成为病原菌，引起动物出现肠道疾病，而光合细菌则有助于降低肠道疾病的发生率；而且，肠道中淀粉酶和蛋白酶等活性的明显提高，有利于增强鱼类对食物的消化功能，这也有利于提高鱼的抗病能力。

第三，光合细菌能明显提高水生动物的免疫功能。鱼的非特异性免疫水平是以溶菌酶活性的高低为标志的。因为水生动物体内的溶菌酶是一种重要的非特异性防御因子，特别是鱼的生理防御水平的一个重要标志。沈锦玉等(2004)发现，将光合细菌添加至饵料中饲喂鲫鱼和罗非鱼后，鱼的血清中溶菌酶活性明显高于未喂光合细菌的对照组。例如，在鲫鱼和罗非鱼的饵料中添加5%的光合细菌，其血清中溶菌酶活性分别为对照组鱼的10.7倍和11.3倍。

八、光合细菌在鱼种运输中的保护作用

在鱼种运输过程中，常会发生鱼种死亡现象。为解决此问题，王立华等(1997)曾选用一龄健康鲤鱼种做试验。鱼种规格为83～85g/尾。试验设计有3种：

第一，实验室内选用1号、2号、3号三个水槽作模拟运输鱼种试验。1号槽为对照组，放鱼种5kg；2号槽投放经浓缩为含菌量达1×10^{15}个/mL的游离态光合细菌菌液0.5kg，再放鱼种5kg；3号槽放入2kg固定化光合细菌，再放入5千克鱼种。两次模拟运输试验均在相同条件下进行96小时。结果表明，1号对照组放鱼后，鱼上浮、水质逐渐变混，24小时死鱼0.5千克，48小时死鱼1.5千克，72小时死鱼2.8千克，96小时种鱼全部死亡，存活率为零，水质污染严重。2号槽因放有游离态光合细菌，故在48小时内无死鱼，72小时才有死鱼0.2千克，96小时死鱼0.3千克，存活率90%，水质比1号槽的稍好。3号槽放有固定化光合细菌，经96小时试验，均无死鱼，存活率100%，而且水质清新无味，水上略有白沫，鱼显活泼，不上浮。

第二，密封鱼篓运输鱼种试验。采用A、B、C三个密封运输鱼篓，每篓装水0.5米^3。A为对照篓，不投放光合细菌，放鱼种250千克；B篓中投放含菌量1×10^{15}个/mL的游离态光合细菌菌液1千克和鱼种250千克；C篓中投放固定化光合细菌2.5千克和鱼种275千克。充氧后密封篓口，运输时水温18℃，气温24℃，由始点运至终点，需时为6小时左右。结果在到达终点后，A篓死鱼10千克；B篓死鱼2.25千克；C篓死鱼0.4千克。运输成活率为C篓比A篓的高14%，比B篓的高10.9%。C篓水质清新，鱼体活泼，水上有一层白沫。对水质检测结果表明，B篓水体COD值比A篓的降低17.4%，NH_3-N比A篓的降低63.8%；而C篓水体COD值比A篓的降低43.3%，NH_3-N比A篓

的降低71.4%。

第三，敞口篓运输鱼种试验。采用防水苫布做成 A、B、C 三个敞口篓。A 为对照组，放鱼种 250 千克；B 篓放入含菌量为 1×10^{15} 个/mL 的光合细菌菌液 1 千克和鱼种 250 千克；C 篓中投入 2.5 千克固定化光合细菌和鱼种 275 千克。在 25℃下，自始点至终点，运输时间为 2.5 小时。结果表明，A 篓死鱼 9.45 千克，水质混浊，鱼不活泼；B 篓死鱼 2 千克；C 篓鱼全部存活，水质清新，鱼显活泼，水面略有白沫，运输存活率比 A 篓的高 13.9%，比 B 篓的高 10.8%。

上述运输试验结果表明，在鱼种运输中，添加适量光合细菌对提高鱼种存活率有明显作用，其中以采用固定化光合细菌的效果最佳，还可提高运输鱼的密度。

九、在水产养殖中合理使用光合细菌产品的方法和注意事项

兹以光合细菌菌剂中总含菌量不少于 30 亿个/mL 和活菌量不少于 20 亿个/mL 为例。使用时需适当加水稀释后使用。据袁林建等(2010)总结养殖者之经验进行介绍，下列用量和方法可供参考。

第一，适时使用。使用光合细菌的适宜水温为 15℃～40℃，最适水温为 28℃～36℃。故应在水温达 20℃以上时使用最好；并且尽可能在晴天上午阳光充足时使用，让光合细菌在水中能迅速形成优势群落，才能发挥最佳效果。阴雨天一般最好不使用，但并非绝不能使用，当遇长期阴雨天时，也可在阴雨天施用，尤其在种苗期使用光合细菌时，更不必拘泥于天气，否则会对种苗造成不良后果。

第二，看水质使用。应看水质肥瘦情况使用光合细菌。水肥时使用光合细菌可促进有机污染物转化，避免有毒物质积累，可改善水体环境和培育天然饵料(如浮游生物)，保证水体溶氧。水瘦时要先施肥再使用光合细菌，这样才能有利于光合细菌在水体中的活力和生长繁殖优势，降低使用成本。

酸性水质不利于光合细菌生长，因此必须先施用石灰，调节水质 pH 值在 7.0 左右再使用光合细菌。

第三，酌量使用。

一是光合细菌用于鱼池水质净化时，选择水温在 20℃以上期间，按每立方米水体用 5～15 毫升的光合细菌菌液拌入已粉碎的干肥泥或沙中，混匀后撒入池塘中，以后每隔 20 天按每立方米水体用 3～5 毫升光合细菌对全池均匀泼洒。对特大面积的水体，若仅是局部水质变坏，可仅对其局部水体泼洒光

合细菌。对特大水体全池泼洒光合细菌时，用量可按标准用量的80%使用。

二是用作饲（饵）料添加剂喂养鱼、虾时，可按饲料投喂量的3%～5%拌入光合细菌。光合细菌菌液与饲料拌匀后直接投喂。如果使用的为固态光合细菌，可与饲（饵）料混匀后密封存放，供随时使用。例如繁育鱼、虾苗时，每立方米水体可使用固态光合细菌100克，间隔5～10天用1次；成鱼育肥时，首次可用7kg/667m^2，以后每667米^{2}用4～5千克，间隔10～15天用1次。

三是光合细菌用于鱼、虾等种苗繁育时，可在投施基肥后、种苗下池前1～2天（遇阴雨天时可提前3天）全池泼施光合细菌，每667米^{2}用量1～2千克。种苗下池前未使用光合细菌的，在种苗下池后应尽快泼施光合细菌。

种苗培育的第1个月，每隔10～15天泼施1次光合细菌，以后可每隔15～30天施用1次，每667米^{2}用量3～6千克。对于培育需要经常换水的水产动物幼苗来说，宜采用固定在载体上的固定化光合细菌。如此，光合细菌不易随换水而流失。

四是用于鱼、虾疾病防治时，可连续地定期使用。鱼池按每立方米水体用5～10mL浓缩光合细菌菌液，直接对全池泼施。但应注意，光合细菌对鱼、虾等水产动物主要有防病作用，对于已患病的水产动物就不能单靠光合细菌来治疗，必要时尚需使用其他药物治疗。

五是用于水质增肥时，可把按每立方米水体用2%～3%的光合细菌菌液与经过充分发酵的粪肥或化肥配合施用。如此，效果比单施粪肥或化肥更好，既可减少化肥施用量，又可防止水生藻类老化造成水质变坏。

六是药浴用量。为使鱼、虾幼苗提高免疫力，可在它们被投放池塘之前，使用加水稀释10倍的光合细菌菌液，把幼苗放入其中药浴15～20分钟，或在投放前先在稀释500倍的光合细菌水液中放养数天。

七是种鱼运输或暂存鲜活时，可按200～500mL/L的浓度使用光合细菌。

第四，避免与杀虫剂或灭菌剂（包括抗生素）等混合施用。因光合细菌是活菌，消毒用药物对它们也有杀灭作用，故切勿与消毒、杀虫等药物同时使用。一般要求在水体施用杀虫或灭菌剂后，必须至少经过1周后方可使用光合细菌，使光合细菌在水体中不受损而能迅速形成优势群体，才能抑制有害病原菌的生长，减少鱼、虾疾病发生。

第五，因地制宜，选择合适的光合细菌产品。鉴于市售光合细菌产品的种类有所不同，它们所适宜生长的水体条件亦有差异。例如，沼泽红假单胞菌适于在含低盐分的淡水中生长，对水体酸碱度要求也较低（pH值6.0左右）；而荚膜红假单胞菌适于在较高盐度的近海池塘的水体中生长，对水体酸碱度要求则较广。因此，在选用不同种类光合细菌的菌剂时，应了解其对水体特性的要求。内陆淡水池塘养殖时应选用适于淡水生长的光合细菌；近海含盐分较高的地区则宜选用适于在较高盐度水体生长的光合细菌；如此，使用效果才好。

第六，灵活掌握。上面推荐的光合细菌用量和方法仅供参考，因为这与光合细菌原菌液种类和含菌量有关。含菌量高的浓缩菌液使用量可适当减少，含菌量低的应增加，均需经过试验后才能确定。在使用上可用单一菌剂，也可使用两种以上的混合菌剂。例如，用作鱼、虾、贝、鳖、蟹等水泥池育苗与养殖用的水质改良剂，应选用紫色非硫细菌科和着色杆菌科的复合菌种，按水体容积，稀释成 5～10mL/L 做全池泼施，每隔 2～3 天施 1 次。养殖时则每隔 7～10 天施 1 次。

采用复合菌种比单一菌种好，尤其是作水质净化剂时更应如此。因为紫色非硫细菌能充分利用水体中所有小分子有机物，而着色杆菌科的光合细菌能利用水中的硫化物和 CO_2 等，各司其职，从而使水体中有机物、硫化物等得以充分利用而消除。

在使用方法上应注意连续性，光合细菌并非施用一两次便可，必须要让它在水中生长繁殖成占优势菌群才能有效，故必须在合适其生长繁殖的条件下连续施用；并且在施用前，将稀释的菌液置阳光下活化数小时至 10 多个小时后再行使用就更好。

十、光合细菌在水产养殖使用中存在的不足和改进意见

目前，光合细菌在水产养殖中的应用尚有不足之处须进一步深入研究和解决。

第一，市售菌液产品质量良莠不齐。有些不法厂家为达到盈利目的，对培养不好的劣质光合细菌，单位含菌量达不到所要求的标准指标，则加入色素调配；有的甚至将从有关可靠厂家生产的菌剂购回后，予以稀释，再添加些色素，分成若干桶后出售，严重降低含菌量，使用后不仅无效，甚至会损害养殖对象，严重侵犯用户利益。

有的厂家所用的培养液配方中纯度不高的化学物质较多，再加上微生物的代谢废物，把这些产品所含残留物投入水体中后，对养殖生物有无不利影响，尚需做进一步调查研究。王育峰等(1990)曾报道，光合细菌菌剂中的非菌体物质对夏花，特别是对鲢鱼、鳙鱼、草鱼等的生长有不利影响。为减少和避免此种不利影响，较为合理的方法之一是使用光合细菌浓缩产品，含菌量至少高于 30 亿个/mL。因为在光合细菌浓缩剂中，光合细菌有效成分浓度高、使

用时剂量少，带入培养基等残留成分和代谢废物量少，其负面影响就相对小得多。

有些生产厂家对其所培养的产品过分强调细菌含量而忽视其有效性。有的甚至标称每毫升（克）含菌量达100亿个或更多。这一含量是刚培养出来时的活菌含量，抑或是表示已放置了一段时间后再到用户手中使用时的活菌量，这是个含糊不清、很不科学的标示。因为微生物活菌在贮存过程中（尤其是在不合适环境中贮存）有相当一部分会老化死亡，随贮存时间延长，其活菌数便越低，何况有的产品上标示保质期为1年，在如此长的时间内，其活菌数还能存活多少？很值得怀疑！在光合细菌菌剂中，活菌数越高，使用后收到的效果就越好。因此在选购市售光合细菌产品时，必须注意其生产日期，以贮存不超过4个月的为好。越是新鲜的产品，效果就越好。最理想的办法是使用者自己掌握光合细菌的培养方法，从市上购回可靠厂家生产的菌剂作为菌种，自行扩养后立即使用。

有些光合细菌菌剂，混合有其他非光合细菌的菌类，组成复合微生物菌剂。这里要注意的是所组合的微生物种之间的相互作用，它们之间能否共生，有无拮抗作用？每种微生物在各自单独培养和保存时，可以保持各自的活性与功能，如果把它们混合在一起培养或保存，有的可以共生，但有的稍有不当便会发生拮抗作用甚至起化学反应而严重影响它们的活性。例如，光合细菌和某些酵母菌混合在一起时，两者便会很快起化学反应，产生沉淀，活菌数大量减少。

第二，使用方法有待进一步优化完善。在水产养殖中使用光合细菌的方法主要有二：全池泼施和用作添加剂拌入饲（饵）料中投喂。在具体实践中，光合细菌使用剂量、浓度、时间均无统一规范。特别是不同厂家生产的光合细菌菌剂中活菌数在使用者使用时到底还有多少？难以掌握。有的产品其实活菌含量达不到标准的5亿个/mL，但包装上却标示为30亿个/mL，甚至上百亿个/mL，给如何确定其有效的使用浓度带来许多困难。此外，因不同的养殖生物品种，不同的生长阶段，对光合细菌所要求的使用量应有所不同；光合细菌在什么情况下使用才好，亦无明确认识；许多试验都认为光合细菌能增加水体含氧量（DO），但有时在养殖水体发生缺氧较严重时投加光合细菌，不但对增加DO无效，反而会加剧缺氧；所以，使用光合细菌的方法，还需要完善。

在养殖池中施用化学消毒剂时，不了解或并未考虑到它们对包括光合细菌在内的有益微生物也一起被杀灭。因此，除光合细菌不能与化学消毒剂同时使用外，凡使用化学消毒剂后数天，必须及时补施光合细菌活菌制剂，尽快恢复水体中有益微生物群落。

第五章　光合细菌在畜禽养殖中的应用

第一节　生产绿色畜禽的技术准则

与水产动物一样，畜禽都是人类脂肪、蛋白质等营养物质的主要来源，是人们生活的必需食品。为了保证人工养殖的畜禽达到优质、无公害的绿色食品之要求，根据国家农业部对畜禽养殖的有关规定，除了对养殖场地的卫生条件、病疫防治、兽药使用等方面有严格要求外，对所用饲料和饲料添加剂的使用也有严格的准则。为此，中国绿色食品发展中心已制定了《绿色食品饲料添加剂使用准则》。根据该准则，畜、禽产品在申报绿色食品标志时，其饲料的种植基地、草原、放牧场所等环境，必须符合生产绿色食品对环境质量的要求。其饲料所需的作物也必须按绿色食品生产操作规程种植。其所用饲料的营养物质基础必须富含糖类、蛋白质、脂肪、各种矿物质(钙、磷、钾、镁、铁、铜、碘、钠、氯、锰、锌、硒)和各种维生素等。严格控制各种激素、抗生素、生长素、化学防腐剂、有害重金属(如砷、铅、铬、镉、汞)、化学农药等进入饲料中。

就食品添加剂来说，按 GB2760－1996“食品添加剂使用卫生标准”和 GB 12493－90“食品添加剂的分类和代码”的要求，生产绿色畜禽食品禁止使用的食品添加剂如表 1-22 所列。

如果要生产 A 级绿色食品，除了所用饲料原料已达到绿色食品标准的产品，禁止使用转基因方法生产的饲料原料，禁止使用以哺乳类动物为原料的动物性饲料产品(不包括奶及乳制品)饲喂反刍动物，禁止使用工业合成的油脂和畜禽粪便外，在食品添加剂方面，表 1-23 所列的添加剂均一律禁用。

表 1-22　生产绿色食品禁止使用的食品添加剂

类　别	食品添加剂名称
抗结剂	亚铁氰化钾(02、001)
抗氧化剂	4-己基间苯二酚(04、013)
漂白剂	硫磺(05、007)
膨松剂	硫酸铝钾(钾明矾)(06、004)
	硫酸铝铵(铵明矾)(06、005)
着色剂	赤藓红
	赤藓红铝色淀(08、003)
	新红
	新红铝色淀(08、004)
	二氧化钛(08、110)
	焦糖色(亚硫酸铵法)(08、109)焦糖色(加氨生产)(08、110)
护色剂	硝酸钠(钾)(09、001)
	亚硝酸钠(钾)(09、002)
乳化剂	山梨醇酐单油酸酯(司盘 80)(10、005)
	山梨醇酐单棕榈酸酯(司盘 40)(10、008)
	山梨醇酐单月桂酸酯(司盘 20)(10、015)
	聚氧乙烯山梨醇酐单油酸酯(吐温 80)(10、016)
	聚氧乙烯(20)—山梨醇酐单月桂酸酯(吐温 20)(10、025)
	聚氧乙烯(20)—山梨醇酯单棕榈酸酯(吐温 40)(10、026)
面粉处理剂	过氧化苯甲酸(13、001)

续表 1-22

类　别	食品添加剂名称
防腐剂	溴酸钾(13、001)
	苯甲酸(17、001)
	苯甲酸钠(17、1010)
	仲丁胺(17、011)
	桂醇(17、012)
	噻苯咪唑(17、018)
	过氧化氢(或过碳酸钠)(17、020)
	乙萘酚(17、021)
	联苯醚(17、022)
	2-苯基苯酚钠盐(17、023)
	4-苯基苯酚(17、024)
	五碳双缩醛(戊二醛)(17、025)
	十二烷基二甲溴化胺(新洁尔灭)(17、026)
	2、4-二氯苯氧乙酸(17、027)
甜味剂	糖精钠(19、001)
	环乙基氨基磺酸钠(甜蜜素)(19、002)

注:本表所列为目前禁用的食品添加剂种类,该名单将随国家新规定而修订。

表 1-23　生产 A 级绿色食品禁用的饲料添加剂

种　类	品　种	注
调味剂、香料	各种人工合成的调味剂和香料	
着色剂	各种人工合成的着色剂	
抗氧化剂	乙氧基喹啉、二丁基羟基甲苯	
	(BHT)、丁基羟茴香醚(BHA)	
黏结剂、抗结剂和稳定剂	羟甲基纤维素钠、聚氧乙烯 20、	
	山梨醇酐单油酸、聚丙烯酸树脂Ⅱ	
防腐剂	苯甲酸、苯甲酸钠	
非蛋白氮类	尿素、硫酸铵、液氮、磷酸氢二铵、磷酸二氢铵、缩二脲、异丁叉二脲、磷酸脲、羟甲基脲	反刍动物除外

用于畜禽养殖用水亦有严格要求，除了色度为12度，不得呈现其他异色，浑浊度为3度，不得有异臭、异味和无肉眼可见物，pH值为6.5～8.5外，对其他污染物的浓度（mg/L）要求为氟化物≤1.0，氰化物≤1.0，总砷≤0.05，总汞≤0.05，总镉≤0.001，总铅≤0.01，六价铬≤0.05；细菌总数为≤100个/mL，总大肠菌群≤3个/L。

综上所述可见，生产绿色畜禽食品，对饲料、饲料添加剂和饮用水的使用是非常严格的，唯独天然生长的无害微生物用作饲料添加剂不在被禁用之列。尤其是光合细菌，正如第四章所述，由于它富含各种营养成分并能净化水质，已证明它有高安全性，因此用作生产绿色食品畜禽的饲料和饮用水的添加剂是非常理想的。本章将重点介绍光合细菌作为饲料添加剂在生产绿色畜禽产品中的作用。

第二节　光合细菌在鸡养殖中的作用

如第四章中所述，光合细菌菌体蛋白质含量达60%以上，并富含多种维生素，尤其是维生素B_{12}、叶酸、生物素等含量为酵母菌的数千倍，还含有辅酶Q_{10}、抗病毒物质和生长促进因子等。以它作为饲料添加剂有利于促进畜、禽生长和增强动物抗病力；而且已知某些菌种（如红假单胞菌属的一些菌）长期应用，对动物生长和健康未见有任何危害，有高度安全性。现举数例说明光合细菌在禽类养殖中的应用效果。

一、光合细菌能提高雏鸡的成活率

据朱章玉等（1991）对笼养雏鸡的试验资料表明，采用光合细菌菌液加入饮用水中供雏鸡饮用，添加量分别为300毫升（试验组Ⅰ）、180毫升（试验组Ⅱ）和60毫升（试验组Ⅲ），对照组的饮用水中不加光合细菌。饲喂1个月后，与对照组的相比，组Ⅰ、Ⅱ和Ⅲ的每只雏鸡平均体重分别增重17.8%、14.4%和6.8%；存活率分别提高35.5%、6%和3%，而且饲喂光合细菌的雏鸡之爪、喙和皮肤等色泽特别靓丽，羽毛光亮，而对照组的雏鸡羽毛显灰暗。

常钟等（1994）以840只刚出壳的京白母雏平均分为4组，在同一鸡舍笼养，密度为70只/m^2。各组雏鸡均经马立克氏病疫苗和鸡瘟、鸡传染性支气管炎疫苗免疫。开食后前4天喂小米拌干料，以后只喂混合干料。前7天全天照光，每天喂8次，以后每天光照16小时，每天喂6次，饮用水中添加光合细菌；对照组鸡饮用水中添加庆大霉素和高锰酸钾的消毒水。试验结果是：在育雏阶段添加光合细菌于饮用水中投喂，显著提高了各试验组雏鸡的成活率。由表1-24可见，随饮用水中添加的光合细菌数量之增加，成活率相应提高。试验Ⅰ、Ⅱ、Ⅲ组雏鸡成活率比对照组的提高5.92%、8.49%和9.61%。

表1-24　光合细菌对雏鸡成活率的影响

组　别	对照组	试验组Ⅰ	试验组Ⅱ	试验组Ⅲ
试验鸡数(只)	210	210	210	210
PSB用量(%)	0	4	6	8
死亡鸡数(只)	22	11	6	4
成活率(%)	89.5	94.8	97.1	98.4

他们还选用健康的25日龄京白母雏鸡200只，平均分为4组，笼养，密度为16.6只/m^2。用鼻滴法使它们感染传染性法氏囊炎病毒。然后按上法饲喂，并且分别于各组饮用水中添加0%(对照)、6%、8%和10%的光合细菌。结果表明，光合细菌明显提高了雏鸡对疾病的抵抗力和雏鸡的成活率。试验组Ⅰ、Ⅱ、Ⅲ组雏鸡的成活率分别比对照组的提高11.4%、13.6%和9.1%(表1-25)。

表1-25　光合细菌对感染传染性法氏囊炎病毒的雏鸡成活率的影响

组　别	对照组	试验组Ⅰ	试验组Ⅱ	试验组Ⅲ
试验鸡数(只)	50	50	50	50
PSB用量(%)	0	6	8	10
死亡鸡数(只)	6	1	0	2
成活率(%)	88	98	100	96

二、光合细菌能提高蛋鸡的产蛋率

马玉胜等(1996)选用体重基本一致的健康蛋鸡400只，随机分成两组，每组200只。试验组鸡喂以100千克全价配合基础日粮中含有4 000毫升光合细菌菌液的饲料，对照组鸡只饲喂全价配合基础日粮。用开放式鸡舍三层阶梯式笼养。每天喂3次，自由采食、饮水，光照16小时，饲料计量不限量。经7天预试后，转入试验期30天。饲喂结果表明，添加光合细菌的试验组产蛋率比对照组的提高7.5%，差异显著；蛋重只提高0.19克，差异不显著；每产1千克蛋，试验组的比对照组的少耗料0.11千克，差异显著。在30天试验期内，添加光合细菌的每只鸡平均毛盈利 2.62 元，对照组每只鸡平均毛盈利 2.41 元，前者比后者提高经济效益 8.7%（表 1-26）。

表 1-26　添加光合细菌对蛋鸡产蛋量的影响

	只　数	试验天数（d）	产蛋总数（枚）	产蛋总重（kg）	产蛋量 $\overline{x}\pm S$	产蛋率（%）	蛋重 $\overline{x}\pm S$	耗料重（kg）	料蛋比
试验组	200	30	5 202	343.90	173.4±6.4	86.7	66.11±1.22	876.95	2.55：1
对照组	200	30	4 740	312.46	158.0±6.7	79.2	65.92±1.21	831.14	2.66：1

日本 Kobayashi 和 Kurata 用 180 只蛋鸡分为两组。其中一组做光合细菌喂养试验，在饲料中添加 0.01%光合细菌菌液，另一组为对照。连续饲养 6 个月的结果表明，添加光合细菌者，产蛋率比对照组的增加 15%～20%，而且卵黄中胡萝卜素和维生素 A 含量均提高 20%，蛋的品质明显提高；并发现在气候不良的条件下，这些效果更显著。

Tchan 和 Kobayashi（1973）还报道，采用添加有 0.01%的光合细菌的饲料饲喂 200 只蛋鸡 6 个月，结果比对照组的多产蛋 3 708 只，产蛋总重增加 16.3%，达 243 千克；在饲料中增添 3%的光合细菌后，产蛋率上升 3%～7%，平均蛋重增加 5%～6%。

陈德华等（1994）曾用红假单胞菌属与红螺菌属等 10 余个菌种的混合菌群的菌液（含菌量 5×10^9 个/mL）喂养 49 周龄的罗曼商品代蛋鸡，共 230 只，随机平均分为试验组和对照组。试验组中每只鸡每天在饮用水中加喂光合细菌菌液 2 毫升，预试 10 天，正式试验为 56 天。结果表明，在为期 8 周的试验期内，试验组比对照组的产蛋率提高 12.7%，平均蛋重提高 1.1%，破损率降低 59%，料蛋比降低 12.19%，死亡率降低 80%。试验组鸡产的蛋蛋壳呈红褐色，蛋黄为橘红色；而对照组的蛋壳为浅褐色或粉白色，蛋黄呈浅黄色。试验组比对照组每只鸡多收入 1.14 元。

濮元洪（1993）报道，在蛋鸡饲料中每日添加 3%的光合细菌，可提高产蛋率 7%～15%，产蛋量增加 10%～16%，并且蛋黄色泽明显提高，与陈德华等（1994）所见相同。

刘春朝等（1995）在蛋鸡饲料中每日添加 1mL/kg、3mL/kg、5mL/kg 饲料的光合细菌菌液（原含菌量 100 亿个/mL，菌体粗蛋白质含量为 64.15%）喂养蛋鸡。结果是：各试验组蛋鸡的产蛋率比对照组鸡的分别提高 4.74%、6.43%和 3.38%；饲料利用率分别提高 3.1%、4.8%和 2.05%，经济效益分别提高14.2%、22.2%和 4.4%，并且证明每次添加了 3mL/kg 饲料的光合细菌者效果较佳。

高登文等(1996)为了解光合细菌对蛋鸡产蛋后期生产性能的影响，采用了 756 只 44 周龄的京白 904 商品代蛋鸡做试验。随机分成 4 组，每组 189 只，对 1、2、3 组蛋鸡按每千克饲料分别添加 0.6 毫升、1.8 毫升、3.6 毫升光合细菌菌液于饮用水中，第四组鸡不供喂光合细菌作为对照。均用三阶梯式笼养，条件一致，每天喂料 4 次，光照时间为 17 小时。结果表明：①预试期各组间平均产蛋率差异不大，但以第一组的平均产蛋率最高。正试期则以第二组的平均产蛋率最高。随周龄增加，与预试期相比，各组鸡平均产蛋率都有不同程度的下降，但添喂光合细菌的试验组鸡的下降幅度均小于对照组鸡，以第二组的下降最少，为 2.58%，对照组则下降 5.74%。②预试期各组鸡产蛋重相差极小；正试期中，凡添喂光合细菌的各组鸡产蛋重均高于对照组，尤以第二组的产蛋重最高，比对照组的高 34.99 千克。③核算了各组的经济效益，结果表明，凡添喂光合细菌的各组盈利均高于对照组，以第二组盈利最多，每只鸡在正式期内比对照组的多盈利 0.45 元。

上述结果表明，光合细菌不仅对蛋鸡产蛋盛期有增产效果，对产蛋后期还能延缓蛋鸡产蛋率的下降。

刘春朝等(1995)和伍家琰等(1995)的研究还认为，在蛋鸡饲料中混合添加光合细菌和蜡样芽孢杆菌制剂，在增强蛋鸡机体抗病能力方面有协同作用，而且使蛋鸡各项生产性能指标均有极显著的提高。

三、光合细菌能提高肉鸡的产量

光合细菌对肉用鸡有增产效果。据濮元洪的资料表明，用光合细菌加入饮用水中喂养肉用仔鸡，成活率比对照组的高 3%～7%，肉鸡增重高 15%左右，经济效益显著提高。如果年产 10 万只中小型肉鸡，年可获利 15 万元左右。

韩继福等(1992)在 35 日龄的 AA 肉仔鸡饲料中添加光合细菌。结果表明，添加光合细菌的试验组肉仔鸡的日增重、料肉比、日粮粗蛋白质、钙、磷的表观消化率均高于对照组。而且明显提高了肉仔鸡的存活率，羽毛显得光亮，爪喙和皮肤色泽均特别好。

刘春朝(1995)每日按饲喂每千克饲料，在肉鸡饮用水中添加 1 毫升、3 毫升、5 毫升的光合细菌菌液(含菌量 100 亿个/mL)。结果是分别促使肉鸡增重14.97%、16.4%和11.1%，认为以添加3毫升光合细菌菌液者最佳。

濮元洪(1993)每日早上按前期每只0.4毫升，后期每羽0.8毫升的量把光合细菌菌液添加于肉鸡饮用水中。结果可使肉鸡成活率提高3%～7%，增重提高15%左右，经济效益可提高50%左右。

王书恩等(1995)在3个不同单位试用光合细菌(原含菌量37亿～40亿个/mL)饲喂艾维茵商品肉鸡。把鸡平均分为试验组和对照组，每组均有鸡200只。试验组中分为有饮水组和拌料组。饮水组是按2%用量将光合细菌菌液添加于鸡的饮用水中供自由饮用；拌料组亦按2%用量将光合细菌菌液拌于饲料中供鸡自由采食；对照组则不添加光合细菌。结果是，饮水组每只肉鸡平均体重为1 950克，拌料组每只肉鸡平均体重为1 860克，分别比对照组的(1 700克)增重250克和160克，以饮水组的效果最好(表1-27)。

表1-27　光合细菌对肉鸡生长的影响

组别 / 项目	饮水组	拌料组	对照组
供试鸡数(只)	200	200	200
PSB用量(%)	2	2	0
体重(g/只)	1 950	1 860	1 700
死亡数(只)	7	12	15

在夏、冬两季所做的试验亦取得相似增产效果。夏季试验组每只鸡平均比对照组的增重100克，冬季试验组每只鸡平均比对照组的增重200克，冬季增重高于夏季。

顾拥建(1997)用14周龄的美国尼古拉斯肉用仔火鸡200只，随机分为4组，每组50只，其中公、母鸡各半。日喂料2次。在相同的日粮基础上，试验组Ⅰ、Ⅱ和Ⅲ分别于饮用水中添加光合细菌菌液2mg/kg、4mg/kg、6mg/kg，对照组不加光合细菌。喂养结果是其中试验组Ⅲ的鸡增重最大，比对照组的高7.56%；试验组Ⅰ、Ⅱ、分别比对照组的高4.63%和4.88%；试验组Ⅰ、Ⅱ、Ⅲ的料肉比分别比对照组的低8.2%、8.7%和12.8%，以试验组Ⅲ的料肉比最低。试验组Ⅰ、Ⅱ、Ⅲ平均每只商品仔火鸡分别比对照组的多增收7.33元、7.46元和11.59元。

刘务典等(1999)以艾维茵肉仔鸡1 020只为试材，随机平分为试验组和对照组，每组510只。在14日龄前，均先后经H_{120}、ND和IBD等疫苗免疫处理。在14日龄后，试验组鸡除了按每只鸡每天给以1毫升光合细菌菌液(原

含活菌量不少于 2×10^9 个/mL)的用量于每日开饮时一次性地施入其饮用水中以外，在饮用水和饲料中均不再施用任何抗菌药物；对照组鸡不喂以光合细菌，但间断地以诺氟沙星、病立消等药物施于其饮用水中，并以禽病灵拌料饲喂。两组鸡饲养 47 天后出售。试验结果表明：①试验组鸡的粪呈条索状，鸡群毛色艳丽并富有光泽；对照组鸡的羽毛蓬松，尽管不断投药仍腹泻不止。②经饲喂 47 天，试验组与对照组总耗料分别为 2 560 千克和 2 360 千克。前者比后者多耗料 200 千克。出售时总重量分别为 1 285.5 千克和 1 178 千克；每只鸡平均终重分别为 2.735 千克和 2.506 千克，每只试验组鸡增重 0.229 千克。料肉比分别为 1.99∶1 和2.00∶1，差异不显著。③在经济效益方面，试验组和对照组分别投入 8 393 元和 7 869 元。按当时售价，两组售鸡收入分别为 9 641.25 元和 8 835 元；每只平均售价为 20.51 元和 18.80 元。连同鸡粪和其他收入，两组总收入分别为 9 756.25 元和 8 948 元，即试验组增收 284.25 元。每只鸡平均利润为 2.60 元和 2.05 元，即试验组提高了 23.4%，每只鸡平均增加利润 0.55 元。

汪莉等(2002)以 320 只 42 日龄永川乌鸡为试材。在乌鸡饮用水中添加浓度为 0.0%(对照)、0.2%、0.4%、0.6%和 0.8%的光合细菌菌液(原活菌量为 27 亿个/mL)，共 5 组，每组 64 只鸡。分别饲喂 30 天。结果表明，在饮用水中添加 0.4%的光合细菌菌液者，乌鸡平均日增重比对照组的提高 17.51%；对饲料利用率提高 11.86%。对能量、蛋白质、钙的利用率均有提高，在添加 0.6%的光合细菌菌液时，对磷的表观利用率的提高特别明显。其余各组的结果与对照组的差异不显著。

祝国芹等(1994)以 1 万只从出壳至 18 日龄的鹌鹑作试材，平均分为试验组和对照组。对试验组鹌鹑，每天按 1%饲料量把光合细菌投入其饮用水中饲喂；对照组不喂光合细菌。结果是喂有光合细菌的鹌鹑比对照组的共增重 40 千克，投入产出比为 1∶6。他们对母鸡饲喂光合细菌 20 天，结果亦比对照组母鸡增重 0.5kg/只，鸡冠血的血色素由 7.0g%增至 9.3g%。

四、光合细菌能提高家禽的抗病力

光合细菌在提高家禽抗病力方面有明显效果。据朱章玉等(1991)用光合细菌对肉鸡传染性支气管特异性抗体影响试验结果表明，光合细菌用作饲料添加剂饲养肉鸡，能刺激肉鸡免疫系统，提高鸡对外来病原侵染的应激反应。

林志新等(1991)证明，光合细菌作为肉鸡饲料，能提高鸡血清中 γ-球蛋白含量，并对病毒有特异性抗体作用。

孙衍明等(1992)报道,给京白蛋鸡喂以适当用量的光合细菌,对抵抗法氏囊炎有显著效果。常钟等(1994)在饮用水中添加不同用量的光合细菌喂养雏鸡,亦见饲喂以4%、6%和8%的光合细菌者,雏鸡成活率分别比对照组提高5.92%、8.49%和9.61%。对已感染有法氏囊炎病毒的雏鸡的饮用水中分别添加6%、8%和10%的光合细菌者,其成活率亦分别比对照组高11.4%、13.6%和9.1%。此外,在试验前,对照组鸡有白痢发生,在1、2周龄时淘汰率均为3.3%。喂以光合细菌的鸡白痢发生率明显降低,其中仅在1周龄时淘汰率为3.3%,但而后则降为零。这说明在饲养期间,添加光合细菌,有助于提高鸡的机体免疫力和抗病力,从而提高其成活率。

郭利川(1995)亦报道光合细菌对罗曼母鸡育雏有良好防病保健功能。除了能提高雏鸡的增重率和饲料转化率以及降低饲料系数外,综合效果还明显优于使用土霉素和诺氟沙星等药物。

刘务典等(1999)报道,对肉鸡饲喂以光合细菌菌液,可避免抗菌类药物的使用,大大减少药物的残留。由于该菌剂抑制了鸡肠道内病原菌的繁殖而呈现止痢效果,而且避免了肠道内病原菌生长代谢所产生而排泄的毒素在鸡体内残留。

第三节　光合细菌在猪、牛、羊养殖中的作用

一、光合细菌对猪生长和抗病力有促进效果

据上海东风农场畜牧六场用43头健康状况、体重基本一致的3日龄的幼猪做试验,分成对照组和试验组Ⅰ和Ⅱ。经37天的饲喂试验,结果如表1-28所示。饲料中添加有光合细菌的,每头猪平均发病(腹泻)2.295次,比不喂光合细菌的对照组猪每头平均发病2.876次降低3.25%;试验组猪平均每头增重23.5kg,比对照组猪平均每头增重20.64kg的提高13%(朱章玉等,1991)。

表1-28　光合细菌添加剂用于幼猪养殖的试验结果

	供试头数	添加PSB量(mL/d)	总发病次数	平均每头发病次数	起始总重(kg)	37天后总重(kg)	平均每头增重(kg)
试验组Ⅰ	13	25	32	2.46	123.5	425.5	23.23
试验组Ⅱ	15	50	32	2.13	136.5	492.5	23.74
对照组	15	—	43	2.84	137	445	20.64

周全伟等(1998)给断奶仔猪和哺乳仔猪每天每头在饲料中添加 15～20 毫升光合细菌水剂喂养。结果表明，与不喂光合细菌的对照组猪相比，增重率提高 15%，而且仔猪黄白痢发病率减少 50%～60%。他们还给妊娠母猪每日每头在产前 15～25 天加喂 30 毫升光合细菌水剂，对所产仔猪的健康防病也有明显作用，患病率大幅度降低。

陶政策(2000)在断奶仔猪日粮中添加 15 毫升光合细菌菌液。结果仔猪腹泻发病率明显降低，饲料利用率提高 12.36%，经济效益提高 23.5%。在幼猪出生 3 天后，每日饲喂 25～30 毫升光合细菌菌液。饲限期 40 天，结果亦表明，添加光合细菌可使幼猪日增重提高 15%。说明光合细菌对幼猪生长有明显促进作用。

权小芳等(2011)在浙江嘉庆市农垦场中用光合细菌分别饲喂哺乳仔猪和断奶仔猪，饲喂期均为 30 天，结果与不添喂光合细菌的对照组的相比，哺乳仔猪日均增重 0.117 千克，对照组的为 0.083 千克；断奶仔猪日增重 0.268 千克，对照组的为 0.233 千克。

另有试验表明，用光合细菌添加于饲料中喂猪，喂养 37 天后，与对照组猪相比，试验组猪发病率下降 55%，每头猪平均增重率提高 35%，同时，随喂养时间增加，日均增重率越大，而料肉比越低；并见喂有光合细菌的试验组猪的健康状况明显改善，经解剖，其肥膘厚度减少，瘦肉率增加。

罗卫星等(2010)利用光合细菌饲喂分娩母猪亦获很好的效果。供试母猪为长大二元的初产母猪 12 头，其中对照组 6 头，只给予基础日粮，试验组猪亦 6 头，喂以基础日粮并加水拌入 1.5%的光合细菌，每天均于早、中、晚各喂 1 次，饲喂期共 36 天，其中头 7 天为预饲期，母猪产仔后进入正试期，共 22 天，试验结束后再观察 7 天。试验结果表明：①光合细菌明显提高分娩母猪采食欲，试验组猪每头日耗料量为 5.72 千克，对照组猪为 4.83 千克。②由于试验组母猪食欲增强，因而每头母猪日均泌乳量(5.72 千克)也比对照组的(4.69 千克)高1.03千克，增乳效果极显著。③光合细菌还能缩短分娩母猪的发情间隔期。④光合细菌对提高初生仔猪的存活率和仔猪生长的促进亦有明显作用。对照组初生仔猪中有 3 头死亡，而试验组初生仔猪死亡数为零；而且试验组初生窝重为 14.6 千克，初生活仔猪均重为 1.83 千克，而对照组的初生窝重为 13 千克，初生活仔猪均重为1.60千克；断奶后试验仔猪日均增重 0.24 千克，对照组仔猪的为 0.19 千克。⑤在哺乳期间，喂有光合细菌的分娩母猪所产仔猪的腹泻发病率明显低于对照组的。例如，在 12 天的哺乳期间内，试验组仔猪腹泻率只有 1.19%，死亡率为零，而对照组仔猪腹泻率为 5.15%，死亡率为

6.12%。这说明光合细菌不仅对分娩母猪有利，对其所产仔猪的健康生长亦有明显的保健效果。

二、光合细菌能提高奶牛产奶量

田维熙等(2000)以120头奶牛为试材，平分为两组，每组60头。其中，试验组于每天早上给每头奶牛喂以添加有250～300毫升的沼泽红假单胞菌(原含活菌量大于30个亿/mL)的饲料1次，对照牛只喂无光合细菌的饲料。饲喂60天后，试验组奶牛产奶量明显上升，而且增奶平稳。原试验组中有10头奶牛患有瘤胃臌胀，10头患有肠炎，但经食用有光合细菌的饲料后，这些奶牛的症状全部消失。而身体均为正常又未孕的对照组奶牛产奶状况无明显改变(表1-29)。饲喂光合细菌的奶牛日产奶量增加幅度为1.5～4.5千克，平均增产2.5～3千克，增产幅度在6%～20%，平均增产10%～15%；而且这些奶牛表现健壮、毛顺、有光泽，喜食，奶色白而稠。在患有胃肠病的奶牛中使用光合细菌菌剂，效果更明显。

表1-29　奶牛饲喂光合细菌试验结果

组　别	奶牛生理状况	头　数	试验前日均产奶量(kg)	试验期间情况	试验结束日均产奶量(kg)	日均增加产奶量(kg)
试验组	产后40天奶牛	10	17.5～19	第6天产奶量增加	22～22.5	3.5～4.5
	妊娠1个月奶牛	10	19～20	第6天产奶量增加	21～23.5	1.5～3.5
	妊娠3个月奶牛	10	19～20.5	第11天产奶量增加	22～24.5	3.5～4
	未孕奶牛	10	16～16.5	第8天产奶量增加	18～18.5	2.5～3
	瘤胃鼓胀牛	10	0	第6天症状消失	17.5	17.5
	肠炎牛	10	12～13	第6天症状消失	18	5～6
对照组	正常未孕奶牛	60	15～16	无明显变化	无明显变化	0

张淑会等(2003)采用4头正常健康奶牛为对照；试验组选用产后40天的奶牛1头，妊娠1个月和3个月的奶牛各1头，未孕奶牛1头，发情期奶牛1头，患瘤胃鼓胀病奶牛和肠炎病奶牛各1头。所有奶牛均饲喂常规饲料，试验组的则于每天早晨一次性地按每头牛250～300毫升的量将光合细菌菌液拌入饲料中投喂，对照组的不加光合细菌。试喂时间共20天。所得试验结果与田维熙等人的结果基本相似。试喂后6天左右便出现效果，至第20天时，试

验组中除发情期奶牛产奶量有所下降外，其余奶牛产奶量均明显上升，而且病牛症状消失，产奶量上升尤为明显。对照组奶牛产奶状况基本无变化。患肠炎奶牛在试验前产奶大大低于对照牛，试验结束时产奶量便明显超过对照牛。试验组中健康奶牛的产奶量增加 2～5 千克(表 1-30)，平均增产 3～5 千克，增产幅度在 6%～22%，平均增产 10%～15%。从外观看，试验组牛显健壮，毛顺、有光泽，喜食，奶色白而稠。

表 1-30　奶牛喂以光合细菌后产奶量的变化

组　别	类　别	头数	试验前日产奶量(kg)	试验期情况	试验 20d 日产奶量(kg)	日产奶量的增加量(kg)
试验组	产后 40 天	1	17.5～19	第 6 天产奶量增加	21～24	3～5
	妊娠 1 个月	1	26.5～27.5	第 6 天产奶量增加	28～31	1.5～3.5
	妊娠 3 个月	1	26.0～26.5	第 6 天产奶量增加	30	3.5～4
	未孕期	1	16～16.5	第 8 天产奶量增加	18～31.5	2.5～5
	发情期	1	14	无明显变化	13	−1
	瘤胃鼓胀病	1	12～13	第 7 天症状消失	14～17	2～4
	肠　炎	1	11～12	第 10 天症状消失	16～18	5～6
对照组	正　常	4	2 头 142 头 17	无明显变化	无变化	0

另有资料表明，奶牛饮用每千克光合细菌水剂后，一般可增加产奶量高达 5～10 千克。

三、光合细菌能提高肉牛产量

田维熙等(2000)采用 30 头健康肉牛作为不饲喂光合细菌的对照组；试验组肉牛亦为 30 头，其中 15 头患有瘤胃积食症，15 头患有肠炎。每天早晨按每头牛添加 250～300 毫升光合细菌(主要含沼泽红假单胞菌，原活菌量在 30 亿个/mL 以上)于饲料中一次性地投喂试验组牛。试验期共 60 天。结果表明，喂以光合细菌的患病肉牛，在 5～6 天后不仅症状消失，一直到试验结束仍无病情出现反复；而且采食好，每天每头肉牛比对照组牛多增重 0.2 千克，净肉率提高 0.7%；从外观看，试验组牛体健壮，精神活泼、毛顺、有光泽，体重持续平稳上升，屠宰后发现其肌肉鲜红、有光泽，肌纤维纹理较细，皮下脂肪分布均匀，厚度适宜，覆盖度大，脂肪色白，有光泽，质地较硬，有黏性，肉质鲜嫩，多汁，熟食牛肉口感好，有特殊香味。对照组牛却有 4 头患肠炎而需用药物治疗，加大了非生产性开支(表 1-31)。从结果看，试验组肉牛的经济效益明显高于对照组肉牛，试验组平均每头肉牛比对照组的多增重 12 千克，以每千克牛肉 13 元计算，多盈利 156 元。

表 1-31　饲喂光合细菌对肉牛生长的影响

组　别	健康状况	头数	试验前平均体重(kg)	试验后平均体重(kg)	试验期情况	平均日增重(kg)	净肉率(%)
试验组	瘤胃臌胀肉牛	15	400	460	第 5 天症状消失	1	43.4
	患肠炎肉牛	15	428	488	第 6 天症状消失	1	43
对照组	健康肉牛	30	420	468	4 头牛患肠炎	0.8	42.7

权小芳等(2011)用光合细菌分别饲喂绵羊和羔羊，各饲喂 60 天，结果与不添喂光合细菌的对照组相比，绵羊平均日增重 0.197 千克，对照组的为0.17 千克；羔羊平均日增重 0.2 千克，对照组的为 0.167 千克。

此外，光合细菌在肉犬和兔等养殖中亦有良好的增产作用。例如，权小芳等(2011)对育成犬饲喂以光合细菌 60 天，结果与不添喂光合细菌的对照组相比，其平均日增重为 0.26 千克，对照组的为 0.246 千克。对仔犬亦饲喂光合细菌 45 天，结果与不喂光合细菌的对照组相比，其平均日增重为 0.09 千克，对照组的为 0.07 千克。在兔的饲养中，他们亦见，经饲喂以光合细菌 30 天的青年兔，平均日增重 0.036 千克，对照组的为 0.03 千克；用光合细菌饲喂仔兔 30 天，其平均日增重亦比对照组的增加 0.05 千克。

据田维熙等对家畜的系列试验结果发现，光合细菌对家畜的增产效果以幼畜的最明显，对于幼猪、羔羊、仔犬、仔兔等都有超过 20%的增产幅度。并见每千克光合细菌对畜禽的增产效果为大动物的高于小动物的，幼畜的高于成年畜的。

四、光合细菌能提高家畜的抗病力

上述实例均已述及，光合细菌能明显降低仔猪的发病率(陶政策，2000)；能使患病奶牛和肉牛在喂以光合细菌数天后，症状便完全消失，而且无须使用任何药物治疗(田维熙等，2000；张淑会等，2003)。这些实例表明光合细菌确能增强家畜的抗病力。

光合细菌对羊的生长，尤其是防治羊的疾病同样有很明显的效果。王叶等(2003)选用①健康羔羊 30 只，其中试验组 16 只，对照组 14 只；②患病羔羊 18 只，其中试验组 8 只，对照组 10 只；③健康青年羊 28 只，其中试验组 13 只，对照组 15 只；④患病青年羊 13 只，其中试验组 7 只，对照组 6 只；⑤哺乳期母羊 9 只，其中试验组 5 只，对照组 4 只。所有羊都饲喂农家常规饲料。所有试验组羊均添喂光合细菌(原含菌量30亿个/mL以上,主要为沼泽红假单胞菌),时间共61天。每天早晨一次性地按每头羔羊10毫升、青年羊20毫升、哺乳羊50毫升的光合细菌菌液拌入饲料中喂养。对照组羊均不添加光合细菌。结果是:①健康羔羊经喂以光合细菌后,患病率(18.7%)比对照组羊的(35.7%)降低17%,而且增重快,平均月增重比对照组羊多增重1千克。从外观看,喂有光合细菌的羔羊更健康、活泼,毛色好,有光泽,食欲旺盛,粪便保持好(表1-33)。②患病羔羊经喂以光合细菌后,与对照组羊相比,虽未采用任何药物治疗而只喂光合细菌,但病很快痊愈,表现健康、活泼、采食好,粪便也正常,而且一直到试验结束均未出现复发;对照组患病羔羊虽采用药物治疗,但在试验期间,仍有3只羊反复出现症状,加大了非生产性开支。试验组病羔羊痊愈率(100%)比对照组的(70%)提高了30%;而且试验组羊月均多增重1.25千克(表1-33)。③健康青年羊经喂以光合细菌后,表现健壮、活泼、反应敏捷,食欲旺盛,粪便正常,整个试验期间,未见有患病羊,而且月均增重比对照组的多0.8千克;对照组羊在试验期间有1/3的羊发病,经药物治疗虽获康复,但造成食欲不好,生长发育速率受到限制,直至试验结束,仍有5只病羊状况欠佳(表1-34)。④患病青年羊经喂以光合细菌后,未给任何药物治疗,但其症状很快消失和康复,表现采食好、粪便正常,至试验结束,羊只仍保持良好状态,而且月均增重比对照组的多0.25千克;对照组病羊虽经药物治疗而症状消失,但康复慢,个别羊还有复发,采食差,影响了生长发育(表1-32)。⑤哺乳期的羊经喂以光合细菌后,泌乳量充足,所哺育的羔羊表现健壮,生长快,患病少,成活率高;对照组的羊给3只羔羊哺乳仍有困难,在补喂以光合细菌后才能顺利哺乳3只羔羊。由上述可见,光合细菌对羊的生长发育和防病治病等方面均有很明显的效果。

表1-32　光合细菌对羊的生长与健康状况的影响

健康状况	组　别	只　数	始重(kg/只)	末重(kg/只)	月均增重(kg/只)	患病率(%)
健康羔羊	试验组	16	2.5	14.5	6	18.7
	对照组	14	3	13	5	35.7
患病羔羊	试验组	8	2.8	14.3	5.75	0
	对照组	10	2.9	11.9	4.5	30
健康青年羊	试验组	13	25.5	37.3	5.9	0
	对照组	15	26.3	36.5	5.1	33.3

续表 1-32

健康状况	组　别	只　数	始重(kg/只)	末重(kg/只)	月均增重(kg/只)	患病率(%)
患病青年羊	试验组	7	24.8	35.2	5.25	0
	对照组	6	23.6	33.6	5	有复发

注:本表据王叶等(2003)的试验资料整理而成。

许多试验表明,在多种养殖动物中,光合细菌均可代替抗生素药物进行疾病预防。例如,隐性乳房炎为奶牛的多发病,通过测定奶中体细胞数便可判断,高于每毫升 100 万个为阳性。采用光合细菌饲喂奶牛 1 个月,试验组奶中的体细胞数平均比用抗生素治疗的对照组降低了 40%以上,阳性发病率降低一半,说明其免疫功能明显增强。试验还表明,该免疫因子还可通过母牛奶汁传给幼畜,使幼畜患病率亦降低。

第四节　光合细菌在动物养殖中具有良好效果的原因

光合细菌在水产和畜、禽等动物养殖中具有非常良好的作用,对其作用的确切机制虽然尚有待进一步研究,但可能与以下几方面的因素有密切关系:

第一,光合细菌菌体营养丰富。富含蛋白质、类胡萝卜素、辅酶 Q、氨基酸、叶酸、维生素 B_{12} 和生物素等。其中,氨基酸种类、数量与动物蛋白质的氨基酸基本相同,维生素 B_{12}、生物素、叶酸等含量高于酵母菌。特别是它还含有未知的抗病毒物质和生长促进因子,对鱼、虾、畜、禽等动物的健康生长非常有利。

第二,光合细菌在水产养殖水域的物质循环中起重要作用。由异养微生物分解活动形成的有机物如有机酸、氨基酸等可为光合细菌所利用,从而促进养殖池底有机物的循环,使水质得到净化,病原菌难以繁殖,改善了养殖环境。上面列举的诸多试验结果已充分证实了此种作用。

第三,施用光合细菌后,水中具有抗生作用的放线菌与细菌之比例明显增大,这可能是光合细菌促进了放线菌的生长,后者抑制了病原菌的生长活动,从而达到防病效果。

第四,光合细菌在繁殖过程中,能合成和分泌一些具有抗病性的肽或酶,例如抗菌肽、胰凝乳蛋白酶和一些未知的抗菌物质,它们具有拮抗病原菌的作用,或因光合细菌本身的生长代谢优势而抑制了病原菌的生长繁殖,从而能防止动物患病。又如,光合细菌分泌的大量叶酸,长期使用时能防治鱼类发生贫血症。有资料表明，荚膜红假单胞菌的细胞壁中所含的多糖类是广谱的非特异性免疫激活剂，能增强鱼类体质的防病力。

第五，光合细菌所富含的类胡萝卜素、泛醌类化合物、不饱和脂肪酸等均含有共轭双键结构，对超氧阴离子自由基(O_2^-)具有杀灭作用。例如，俞吉安等(1998)从浑球红假单胞菌中提取的类胡萝卜素(主要为β-胡萝卜素)，从荚膜红假单胞菌中提取的番茄红素。在人工模拟的 Fe^{2+}－牛血清蛋白－亚麻油酸和 Fe^{2+}－脑组织匀浆的抗氧化测试系统中，发现上述类胡萝卜素对这两个离体系统所产生的脂质过氧化作用有明显抑制作用。当系统中类胡萝卜素浓度达 0.2mg/L 时，它们对脂质过氧化抑制率便达 80%。他们还证明，这些类胡萝卜素对联苯三酚在碱性条件下发生自氧化所产生的 O_2^-，也有明显的猝灭作用。后来，俞吉安等(2000)利用活性的类球红假单胞菌的菌体悬浮液处理牛血清蛋白－亚麻油酸－Fe^{2+} 和 Fe^{2+}－小鼠脑组织匀浆及联苯三酚的自氧化等 3 个离体系统，重复上述试验，同样证明了光合细菌菌体具有明显的抗氧化作用。熊琦和张肇铭(2002)以 Wistar 大白鼠为模式，喂以高脂饮食，然后分别以灌胃法喂以光合细菌菌液、绞股蓝和蒸馏水(对照)。试验进行 40 天，结果是光合细菌能明显地提高高脂大白鼠血及肝脏中谷胱甘肽过氧化物酶和血中超氧物歧化酶(SOD)等抗氧化酶的活性，对血中具有抗氧化作用的还原型谷胱甘肽(GSH)含量也有提高作用，并且能降低血和肝脏中脂质过氧化物(LPO)含量，使这些指标全部恢复到其甚至超过正常健康大白鼠的水平，并且其效果优于绞股蓝总苷。王俊卿和张肇铭(2002)还发现，用紫色非硫细菌菌液按每 100 克干料中加 1 毫升光合细菌的用量添加于饲料中饲喂蛋鸡，由这些蛋鸡所产的蛋中，SOD 活性显著地高于对照组的。

第六，光合细菌所含生物素(维生素 H 或称维生素 B_7)是具有生理活性的 D-异构体。而人工合成的生物素均为无生理活性的 L-异构体。前者能明显促进养殖生物的生长发育，缩短养殖周期。此外，光合细菌富含的类胡萝卜素能决定鱼、虾等体色之浓淡。用于金鱼、锦鲤、鲷和日本对虾养殖，可使鱼、虾体色更艳红，大大提高养殖生物的品质；光合细菌可使成鳗体色更接近天然鳗，而且起捕率和增重率较高。

第五节 光合细菌在畜、禽养殖中的使用方法和注意问题

一、使用方法

通常采用将光合细菌添加于畜、禽饮用水中喂养和把光合细菌菌液与饲

料混合饲喂等两种方式。其中，光合细菌用量，目前尚无标准指标，都是凭经验使用。

（一）喂养雏鸡

按每投喂 100 千克饲料，配加 300 毫升左右光合细菌菌液（活菌数≥20 亿个/mL，下同）于饮用水中；亦可按每千克体重加 4～6 毫升光合细菌菌液于饮用水中；亦有在饮用水中添加 5%～10%的光合细菌菌液，每日加 1 次。

（二）喂养蛋鸡

按 1‰～3‰配比把浓缩的光合细菌菌液拌入饲料中，现拌现喂；也可按饲料量加入 0.01%的浓缩光合细菌菌液，每日喂 1 次。

（三）喂养肉鸡

在饮用水中加 0.2%～0.6%（或 6%～8%）的浓缩菌液；或按每千克体重加 5～6 毫升浓缩菌液于饮用水中，每日喂 1 次。

（四）喂养幼猪

可按每头猪用 0.5～2 毫升的浓缩菌液拌入饲料中；也可按占饲料用量的 3%～5%的量将菌液拌入饲料中。一般是随猪的增重，相应适当增加菌液用量。

（五）喂养奶牛和肉牛

按每头牛每日在饲料中添加 250～300 毫升菌液喂给，可据牛体大小适当调整用量，注意光合细菌菌液用量每天不宜少于 200 毫升，否则难以显效。尤其是对患病牛，更应适当增大光合细菌用量，促其尽快康复。也可将光合细菌添加于饮用水中供牛饮用。

上述提供的光合细菌菌液用量只能作为参考，因为市售光合细菌菌剂活菌含量差异很大，随保存期之延长，其活菌数便越低。对低活菌含量的菌剂，使用量应比高含量的高些，很难制定统一的使用量。一般要求的所谓浓缩的光合细菌菌剂总含菌量在 30 亿个/mL 以上和活菌数在 20 亿个/mL 以上。

二、应注意的问题

光合细菌在动物养殖中日益增多的应用，确已取得很好效果和经济效益，但迄今对它的研究并不十分完善，尤其是在应用中仅知其有利方面的作用，而对其安全性往往有所忽视，尤其是长期食用后，对动物本身以及对动物的食用者之健康有无带来负面影响，迄今尚未见有关报道。在应用光合细菌时，至少有以下问题应引起我们注意。

第一，安全性。虽然在小鼠的模拟试验中对某些光合细菌，如嗜酸红假单胞菌和沼泽红假单胞菌并未发现它们有什么毒性，认为它们有很高的安全性。但由于光合细菌种类很多，其他菌种的安全性又如何尚不清楚。因此，有必要对各种常用菌株致病性和毒性做详细的全面研究，尤其是要做长期试验，以确证其安全性。

第二，微生物细胞内可能存在的某些物质，如细胞内核酸含量一般较高，动物摄食后，过多的核酸在体内会分解成尿酸，而许多动物又缺乏分解尿酸的酶，可能会使过多的尿酸沉积于关节中，引起肿胀和结石，在人体内会发生所谓“痛风”。

第三，对光合细菌的消化利用率低。由于光合细菌细胞外表均有细胞壁，有的还有荚膜。菌体内含有一些聚-β-羟基丁酸、聚磷酸盐等颗粒、硫化物、磁小体（是由一层含磷脂、蛋白质和糖蛋白包裹的 Fe_3O_4 晶体颗粒）等。它们构成了抗营养因子，可能会影响动物对其他营养成分的消化利用率。

第六章　光合细菌在农作物生产上的应用

第一节　生产绿色植物农产品的技术准则

粮食、果、蔬等农产品是人类生活中必不可缺的重要食品，因此生产无公害的绿色农产品关系到人类的健康与安全。影响农产品产量和品质的因素颇多，包括土壤、空气、水、肥料和农药等。其中，影响最为直接的为土壤、肥料性质和农药。在土壤因素中，土壤结构、土壤中污染物含量和土壤肥力都会影响作物产品的产量和品质。过多地依赖施用化学肥料，对土壤团粒结构和土壤微生物群结构均会带来明显的不利影响。农药施用不当，更会直接危害食用者的身体健康。

据有关报道，目前我国农业耕种的土壤约有80%缺氮、50%缺磷、30%缺钾，而有机质缺乏则更严重，有些土壤有机质含量达不到1%。由于有机质不足，尤其是氮肥的严重缺乏，农民为了提高单位面积产量，只有大量依靠施用化学肥料。化肥的施用对农业的增长增收确实曾起到重要作用。但是由于长期施用化肥，其后果是土壤肥力变得越来越下降，有机质含量越来越低，土壤团粒结构越来越差，在一定程度上产量可能有所增加，但产品品质却变差了。由于过度施用化肥，所造成的环境污染如今已成为世界一大公害。

据估计，目前我国化肥施用量已达到世界消费量的1/2，氮肥用量是世界水平的3.8倍。由于滥用化肥和农药，给我国耕地带来的污染已相当严重。据不完全调查，目前我国受污染的耕地已约有1 000万公顷，污水灌溉污染耕地216万公顷，固体废弃物堆存占地和毁田约13.33万公顷，3项合计约占全国耕地总面积的1/10以上。耕地污染已对我国经济社会造成巨大危害。据估算，全国每年被重金属污染的粮食达1 200万吨，造成的直接经济损失超过200亿元。由于土壤污染造成有害物质在农产品中积累，通过食物链进入人体，从而引发各种疾病，严重危害人体健康。许多农产品由于化肥、农药残留物含量超标而出口受阻。世界各国均已认识到单纯依赖化肥，已不可能使农业持续发展，必须在控制各种污染源的同时，借助高科技手段，寻找新的有机肥源，其中微生物肥料是研究的重点。光合细菌除富含营养物质外，还具有促生长和抗病毒因子，同时具有固氮、净化水质、改善土壤微生物群和土壤结构等功能而深受各国科学家的重视，各种光合细菌肥料应运而生。

因此，在限制化肥和农药过度施用和开发生物肥源之同时，我国农业部门对耕作用土、灌溉用水、产地空气质量和土壤肥力等均制定出了质量标准。

在土壤方面，按耕作方式不同分为旱田和水田两大类。每类又根据土壤 pH 值之高低分为 3 种情况，即 pH 值＜6.5，pH 值＝6.5～7.5，pH 值＞7.5。要求绿色农产品产地各种不同土壤中的各项污染物含量不应超过表 1-33 中所列的限值。

表 1-33　土壤中各项污染物的含量限值　（单位：mg/kg）

耕作条件	旱田			水田		
pH 值	＜6.5	6.5～7.5	＞7.5	＜6.5	6.5～7.5	＞7.5
镉	0.30	0.30	0.40	0.30	0.30	0.40
汞	0.25	0.30	0.35	0.30	0.40	0.40
砷	25	20	20	25	20	15
铅	50	50	50	50	50	50
铬	120	120	120	120	120	120
铜	50	60	60	50	60	60

绿色食品产地农田灌溉用水各项污染物含量不宜超过表 1-34 中所列的浓度限值。

表 1-34　农田灌溉水中各项污染物的浓度限值　（单位：mg/L）

项　目	浓度限值
pH　值	5.5～8.5
总　汞	0.001
总　镉	0.005
总　砷	0.05
总　铅	0.1
六价铬	0.1
氟化物	2.0
粪大肠菌群	10 000 个/L

绿色食品产地空气中各项污染物质含量不应超过表 1-35 中所列的浓度

限值。

表 1-35　空气中各项污染物的浓度限值

项　目	浓度限值 mg/m^3(标准状态)	
	日平均	1 小时平均
总悬浮颗粒物(TSP)	0.30	——
二氧化硫(SO_2)	0.15	0.50
氮氧化物(NO_X)	0.10	0.15
氟化物(F)	7($\mu g/m^3$)	20($\mu g/m^3$)
	1.8($\mu g/dm^2.d$)推片法	

为促使生产者增施有机肥，提高土壤肥力和改善土壤结构，生产 AA 级绿色食品时，转化后的耕地土壤肥力要求达到土壤肥力分级 1～2 级指标(表 1-36)；生产 A 级绿色食品时，土壤肥力作为参考指标。所规定的土壤肥力分级指标如表 1-36 所列。表中Ⅰ级为优良，Ⅱ级为尚可，Ⅲ级为较差。

表 1-36　土壤肥力分级参考指标

项　目	级　别	旱　地	水　田	菜　地	园　地	牧　地
有机质(g/kg)	Ⅰ	>15	>25	>30	>20	>20
	Ⅱ	10～15	20～25	20～30	15～20	15～20
	Ⅲ	<10	<20	<20	<15	<15
全氮(g/kg)	Ⅰ	>1.0	>1.2	>1.2	>1.0	—
	Ⅱ	0.8～1.0	1.0～1.2	1.0～1.2	0.8～1.0	—
	Ⅲ	<0.8	<1.0	<1.0	<0.8	—
有效磷(mg/kg)	Ⅰ	>10	>15	>40	>10	>10
	Ⅱ	5～10	10～15	20～40	5～10	5～10
	Ⅲ	<5	<10	<20	<5	<5
有效钾(mg/kg)	Ⅰ	>120	>100	>150	>100	—
	Ⅱ	80～120	80～100	80～150	80～120	—
	Ⅲ	<80	<50	<100	<50	—
阳离子交换量(Cmol/kg)	Ⅰ	>20	>20	>20	>20	—
	Ⅱ	15～20	15～20	15～20	15～20	—
	Ⅲ	<15	<15	<15	<15	—

续表 1-36

项　目	级　别	旱　地	水　田	菜　地	园　地	牧　地
质　地	Ⅰ	轻壤、中壤	中壤、重壤	轻　壤	轻　壤	沙土—中壤
	Ⅱ	沙壤、重壤	沙壤、轻黏土	沙壤、中壤	沙壤、中壤	重　壤
	Ⅲ	沙土、黏土	沙土、黏土	沙土、黏土	沙土、黏土	沙土、黏土

所生产的绿色食品，以绿叶蔬菜类为例，对其感官要求如表 1-37 所示。

对其所含营养物要求，通常以维生素 C 含量为参考指标。例如，菠菜维生素 C 含量(mg/100g)≥30，叶用莴苣≥10，芹菜(颈)≥8，丝瓜≥4，茼蒿≥22，蕹菜≥16。

为保证食用安全，更重要的是卫生指标(表 1-38)必须符合要求。

表 1-37　绿色食品绿叶类蔬菜感官要求

品　质	规　格	限　度
1.同一品种或相似品种，成熟适度，色泽正，新鲜，叶或果面清洁 2.无腐烂、畸形、异味、冷害、冻害、病虫害和机械伤	同规格的样品其整齐度应≥90%	每批样品中不符合品质要求的样品按质量计总不合格率不应超过 5%

注：腐烂、异味和病虫害为主要缺陷。

对绿色食品粮食作物和果类的感官指标、营养价值和卫生指标亦有类似的严格要求。因此，为了生产出真正的无公害的绿色食品，必须按上述要求选择良好耕地、远离污染源、控制化肥和农药施用等重要环节，增施有机肥，尤其是像光合细菌、复合有效微生物等农用益生类菌肥。

表 1-38　绿色食品绿叶类蔬菜卫生指标　(单位：mg/kg)

项　目	指　标
砷(以 As 计)	≤0.2
汞(以 Hg 计)	≤0.01
铅(以 Pb 计)	≤0.1
镉(以 Cd 计)	≤0.05
氟(以 F 计)	≤0.5
乙酰甲胺磷(acephate)	≤0.02

续表 1-38

项　目	指　标
乐果(dimethoate)	≤1
毒死蜱(chlorpyrifos)	≤0.05
敌敌畏(dichlorvos)	≤0.1
氯氰菊酯(cypermethrin)	≤0.2
溴氰菊酯(deltamethrin)	≤0.1
氰戊菊酯(fenvalerate)	≤0.02
百菌清(chlorothalonil)	≤1
多菌灵(carbendazim)	≤0.1
亚硝酸盐(以 $NaNO_2$ 计)	≤2

第二节　光合细菌在作物栽培上的作用

一、光合细菌在粮食作物栽培上的应用效果

光合细菌很适于水田生存,自然条件下,水稻根际环境中就存在有光合细菌。例如,朱美珍等(1999)曾从水稻根系中分离得光合固氮菌即荚膜红细菌(*Rhodobacter capsulatus*),并且发现它与水稻根表的其他固氮菌之间具有协同固氮作用。周茂洪等(2002)亦曾在水稻根系中分离得血色红假单胞菌(*Rhodopseudomonas rutila*)。有些光合细菌能有效利用 H_2S,可能对防治水稻黑根有利。

王秋菊等(2012)采用沼泽红假单胞菌原发酵菌液,用水稀释 10 倍、100 倍的发酵菌液和供光合细菌培养用的 71# 培养液以及蒸馏水等 5 种溶液,分别浸泡品种名为龙庆稻 1 号的种子 24 小时后置培养皿中萌发,分别测定各处理组稻种的发芽率、芽长、淀粉酶活性和可溶性蛋白质的含量等变化。结果表明:①在培养 6～7 天时,原菌液、稀释 10 倍的菌液与培养液等组稻种的发芽率均略低于蒸馏水对照组,只有稀释 100 倍的菌液浸种的发芽率才比对照组的高 2.1%。②在发芽后 7 天,除了用培养液浸种的对芽长的促进无效外,不同浓度的菌液处理的均对芽长有不同程度的促进,其中尤以稀释 100 倍的菌液浸种的,对芽长的促进比对照组的高 10.5%。③在发芽后 7 天,经不同浓度的菌液和培养液浸种的,对种子的 α-淀粉酶活性均有不同程度的提高,其中

尤以稀释100倍的菌液浸种的，其α-淀粉酶活性比对照组高12.6%，β-淀粉酶活性比对照组的提高18.02%。④由于种子萌发期间水解酶合成会逐渐增强，从而使得种子内可溶性蛋白质含量会相应降低，经稀释100倍的菌液浸种的，其种子在发芽前3天，种子内可溶性蛋白质含量比对照组高13.4%；但在发芽7天后，其种子内可溶性蛋白质含量则比对照组降低5.2%，这表明菌液能促进种子内物质转化速率。⑤经不同浓度的菌液和培养液浸种的，对种子内膜脂过氧化产物丙二醛(MDA)的产生量均有不同程度的降低，分别比对照组降低92.2%、44.1%、37.1%和4.8%，其中以原菌液浸种的效果最好，用培养液浸种的效果最差。综上可见，光合细菌对水稻种子的萌发有良好的作用。

冯丽菊等(1997)研究光合细菌对水稻结实率的影响时，亦见光合细菌对稻根生长有促进，根系粗壮、白根多、活力强；在孕穗期只施用1次光合细菌，结实率比对照高13.9%，秕粒率减少42.9%；在水稻2叶1心叶的苗期施用光合细菌后，表现起始分蘖快、蘖多，最后成穗率亦高于对照。薛德林等(2004)在水稻插秧后20天，以30kg/hm^{2}用量的球形红假单胞菌施于田中，亦见株高、分蘖数、有效穗数、穗粒数分别比对照的增加2.9%、11.5%、20.0%和7.8%，秕粒数减少26.5%，增产10.4%。

徐春和等(2004)以紫色非硫细菌与有机肥配合施于水稻上，与施化肥者比较，稻粒饱满、有光泽、千粒重较重；施化肥者稻瘟病发生率为1.6‰，而施用光合细菌配合有机肥者则无稻瘟病发生，每667米^{2}产出有机稻537.8千克，由于米质好，比施化肥者每667米^{2}增收155.40元。

赵强(2004)把光合细菌有机肥用于生产有机水稻，按HJ/T 80－2001有机食品技术规范操作，每667米^{2}能生产有机水稻538.8千克，农户增加经济收益138.59元。

史清亮等(2000)把由红螺菌属、红假单胞菌属、红细菌属和着色菌属的一些种混合成复合菌液；另外，在培养基中加入1%～1.5%充磁后的钡铁氧体磁粉和0.01%稀土化合物培养这些复合菌，获得磁性复合菌剂。分别稀释后，对水稻灌根和叶面喷施。结果是施用磁性和非磁性复合菌剂后，稻叶叶绿素含量均比对照高0.05%，根际固氮活力高25.1%，分别增产13.9%和9.2%；分别将它们对玉米拌种和叶面喷施，玉米叶绿素含量和光合速率分别提高0.03%和5.2%，根际固氮活力提高99.7%和52.2%。其中，盆栽玉米产量比对照的高30.4%和27.2%，田间玉米产量比对照的高10.3%和7.9%，表明磁化的光合细菌对作物的增产效果更好。

王秋菊等(2006)在盆栽水稻上使用光合细菌时，采用叶面喷施和蘸根两种处理方法，结果对水稻生理、生长性状和产量的影响有较大差别。光合细菌对稻株过氧化物酶活性和叶绿素无明显影响，但明显提高其超氧化物歧化酶(SOD)活性，尤以叶面喷施光合细菌者SOD活性最高，达68.29%。用菌液蘸根者对提高稻株分蘖和产量效果最好，分别比对照的高30.88%和36.75%。

在冬小麦和夏玉米栽培中，凡施用光合细菌的，均明显提高其产量。单施光合细菌的冬小麦比对照增产17.59%，比只施化肥的增产4.8%；夏玉米增产24.88%，比只施化肥的增产10.1%；施用有机肥加光合细菌者，冬小麦增产34.5%；夏玉米增产56.48%；施用化肥加光合细菌的，冬小麦增产21.95%，夏玉米增产45.05%。同样表明光合细菌与有机肥或化肥配合施用，增产效果比单施光合细菌者高，尤以与有机肥配合施用效果最佳(李俊峰等，2002)。

钱森和等(2012)用光合细菌原发酵菌液，稀释10倍、20倍、30倍和40倍的菌液分别对旋风二号玉米做浸种和叶面喷施试验。浸种试验是将种子浸泡12小时，然后播种于土壤后覆土1.5～2.0厘米厚，于恒温恒光照中培育。喷施试验是在种子出苗后每天早晚分别用菌剂原液和各稀释菌液做叶面喷施。两种试验均以光合细菌的基本培养基溶液和蒸馏水处理作为对照。浸种试验结果表明：①经不同浓度的菌液浸种的玉米种子播种1周后发芽已基本完成，其中原菌液因浓度太高，用以浸种对发芽无多大影响，只有用稀释10倍、20倍和30倍的菌液浸种才显著地提高玉米种子的发芽率，而且对提高种子的发芽势非常显著。各个稀释度的光合细菌菌液均极显著地提高了玉米幼苗的株高，原菌液和培养液浸种的幼苗株高亦显著地高于用蒸馏水处理的。经稀释10倍、20倍、30倍和40倍的菌液浸种后，其幼苗叶片叶绿素含量均不同程度地高于用蒸馏水浸种的。叶片可溶性糖含量亦有不同程度的提高。其中尤以稀释10倍的菌液浸种者上述各项农艺指标的提高均达极显著水平。②叶面喷施试验结果亦表明，经喷施以稀释10倍、20倍和30倍的菌液者均不同程度地提高幼苗株高和叶片叶绿素含量，其中尤以喷施稀释20倍和30倍的菌液者效果最为明显。在喷施以稀释30倍和40倍的菌液作用下，其叶片可溶性糖积累最多。

二、光合细菌能提高果品产量和质量

夏宏等(1998)在苹果开花前和开花后各做叶面喷施1次光合细菌菌液。结果表明，喷施稀释50倍和30倍的光合细菌者，分别比对照增产9.07%和1.72%；光合细菌还能提高苹果可溶性固形物含量，分别比对照高16.25%和7.60%，以施用稀释50倍菌液者效果较佳(表1-39)。

表 1-39　光合细菌对苹果产量的影响

处　理	产量(kg/hm^2)	可溶性固形物(%)	
		新采收鲜果	采后 15d 果实
稀释 30 倍 PSB	47932.5	14.3	15.43
稀释 50 倍 PSB	51397.5	14.4	16.67
对　照	47124.0	13.9	14.34

史清亮等(2000)在巨峰葡萄花前和幼果期做叶面喷施以红螺菌和红假单胞菌的混合菌液。结果葡萄坐果率比对照提高 0.1%～1.3%,每穗果重增加 1.7%～7.9%,百果重增加 2.5%～3.4%。

以光合细菌菌液作为有机肥施于柿树根际,不仅产量增加,而且柿果含糖量亦提高,果味、果色均获改善(表 1-40)。

表 1-40　光合细菌对柿果产量和质量的影响　(引自朱章玉等,1999)

处　理	果　数	果重(kg)	平均单果重(g)	果色 H.C.C*	水分(%)	糖度 Brix 度	酸量(%)	还原糖量(%)	非还原糖量(%)	全糖含量(%)
施无机肥(CK)	32	7.1	222	12	84.7	14.7	0	10.82	2.34	13.16
无机肥＋20% PSB	43	8.2	191	13	83.3	16.4	0	12.56	2.57	15.13

* 果色:12 为橙黄色,13 为朱橙色。

石家庄深泽县中科奇威生物公司对抗病品种“伊丽莎白”甜瓜施用光合细菌后,与对照的相比,提前 2～3 天成熟,单瓜增重 11.5 克,每 667 米^2 增重 57.5千克;含糖量比对照的增加 1.5%,采瓜后仍可利用健壮枝蔓二次结瓜。

三、光合细菌在蔬菜中的应用效果

小林达治(1978)分别将光合细菌和化肥施于番茄上,结果是光合细菌促进番茄根系发育,茎叶与根之比低于只施用化肥的;平均单果重亦较重,增产 10%～34%;施用光合细菌的果实维生素 B_1 和维生素 C 含量比施化肥者高 8%～33%。

夏宏等(1999)在 1994—1996 年用光合细菌及其复合菌剂在番茄上做田间试验。结果亦表明光合细菌及其复合配剂对番茄均有增产和抗病效果,而且改善了番茄的品质。

史清亮等(2000)以复合光合细菌菌液于番茄苗期进行灌溉根部,定植后每隔10天叶面喷施1次,先后共喷施3次光合细菌。结果表明,番茄壮苗指数提高20%,定期测产平均增产17.1%。尤其是在黄瓜花叶病毒(CMV)自然发病严重时,施用光合细菌的植株发病较迟,病株率与病情指数均低于对照。

谷军等(2002)在番茄生长期,分别先后3次喷施以活的光合细菌菌液和煮沸灭活的光合细菌菌液。结果是喷施5mL/m^2活光合细菌者,株高增加,开花早,提前结果,果大;叶片叶绿素含量亦高于对照,增产3.6%。喷施10mL/m^2活光合细菌者,株高增幅更大,促早结果更明显,叶绿素含量比对照的高1倍,增产13.5%。喷施灭活的光合细菌者,与对照的差异不明显。但施用5mL/m^2、10mL/m^2活光合细菌和5mL/m^2灭活的光合细菌者,果中维生素C含量均高于对照,分别提高15%、10%和15%;NO_3^-平均含量分别降低42%、36%和31%。他们在早番茄上分别喷施上述相同的菌液后亦获相似结果。表明光合细菌能提高番茄产量,改善果实品质,其中仅有喷施活的光合细菌菌液者效果才好。

李堃宝等(1995)用3种红假单胞菌菌株组成的复合菌液施于樱桃番茄上,亦明显提高其根、茎叶干重,单株产量提高13%～17%,维生素B_1和维生素C分别比对照高18.2%和21.4%,全糖含量增加11%(表1-41和表1-42)。

表1-41　光合细菌对樱桃番茄产量的影响

处　理	株　数	果实生长部位	果实数	产量(g)	单产(g/株)	产量指数
PSB	30	第一花穗	169	4133	147.8	117
CK	28		126	3528	126.0	100
PSB	30	第二花穗	153	4021	134.0	113
CK	28		120	3317	118.5	100

表1-42　光合细菌对樱桃番茄品质的影响

处　理	维生素C(mg%)	维生素B_1(mg%)	还原糖(%)	非还原糖(%)	全糖(%)
PSB	26.1	0.13	3.03	0.69	3.72
CK	21.5	0.11	2.72	0.63	3.35

光合细菌经酸水解后,产生大量胞嘧啶、尿嘧啶等核苷酸和脯氨酸等。经^{14}C或^{32}P标记示踪表明,当将这些水解物喷施于番茄植株上时,能被吸收,并能促进花芽分化,显著地提高产果量,平均每株增产38.14%。将上述光合

细菌酸解液喷施于黄瓜上，增产竟高达59.6%。

谷军等(2002)在黄瓜上喷施5mL/m^{2}光合细菌菌液后，株高比对照的高12%，茎粗、叶大，叶片叶绿素含量提高15.0%～54.7%，瓜内维生素C含量增加17.8%，而NO_3^-含量则降低22%，增产10%；喷施10mL/m^{2}光合细菌者，植株生长亦呈现高大，茎粗，叶宽大，叶绿素含量提高26.1%～65.3%，促早结瓜效果更明显，瓜中维生素C含量增加35.1%，NO_3^-含量降低26%，增产12%。

武丽娜(2012)用球形红假单胞菌属的光合细菌菌液加入水培黄瓜幼苗的营养液中，试验分为①不加菌液的1 000毫升培养液为对照，②50毫升菌液+950毫升营养液，③100毫升菌液+900毫升营养液，④150毫升菌液+850毫升营养液和⑤200毫升菌液+800毫升营养液。在黄瓜幼苗培养7天后测量幼苗新生根数、茎长、叶长、叶宽、株重和叶绿素含量。结果表明，经添加不同量的菌液培养后，幼苗新生根数均不同程度地比对照组的多，以添加100毫升菌液培养的新生根数最多，比对照组的高52%。而且各菌液培养的幼苗新生根较粗和无分支，而对照组苗新生根较细有分支。各菌液培养的幼苗叶长亦不同程度地高于对照，对叶宽的增长以添加50毫升和100毫升菌液的高于对照，仍以添加100毫升菌液者对叶片之增长最有效。各菌液组对茎高无多大影响，但对幼苗生物量的增加有促进效果，其中以添加100毫升菌液者效果较好，比对照组的增重5.9%。各菌液均能提高叶片叶绿素含量，而且随菌液用量增多而越高。上述结果说明光合细菌对水培黄瓜有增长作用。

在黄瓜上施用光合细菌后，可明显增加黄瓜的株高、茎粗，增幅分别达到58.61%、38.27%和30.34%(陈克等，2005)。邵双等(2010)分别以不同浓度的泥生绿菌和沼泽红假单胞菌以及黄瓜专用叶面肥(作对照)处理天津密刺黄瓜幼苗。方法是对黄瓜幼苗灌根和叶面喷施。结果亦发现两种不同含菌量的光合细菌均不同程度地增加黄瓜幼苗鲜重和干物质重，对株高和茎粗亦有明显或极明显的促进作用，并且极显著地提高了幼苗叶片的叶绿素和类胡萝卜素含量，有利于黄瓜幼苗光合速率的提高。

张文海(2013)在冬季温室大棚内栽培黄瓜时，采用光合细菌菌液于黄瓜开花前灌根1次，初花期叶面喷施第一次，7天后叶面喷施第二次，结果比不施用光合细菌的对照组黄瓜提前5天采收，增产8.6%，每667米^{2}所得经济效益可增收468.91元。

光合细菌对促进萝卜块根生长甚为有效。吴小平等(2000)对萝卜植株每隔2天喷施1次光合细菌稀释液，共喷施10次。结果明显提高块根产量，植株和块根重分别比对照的增加41.9%和58%。块根内维生素C和还原糖含量分别提高 6.3％和 5.2％。

东港市草莓研究所(2002)将光合细菌施用于草莓上，结果其平均株高、每株叶片数均有增加，始果期提前，果中可溶性固形物明显增加(表 1-43)，从而每 667 米^2 产量增加 18.9％，经济效益明显提高(表 1-44)。

表 1-43　光合细菌对草莓生长和果实品质的影响

项目/处理	株高(cm)	始果期(日/月)	果实硬度(kg/cm^2)	叶片数(片/株)	可溶性固形物含量(％)	最大单果重(g)
PSB	31	28/4	0.46	10	8.8	81
CK	27	30 / 4	0.43	8	6.5	67

表 1-44　光合细菌对草莓产量和经济效益的影响

项目/处理	小区平均垄产量(kg)	折 667 米^2 产(kg)	667 米^2 增产值(元)	施用 PSB 成本(元/667 米^2)	每 667 米^2 增效益 *
PSB	19.00	2280	771	260	511
CK	16.34	1917.5	—	—	—

* 按当年平均售价 2.5 元/kg 计算。

张德咏等(2001)发现辣椒、茄子和番茄等种子经光合细菌浸种 30 分钟后，种子除发芽率与清水浸种的无多大差异外，其发芽势均强于对照的，成苗率亦高于对照。经光合细菌处理过的种子，表面所带病原物大部分失去活力，表明光合细菌对防治种传病原危害有很好作用。经叶面喷施以光合细菌菌液的辣椒幼苗，呈现植株粗壮，叶色浓绿，叶片多而且厚，定植后成活率高，增产 14.33％～15.77％(刘勇等，2000)。

李俊霖等(2012)将沼泽红假单胞菌用于温室栽种的茄子上。施用方法分为：a.用稀释 100 倍的菌液做全株喷施，每 10 天喷 1 次；b.用 30kg/hm^2 的菌液灌根，每 29 天灌 1 次；c.用等量清水喷施或灌根作为对照。经施用 2 个月后的结果表明：①施用光合细菌对株高和茎粗均有促进，其中经喷施的茄子株高净生长量比对照组高 28.28％，茎粗净生长量增加 47.66％；灌根处理的茎高净生长量比对照组高 37.64％，茎粗净生长量增加 41.23％，表现株高生长快而粗壮。②光合细菌能促进植株叶片的纵横生长，其中喷施处理的叶片纵向生长比对照组高 46.87％，叶宽生长增长 58.12％；灌根处理的叶片纵向生长比对照高 26.82％，叶宽生长高 35.04％。③光合细菌能显著促进茄子果实生长，与对照组相比，喷施处理的果实平均日增长高 43.84％，灌根的增长 25.52％。

④在为期65天的试验中，光合细菌对茄果产量有明显增产作用，其中喷施处理的产量比对照组增加46.72%，灌根的增加36.14%。综上所述结果可见，喷施方法对茄子生长之促进和产量的提高效果较好。⑤光合细菌还能明显地提高茄果品质，其中维生素C含量比对照组的高52%，氟含量降低了63%；对照组茄果中检测出镉含量为0.0008mg/kg，喷施光合细菌的茄果中未检出镉，其余砷、汞、铅等均未检出。⑥经施用光合细菌的茄子中均未检出有乙酰甲胺磷、乐果、敌敌畏、辛硫磷、毒死蜱、敌百虫、氯氰菊酯、溴氰菊酯、抗蚜威、百菌清和多菌灵等农药残留物，而未经施用光合细菌的对照组茄子中氯氰菊酯检出量为0.0094mg/kg，多菌灵检出量为0.048mg/kg。可见光合细菌对茄子残留农药有明显的降解作用。

甘蓝和油菜在以有机肥为基肥基础上，喷施以光合细菌后，甘蓝增产12.64%～48.43%；油菜光合速率提高24.8%，增产22.97%（夏宏等，2000）。

赖仕彬等（2009）在空心菜（即蕹菜）上进行光合细菌施用试验，试验分设3个处理：①喷施光合细菌活性液肥＋常规施肥；②喷施等量清水＋常规施肥；③常规施肥，作为对照。在幼苗定植后用600倍光合细菌稀释液均匀喷施于叶片上，每隔5～7天喷1次，于下午5时或雨后喷洒。试验结果表明：A.喷施光合细菌活性液肥加常规施肥的，植株叶色较为浓绿，株高比其他处理的高3厘米。B.光合细菌明显提高空心菜产量，施用有光合细菌的，平均单产最高，达48 000kg/hm^2，比处理②的（42 500kg/hm^2）增加5 500kg/hm^2，增产12.9%；比处理③的（40 500kg/hm^2）增加7 500kg/hm^2，增产18.5%。C.在产值方面也有很明显增加，处理①的纯收入最高，为47 340元/hm^2，处理②者次之，为42 500元/hm^2，处理③者最低，只为40 500元/hm^2。处理①比处理③增加收入6 840元/hm^2，比处理②的增加收入4 840元/hm^2。

赵彩霞等（2007）在水培结球生菜和四月蔓油菜的培养液中分别施加不同浓度的红螺菌后发现，与不添加光合细菌的对照组相比，除了植株产量不同程度地提高（生菜最高增产12.90%～19.32%，油菜的高达103.5%）外，生菜和油菜植株内硝酸盐含量均明显低于对照组（生菜硝酸盐含量降低12.45%～30.90%，油菜的降低8.33%～20.57%）；但经施加光合细菌的培养液中，硝酸盐残留量却不同程度地高于对照组，这表明光合细菌的分泌物有可能抑制了培养植物对营养液中硝酸盐的吸收，故导致培养植物体内硝酸盐含量也因此相应降低，这对提高蔬菜的营养价值是有利的。

彭智平等（2012）用稀释50～150倍的光合细菌菌剂喷施于菜心上，结果表明，50～150倍的稀释菌液对菜心有极显著的增产效果，其中以稀释100倍者效果最好，使菜心商品产量增加 10.2%；还显著地提高了菜心地上部对氮、磷、钾的吸收量，分别比对照组的增加 27.1%、30.2%和 33.6%；而且 100 倍稀释液还能提高菜心的品质，其维生素 C 和可溶性糖含量比对照组的增加 15.5%和 17.7%，而硝酸盐含量则降低 7.85%。

彭桂香等(2012)在生菜栽培中，以化肥(尿素＋磷酸二氢钾和氯化钾)为基肥，每周浇灌 1 次光合细菌菌液作为追肥；对照设有 3 组，CK1 组亦以化肥为基肥，每周追施 1 次供光合细菌培养用的营养液，CK2 组只以化肥为基肥但无追肥；CK3 组只浇清水而不施任何肥料。结果表明，追施光合细菌的生菜之鲜重、干重、叶绿素含量、硝酸还原酶活性、维生素 C 含量和可溶性糖含量均不同程度地高于各对照组的，其增幅分别比各对照组高 8.29%～82.59%、6.56%～95.96%、3.59%～36.49%、34.91%～309.50%、61.38%～127.18%和 4.87%～22.71%。此外，追施有光合细菌的生菜，其全氮、全磷、全钾等含量亦均显著地高于各对照组的，其增幅分别比各对照组的高18.45%～61.47%、29.50%～80.50%、13.20%～38.73%，增长效果均很显著。

四、光合细菌对其他经济作物的作用

魏新田等(2000)将光合细菌菌液与芝麻拌种，并于现蕾期、盛花期叶面喷施光合细菌后，其叶面积明显高于对照的，终花期叶面积系数增加 1.57～1.85；单叶重、侧根数、根重和根伤流量均高于对照的。表明光合细菌明显促进芝麻根系发育和活力，最后单株成蒴数、蒴粒数、千粒重、单株产量亦均高于对照，增产 17.0%～24.2%。光合细菌对芝麻枯萎病、茎点枯病、叶斑病等均有明显抑制。

吴小平等(2003)用稀释 10 倍的红螺菌溶液、稀释 10 倍的光合细菌培养基溶液与清水分别喷施于大豆上。结果表明：①光合细菌对大豆某些生物学性状有明显改善，表现在叶片叶绿素含量、根瘤数、株重、根重、豆荚数、籽粒干重分别比对照(喷清水的)增加 25.8%、100%、32.67%、47.37%、40.28%和 52.24%；而喷施培养液的，上述各项指标比对照的增加 0.51%、－75.00%、－19.914%、－21.05%、37.93%和 5.60%。说明起增收作用的主要是光合细菌本身而非其培养基中的营养成分。②经喷施光合细菌的大豆籽粒中氨基酸总含量为 395.98mg/g，比对照的高 9.52%；其中人体必需的氨基酸，即丝氨酸、缬氨酸、蛋氨酸、异亮氨酸、亮氨酸、苯丙氨酸、赖氨酸等含量分别比对照的高7.35%、5.91%、324.4%、22.04%、15.03%、3.44%和 6.35%；但只喷施培养液的大豆籽粒氨基酸含量为 418.66mg/g，不仅高于对照，亦高于光合细菌处理的。

吴小平(1999)将红螺菌菌液施于烟草上，先后共喷施 10 次。结果是株高、叶片数、叶面积和叶重分别比对照的增加 13.6%、13.6%、18.9%和13.7%，根重、根长、茎重和茎粗亦分别增加 46.7%、16.2%、34.4%和 11.7%。

魏克强等(2008)用含菌量 5×10^{12} 个/L 的 5 种光合细菌混合液处理远缘杂交后代新型烟草，即所谓“药烟”品种罗勒烟和紫苏烟。每个品种设 2 个处理，各品种处理期水肥条件和栽培管理条件均一致。对试验组烟均匀喷施1∶200 的光合细菌菌液，对照组不喷施光合细菌。试验从烟苗假植开始，假植缓苗 1 周后，在苗床内先对所有烟苗喷施尿素，3 天后对试验组苗喷施光合细菌稀释液，每隔 1 周喷施 1 次，共重复 3 次。成苗后移栽于大田，待烟苗缓苗后，在试验组烟叶的正、反面均匀喷施光合细菌稀释液，每隔 10 天喷施 1 次，共重复 5 次。成熟后经测定发现，喷施光合细菌对不同品种药烟烟叶内的化学成分含量均有明显影响。表现在：①试验组罗勒烟的总糖、还原糖、氯和钾的含量分别比对照组提高 24.7%、25.47%、29.11%和 4.41%，而蛋白质、总氮和烟碱的含量分别降低了 6.6%、7.07%和 15.63%。②试验组紫苏烟的总糖、还原糖和钾的含量分别比对照组提高了 130%、145%和 3.93%，而蛋白质、总氮、烟碱和氯的含量分别降低了 24.49%、24.16%、6.14%和 21.11%(表 1-45)。可见光合细菌对不同品种药烟的总糖、还原糖和钾的含量均有提高作用，对蛋白质、总氮和烟碱的含量均有降低作用。因此，试验组罗勒烟与对照组的比较，其糖碱比、还原糖碱比、施木克值和氮碱比值分别提高了 47.73%、48.8%、30.43%和 10.42%，而钾氯比值降低了 17.14%。喷施光合细菌后的紫苏烟的糖碱比、还原糖碱比和施木克值升高了 1.4～2 倍，钾氯比值升高了 30.93%，氮碱比值降低了 19.3%(表 1-46)。

表 1-45　光合细菌对药烟烟叶内化学成分的影响

处　理	总糖(%)	还原糖(%)	蛋白质(%)	总氮(%)	烟碱(%)	氯(%)	钾(%)
罗勒烟＋PSB	6.31±0.10 *	6.01±0.04 *	20.79±0.47	3.42±0.08	3.24±0.00 *	2.04±0.03 *	2.37±0.04
对照	5.06±0.22	4.79±0.29	22.26±0.66	3.68±0.11	3.84±0.03	1.58±0.03	2.27±0.04
紫苏烟＋PSB	7.52±0.16 *	7.24±0.22 *	18.04±0.66 *	2.95±0.11 *	2.14±0.00	2.28±0.01 *	2.91±0.06

续表 1-45

处　理	总糖(%)	还原糖(%)	蛋白质(%)	总氮(%)	烟碱(%)	氯(%)	钾(%)
对 照	3.27±0.11	2.96±0.16	23.89±0.54	3.89±0.09	2.28±0.03	2.89±0.10	2.80±0.15

* 表示 P<0.05 水平显著性差异(下表同)。

表 1-46　光合细菌对药烟烟叶内主要化学成分比值的影响

处　理	糖/碱	还原糖/碱	施木克值	氮/碱	钾/氯
罗勒烟+PSB	1.95±0.03 *	1.86±0.01 *	0.30±0.01 *	1.06±0.02	1.16±0.01 *
对　照	1.32±0.05	1.25±0.07	0.23±0.01	0.96±0.02	1.40±0.01
紫苏烟+PSB	3.51±0.08 *	3.38±0.10 *	0.42±0.01 *	1.38±0.05 *	1.27±0.03 *
对　照	1.44±0.04	1.30±0.05	0.14±0.00	1.71±0.01	0.97±0.08

经评级结果显示，喷施光合细菌后的药烟在香气、谐调、余味、杂气和刺激性等方面与对照相比均发生了变化。试验组的烟叶香气提高，杂气减少，刺激性降低，余味更加舒适，烟叶品质获得改善，更加呈现出药烟所具有的香气细腻柔和、口感纯正舒适、余味甜润丰满、药物香气流畅的品质特征。

魏克强等(2008)用上述混合菌剂和试验方法对紫苏烟 2 号和曼陀罗烟两个药烟品系进行处理试验。结果亦表明，喷施光合细菌后，紫苏烟 2 号的叶长、叶宽、茎围和节距比对照的分别增加 4.66%、3.96%、1.95%和 33.33%；曼陀罗烟的叶长、叶宽、茎围和节距比对照的分别增加 1.49%、2.26%、0.39%和 33.51%，表明光合细菌对不同品系新型烟草的生长发育均有一定的促进作用，对节距的影响更为显著。

光合细菌用于人参种植亦有明显增产效果。薛德林等(2004)在 6 年生老参地上分 3 次以光合细菌菌液灌根，结果是人参增产 22.03%，人参出红参率增加 6.50%，出干参率增加 4.96%，而且植株锈病发病率明显低于对照，防治效果达 61.35%。

徐云(2006)在茶树开采期前 1 个月或茶叶萌发初期，集中叶面喷施光合细菌稀释液 3～5 次，每次间隔 7～10 天，可使茶叶产量提高 20%～30%，提高茶叶采摘期 7～10 天，而且明显增强茶树抗病性和抗逆性，延长茶树营养生长期，延缓茶树衰老。

曹逢勃等(2011)用不同含菌量的光合细菌发酵液经离心所得的上清液分

为上清液原液、稀释10倍液、稀释100倍液和清水代替的对照，分别用以浸泡棉花(百棉1号)种子12小时后播种。试验结果是：①用稀释10倍的上清液浸种的，其种子发芽势比对照组提高18.5%，活力指数提高37.3%，但对发芽率无明显影响，其余浓度处理的与对照差异不大。②10倍稀释液还能明显提高了棉花幼苗株高、叶面积和叶绿素含量，其中苗高比对照高31.7%，叶面积高27.3%，叶片叶绿素含量高21.2%，其余浓度处理的与对照差异不大。③10倍稀释液显著提高了棉株抗氧化酶活性，其中SOD活性比对照组的提高了65.1%，POD活性提高了66.7%，CAT活性提高了39.1%。本研究结果还显示了光合细菌经离心所得上清液中可能存在有生长调节剂及其他对植物生长有良好作用的活性物质。

李军等(2011)用1∶1稀释度的光合细菌培育中草药板蓝根和大青叶，结果发现板蓝根中醇溶性浸出物含量由原来含量42.2%增加为47.2%，比对照的增加11.8%；大青叶中靛玉红含量由原0.11%增加为0.26%，比对照的增加了136.4%；从而提高了板蓝根和大青叶的品质。

五、光合细菌能提高植物抗病毒和抗病虫活性

林志新等(1992)曾做如下试验：

试验一：用金刚砂摩擦法把香石竹斑驳病毒(CaMV)接种于指示植物苋色藜叶片上，把黄瓜花叶病毒(CMV)接种于指示植物蚕豆叶上，把烟草花叶病毒(TMV)接种于指示植物心叶烟叶上。然后分别用光合细菌菌液(试样A)、经超声波处理而破碎的光合细菌菌液(试样B)、经微孔滤膜除去光合细菌菌体的滤液(试样C)、经超声波破碎后再经离心所得的细胞壁组分(试样D)和菌体经离心后所得的上清液(试样E)分别稀释后喷施于上述已接种病毒的植株上，每隔2天喷1次。对照株则喷施以磷酸盐缓冲液。结果是经喷施以试样A和B液的植株发病期明显延迟，发病也较轻。

试验二：在对指示植物接种病毒前1周，预先每天用试样A、B、C、D、E等稀释液喷施1次，7天后再以摩擦法接种病毒于植株叶片上，此后每隔2天再喷施1次上述试样溶液。结果是：①CaMV－苋色藜组在接种7天后，对照组和试样C处理组的植株均呈现褪绿斑，2周后叶片坏死脱落，植株渐枯死；喷施以试样A、B、D、E的各组植株在接种病毒10天后，叶片才出现少量病状轻微的褪绿斑，以后逐渐消失，2周后恢复至与正常植株无异。②CMV－蚕豆组在接种病毒4天后，对照组和试样C处理的植株上便出现枯斑，1周后叶片开始枯萎并脱落；而喷施试样A、B、D、E等的植株均无发病症状，与正常健康

株无异。③TMV—心叶烟草组植株在接种病毒2天后，对照和试样C处理的植株首先出现病株，而喷施试样A、B、D、E等溶液的植株相继在3～5天出现病症。

上述结果表明：①光合细菌对已感染病毒的植物上的病毒无直接杀灭作用，只有延缓发病效果，其中以活的光合细菌作用最强，次为破碎的菌体。②先对植株喷施以光合细菌，能诱导植株增强抗病毒感染的能力。诱导植物抗病毒感染的活性成分是菌体内某些组分作用的结果，而非菌株的代谢分泌物。

吴小平(1999)对烟草喷施3次光合细菌后，对植株接种烟草花叶病毒(TMV)，以后每隔2天喷施1次光合细菌，连续喷施7次。结果是对照组在8天后出现病症；经喷施光合细菌的植株在10天后才出现轻微症状，由病毒造成的干物质积累量的降低只减少3.4%，而对照组的则减少22%。说明光合细菌能使烟草受病毒危害明显减轻。

李堃宝等(1995)在未经喷施以光合细菌的108株樱桃番茄中见有13株感染了TMV，发病率为12%；而喷施光合细菌的120株中只有2株被感染，发病率只有1.7%。

辣椒经多次喷施以光合细菌后，对其病毒病的防效亦达57.21%～58.4%(刘勇等，2000)。文吉辉等(2013)在辣椒栽培中施用光合细菌后，亦见辣椒病毒病病株率只有0.67%，比不施用光合细菌的对照组的减少了66.50%，辣椒白斑病、炭疽病、疮痂病、烂果病和疫病也分别比对照组的减少了30.43%、54.21%、70.00%、35.87%和48.26%，效果相当显著；而且为茶黄螨造成的被害率只为0.7%，比对照组的降低了65.00%。

综上述可见，活的光合细菌或虽遭破碎但仍保存有光合细菌全部组分的菌液，均有能诱导植物产生抗病毒感染能力的作用。但到底是哪些光合细菌组分有如此作用？作用机制如何？尚有待进一步研究。有人认为光合细菌细胞内的一些物质，如寡聚核苷酸及其他未知的复合因子具有强烈抑制噬菌体(如λ噬菌体)及腺病毒等在其宿主细胞中的增殖之作用。

六　光合细菌能增强果实的耐贮性

在温州蜜柑收果前的7～9月份先后共施用3次光合细菌，对照组只施用化肥。12月份收果后发现对照组的蜜柑自然存放至翌年2月份，几乎全部腐烂，而施用3次光合细菌菌肥的果，自然存放至翌年4月份仍未见腐烂，耐贮存显著提高(朱章玉等，1991)。

谷军等(2002)亦见经喷施和未喷施光合细菌的番茄果实，在采收后保存在 4℃条件下 20 天，结果是未施光合细菌的对照组番茄全部腐烂，喷施经煮沸灭活的光合细菌的有近一半果实腐烂，而喷施活的光合细菌的果实未见腐烂。可见光合细菌同样有延长番茄保存期之作用。光合细菌对西瓜枯萎病有明显的抑制作用。在西瓜皮上涂上一层光合细菌，可保鲜 3 个月，瓜肉糖分仅由 10%降至 9%（吉海平等，1997）。

光合细菌能增强果实耐贮性的原因，迄今并无有关研究报道。鉴于光合细菌对作物种子浸种后，有明显防霉作用，以及光合细菌能增强植物抗病能力等功效，则有如下可能：①光合细菌能杀灭或抑制果枝和果实表面的病原菌；②光合细菌体内某些因素能诱导果实产生免疫能力，不易遭受病菌危害而延长耐贮性；③光合细菌含有生长调节剂，可能有保持离体果实细胞有较长的生存活力。

第三节　光合细菌在改善土壤微生物群和作物对养分吸收中的作用

吴小平等(1999，2000，2003)在烟草、萝卜、甘薯、大豆等作物上喷施光合细菌菌液后，发现①光合细菌施用于各种作物上，均能提高土壤中固氮菌、根瘤菌、放线菌和细菌数量，而丝状真菌则减少（表 1-47）。在未种植任何作物的空地上施用光合细菌，亦获相同效果。说明土壤中微生物数量之变化并非通过根系活动间接影响，而是光合细菌作用的结果。他们还发现光合细菌能促进土壤中嫌气性纤维素分解菌、硝酸细菌、硫化细菌和氨化细菌的生长。

表 1-47　光合细菌对土壤微生物群的影响

处理		固氮菌 $\times 10^4$ 个/g	细菌 $\times 10^5$ 个/g	放线菌 $\times 10^4$ 个/g	丝状真菌 $\times 10^4$ 个/g	根瘤菌 $\times 10^4$ 个/g
空地	CK	108	112	23.8	4.1	13
	PSB	154	138	48.4	1.5	20
烟草	CK	18	18	8.2	43	
	PSB	39	37	12.0	28	
萝卜	CK	13	12	7.6	22	
	PSB	62	43	13.0	14	
甘薯	CK	34.5	24.0	48.0	10.0	
	PSB	51.5	68.0	52.5	5.8	

续表 1-47

处理		固氮菌 $\times10^4$ 个/g	细菌 $\times10^5$ 个/g	放线菌 $\times10^4$ 个/g	丝状真菌 $\times10^4$ 个/g	根瘤菌 $\times10^4$ 个/g
大豆	CK_1	173	93	108	1.9	47.5
	CK_2	103	100	99	2.1	32.3
	PSB	206	146	119	0.7	65.5

②喷施光合细菌的作物，对土壤各种养分的吸收明显增加。在肥力相近的土壤中种植大豆和甘薯，收获时土壤中有机质、全氮、速效氮、磷、钾和阳离子交换能力值均较大幅度减少，而植株内相应的养分含量则增加(表 1-48 和表 1-49)。从而使烟草、萝卜、甘薯和大豆分别增产 13.6%、58.9%、78.6%和 52.2%。

表 1-48　光合细菌对试验地土壤中营养成分的影响

处理		有机质 (g/kg)	全氮 (g/kg)	全钾 (g/kg)	速效氮 (g/kg)	速效磷 (g/kg)	速效钾 (g/kg)	CEC(Cmol/kg)
甘薯	CK	65.15	2.820	29.07	291.06	556.25	183.33	11.97
	PSB	53.39	2.996	28.11	255.02	612.50	158.33	12.31
大豆	CK_1	62.23	2.772	28.38	249.48	293.75	116.66	12.65
	CK_2	62.03	2.629	30.34	266.11	318.75	141.66	11.04
	PSB	51.21	2.048	26.63	207.90	283.70	100.00	9.62

表 1-49　光合细菌对植株营养成分的影响

处理		氧化钾 (%)	全氮 (%)	五氧化二磷 (%)	粗蛋白质 (%)	淀粉 (%)
甘薯	CK	2.11	2.35	0.21		13.9
	PSB	2.50	2.94	0.24		14.2
大豆	CK_1	4.52	5.17	1.18	31.31	
	CK_2	4.57	5.73	1.19	34.31	
	PSB	4.59	5.90	1.29	36.88	

在水稻田中施用光合细菌，同样能改善稻田中微生物群结构。张桂馥等(1998)将紫色非硫菌科的复合光合细菌菌液施于水稻上，明显促进了稻田土

壤中的细菌、放线菌、固氮菌和真菌的增殖，其中以土壤细菌和放线菌的增殖最为明显。

李俊峰等(2002)在黄褐土上分别施用有机肥、化肥、光合细菌菌肥、有机肥加光合细菌、化肥加光合细菌和不施肥(对照)。结果表明：①单施光合细菌时，土壤微生物总量比对照增加 57.9%，尤以光合细菌和有机肥合施者，土壤中微生物总量提高 99.4%，几乎增加 1 倍，比单施有机肥和化肥者还高 33.64%和 80.61%。单施光合细菌者亦分别比单施有机肥和化肥者高 6.09%和 43.38%。光合细菌与化肥合施，土壤微生物含量比单施化肥者高 35.13%。均说明光合细菌本身能提高土壤微生物的增殖量。当它与有机肥配合施用，其刺激微生物增殖的效果更佳。②光合细菌同样能刺激土壤中固氮菌和放线菌的增殖，提高了放线菌与真菌之比值，比其他各处理的都高(表 1-50)。③光合细菌在改善土壤微生物群变化的基础上，还提高了土壤有机质含量，改善了土壤理化性质，表现在施用光合细菌或光合细菌加有机肥后，土壤容重最低，土壤团粒结构良好、疏松。④光合细菌提高了土壤阳离子交换量，增加了土壤中全氮、全磷和碱解氮、速效磷和钾等的含量。

表 1-50　光合细菌对土壤中微生物区系的影响　(单位：$\times 10^6$/g)

处　理	光合细菌	固氮菌	放线菌	真　菌	放线菌/真菌
CK(不施肥)	1.42	4.24	2.84	2.27	1.09
有机肥	2.48	6.44	5.27	4.63	1.14
化肥	2.34	2.32	2.56	2.74	0.93
PSB	5.27	5.74	5.86	3.49	1.68
有机肥＋PSB	5.43	7.38	6.27	4.82	1.30
化肥＋PSB	4.21	2.23	3.41	3.83	0.89

张信娣等(2008)用光合细菌(拟球红假单胞菌 X_3)菌液、培养基溶液和有机肥(人、畜粪的发酵液)分别以同等施用量施于马铃薯种植地上。施后 10 天和 20 天，分别取土壤进行检测土中主要微生物群含量的变化和土壤酶的活性。结果亦表明：①如表 1-51 所示，光合细菌和有机肥均能显著地增加土壤中细菌和放线菌的数量，其中以光合细菌的作用最为明显，与空白对照形成极显著差异；培养基溶液虽然也能增加土壤中细菌和放线菌数量，但并不明显。光合细菌对真菌的生长有很明显的抑制作用，此种作用远高于有机肥和培养基的。这说明光合细菌主要是通过促进细菌和放线菌增殖的同时抑制真菌的生长来改善土壤微生物群。放线菌的增加有利于土壤有机质的分解，并产生

抗生素和激素类物质，有效抑制某些病原菌的生长，再因真菌生长受抑制，使土壤更为健康，对各种病害起到一定的防治作用。②光合细菌对土壤中固氮菌数量的增加极为明显，处理 10 天，固氮菌含量增至为处理前含量的 3.75 倍，20 天时则为对照组的 2.43 倍，比施用有机肥组的作用强。光合细菌和有机肥还能显著提高氨化细菌的数量，尤其是光合细菌对固氮菌和氨化细菌增长的促进作用最为持久和稳定。光合细菌和有机肥对硝化细菌与亚硝化细菌的增殖也有明显的促进作用，但能对使土壤中氮素消失的反硝化细菌有明显的抑制，尤以光合细菌的抑制作用最为明显（表 1-52）。上述这些参与土壤中氮素转化的微生物群的变化均有利于土壤氮素的积累，使土壤变得肥沃。③光合细菌对土壤中过氧化氢酶、脲酶、转化酶、酸性磷酸酶、碱性磷酸酶和蛋白酶等活性也有不同程度的提高，但远比不上有机肥的作用那么明显，而且光合细菌对土壤酶活性的促进作用滞后于有机肥。

表 1-51　光合细菌和有机肥对土壤细菌、真菌、放线菌数量的影响

取样时间	处　理	细　菌（$\times 10^7$ 个/g）	真　菌（$\times 10^4$ 个/g）	放线菌（$\times 10^5$ 个/g）
处理前	空白对照	16.68	13.02	14.32
	培养液	14.34	12.33	13.71
	光合细菌	15.01	14.25	15.16
	有机肥	14.00	12.73	16.65
处理后 10 天	空白对照	9.70	9.03	10.04
	培养液	16.28	8.27	16.26
	光合细菌	56.33	1.69	34.81
	有机肥	29.79	10.73	30.02
处理后 20 天	空白对照	3.71	2.04	1.08
	培养液	5.04	1.33	2.72
	光合细菌	9.00	0.11	8.73
	有机肥	8.27	1.72	7.65

注：处理前期（5 月中下旬）遇连续阴雨天气，气温下降，造成后期土壤中微生物数量均下降。

表 1-52　光合细菌和有机肥对土壤中参与氮循环的微生物群数量的影响

取样时间	处　理	固氮菌 (×10^5 个/g)	氨化细菌 (×10^6 个/g)	硝化细菌 (×10^3 个/g)	亚硝化细菌 (×10^3 个/g)	反硝化细菌 (×10^2 MPN/g)
处理前	空白对照	4.02	4.00	16.73	10.24	60.02
	培养液	3.71	4.54	18.26	10.68	58.34
	光合细菌	4.67	4.52	17.04	10.75	63.25
	有机肥	3.75	3.58	16.81	11.30	61.66
处理后 10 天	空白对照	6.03	3.47	15.33	5.03	12.67
	培养液	7.01	7.71	21.68	47.98	5.54
	光合细菌	15.02	9.52	50.03	88.13	3.51
	有机肥	10.55	17.03	93.29	187.32	0.54
处理后 20 天	空白对照	5.68	3.34	1.43	1.43	93.29
	培养液	8.04	5.78	3.67	3.52	40.03
	光合细菌	14.72	16.67	7.02	8.78	4.22
	有机肥	9.27	12.71	5.48	5.51	31.74

注:处理前期(5 月中下旬)遇连续阴雨天气,气温下降,造成后期土壤中微生物数量均下降。

综上述可见,由于光合细菌在土壤中能增殖,大大激发了固氮菌、放线菌等异养微生物的增殖,使土壤益生菌总量增加。配合有机肥施用时,可为这些益生菌增殖提供物质基础,故光合细菌与有机肥配合施用效果最佳。由于土壤中有机质和微生物总量增加,加速了土壤团粒结构的形成和土壤养分再生与有效化,为植物生长创造了一个良好的生长环境,是光合细菌能使植物增产的主要原因之一。

第四节　光合细菌在减轻农药和重金属对植物的毒害中的作用

紫色非硫细菌为了营光合作用,通常以低分子有机物为碳源和还原剂(电子与氢供体),因此不少低分子有机农药亦可为这类光合细菌所利用,从而减轻或消除残留农药对动、植物的毒害。

杨绍斌等(2005)在平菇和香菇长出子实体的第二天,分别喷施以浓度0.6 mg/mL 的顺、反氯氰菊酯和阿维菌素等杀虫剂,均于翌日各喷施以不同浓度的复合光合细菌,3 天后分别采菇各 5 千克,用无菌水反复冲洗,获得洗脱液各 5 千克,将这些洗脱液加入养有健康鲤鱼苗的缸中,按常法喂养,以鱼苗的健康和生长良好与否作指标,借以检测农药残毒的消除程度。结果表明,当喷施复合光合细菌的浓度达 1×10^3 个/mL 菌体时，便可使顺、反氯氰菊酯完全降解，鱼苗正常健康生长；在复合光合细菌达 1×10^4 个/mL 时，阿维菌素亦全被降解。并见随复合光合细菌浓度增加，杀虫剂残留量呈递减趋势。

他们还在白菜、茼蒿和黄瓜上分别喷施敌杀死、敌百虫和氰戊·马拉松（增效）乳油等杀虫剂，然后于晴天上午阳光充足时分别喷施不同浓度的复合光合细菌。3 天后分别采摘各组菜叶各 1 千克，用无菌水洗涤，各得 200 毫升洗脱液，用上述喂鱼苗法检测农药消除效果。结果亦表明不同浓度复合光合细菌均能不同程度地降解上述杀虫剂。当复合光合细菌浓度达 1×10^4 个/mL 时，溴氰菊酯基本全被降解；光合细菌达 1×10^3 个/mL 时，敌百虫亦基本被降解，氰戊·马拉松（增效）乳油则全被降解。

他们在番茄上喷施百菌清、多菌灵等灭菌剂后，亦于晴天上午阳光充足时喷施不同浓度复合光合细菌，3 天后每组采番茄 1 千克，无菌水洗脱各得 200 毫升洗脱液。利用 10 个培养皿制备牛肉膏蛋白胨培养基平板，各接种大肠杆菌、枯草杆菌 9 个点，用滴管吸取洗脱液涂于各接种点最上层，培养 72 小时后观察各皿接种点细菌生长情况。结果是当喷施复合光合细菌浓度达 1×10^4 个/mL 时，对灭菌剂的降解效果最佳，其次为 1×10^3 个/mL 和 1×10^2 个/mL 的。

张松柏等（2009）发现，沼泽红假单胞菌能降解杀虫剂甲氰菊酯。该菌对甲氰菊酯的最高耐受浓度为 600mg/L。将光合细菌和 600mg/L 甲氰菊酯共培养 15 天，甲氰菊酯的降解率达 35.26%。通过 GC-MS 对降解产物进行分析，结果显示间苯氧基苯乙腈为显出的唯一降解产物，推测该菌对甲氰菊酯的降解途径可能是作用于甲氰菊酯的酯键处。

戴建平等（2010）在辣椒定植缓苗后喷施 40%甲氰菊酯乳油 2 000 倍液，10 天后开始叶面喷施沼泽红假单胞菌 PSB 07-15 菌液，每隔 5～7 天喷 1 次，共喷菌液 3 次。结果表明，光合细菌除了能使辣椒增产 14.79%～21.68%外，还能使辣椒中残留的甲氰菊酯降解 47.20%～62.28%；对土壤中残留的甲氰菊酯降解 50.73%～65.42%。

随着经济的发展，农田重金属污染日趋严重。镉（Cd）、铅（Pb）为当前最为突出的两种污染元素，尤其是 Cd 的富集力很强，对环境危害性最大。这些重金属可在土壤中积累，在作物体内残留，进而通过食物链进入人体内蓄积，对人体构成潜在危害。利用微生物原位钝化修复重金属污染土壤具有有效、价廉、安全和无二次污染等优点。试验表明，光合细菌便具有此种作用。例如，白红娟等（2013）发现施用光合细菌中的球形红细菌的 13 种瓜菜中，其

Cd、Pb 含量均极明显地低于未施用光合细菌的。按国家规定的标准，蔬菜中 Pb 含量≤0.10mg/kg，Cd 含量≤0.05mg/kg，结果抽测其中的一块土壤中栽种的未施用光合细菌的 13 种蔬菜中，Pb 含量超标较高的有 7 种，依次是菠菜（超标 92.5 倍）、茼蒿（88.6 倍）、小白菜（85.3 倍）、油菜（84.3 倍）、洋葱（78.9 倍）、大蒜（75.2 倍）和小葱（72.6 倍）；Cd 含量超标 1 000 倍以上的有 3 种，依次是白萝卜（1 302 倍）、胡萝卜（1 203 倍）和水萝卜（1 120 倍）；Cd 含量超标 500 倍以上的有 3 种，依次是洋葱（962 倍）、小葱（893 倍）和大蒜（620 倍）。而施用光合细菌的，其蔬菜中 Pb 和 Cd 含量超标倍数明显降低，Pb 和 Cd 的超标倍数均低于 10 倍（只在 3.3～9.4 倍之间），其中的南瓜、丝瓜、西葫芦均不超标而符合有关标准。

由上述诸多实例可见，光合细菌对某些杀虫剂和灭菌剂等农药确有降解作用，对降低重金属对作物的污染有显著效果，因此有希望为生产无公害绿色食品开辟一种有效而简便的清除农药残毒和重金属的配套技术。

第五节　光合细菌菌肥的作用原理

上述光合细菌对诸多作物的生长、产量、产品品质和抗病力均有明显提高，光合细菌之所以具有这么多的功效，其主要原因可能如下。

第一，光合细菌有固氮功能。大多数光合细菌具有固氮酶。当光合细菌与异养菌共培养时，它能利用异养菌分泌的丙酮酸，在有氧条件下固定氮（N_2）。例如，在水稻根际能与固氮菌群有效联合共生的荚膜红细菌（*Rhodobacter capsulatus*）能在固氮酶作用下，消耗 ATP 和还原态辅酶Ⅰ（$NADH_2$）或辅酶Ⅱ（$NADPH_2$）中的氢并释放出电子，通过铁氧还蛋白传至固氮酶的铁蛋白——钼铁蛋白上使 N_2 还原为氨（NH_3）。

第二，为植物提供氨基酸和核苷酸等物质。光合细菌营光合作用时，生成各种副产物，如氨基酸和核苷酸等，分泌至土壤中能为植物根系吸收利用。有试验表明，脯氨酸、尿嘧啶和脯氨酸加尿嘧啶能使水稻产量分别比对照的提高 3%、11%和 46%，使番茄产量分别提高 40%、32%和 45.5%。

第三，提高植物抗病性和消除有害自由基。光合细菌具有抗病毒因子和抗菌物质，在光照和黑暗条件下均有钝化病毒之能力，阻止病原菌滋生。光合细菌能对危害卷心菜的镰刀菌产生胞溶作用，减轻它们对植物的危害。光合细菌还能氧化或分解土壤中的 H_2S 和胺等有毒物质，对土壤起着一定的解毒作用。光合细菌通过促进土壤放线菌的大量增殖，有利于减少或抑制土壤病原菌发生,保护作物免遭病害。光合细菌还能提高植物体内过氧化物酶、SOD等抗氧化酶的活性,利于减轻植物体内过多的活性氧对植物本身的危害。

第四,光合细菌能改善土壤肥力与结构。与施用化肥相比,光合细菌能明显促进土壤固氮菌、放线菌等益生菌的增殖,明显改善土壤可给性氮、磷、有机质等营养条件和理化性质,使团粒结构变得良好。土壤中光合细菌还有富集磷、固定碳素等作用。

第五,光合细菌含有能促进植物生长的物质。一般认为,光合细菌含有促生长物质,对植株茎叶和根系生长均有促进作用。

第六节　在植物栽培中如何使用光合细菌

一、粮食作物

第一,浸种。用光合细菌浓菌液(含活菌量≥30 亿个/mL)0.5 升加水稀释 3～5 倍后浸种 5～10 小时,晾干后催芽或播种。

第二,叶面喷施。每次用光合细菌浓菌液 0.5～1.0 升,第一次使用时加水稀释 30～50 倍,第二次使用时加水稀释 40 倍,第三次使用时加水稀释40～50 倍,做叶面喷施,如配合化肥(尤其是微量元素)喷施,效果更好。

第三,如有病毒病发生,视发病程度,将原浓菌液稀释 20～30 倍后做叶面喷施;如病情较重,则将浓菌液稀释度降为 5～10 倍,也可将原菌液直接泼洒在病毒区。

二、叶菜类蔬菜

第一,浸种。用光合细菌浓菌液 0.5 升加水稀释 5～10 倍后浸种 5～10 小时,稍晾干后催芽或播种。

第二,叶面喷施。用光合细菌浓菌液 0.5～1.0 升加水稀释 30～35 倍后于幼苗期叶面喷施 1 次;生长期开始喷施第二次,以后每隔 10～15 天喷施 1 次。

第三,防治病毒病。视病情严重程度,用光合细菌浓菌液 0.5～1.0 升加水稀释 10～20 倍后喷施,或直接用原菌液泼洒病毒区。

三、菜用瓜果类

第一,浸种。用 0.5～1.0 升光合细菌浓菌液加水稀释 25～30 倍后浸种 5～10 小时,稍晾干后催芽或播种。

第二，浇根和喷施。用 5～10 升光合细菌浓菌液加水稀释 20～30 倍后浇根 1 次，现蕾期做叶面喷施 2～4 次。

四、花　卉

花苗移栽后，用 0.5～1.0 升光合细菌浓菌液加水稀释 30～50 倍后浇根，或做叶面喷施。

五、棉　花

第一，浸种。用光合细菌浓菌液 0.5～1.0 升加水稀释 5～10 倍后浸种5～10 小时，稍晾干后催芽或播种。

第二，叶面喷施。幼苗出土后现第三片叶时开始喷施稀释 25～30 倍的光合细菌菌液；吐条时开始喷施稀释 30～50 倍的菌液；整枝时喷施第三次，可适当加些助壮素。

六、果　树

用作冬肥时，每 667 米^2 用 401 光合细菌浓菌液加水稀释 20～30 倍后拌入基肥中施于根际周围。春季新叶长成后，用 20 升光合细菌浓菌液加水稀释 20～30 倍后做叶面喷施，在开花坐果期和果实膨大期，每隔 10～20 天叶面喷施 1 次；后 2 次可将菌液稀释 40 倍后施用。

七、注意事项

第一，菌液（以含活菌量≥25 亿～30 亿个/mL 的产品为例）稀释后，使用前最好置于阳光下光照数小时后再在下午 5～8 时使用，如此效果更好。

第二，光合细菌切勿与灭菌剂（含抗生素）、杀虫剂或其他消毒剂同时使用。喷药后必须经 1 周后才能施用光合细菌。但如果为了消除或减轻某些农药残毒（如对蔬菜类喷施的杀虫剂或灭菌剂）可在喷药后 2～3 天喷施稀释度较低的光合细菌菌液。

第三，上述使用方法均为经验性的，使用时最好预做施用时期、施用浓度、施用次数与间隔期等试验，才能确定合理的使用方法。

第二篇 复合家族的有效微生物群(EM)

EM这个群体是个复合型的大家族,因为它对人类有很多贡献,因此被称为有效微生物。外国人给它的英文名称是Effective Microorganisms,又把它简称为EM。EM是20世纪80年代才出世的。它的出生也很偶然,当时在日本琉球大学农学部有位教授叫比嘉照夫,有一次他把堆放了很久的装在桶里的微生物菌液浇到堆肥上,并且顺便撒到实验地附近的草丛中,经1周后,这片地里的草比其他草格外地高出了几倍。这时他才猛然感到"这是(微生物)组合的奥妙"。按常规研究,各种微生物都要分别培养和保管。把多种微生物放在一起是难以想象的事。因为它们可能会互相抵触,种类多了就看不出因果关系。可是他通过几次实验证明似乎并不是这样。他说"先不必过问是敌还是友,我认为是有用的,就全混在一起,反正见效果就行。"于是他毫不遗漏地把自己认为是好的微生物全收集起来,在试管里掺和起来,要是变色发臭便扔掉,没变色变味就实地去试验一下,经过反复试验,他终于成功地制成了一组微生物混合体,这就是EM这个大家族产生的历史(比嘉照夫,1996)。最初把它们施用于农作物上,不仅能使谷物生长快,不生病或少生病,而且提高了产量和改善了产品的味道。迄今,EM技术已在世界上100多个国家和地区推广应用,并且有12个国家把它作为政府工程实施。这些国家和地区主要分布在亚洲、南美洲、欧洲和非洲等。在亚洲有泰国、马来西亚、印度尼西亚、菲律宾、韩国、巴基斯坦、孟加拉国、斯里兰卡、尼泊尔、老挝、印度、中国和中国台湾地区等。世界上EM使用量最大的是巴西,该国引进EM仅4年,月产量便达700吨,而且供不应求。其次是泰国,月产量为206吨。

中国从1991年7月起,由中国科学院南京土壤研究所、中国农业大学、浙江省农业科学院和原浙江农业大学(现浙江大学)等单位先后引进EM。1995年,中国科学院南京土壤研究所成立中国EM生物技术评估检测中心,并与日方合建EM生物技术实验室。我国先后在北京、江苏、浙江、江西、山东、四川、广西、广东等10多个省、直辖市、自治区的农业、畜牧、水产养殖、环境保护等方面应用EM取得了许多喜人的成果。

第一章　EM的组成、用途与安全性

第一节　EM的组成

EM是由光合细菌、乳酸菌、酵母菌、放线菌和发酵性丝状菌等5群中对人类和植物能产生有益作用的微生物组成的，近来又将某些有益的芽孢杆菌加入其中。其中，包括有嫌气性和好气性的数十种微生物共生在一起，组成一种复合型的活菌制剂(赵建亚等，2004)。现将各组成成分分别简介于下：

一、光合细菌群

光合细菌是EM中主要成分之一，有关光合细菌的特性与其所含化学成分与功能在第一篇中已有详述，在此不再赘述。

二、乳酸菌群

乳酸菌是一类可以分解由光合细菌合成的糖类，产生大量乳酸的嫌气菌，革兰氏染色呈阳性，不耐高温，经80℃处理5分钟，便会损失70%～80%。该菌群早就广泛应用，而且种类繁多，有乳酸球菌、迷走球菌、链球菌、明串珠菌、片球菌、肉食杆菌、乳酸杆菌、双歧杆菌和孢子乳酸菌等9个属。其中，前5个属在形态上呈球状，后4个属为杆状。目前，应用最多的主要是乳酸杆菌、双歧杆菌和乳酸链球菌。乳酸杆菌有44个种，微需氧，生长适温为30℃～40℃，最适pH值为5.5～6.2。双歧杆菌有28个种，营厌氧生长，适温为36℃～38℃，最适pH值为6.5～7.0。乳酸菌的主要作用有：一是为动物提供丰富的营养。它能合成动物所需的多种维生素、氨基酸和蛋白质等。二是乳酸菌产生的挥发性脂肪酸可为大肠黏膜代谢提供能量，并能使动物肠道pH值和氧化还原电势降低，有利于对钙、铁、锌等矿质元素的吸收。三是乳酸菌发酵产生的乳酸、乙酸等酸性产物能抑制病原菌生长繁殖。它所产生的细菌素类物质对病原菌有抑制作用。例如，嗜酸乳杆菌产生的分子量为3 500的肽，能抑制大肠杆菌DNA的合成。嗜酸乳杆菌和保加利亚乳杆菌还能产生能抑制葡萄球菌等致病菌生长繁殖的过氧化氢(H_2O_2)。乳酸菌各个属的菌均能产生一种能抑制许多病原菌的化合物，叫作双乙酰(丁二酮)。四是乳酸菌还能提高动物免疫力，激活机体吞噬细胞的活性。五是乳酸菌的体外代谢产物及菌体成分还有抗胆固醇的吸收，还能吸收部分胆固醇并将其转变为胆酸盐排出体外。六是乳酸菌群中的双歧杆菌还能将动物肠道内某些腐败菌产生的酚、吲哚、胺、硫化氢等潜在的致癌物质进行清除，对强致癌物亚硝胺进行降解等防癌作用。

三、酵母菌群

酵母菌是一群兼具好气和嫌气性的真菌。在有氧条件下，能旺盛生长繁殖；在无氧条件下，能把糖分经无氧发酵生成乙醇。常用的饲用酵母种类主要有热带假丝酵母、产朊假丝酵母、啤酒酵母、红色酵母等。酵母菌菌体为单细胞，常呈卵圆形，也有的为球形、柠檬形、香肠形和菌丝状等。菌体无鞭毛，不能游动。和一般细菌相比，其细胞个体要大得多。酵母菌喜在多糖偏酸的环境中生长，不耐热，在 60℃～70℃ 中 1 小时即死亡。但个体大，蛋白质含量高，杂食性广，代谢产物多，易培养，故在食品、饲料领域中广泛使用。其主要作用有：一是酵母菌能转化农副产品、工业下脚料如淀粉渣、水果渣等生成菌体蛋白，赋予这些副产物很高的营养价值。其代谢产物中富含蛋白质、核酸、维生素和多种酶类，可以作为饲料替代或部分替代饲料中的鱼粉。二是酵母菌虽不是动物肠道中正常菌群，但它们可以在消化系统中存活。可以耐受肠道胃酸和胆酸的不良影响而生长。因此，它在消化系统中能改善肠道微生态环境。例如，把酵母培养物添加于饲料中喂养反刍动物，可促进瘤胃中微生物的生长与活性，使厌氧菌总数、纤维发酵菌数量明显增加。用酿酒酵母饲喂雏鸡，其粪便中如大肠杆菌、志贺氏菌、沙门氏菌等病原菌明显减少。三是能促进动物免疫功能，增加抗病力。因为酵母菌的细胞壁主要成分为甘露聚糖和葡萄糖等。研究表明，甘露聚糖能使血清中的免疫球蛋白 G(IgG)和肝脏中的免疫球蛋白 A(IgA)含量提高 25%。而且甘露聚糖还能与病原菌分泌的毒素物质结合，以降低其毒性。故益生酵母菌常被用作生物治疗佐剂添加到饲料中。在酿酒酵母中还能分泌“嗜杀因子”，对肠道的病原菌有很强的杀伤力。

酵母菌可以与芽孢杆菌、乳酸菌、光合细菌等共生。酵母菌发酵产生的乙醇可直接为光合细菌用于光合作用。有的产物经水解为小分子有机物后亦可为光合细菌和乳酸菌等所利用。它所生成的 B 族维生素和一些生理活性物质能促进 EM 组合菌中各类菌群的生长与增殖。

四、放线菌群

放线菌是一类好氧菌，是细菌和霉菌的中间形态。它可以从光合细菌、酵母菌和乳酸菌中获得氨基酸、糖类和氮素等营养物进行生长，并以这些物质为基质，代谢产生各种抗生素，如β-丙酰胺类、大环内酯类、氨基糖苷类等。这些抗生素能抑制病原菌、杀灭虫害和除草等。它还能提前获取有害霉菌和细菌增殖所需要的基质，从而抑制它们的增殖，创造一个为能与之共生的其他有益微生物增殖的生存环境。由于光合细菌亦有类似净化环境功能，故由放线菌和光合细菌等组成的复合菌群，其净菌作用比各自单兵种作战更为强大。它与光合细菌混合应用时，净菌作用比其单一的作用大许多倍。

放线菌还有较强的分解有机物如纤维素、木质素、甲壳素等的功能，对自然界的物质转化和土壤改良起到重要作用。它常与光合细菌并存，以获取氨基酸等来繁殖自身。它对固氮菌和 VA 菌根菌的生长也有助长作用。

五、发酵系的丝状菌群

此类菌群主要以发酵酒精时使用的曲霉菌属为主体。例如，黑麴霉在缺氧条件下使糖发酵成酒精。它能与其他微生物共存。尤其对土壤中酯类的生成有良好效果。它与酵母菌配合生成的酒精能防止蛆和其他有害昆虫的发生，并有分离恶臭的效果。

六、芽孢杆菌群

芽孢杆菌属于好氧的革兰氏阳性菌，在 EM 中能与其他有益微生物共生。芽孢杆菌在不良环境条件下能形成单一的内生芽孢。芽孢具有很强的抗逆性，在高温(100℃)、干燥、酸碱等恶劣的极端条件下仍能存活很长时间。一旦条件合适，芽孢便能萌发成新的营养细胞。因此，当它进入动物消化道内，在低 pH 值条件下仍具有活性，并可在肠道内萌发和生长成具活性的营养细胞。但它不能在肠道中定植，而易随粪便 100％排出。不过，由于它稳定性很强，而且保存期长，易于加工和生产，所以在制粒或与吸附剂制成固体菌剂均能保持高度的稳定性。因此，可制成饲料添加剂添加于日常饲料中。

目前，国内外用于畜禽生产中的芽孢杆菌种类很多，常见的有蜡样芽孢杆菌、地衣芽孢杆菌、枯草芽孢杆菌、巨大芽孢杆菌、坚强芽孢杆菌、凝结芽孢杆菌、缓慢芽孢杆菌、短小芽孢杆菌、纳豆芽孢杆菌等。对芽孢杆菌的功能，目前已知主要有以下几方面：

一是它能产生丰富的维生素，如维生素 B_1、维生素 B_2、维生素 B_6 等B族维生素和维生素C、维生素K等，可为动物提供维生素营养物。二是它能产生多种消化酶类。如枯草芽孢杆菌是生产淀粉酶和蛋白酶的重要菌株。淀粉酶能降解饲料中的淀粉大分子物质生成单糖，再由乳酸菌等厌氧菌把单糖发酵转化为乳酸、乙酸等，从而降低肠道的pH值，抑制腐败菌生长。它所分泌的蛋白酶、脂肪酶等水解酶同样能分别把饲料中的蛋白质水解为氨基酸，脂肪水解为脂肪酸和甘油等利于动物肠道吸收利用的物质。枯草芽孢杆菌还具有产生降解植物饲料中非淀粉多糖的酶，如果胶酶、葡聚糖酶、纤维素酶等。三是很多芽孢杆菌都能产生抗菌活性物质。例如，枯草芽孢杆菌产生的枯草菌素(Subtilin)是一种短肽，具有广谱抑菌活性；而且枯草菌素有很好的热稳定性，在肠道中能抑制病原菌和腐败菌的繁殖。四是由于芽孢杆菌细胞内能产生芽孢，而芽孢有很强的抗逆性，在肠道内的胃酸、胆酸和低pH值环境中均能萌发和生长，因此在肠道内很易占据生长优势，从而限制有害菌的生存和繁殖。例如，给动物饲喂芽孢杆菌后，肠道内的大肠杆菌、产气假膜杆菌、沙门氏菌等致病菌显著减少。由于肠道内有害菌减少，氨、吲哚、硫化氢等对肠道黏膜细胞有毒害的物质大量减少，改善了体内生态环境。五是某些芽孢杆菌经灭活后添加至饲料中，对动物某些疾病有防治作用。例如，能导致动物患上炭疽病的炭疽芽孢杆菌经灭活后加到饲料中，可预防动物炭疽病的发生。

组成EM的上述各类群微生物都是土壤或水域中的有益菌，无任何不良反应，无引入潜在致病菌的危险，对环境不仅无污染，而且有净化和保护环境的作用。

综上所述，各类微生物都各自发挥自身的作用，但核心还是光合细菌，通过光合细菌对光能的利用而营光合作用，合成各种有机物质，从而在根本上支撑着其他微生物的生长繁殖和代谢活动。光合细菌也同时利用其他微生物所产生的物质进行代谢作用，形成共生共荣的关系，保证EM有效微生物菌剂能稳定地、功能齐全地发挥“集团军作战”的强大功能。

第二节　EM的主要用途与安全性

一、EM的主要用途

EM的应用领域很广，目前应用较多的主要有下列领域。

(一)水产动物养殖

EM被用作饵料或饲料添加剂;净化养殖池水质;提高水产动物成活率和抗病力;增加产量;水产品保鲜等。

(二)畜、禽养殖

EM被用作饲料添加剂,提高饲料转化率,促进畜禽生长发育;改善肉蛋奶的品质和产量;并能抑制和消除畜禽舍之臭味,改善动物体内外环境。

(三)植物种植

EM被用于植物浸种,叶面喷施或淋施,制作EM堆肥,改善土壤物理性状使其松软、透气、透水,并改善土壤微生物群结构,抑制有害微生物繁殖,减少甚至不使用化肥和农药,达到能提高植物光合作用、改善产品质量和产量,生产出真正绿色食品的目的。

(四)环境保护

EM能促使废水中有机污染物分解,降低其生化耗氧量(BOD)和化学耗氧量(COD)的值,实现水质的净化;EM还被广泛用于垃圾的堆肥化处理和汽车尾气的污染治理等。

(五)其　他

目前,还开发出许多用于日常生活的EM产品,如家用除臭剂、饮料、化妆品等的添加剂。

二、EM的安全性

由于EM制剂中所含微生物种类繁多,当然很难对其各种微生物种的长期安全性逐一进行检测,而且也没有必要。组成EM混合菌剂的各种微生物本身就是益生菌,对动、植物不仅无害,反而有益。这已为大量的应用所证实。

对EM混合菌剂的安全性,据中国预防医学科学院对上海阿妮优美容保健公司和广东华侨天然保健品有限公司联合生产的EM所做的毒性测定表明,EM属无毒、安全性高的产品。主要表现在:

急性经口毒性 $LD_{50}>10.0g/kg$,无毒级

急性吸入毒性 $LG_{50}>154.5g\cdot m^3$,无毒级

眼刺激　对动物眼睛无刺激性

鱼类毒性　对鱼类无毒

皮肤毒性对　皮肤无刺激性

人体皮肤斑贴对　人体皮肤无反应

小鼠骨髓细胞微核实验　无致突变作用

常见致病菌检验　EM 中无常见致病病菌

为探明 EM 治理污水是否存在安全性问题，黄培超等(2007)采用固态和液态 EM 菌剂分别投入被隔离的小范围湖水中，先后投放 12 次 EM，投放时间持续 8 个月。然后采集水样供供试动物 Wistar 种大鼠饮用。方法是将妊娠大鼠分组后，于致畸敏感期(妊娠 6～15 天)每天分别给予每千克 37.5 克、75.0 克和 150.0 克剂量的经 EM 净化 8 个月的湖水饮用，于妊娠 20 天解剖孕鼠，检查胎鼠外观、骨骼内脏及身体发育等指标。结果是：受试物各剂量组的孕鼠体重、子宫连胎重、胎鼠活胎率、吸收胎率、胎鼠体重、身长和尾长等均未受到影响，与阴性对照组比较，差异均无统计学意义($P>0.05$)；胎鼠外观、内脏和骨骼发育正常，未发现有囟门增宽、钙化迟缓或不全及畸形现象。结论是在 37.5～150g/kg 剂量范围，饮用 EM 净化 8 个月的湖水对大鼠无母体毒性、胚胎毒性和致畸作用。这从另一角度来看，说明 EM 本身也是无毒性的。

第三节　EM 的营养价值

据张晓霞(2008)的测定结果表明，EM 的蛋白质含量可达 45%以上，而作物中蛋白质含量最高的大豆也仅有 35%～45%。也就是说，EM 所含蛋白质至少与大豆的相当甚至高于大豆的。所以，目前已正在利用 EM 开发单细胞蛋白。

对蛋白质的评价，不仅从量上考虑，还要从质上去研究。张晓霞从 EM 微生物的蛋白质中共测出 18 种氨基酸，其中包括人体必需的 8 种氨基酸(表 2-1)。其必需氨基酸与非必需氨基酸的比值为 78.45%，必需氨基酸占总氨基酸的 43.96%。也就是说，EM 中必需氨基酸的总量与非必需氨基酸的配比上基本相当。

由于 EM 是由光合细菌群、乳酸菌群、酵母菌群、放线菌群及发酵型丝状菌群等所组成，有的还添加有有益的芽孢杆菌，因此 EM 必含有上述菌群所含有的营养物质。

表 2 1　EM有效微生物的氨基酸含量

名　称	含　量	名　称	含　量
异亮氨酸	14.66	丝氨酸	19.85
亮氨酸	14.66	甘氨酸	19.21
赖氨酸	31.13	丙氨酸	31.82
蛋氨酸	33.03	半胱氨酸	2.01
苯丙氨酸	18.05	酪氨酸	11.98
苏氨酸	17.60	门冬氨酸	38.43
色氨酸	13.13	门冬酰胺	38.43
缬氨酸	29.22		
组氨酸	9.56	必需氨基酸总量	186.77E
精氨酸	10.05	非必需氨基酸总量	238.08N
脯氨酸	41.14	E/N78.45%	
		E/(E+N)43.96%	

第二章　EM的培育方法

第一节　EM菌种的培养技术

一、EM菌种的选择

据称，EM复合菌剂中含有5科10属80余种可和谐共生的微生物，但至今未见有关该80余种微生物的具体名称之报道。市场上销售的EM菌剂所含微生物种类各有差异。有的含芽孢杆菌、乳酸菌、光合细菌和酵母菌4类；有的由酵母菌、芽孢杆菌、乳酸杆菌、亚硝化细菌、反硝化细菌和硝化细菌等组成；有的产品含光合细菌、乳酸菌、放线菌、酵母菌、地衣芽孢杆菌、枯草芽孢杆菌等；有的产品在含上述菌群外，还添加氨基酸、"活性蛋白原"、微量元素等。因此，如想利用市场上销售的EM菌剂作为生产用种源，必须慎重。一般要求至少应选用技术力量强、EM产品纯正、使用效果良好以上的可靠厂家培育的产品为菌种。有技术条件和设备的单位可采用合适方法把EM菌剂中的各个主要菌种分离出来并分别纯化培养，然后再重新组合成能共生的混合型菌剂。由于EM菌剂原由日本比嘉照夫教授所发明，因此最好是从日本EM研究机构引进种源。

二、培养基和培养容器

(一)培养EM菌种所用培养基配方

配方一　100份清洁水+5份EM菌种+5份红糖+0.6份尿素+0.2份磷酸二氢钾(KH_2PO_4)+0.05份D-异抗坏血酸(维生素C)。

配方二　100份清洁水+3份EM菌种+4份红糖+2份光合细菌+0.4份尿素+0.15份KH_2PO_4+0.05份D-异抗坏血酸。

配方三　80份清洁水+10份EM菌种+10份红糖+0.2份KH_2PO_4+少量蜜糖

上述培养基配方中，以配方二所得效果最佳，但该配方一般适用于保持菌种，大批量培养EM菌剂时可采用配方一或配方三足矣！

所用原料必须采用质量较好的。其中,EM 菌种必须选用可靠的微生物研究机构或公司生产的菌剂。红糖即赤砂糖或片糖,也可用糖蜜代替,但糖蜜用量应比红糖用量多加 2～3 份。磷酸二氢钾应使用化学纯以上的,一般用作化肥的磷酸二氢钾最好不用,因其杂质太多会影响培养效果。尿素可采用化肥尿素。维生素 C 可采用一般供作食品添加剂的 D-异抗坏血酸。光合细菌应选用能适应 pH 值 3.2～8.5 的菌种。

配制培养基时,应先将固体的红糖、KH_2PO_4 和尿素等分别用适量清洁水溶解后再混合。

如果家庭自制保健用 EM 菌剂,必须采用下列配方:冷开水(或纯净水)100 份＋红糖 3 份＋麦芽糖 2 份＋蜂蜜 1 份＋D-异抗坏血酸 0.05 份＋保健用 EM 菌种 4 份。

如无麦芽糖,可用等量蜂蜜代之。

(二)供 EM 菌种培养用的容器

可选用瓶壁较厚的白色塑料瓶,容器大小以 0.5～5 升为宜。培育菌种时,可置 25℃～32℃、弱光照下培养。培养的初期 2～3 天,每天应摇动培养瓶 2 次,如果产气太多,应开盖放气。维生素 C 应在培养的第三天加入为好。培养至第 4～5 天后,测 pH 值,当 pH 值达 3.5 或以下,并有大量气体产生和具酒香味时,表明培育成功。

三、扩种培养

为了供下一步扩大培养 EM 菌剂所需,必须把所得种源扩大培养。如果所用混合菌剂中含有光合细菌,培养时,应给予适当强度的光照,如果不含光合细菌,那就有无光照也不会影响培养过程。如需照光,可置于有适当遮阴设备的漫射光下培养,夜里如需照光,可用 60～100 瓦钨丝灯照光。最好把光合细菌单独培养好后,再与培养好的 EM 复合菌混合,如此才能保证 EM 菌剂中光合细菌的含量。

培养室温度以 25℃～32℃为宜,最低温不宜低于 20℃,最高温不能高于 38℃。因温度过低,培育发酵时间会延长;温度过高,会加速微生物老化甚至死亡。

培养期间,每天应摇动培养容器 2 次(早、晚各 1 次)。由于发酵速度不断增快,瓶内气压会逐渐增大,气压越大,说明微生物生长繁殖越旺盛,效果越好。但是,如果气压太大,造成培养容器变形,可开盖放气后再加盖。

为了提高菌种活力，在菌种培育12天左右时，按每升菌种加入0.06升(60毫升)的用量添加一些蜂蜜，然后再继续培养数天，便可结束培育。

为什么在发酵培育至12天左右才添加蜂蜜而不能提前？其主要原因：添加蜂蜜一是为了提高已培育至即将成熟的微生物的生活活力，二是利用蜂蜜特有的香味改善EM的口感和气味，如果过早添加，不仅蜂蜜的许多营养成分被消耗殆尽，其特有香味也不再存在。

菌种扩育结束后需进行检测。如果菌种仍不足，可如法继续扩繁。

四、EM菌种培育成功的检测方法

(一)观察颜色

对光观察时，一般应呈棕色或黄褐色；若用糖蜜代替红糖，因用量大(通常比红糖高3～4倍)，其色较深，常呈深褐色，半透明状。如果变成乳白色，表明培养失败。

(二)闻 气 味

EM菌剂具有一种较浓的很像酱油的那种甜酸味或酒酸味。如无甜酸味而变成另一种气味，说明已变质，不能使用。

(三)测pH值

pH值应在3.8以下。如果pH值高于此值，说明发酵时间不够或糖量不足，必须继续发酵或加糖后再发酵。

(四)检测气体

把培养好的EM菌液装入1个矿泉水瓶中，拧紧瓶盖，用手摇动几下，如果瓶中产生大量气体，说明EM培育成功，否则为失败。如出现一些悬浊物则属正常现象。

(五)测活菌含量

采用琼脂平板培养基计数菌落法测其活菌含量；总菌含量也可用显微镜计数检测(详法可参阅微生物学实验指导)。一般要求活菌量不少于5×10^8个/mL，最低也不能少于1×10^8个/mL。

在EM培养过程中，如果出现其他异常现象，表明已变质，应立即终止培养并停止使用。

五、菌种的保存

EM菌种培养好后，如暂不使用，可保存在室内阴凉处。如有低温设备，则在低温条件下保存。在3℃左右温度下保存1年仍然有效，甚至在－20℃中保存，自然解冻后仍然存活可用。

第二节　EM的规模化培养

一、EM菌的小规模培养方法

小规模培养EM时，可采用容量50升或100升的红色有盖塑料容器。培养基配方中的糖可采用价格较便宜的糖厂三级废液即糖蜜为碳源。例如，配制50升培养液时，可用5升菌液、15升糖蜜混合后，加入30升含有0.2%(约60克)的磷酸二氢钾的清洁水(也可再添加200克已溶解的尿素)，混合均匀后加盖(不必密封)，置弱光下培养。室温以25℃～35℃为宜。

EM在发酵过程中会有如下变化：①外观上，发酵至第四天时，液面会出现泡沫，泡沫个体由小变大，在10天左右泡沫会慢慢消失，液面浮起一层白色悬浮物，这些悬浮物在发酵至15天左右便会下沉，此时发酵可以结束。②发酵液的pH值会逐渐降至3.8以下。如果密封容器的盖或塞，因在发酵过程中会产生大量气体，一旦打开容器的盖或塞，气体便会冲出，故一般不需要完全密封。

EM的培养过程需15天左右。如果培养室温度低于15℃，发酵时间可能需要延长；在30℃左右，发酵时间可以缩短，而且与所加EM菌种数量有关。菌种数量多少与发酵快慢成正比，用量多则发酵快，可缩短所需时间。

如果在发酵即将结束之前4～5天，在每100升正在发酵的EM中添加0.6L的蜂蜜，培育出来的EM质量会更好。

二、EM的大量培养方法

进行工厂化的大规模培养EM时，生产场地应是有一定面积的光线较弱的洁净厂房。所用培养容器，最好采用能盛100升以上培养液的洁净的有盖红色塑料桶或罐。当然，白色或其他颜色的塑料容器亦可用，但据有关实践表明，采用红色塑料容器培养EM的成功率很高，几乎不会失败。但不能用金属容器，因为EM菌剂呈酸性，不仅会对金属容器有腐蚀，而且EM菌液也会发黑。陶瓷容器培养EM的效果也不太好。市场上已有可容纳1～2吨溶液的红色塑料罐，罐顶有盖，顶侧有一进液口，底侧有一排液口，容量既大，使用也很方便。我们也是采用此种容器，培养的菌剂含菌量很高，最高每毫升可达100亿个活菌，从未失败。具体培养方法如下：

以培养1 000升的EM菌剂为例，选用一个可装1 000升的红色有盖塑料罐，加入250升糖蜜、100升的EM菌种和预先已加水溶化的1.3千克磷酸二氢钾和2千克尿素，再倒入650升干净的井水（如果使用自来水，必须预先暴晒24小时以上，待水中残留氯气消除后才能使用），加盖（不必完全密封）后，在光线较弱、室温25℃～35℃的室（或棚）内，让其在半密封状态下进行发酵15天左右即成。

小规模培养或大规模培养成功的菌剂，均须按前述检测方法检测，合格者才能使用或出售，培养好的EM最好在1～2个月内使用。如果长时间不用，应置阴凉干燥处在半密封状态下保存。注意不宜完全密封，否则保存时间过长时，气味会改变。

在保存期间，应经常按前述检测方法检查其质量，看有无发生腐败。

三、EM培养过程中可能会发生的现象及其解决方法

EM培养过程中可能出现的现象主要有：

（一）发酵过程中无泡沫发生

其原因主要是：①环境温度太低，一般环境温度低于15℃时便会较少产生泡沫；②培养过程中为了取样检验而常开盖，让空气进入太多而破坏刚出现的泡沫。但有无泡沫产生，并不表示菌液质量好坏，即使没有或很少泡沫产生，只要符合检验标准，也说明该菌剂是正常的。

（二）EM培养结束后，液面的悬浮物沉不下去

EM发酵过程中，先出现泡沫，后来泡沫会变成悬浮物，当pH值达到4.5以下时，悬浮物便会下沉，最后表面只有少量悬浮物沉不下去。但有时会出现悬浮物连成一片而不下沉。其原因可能是：①培养时菌种放得过多。例如，在50升糖水培养液中本应用5升菌种而增加为10升。②培养室温度不合适。③红糖或糖蜜放得太多，超过应有的用量。但是，悬浮物沉不下去对EM质量并无影响，当发现有此种现象时，只需用干净棍子把它搅烂即可，或者把它

捞出弃掉。

(三)EM 培养过程中浮起的悬浮物长毛

悬浮物上长毛，是因为密封不够合适引起的，必须及时把它捞出弃掉。我们所讲的半密封，并非让容器盖留出缝隙而不盖严，只是在加盖密封后，在盖上打 1 个小孔以便通气而已。

(四)EM 使用过程中发现效果降低

当多次反复繁殖 EM，发现所培养出来的 EM 菌剂在使用中，效果比不上早期培养的 EM。其原因可能是 EM 中某些菌种(尤其是那些关键的微生物，如光合细菌、芽孢杆菌、酵母菌等)在培养过程中被挤掉或灭亡了，或者对 EM 的使用方法不当。解决方法是，如果为前一种原因，便需重新从技术和信誉可靠的 EM 培养机构购回新鲜的菌种重新培养，并找出造成某些菌种丢失的原因，在培养方法上予以改进；若是使用方法不对，则需认真了解有关使用方法，重新认识其作用机制。

(五)EM 液面上浮起许多小虫

那是由于培养环境光线较强，那里的小家蝇或其他小昆虫出没较多，它们闻到培养容器内的糖香味便会聚集到容器边缘或通气小孔上产卵，卵孵化成小蛆，个体很小的小蛆便容易爬入容器内。解决办法是把培养容器放在无家蝇或无其他昆虫出没和光线较暗的室内培养，或用棉花把通气小孔封住。如已发现液面有虫，将它们捞出即可，不会影响 EM 质量和使用效果。

(六)培养出来的 EM 为何会变成像机油那样的黏性液

那是因为在培养过程中把 EM 中的某种菌种弄死了，使 EM 的共生态组成不完整，使 EM 中各种微生物难以恢复至原有的相互生存的生态平衡所致。也有可能为其他杂菌所污染，甚至为这些外来杂菌占了优势所致。这些变样的 EM 必须弃掉，重新选用良好的 EM 菌种培养。

上述 EM 菌剂均为液态形式，其实 EM 可研制成固态形式。詹益全等(2001)选用枯草芽孢杆菌、蜡状芽孢杆菌、嗜热链球菌、保加利亚乳酸杆菌、干酪乳杆菌、酵母菌和光合细菌等为主要菌种，各菌种经分别扩大培养和混合后，接种至以麦麸为原料的培养基中，进行好氧和厌氧发酵，配制成 3 种菌剂即 EMⅠ、EMⅡ和 EMⅢ，具有固态、耐热和耐酸的特点。

四、EM菌液的复壮培养

EM菌剂在不断反复生产性培养或长期保存过程中，其中许多菌种的活性有可能会逐渐下降，因而对其菌种及时进行复壮甚为重要。据熊小京等(2007)的方法，EM的复壮方法甚为简单，只需把EM原菌液和糖的投配率提高至3%以上进行培养，效果最佳。在3%EM加3%糖蜜的配比下，菌液的pH值下降很快，当pH值降至3.5以下并且有酸甜气味便表明复壮培养成功。在复壮过程中，菌液OD值的变化可反映复壮过程中EM菌剂的增殖情况，也可作为EM菌剂复壮成功与否的判断标志。

第三章　EM 在净化污水中的作用

EM 在净化各种工业废水方面均取得很好的效果。在此不一一介绍，仅分别介绍一下 EM 对生活污水和养殖水体等的净化效果。

第一节　EM 对生活污水的净化作用

据国家环境保护总局统计，2005 年全国废水排放总量为 5.24×10^{10} t，其中生活污水占 53.6%。但目前全国城市生活污水处理率达不到 40%，大部分生活污水未经处理便直接排入河、湖等水体中，导致水体中氮、磷等化合物超标，甚至使水体富营养化，对环境造成了一定的危害。经研究证明，EM 在一定程度上能提高生活污水中常见污染物的清除作用。

一、EM 对生活污水中有机碳化合物的去除效果

用 EM 处理城市生活污水，BOD_5 的去除率可达 70.7%～90.3%，COD 的去除率也可达 60%～80%（李捍东等，2000；田永淑，2004）；并发现在有氧条件下，EM 的净水效果比无氧条件下好得多（田永淑，2004）。徐晓梅（2000）对厨房排出的污水用 EM 处理，COD、SS 去除率分别达 89.8% 和 95.4%，浑浊度降低 94.3%，而水中溶氧量（DO）则增加 80%。

刘雨等（2000）用 EM 处理人粪便的污水，结果水中 BOD_5 的去除率可达 66%～99%，出水中 COD 只残留 133mg/L，BOD_5 为 30mg/L，SS 为 25mg/L，达到可排放的标准。

二、EM 对生活污水中氮、磷的去除效果

氮、磷含量是调控水体富营养化的关键性营养物。试验证明，采用 EM 培养活性污泥来处理生活污水，EM 可显著提高氨态氮和磷的去除率（王国平等，2002）。张凤杰（2004）的试验结果表明，用 EM 处理生活污水，水中氨态氮和总氮量（TN）的去除率可高达 91.87% 和 96.77%，比对照组的分别提高 8.48% 和 I8.41%。总磷量（TP）的去除率可达 60.1%（王国平等，2002）。并发现当 EM 的投加量在 0.01%～0.5%，随 EM 投入量之增加，TN 的去除率也相应提高。

第二节　EM 对水产养殖水体的净化作用

近年来，水产养殖者片面追求高产，虾池放养密度越来越大，鱼类养殖中亦有类似情况，导致养殖池（塘）内残饵、排泄物以及生物尸体不断积累，以致养殖中、后期水中氨态氮、亚硝酸、硫化物等增多，从而水质恶化，病菌增多。尤其是在虾池中，很易频繁发生暴发性虾病。为防止此种问题发生，也可求助于 EM，从根本上清除养殖水体中各种污染物质。例如，黄永春（2009）采用 4 种规格不同的养殖池养殖斑节对虾，分为 EM 投放的试验组和不投放 EM 的对照组。试验组池在每次换水时都投放 EM 原液，使池水中有效菌浓度维持在 10^3～10^4 个/mL，并且投喂经喷洒过 EM 的饲料，投饵量为 3%～5%。对照组只投喂不含 EM 的饵料。每 10 天取 1 次水样测定其异养细菌、弧菌、光合细菌和放线菌的数量，以及含氧量（DO）、COD、氨态氮和亚硝酸等含量。结果表明：①随对虾饲养时间之延长，试验组和对照组水中异养细菌逐渐增加，但试验组在试验期间异养菌含量始终低于对照组的。试验组水中异养菌数量为 $(5.625\pm2.223)\times10^3$ 个/mL，而对照组的为 $(9.380\pm5.043)\times10^3$ 个/mL，前者比后者减少 40.0%。②水中弧菌含量亦随养殖时间之延长而逐渐增加，其中试验组水体在 50 天后弧菌含量为 $(0.113\pm0.063)\times10^3$ 个/mL，而对照组的为 $(0.268\pm0.195)\times10^3$ 个/mL，前者比后者减少 57.8%。③对照组水中光合细菌含量很低，有时检测不出，仅有 6 ± 1 个/mL，而试验组的则有 337 ± 198 个/mL，比对照组的增加 98.2%。④对照组水中放线菌数量亦很低，仅有 0.005 ± 0.004 个/mL，而试验组水中则有 0.662 ± 0.338 个/mL，为对照组的 131.4%，差异很大。可见施用 EM 后，大大改善了养殖水体中微生物群结构，即有益菌增加而有害菌减少。⑤在理化性质方面，同样有很大改善。施用 EM 后，水中含氧量为 5.866 ± 0.406mg/L，对照组的为 5.279 ± 0.675mg/L，前者比后者提高 11.0%。施用 EM 的试验组水中的 COD 为 6.94 ± 0.205mg/L，比对照组的 7.158 ± 0.591mg/L 低 7.9%。EM 对水中氨态氮和亚硝酸的清除率亦很高，对照组水中氨态氮和亚硝酸含量为 0.577 ± 0.109mg/L 和 0.462 ± 0.118mg/L，而试验组水中则分别为 0.457 ± 0.047mg/L 和 0.416 ± 0.089mg/L，分别比对照组的低 20.7% 和 10.0%。⑥经施用 EM 的试验组对虾成活率最终比对照组的提高 23.08%，对虾体长增加 4.3%，体重增加 9.3%，而饵料系数下降 9.4%，利润提高 16.11%。

由于市售 EM 所含菌群种类和含量差别较大，因此它们在净化水质中所起的作用也有较大差别。罗文等(2008)曾采用4种含菌量不同的EM,分为“光合细菌组”“酵母菌组”“乳酸菌组”和“芽孢杆菌组”,它们各自在4类菌的组合中占60%的含量。分别用以净化海涂水产养殖场对虾养殖用水。结果发现:①在水体溶氧值中,“光合细菌组”处理的,溶氧量高于其余各组,次为“酵母菌组”,其中“光合细菌组”比不施EM的对照组的高出29%;“酵母菌组”的亦比对照组的高18%;而“芽孢杆菌组”和“乳酸菌组”对改善水中的溶氧水平无显著作用。②各复合菌组对氨态氮的清除均具有极显著效果,与对照组的相比,“芽孢杆菌组”水中氨态氮下降了80%,“乳酸菌组”处理的下降了78%,“光合细菌组”处理的下降了65%,“酵母菌组”处理的则下降了52%。③各复合菌组对水中的pH值也有不同的改变,其中“芽孢杆菌组”和“乳酸菌组”能极显著地降低水体的pH值。其余2组对水体pH值也有一定程度的降低。综上述可见,在有效微生物组成成分中占优势菌之不同,在净化水质方面会有不同效果。

第三节　EM对河流湖泊水体的净化作用

由于工业废水和生活污水排入河流和湖泊日益增多,造成水体富营养化,水中蓝藻大量繁殖。有的沿海地区还会出现所谓“红潮”,因此水体富营养化的防治已成为目前国际上水体污染治理的重大课题。

在治理河、湖水体富营养化方面,EM也起着不可忽视的作用。王平等(2005)投加1‰体积比的EM菌剂并辅以低速间歇式曝气处理富营养化源水,结果水中藻类生物量得到明显控制,水样中叶绿素a、TN、TP和CODcr的去除率分别达到90.49%、45.25%、55.48%和82.37%,出水水质接近国家地表水Ⅳ类标准。

采用聚合硫酸铁(PFS)30mg/L,EM体积比5/10 000,曝气时间HRT/2(HRT=5d),水温25℃,pH值中性时,此种PFS－EM组合工艺可使藻型富营养化源水中叶绿素a、TP、COD、TN的去除率分别达到93%、89%、85%和60%,出水达到国家标准。

在藻型富营养化的湖泊水体中投放EM,处理2个月后,水中溶解氧暂时下降,但不久便很快上升至12.99mg/L,水体透明度提高了433%。在停止使用EM约1.5个月后,尽管水体透明度、TN、TP、高锰酸钾指数和COD均有反弹,但一直未见有“水华”发生。

在云南滇池内湖草海和广西南宁南湖上所做的试验亦表明,经EM处理后的水体透明度明显提高，叶绿素a和藻数量有很大程度的降低，COD、BOD、TN和TP等去除效果也很显著。

在日本，采用EM治理富营养化水体方面也有相似结果。例如，日本琦玉县不老川，使用EM处理后第六天对水质测试结果表明，其中的TN、TP和浊度均明显降低(表2-2)。

表2-2 EM对氮、磷营养盐等的去除效果

项　目	原水质(mg/L)	EM处理后的水质(mg/L)
总氮(TN)	7.488	0.735
总磷(TP)	0.617	0.207
浊度(度)	65.10	20.21

EM还能消除水中的臭味，上述诸多实例已提及EM能消除污水中的臭味，在此再举两例予以说明。例如，每周用稀释50倍的EM菌液浇入厕所入口或均匀地喷洒在厕所中，能有效消除厕所中的臭味，并能消除有害细菌，减少蚊蝇孳生。日本东京都多摩郡某工厂的净化水槽，水容量为170t/d。开始每月在水槽中加入2次EM和EM精剂，2个月后改为每月施1次。结果在使用EM后第六天臭气开始减少，2周后的水便几乎无臭味了。

福建省福州市在河流底泥中注入EM菌液，让有益微生物在河水和底泥中大量繁殖，结果污物中大量有害气体如氨、硫化氢、甲烷等被消除，水体恶臭消失并且逐渐清洁了。

第四章　EM 在水产动物养殖中的应用

如上所述,EM 能净化污水,尤其是 EM 中的光合细菌能吸收利用水中的硫化氢、有机酸、氨基酸和氨等,从而能净化水体。光合细菌的光合产物糖类及其与其他微生物的代谢产物以及它们的菌体又可为饲养的水生动物作为饵料。因此,EM 在水产养殖中有重要作用。

第一节　EM 在对虾养殖中的应用效果

EM 在对虾养殖中之作用主要表现在 3 个方面:一是改善水体质量;二是增强对虾的抗病力;三是提高对虾的产量。兹举数例于下:

有一典型试验是选用两个均为自然纳潮进水的老式虾塘,分为试验塘(施用 EM)和对照塘(不施 EM)。前者面积为 5 000.25 米^2(7.5 亩),后者为 8 000.4 米^2(12 亩)。养殖前清理池塘,清塘时将塘水排至尽可能低的水位,但保持池底湿润。然后在试验塘中按每 667 米^2 用 2.5 升的 EM 菌液的量泼洒塘底,先泼洒其中的一半,翻耕后再泼洒另一半。1 周后进水,同时按每 667 米^2 施 1 升的 EM 菌液的量洒入池塘,然后按常规法培育水体。对照塘的清塘方法相同,但不添施 EM。两个池塘均分别设置 2 台增氧机,水温为 24℃～32℃,海水盐度为 10‰～22‰,两个池塘均为每 667 米^2 投放虾苗 1.3 万尾。放苗后,试验塘每 15 天泼施 1 次 EM 菌液,用量为每 667 米^2 施 1.5 升,后期则每月泼洒 1 次。对照塘不施 EM。EM 可与饲料混合后施用,按每千克饲料喷加 25 毫升的 EM 菌液的量洒在饲料上,然后撒入池塘中,每天 1 次。两组池塘均按常规养殖方法管理。在养殖过程中均不施用任何消毒剂。共换水 2 次,不定期抽淡水补充至正常水位。在试验期间,于清塘前 1 次,投苗 1 个月 1 次和投苗后 2 个月 1 次,前后共 3 次对水质和底质进行分析。试验结果表明:①两组池塘因均有增氧机,故溶氧量相差不大。②试验塘水色呈黄绿色,水体中绿藻占多数,水质稳定性保持得很好;对照塘水质多变,水体富营养化严重,水质不稳定。③试验塘中铵态氮由 0.2mg/L 升至 0.6mg/L,而对照塘中铵态氮由0.2mg/L 升为 0.8mg/L,甚至达 1.2mg/L。说明随养殖时间之延长,后者的污染程度比前者高。④试验塘中 BOD 值低于对照塘,并随养殖时间之延长而逐渐降低;对照塘中 BOD 值则明显升高,表明其水质污染严重。⑤试验塘中硫化氢含量(0.08mg/L)远低于对照塘的(0.25mg/L)。⑥对照塘底质黑化区域明显扩大，硫化氢臭味随养殖时间之延长而渐增；试验塘底质却有发酵的醇香味，可能是EM菌群对底质有机残饵和虾粪等进行发酵之故。⑦对照塘后期因水质污染日益严重，白斑病暴发，陆续出现死虾，为减少损失，只养了70天。故对照塘中的虾体小，每千克有76尾之多；试验塘中虾体大，每千克为52尾。试验塘每667米^{2}产量为227千克，比对照塘每667米^{2}产量为138千克增加89千克；而且试验塘中的虾始终未发生过疾病，成活率远高于对照塘的。⑧试验塘中虾之饵料系数为1.2，低于对照塘的1.4。表明EM可能具有改善饵料适口性并提高饵料蛋白质质量之作用。

养殖罗氏沼虾时，发现未施加EM的虾池中出现许多病虾。他挑选出200只病虾，分为两组。每组100只，将其中100只放进添加有EM的池中，另外100只投入无EM的池中养殖。分别养殖一段时间后，发现在加有EM的池中之病虾逐渐恢复了健康，而在未加EM的池中之病虾纷纷呈现明显的病斑。而且EM池中虾粪量只有对照池中的1/3。经试养4个月，EM组虾从未发生烂尾现象。

赵铁柱等(2002)在2公顷试验池(投喂EM)和2公顷对照池(不投喂EM)中喂养对虾。其中试验池于2001年4月8日投放虾苗(规格2厘米左右)20万尾，5月24日对虾发病，5月25日起捕约4.4万尾，6月6日和6月12日分别再放虾苗10万尾(规格1厘米左右)。对照池于2001年6月6日放苗30万尾(规格1厘米左右)。试验池于5月24日对虾发病后作部分起捕，但原池水没排出，于5月27日开始用EM菌液拌饵料投喂，用量为饵料量的2%，虾病便得到控制。重新补放虾苗后，坚持用EM拌饵料投喂外，7月20日用13升的EM对全池泼洒1次以净化水质。8月17日为促进对虾生长，投喂以用EM处理过的活兰蛤，EM用量仍为2%。对照池则采用传统药物净化水质和投喂药饵。试验结果表明：①试验池对虾连续养殖106天再也未见病害发生；而对照池对虾养殖74天即发病，对虾大量死亡。②试验池中起捕二茬虾共317kg，规格为60尾/kg，平均每667米^{2}产量10.66千克；对照池中起捕对虾40.5千克，规格为200尾/千克，平均每667米^{2}产量仅有1.35千克。

第二节　EM在鱼类养殖中的应用效果

像对虾养殖一样，使用EM前先清理池塘。放水前7天每667米^{2}用石灰或10～20升的EM菌液均匀喷洒池塘，以净化水体。但石灰不能与EM同时使用,否则其中的微生物会被石灰杀死。放养鱼苗 8～10 天后,每 667 米^{2}用 5～10 升稀释 2～3 倍的 EM 泼洒水面。开始时每 15 天泼洒 1 次,以后每 30 天泼洒 1 次。污染较严重时再酌情缩短喷洒 EM 间距,增加喷施次数。也可将高浓度 EM 喷洒在颗粒饲料中立即投喂。投入鱼池的粪便需先用 EM 按 1∶200～300 的比例加入粪内混匀,堆放发酵 7 天后才能投喂。

试验证明,按上法使用 EM 饲喂后,不仅鱼的产量提高,而且鱼的品质也提高,从而价格增值(表 2-3)。

表 2-3　"EM"大黄鱼和常规大黄鱼的价格差异　单位:元/kg

规格	500g 以上	400～500g	300～400g	300g 以下
"EM"大黄鱼	33	28	23	—
常规大黄鱼	23	18	15	12

张宇和何敏(2007)采用四川名贵经济鱼种裂腹鱼 180 尾,分为 2 组,每组 90 尾,分别置于两个 2.0 米×1.5 米的网箱中养殖。其中一只网箱为对照组(A 组),另一只网箱为投放 EM 的试验组(B 组)。放养前用 0.1% 高锰酸钾溶液消毒鱼的体表。入池后预饲 7 天,观察无病发生后进入正式试验。A 组投喂基础日粮,B 组采用添加有 2‰的 EM(原菌液含活菌量为 1.2×10^9 个/mL)的基础日粮投喂。连续投喂 120 天,日投饲料量均为体重的 2%,每天投 2 次。每 2 周称重 1 次,调整饲料量。分别于前、中、后 3 期(每期为 40 天)结束后取样测定鱼的平均体重和平均增重,同时测定水质的变化。试验结果表明:①EM 能显著降低水体中的活性磷酸盐和氨态氮的浓度,为重口裂腹鱼的饲养提供良好的水质环境(表 2-4)。

表 2-4　EM 对水质化学指标的影响

水质化学指标	组　别	试验前期	试验中期	试验后期
溶解氧(mg/L)	A	9.259±1.405	8.953±1.098	9.056±1.502
	B	9.365±1.230	8.948±1.325	9.134±1.415
活性磷酸盐(mol/L)	A	0.125±0.031	0.112±0.016	0.106±0.002
	B	0.113±0.025	0.095±0.035	0.069±0.015
氨态氮(μmol/L)	A	0.422±0.073	0.386±0.042	0.414±0.025
	B	0.393±0.075	0.365±0.023	0.275±0.057

②EM 明显地促进重口裂腹鱼的生长(表 2-5)。其原因除了 EM 能改善

水质外，就是提高了重口裂腹鱼对饲料的消化性和增加各种营养成分的可吸收性，也就是提高了饲料的利用率，正如表 2-6 中所示，B 组的饲料系数极明显低于 A 组。

表 2-5　EM 对重口裂腹鱼生长的影响　(单位：g)

组别	平均初重	试验前期		试验中期		试验后期		饲料系数
		平均体重	平均增重	平均体重	平均增重	平均体重	平均增重	
A	250.25 ±20.30	420.75 ±31.41	170.50 ±25.45	590.56 ±36.32	340.31 ±32.36	763.32 ±40.56	513.07 ±33.65	2.18 ±0.21
B	248.12 ±22.24	432.12 ±26.26	184.00 ±26.42	610.32 ±30.55	362.20 ±40.24	844.12 ±35.24	596.00 ±42.55	1.75 ±0.15

韩士群等(2005)在银鲫养殖中，在其饵料中添加 0.1% 的 EM 进行喂养，结果是鱼的增重率显著高于未添加 EM 的对照组鱼。

另据福建省水产养殖户反映，EM 可使中华石斑鱼的成活率由原来的 30% 提高到 70%。

第三节　EM 在河蟹和龟养殖中的作用

郭凤鸣等(2007)在面积为 6 670 米^2 的 4 口养蟹池塘中养殖河蟹。设对照组和试验组。在清塘和对池塘用石灰消毒后，于池中遍洒苦草籽，移植轮叶黑藻等。还投放经过消毒的活螺蛳。最后先后每 667 米^2 投放规格整齐的扣蟹 600 只，鳜鱼 20 尾，抱卵虾 3 千克，虾苗 3 000 尾，鲢鱼 100 尾，鳙鱼 300 尾。4 口池塘平时均投喂野杂鱼、专用配合饲料、精饲料和青绿饲料等。均按常规法管理。其中供投喂 EM 的试验组池塘，在放苗前按每 667 米^{2}1 米水深施 500 毫升的用量将 EM 施入池中，放苗后每隔 10～15 天施用 1 次，用量为每 667 米^{2}1 米水深施 EM 400 毫升。初次使用和水质变化较大时则加量和缩短使用 EM 周期。定期取样测定水质。经过 228 天的饲养后捕捞成蟹。试验结果表明：①试验组中因为水质因子变化幅度小，水质较好，故在养殖期间扣蟹发病率低；而对照组水质因子变化大，稳定性差，养殖期间虽经使用石灰、纤虫净等药物防病，但仍发生水霉病和纤毛虫病各 1 次，此外还发生颤抖、烂鳃、肠炎病等。②由于试验组在 EM 作用下，水质变好，再因患病率低，故其成蟹规格大，产量远高于对照组(表 2-6)。

表 2-6　EM 对扣蟹生长的影响

组　别		成蟹规格(g/只)		产量(kg)	均产(kg/667m²)
		雌	雄		
试验组	1	150～200	200～250	720	70
	2	150～200	200～250	680	
对照组	1	125～175	175～200	470	50
	2	125～175	175～200	530	

黎建斌(2003)在一特种养殖场的温棚水泥池里试用 EM 为饲料添加剂喂养石龟。他选 3 个温棚中不同规格的石龟分为 3 个试验组，其中 1 个试验组又选择其环境条件一致的 3 个水泥池为不添加 EM 的对照池。各温棚中的水温和气温相对稳定，气温约 30℃，水温约 29℃。在试验组中，每天在饲料中添加 4%的 EM 菌液，全池泼施。使用时首次用量为 $10g/m^3$ 或 $20g/m^3$，以后每天用 $2g/m^3$ 或 $4g/m^3$。喂内服药或全池泼洒防治鱼病药物时则停用 EM 菌剂。在停药 5～7 天后再使用 EM。试验期间每周测水质 1 次。结果表明：①EM 能明显改善养殖池水质。与对照组相比，试验组的稚龟组池中氨态氮降低了 0.92～1.11mg/L，幼龟组池的降低了 0.12～6.92mg/L，成龟组池的降低了 0.48～1.04mg/L。同样，试验组池中的硫化氢、亚硝酸盐含量也明显降低。②EM 还使龟的体重得到不同程度的提高，特别是在稚龟生长阶段，与对照组相比，其增重率提高可达 58.3%，幼龟的增重率也比对照组高 21.5%～24.1%，成龟提高 14.8%～20.0%；试验组龟的成活率也明显高于对照组(表 2-7)。③EM 能明显降低龟的患病率。如表 2-8 所示，施用 EM 与未施用 EM 者相比，前者由于水质良好，龟活泼好动，个体大；而后者则发生腐皮病、肠炎病、疥疮病、红脖子病、红眼病、水霉病、出血病等，而且个体小，体质差。试验期间 3 个棚发生了细菌性疾病，而且一般为并发症。例如，在 1、2 号温棚均普遍发生水霉病。但经及时用药物治疗，疾病大多得到控制。由表 2-8 可见，试验组各号池龟的发病率均低于对照组龟，而且治愈率也高于对照组龟。

表 2-7　EM 菌剂对龟成活率和增重率的影响

地　点	池　号	期　初			期　末			成活率(%)	增重率(%)
		数量(只)	规格(g/只)	重量(kg)	数量(只)	规格(g/只)	重量(kg)		
一温室稚龟	1(20×10^{-6})	100	6.5	0.65	99	20.1	2.01	99	209.2
	2(10×10^{-6})	100	5.2	0.52	98	14.0	1.37	98	169.2
	3(对照)	100	11.0	1.10	90	27.6	2.48	90	150.9
二温室幼龟	4(20×10^{-6})	100	72.0	7.20	98	99.2	9.72	98	37.7
	5(10×10^{-6})	100	70.0	7.00	97	94.6	9.17	97	35.1
	6(对照)	100	74.5	7.45	92	84.6	7.78	92	13.6
三温室成龟	7(20×10^{-6})	50	276	13.8	49	390.5	19.1	98	41.4
	8(10×10^{-6})	50	290	14.5	50	395.0	19.8	100	36.2
	9(对照)	50	250	12.5	45	303.6	13.7	90	21.4

表 2-8　EM 菌剂对龟疾病的控制效果

地　点	池　号	期初数(只)	期末数(只)	发病数(只)	发病率(%)	死亡数(只)	治愈率(%)
一温室稚龟	1(20×10^{-6})	100	99	88	88.0	1	99.8
	2(10×10^{-6})	100	98	90	90.0	2	97.7
	3(对照)	100	90	94	94.0	10	89.3
二温室幼龟	4(20×10^{-6})	100	98	48	48.0	2	95.8
	5(10×10^{-6})	100	97	55	55.0	3	94.5
	6(对照)	100	92	86	86.0	8	90.6
三温室成龟	7(20×10^{-6})	50	49	32	64.0	1	96.8
	8(10×10^{-6})	50	50	37	74.0	0	100
	9(对照)	50	45	45	90.0	5	88.8

第四节　EM 对水产动物具有防病治病作用

前述诸多试验实例已证明，EM 能增强水产动物的抗病性，在此再补充一些实证。例如，用 EM 加红糖培养激活后，对虾池做全池泼施和拌饵料投喂相结合的方法养殖南美白对虾。结果是大量使用EM菌剂后，减少了病害发生，减少了对药物与抗生素的使用，节约了成本又可产出无公害产品。

另有报道，用EM拌饵料喂养罗氏沼虾，结果发病率比对照组低47%。叶明彬等(2004)用EM菌剂喂养龟，结果与对照组的相比，采用EM的养龟池由于水质良好，龟显活泼好动，发病率降低，即使在感病后，治愈率也比对照组高8%～11.2%；而对照组龟多患腐皮病、肠炎、疥疮病、红脖子病、红眼病、水霉病、出血病等，而且个体小、体质差。他们用EM培育的绿海龟的稚龟，发病率(分别为5%和17%)远低于对照组的69%。

为什么EM能增强水产动物的抗病性？据有关研究结果，主要有以下几方面原因：

第一，EM能改善养殖水体质量。EM能显著地改善水体环境，表现在它能提高水体透明度和溶氧量；降低水中氨态氮、亚硝酸、硫化氢等有害物质含量；还能减少池壁的青苔和池中污物，抑制有害微生物的增殖，并能产生大量抗氧化物质，减少换水次数。泼施1次EM，有效期可维持30～40天。例如，华荣生等(2001)的研究表明，泼施EM后，水体透明度改善，35天内溶氧量平均增加48%，在最佳时段泼施EM后2周，池中溶氧量比不施EM的增加75%，而氨态氮平均下降57%，至35d后，氨态氮量降至仅为对照池的1/6。亦见将EM活化液以1∶200 000的浓度泼施于养殖池中，能有效地分解水中有机物，降低COD值。又如，在中华鳖养殖中施用EM后，EM不仅能明显增加水中溶氧量，降低氨态氮，而且还能促进可供作饵料的浮游植物与动物的繁殖(表2-9)。

表2-9　EM对中华鳖养殖池中水质状况的影响

项目 \ 检测日期	pH值		溶氧量(mg/L)		氨态含量(mg/L)		浮游植物(个/L)		浮游动物(个/L)	
	试验	对照	试验	对照	试验	对照	试验	对照	试验	对照
8月1日	7.10	7.05	2.03	2.05	0.25	0.23	2.0×10^3	2.2×10^3	0.0	0.0
8月20日	7.40	6.90	3.52	2.26	0.45	0.46	4.4×10^3	3.7×10^3	2.5×10^3	0.5×10^3
9月10日	7.50	7.10	4.86	3.06	0.38	0.52	5.7×10^3	4.2×10^3	4.6×10^3	1.5×10^3
9月30日	7.60	6.80	5.20	3.54	0.30	0.72	6.0×10^3	4.8×10^3	3.7×10^3	3.7×10^3

由于养殖水质改善，水中有毒物质减少，病原微生物减少，因而非常有利

于水产动物的健康生长。

第二,EM复合菌富含能提高动物免疫力的活性物质。李维炯等(1995)报道,许多有益微生物,如酵母菌、光合细菌、乳酸菌等不仅含有较高含量的优良蛋白质,氨基酸组成齐全,还含有丰富的维生素和大量的类胡萝卜素、抗病毒物质、生长素,还有提高动物免疫能力的活性物质。故含有上述有益微生物的EM作为饵料添加剂,不仅能促进水产动物生长,还能提高其抗病力。

第三,EM能改善水产动物血液学指标。EM能改善水产动物的血液组成,特别是对于提高鱼体血液中血细胞数和血红蛋白含量有积极作用。伍莉等(2004)的研究表明,随饵料中EM添加量之增加,大口鲶红细胞数、血红蛋白含量、血沉和红细胞比积等指标呈上升趋势,而红细胞脆性则逐渐降低。黄永春等(1997)亦发现在饵料中添加EM,建鲤血液中的红细胞数和血红蛋白含量均高于未添加EM的对照组。

第四,EM能改善水产动物消化道中微生物群组成。据Ringo E等(1998)报道,一些益生菌尤其是乳酸杆菌和链球菌在进入动物肠道后,会发生乳酸、乙酸等含量上升,使得肠道呈现酸化,从而有利于对铁、钙和维生素D的吸收,促进动物生长。同时,还能减少肠内胺和氨的生成,抑制病原菌的增殖。在增加肠道内有益微生物增殖而抑制有害微生物增殖方面,EM中的光合细菌和乳酸菌等起着主导作用。

EM中的纤维素分解菌、半纤维素分解菌、乳酸菌等能与肠道内有益菌相互协作,在机体内再造一个营养加工厂,为其合成大量营养物质,促进动物健康生长,有利于抗病力的增强。

第五节　水产动物养殖中EM的使用方法

一、在南美白对虾养殖中如何使用EM

可分三步进行:

第一,培养基础饵料。放苗前2～3天,虾池进水至60厘米时,每667米^{2}用1.0～1.5升的EM原菌液培养基础饵料。使用时将EM加水稀释成100倍的菌液做全池泼洒,调节水色为黄绿色或茶褐色,透明度控制在30厘米左右。

第二,泼施EM培育水质。虾苗(规格以1.0厘米以上者为好)放养后,水质管理是白对虾养殖获高产的关键技术措施,使用EM可达事半功倍的效果。放养后应每隔15～20天泼洒1次EM原菌液,用量掌握在水深1米,每667米^{2}用0.5～1.5升原菌液,应在晴天上午泼施。如果使用抗生素、杀菌剂、消毒药物或具有抗菌作用的中草药时,必须在施药5～7天后才能泼施EM。

第三,拌饵料投喂。如果饵料为颗粒料,可用稀释150～200倍的EM菌液喷施于饵料上,以喷湿为度。然后立即投喂,以免散开;自行加工的饵料可以占饵料量的2‰～4‰的用量加入EM原菌液;在饵料中添加EM时,添加量以占用量的0.2‰为好,将EM稀释后再拌入饵料中。

二、在河蟹和罗氏沼虾养殖中如何使用EM

第一,全池泼施。放养虾、蟹种苗前2天,用EM原菌液稀释100倍后做全池泼施。种苗放养后视水质情况,每隔15～20天泼施1次EM,能有效地改善水质和预防疾病。

第二,拌饵料投喂。颗粒饵料用稀释200倍的EM菌液喷湿后立即投喂;加工饵料可直接拌入EM,添加量为投饵量的2‰。

第三,池水增氧。一旦发现缺氧泛塘,每667米^{2}池塘1米水深可用1～2升的EM适当稀释后均匀地泼洒水面,可获得一定的增氧效果。

三、在鳖养殖中如何使用EM

鳖生性喜洁净怕脏,水质良好是鳖稳定生长的重要条件,合理使用EM可大大减少换水量,提高饲料的吸收与消化,从而可节约水质调控和疾病防治等方面的投入。养鳖对EM的用法如下:

第一,放养前对EM的使用。先用常规法对养殖池消毒杀菌,待药性消失后,用稀释100倍的EM菌液全池喷洒,也可在放水前按每667米^{2}用2升的EM原菌液泼洒以便处理淤泥。

第二,放养鳖苗后对EM的使用。放苗后每隔15～20天泼洒1次稀释至2‰的EM菌液。如果更换或加水,则用稀释4‰的EM菌液补足。发病季节适当增加EM用量,闷热天气、底质污染严重时EM用量可加倍。

第三,拌料投喂。在饲料中添加EM时,可按饲料用量的3%加水和饲料拌匀后制成湿颗粒料投喂。如果浸泡鲜活饵料,可按鲜活饵料用量的1%加红糖(或糖蜜)拌入浸泡,密封14～24小时后投喂,也可绞碎后再拌成配合料投放。

第四,去除加工饲料的臭味可用EM原菌液稀释1 000倍后喷洒。

四、养鱼时如何使用 EM

第一，鱼塘预处理。在池塘排干水后，向干塘喷洒 EM 稀释液，每 667 $米^2$ 约用 30 升。1～2 周后再放入水。

第二，鱼苗放养前 3～10 天，用稀释 100 倍的 EM 泼洒水面，每 667 $米^2$ 约需 EM 原菌液 2～4 升（视鱼塘深浅而定）。以后可视情况每月泼施 1 次 EM（用量可适当减少）。

第三，拌料投喂。可对发酵好的饲料按 1%～3%用量将 EM 均匀掺入饲料中投喂。也可用稀释 100～500 倍的 EM 菌液喷洒饲料，以喷湿为度，立即投喂。

上述使用方法仅供参考，应根据各使用现场的具体情况和 EM 原菌液活菌含量等的差异，灵活使用，探索出更合适的使用方法。

第五章　EM 在畜禽蜂蚕等养殖中的应用

第一节　EM 对畜禽场舍环境的改善作用

随着养殖业产业化的快速发展，规模化、集约化畜禽养殖场舍的数量越来越多，饲养头数和密度也越来越大。尤其是那些分散的由农村专业户经营的小规模养殖场更是星罗棋布，由于条件所限和长期的粗放经营，由这些畜禽场所产生的废弃物(粪便、尿、残留饲料和垫草等有机物)对环境所造成的问题变得越来越严重。由畜禽每天排泄的大量粪尿，在腐败菌作用下进行腐败分解，产生大量具有刺激性的恶臭。这些臭气主要是甲烷、氨气、硫化氢、吲哚、粪臭素、有机酸和各种醇类。据有关环保部门对河南省南阳某现代化养殖场的环境质量进行测定，该畜舍的氨含量高达 2.42mg/m^3，硫化氢含量为 0.91mg/m^3，蚊蝇数高达 83 只/m^3。作为一个现代化养殖场，其环境质量如此恶劣，那么，其他粗放型的养殖场的环境那就更差了！如此的环境质量，其危害：一是首先对畜禽的健康影响极大。使畜禽生长速度减慢，体质下降，并且给病虫害和蚊蝇的孳生蔓延提供了条件，使畜禽抗病力下降，传染病流行；二是对生产经营者的身心健康也造成一定威胁；三是对周围居民的生产生活亦造成一定危害，污染严重的畜禽养殖场，在数千米外都能闻到从养殖场排放出来的恶臭味；四是对外界环境造成污染，畜禽场的粪尿污水通常都是未经任何处理便排入河流，造成河渠水道的水质严重污染；五是对消费者也无安全保证，因为畜禽患病增多，使用的药物种类势必越来越多，用量也会越来越大，导致畜禽产品中有害药物残留量增加，对消费者的健康和安全必定会带来隐患。因此，如何净化牧场和禽舍污染是个重要问题。在目前尚未找到价廉有效的治污除臭方法之情况下，EM 治污除臭看来是个较理想的技术。EM 中的光合细菌能利用其中的氨、硫化氢和有机酸等营光合作用，从而有效降低畜禽场舍内这些物质的含量。乳酸菌可防止废液腐败放出臭味。放线菌产生的分泌物能抑制有害病原微生物的生长与繁殖，从而能起到消除粪尿恶臭的作用，净化空气，改善环境，减少畜禽疾病的发生。

有专家以河南省新野县的溧河生态养猪示范场和李全友养鸡场为试验场，他们用 1% 的 EM 和 1% 糖蜜的混合稀释液，将精饲料水分调到 40% 左右，在25℃～40℃温度下密封发酵7～10天，制成EM发酵饲料。饲喂畜禽时，按饲养对象的不同，在牠们的饲料中添加一定量的EM发酵饲料。例如，对乳猪则按其基础精料的10%～15%加入EM发酵饲料，育肥猪按5%～10%加入，母猪则按6%～11%加入；育雏鸡按其基础精料的1%～3%比例加入，蛋鸡和肥育后期的肉鸡则按3%～5%加入EM发酵饲料。对照组猪和鸡的饲料不添加EM发酵饲料。同时，结合用1%的EM稀释液每周2～4次加入它们的饮用水中，并且每周用1%的EM稀释液对粪尿槽及畜禽舍喷洒2次。

按上述综合利用EM技术，结果是：①试验2周后畜禽舍的恶臭味开始减轻，1个月后显著减轻，3个月后基本无臭味，再也闻不到养殖场特有的异味。而且蚊蝇数量减少很多(表2-10)，乱飞的场面也看不见了。②对畜禽舍内的硫化氢含量检测结果亦表明，EM对清除硫化氢的效果非常显著(表2-11，表2-12)。EM对氨气的去除效果也很明显(表2-13，表2-14)。

表2-10　EM对养鸡场舍内灭蝇效果　(单位：只/m^3)

试验场区	育雏鸡舍	育成鸡舍	产蛋鸡舍
对照区	72	78	85
EM试验区	38	39	42
去除率(%)	47.2	54.6	50.6

表2-11　EM对生态养猪示范场猪舍内硫化氢的去除效果　(单位：mg/m^3)

试验场区	妊娠猪舍	分娩猪舍	保育猪舍	育肥猪舍
对照区	0.83	0.88	0.82	0.94
EM试验区	0.41	0.40	0.33	0.43
去除率(%)	50.6	54.6	59.8	54.3

表2-12　EM对鸡舍内硫化氢的去除效果　(单位：mg/m^3)

试验场区	育雏鸡舍	育成鸡舍	产蛋鸡舍
对照区	0.78	0.80	0.81
EM试验区	0.34	0.35	0.37
去除率(%)	56.4	56.3	54.3

表 2-13 EM 对鸡舍内氨气的去除效果 (单位:mg/m³)

试验场区	育雏鸡舍	育成鸡舍	产蛋鸡舍
对照区	0.68	0.66	0.65
EM 试验区	0.33	0.63	0.59
去除率(%)	51.5	4.6	9.2

表 2-14 EM 对生态养猪场舍内氨气的去除效果 (单位:mg/m³)

试验场区	妊娠猪舍	分娩猪舍	保育猪舍	育肥猪舍
对照区	0.61	0.86	0.84	0.88
EM 试验区	0.32	0.47	0.43	0.46
去除率(%)	47.5	45.4	48.8	47.7

另有研究表明,EM 进入鸡的消化道内,肠道有害微生物减少,形成有益菌占优势的肠内菌群,对脂肪、糖类和蛋白质等的分解和吸收利用能力显著增强,而肠道内腐败物质产生显显著减少,排出的粪便无臭味而是微酸的发酵味。

在家禽饮用水中添加 EM 菌液,所排出的粪便中氨浓度与不喂 EM 的相比,亦能降低 7%~10%。

第二节 EM 对畜禽生长、家禽产蛋量和抗病力的提高作用

一、EM 提高畜禽产量

EM 作为饲料添加剂的作用:首先是它能增加畜、禽的营养;其次是它能提高动物的食欲,增强动物对营养物质的消化和吸收功能,提高饲料报酬率;第三是它能促进畜、禽肠道微生物的平衡发生变化,明显提高畜、禽机体对各种营养物质的吸收和减少不必要的能量消耗,提高饲料利用率,从而能促进畜、禽生长速度,提高日增重,缩短饲养期。

(一)EM 养猪的效果

在 35~80 日龄仔猪日粮中添加 10%~15%的 EM 发酵饲料,结果仔猪增重约 7 千克,比对照组的增长 67%(胡明德等,1999)。

经试验把猪分成三组：第一组为饮水组，以1∶1000之比在饮用水中添加EM菌液；第二组为饲料组，第一周每日于饲料中添加0.5%粉状EM，1周后EM添加量增至1%；第三组为对照，以不添加EM的常规饲料和水喂养。结果是凡饲喂有EM的猪增重达10.12%～14.54%(表2-15)。

表2-15　EM对肉猪生长的影响＊

项目 组别	供试猪数 (头)	猪始体重 (kg)	试验结束后 猪增重(kg)	全期总增 (kg)	试验天数 (d)	增重率 (%)
饮水组＋EM	96	15.57	68.22	52.65	81	10.2
饲料组＋EM	96	15.72	70.48	54.76	81	14.54
对照组	96	16.65	64.46	47.81	81	0

＊表中数据为折算成每头猪的平均值

选产龄相同、出生日期亦同的4窝奶猪，随机分为EM饲喂组和对照组。奶猪3日龄均每头注射补铁针2毫升，7日龄时用“311”奶猪颗粒料引诱上槽，试喂7天后进行试验。EM组先用EM原菌液与红糖溶液各50毫升混匀，加2～3升水稀释后，取麦麸和细糠各2.5千克和上述EM红糖液一起拌匀，手捏成团后能自然散开即可，然后密闭于容器内，于25℃～30℃中发酵3天。具浓酸甜香味、pH值5.0左右时即按日粮的10%添加至“311”料中，拌匀后喂仔猪，保证日粮中含有1‰的EM量。对照组添加10%细粮加麦麸各半至日粮中，采用定量饲喂(少量多餐)。据猪的生长情况，逐渐增加饲喂量，至仔猪45日龄断奶，整个试验期30天。结果是EM组单头奶猪日增重258克，平均单头猪日耗料0.24千克；对照组单头日增重178克，平均单头日耗料0.235千克。前者料重比为0.928，对照的为1.165，差异显著。

李维炯等(1996)用EM喂猪所得结果如表2-16所示。EM加速了猪的生长。与对照组的猪相比，喂有EM的猪增重幅度为13.1%～29.5%，料肉比有所下降。

表 2-16 EM 饲喂肉猪的试验结果

试验处理	试验头数	起始重(kg/头)	结束重(kg/头)	增重(kg/头)	平均日增(kg 头)	比对照增减(%)	增重料肉比	品种名称和饲喂方法
1 EM CK	21 24	44.18 38.60	67.92 56.82	23.74 18.22	0.79 0.61	29.5	2.40 2.42	长白猪,喂 EM 发酵饲料
2 EM CK	50 20	35.40 35.60	118.40 108.80	83.00 73.20	0.69 0.61	13.1	3.10 3.14	长白猪,喂 EM 发酵饲料
3 EM CK	4 4	28.00 28.00	106.50 94.13	78.50 66.13	0.60 0.51	17.6		成华×长白猪,喂 EM 料+EM 饮用水
4 EM CK	8 8	9.00 8.50	25.00 22.10	16.00 13.60	0.46 0.39	17.9		哈白猪,喂 EM 发酵饲料

江苏省农科院农业现代化研究所(1994)报道,全生育期(113 天)用 EM 育肥猪,结果表明:喂以 EM 的试验组猪始重虽低于对照组猪,但终重却比对照组猪高 5.6%,总收益比对照组猪高 25.7%(表 2-17)。

表 2-17 EM 育肥猪增重与效益比较

组 别	头 数	始 重(kg)	终 重(kg)	比 CK±(kg)	比 CK±(%)	总成本(元)	总收入(元)	纯收益(元)	比 CK±(元)	比 CK±(%)
试验组	8	448	844	+45	+5.6	4532	6282.60	1750.6	+357.5	+25.7
对照组	8	472	799			4538	5931.10	1393.1		

(二)EM 养牛和肉犬的效果

将供试牛置于同一牛舍内饲养,用经 EM 发酵的精饲料(按 100 千克精饲料加 35 升水和 0.1 升的 EM 一起拌匀后密封发酵数天的料),对照组不加 EM。定时给食,自由饮水,预饲期 10 天,全试验期为 30 天,结果如表 2-18 所示。在 30 天内,EM 组平均每头牛比对照组牛多增重 24 千克,增重率提高 9%。饲料报酬为每增重 1 千克,EM 组比对照组的节约精料 9.1%、新鲜啤酒糟 9.1%和氨化稻草 9.2%。

表 2-18　EM 对牛增重的作用效果

组别 项目	EM 组	对照组
头　数	30	30
平均始重(kg)	240±13.11	236.7±14.18
平均末重(kg)	268.7±16.32	263±14.09
平均日增重(kg)	0.956±0.22	0.876±0.10

四川省星澳牛业有限公司对 40 头肥牛进行了 67 天的 EM 饲养试验，结果是喂有 EM 添加剂的 20 头牛平均每头牛增重 32.7 千克，而不喂 EM 的 20 头牛平均每头增重仅有 11.85 千克。

选择体重相近、生长发育正常的健康夏杂牛 20 头，随机分为 2 组，每组 10 头。其中一组为饲喂经 EM 菌液发酵处理过的干玉米秸粗草粉，另一组为对照，只饲喂未经 EM 处理的玉米秸粗草粉。两组的其他饲料组成相同。预饲期 7 天，正式试验期为 48 天。试喂结果表明：①试验组吃的是经 EM 发酵过的玉米秸粉，质地松软，有苹果香味，因此试验组牛表现食欲旺盛，采食速度快于对照组，约比对照组牛提前 20 分钟采食完投给的相同数量的饲料。②试验组牛膘情好于对照组，毛色显得光亮，口鼻湿润，精神状态良好，排出的粪便表面湿润光滑成团。对照组牛排出的粪便较稀，内夹杂有未经消化的精饲料。而且试验组牛舍中的蚊蝇数量低于对照组牛舍，臭味亦减轻。③经 48 天的饲养，各组牛平均日增重可见表 2-19 所示。由表中可见，在相同的饲喂量和饲养条件下，试验组每头牛日增重为 1.16 千克，比对照组每头牛每天多增重 0.19 千克，平均日增重提高 19.6%。④在经济效益方面，在 48 天试验期间，试验组每头牛平均净增重 55.68 千克，对照组每头牛平均净增重 46.56 千克，按当时市场价格活重每千克 9.00 元计算，试验组牛可收入 501.12 元，减去 EM 菌液费用约 6.24 元(EM 菌液每千克 20 元)，每头牛增重纯收入可达 494.88 元，比对照组牛增重收入的 419.04 元可多收入 75.84 元，提高经济效益达 18.1%。

表 2-19　EM 对肉牛平均日增重的影响

组　别	平均始重（kg/头）	平均末重（kg/头）	平均增重（kg/头）	日增重（kg/头）	日增重比较(%)
试验组	238.6±12.37	294.28±15.36	55.68±2.8	1.16±0.25	119.60
对照组	236.9±14.85	283.46±13.54	46.56±2.1	0.97±0.16	100

EM 对提高奶牛产奶量和奶品质方面亦具有很好的作用。每天给奶牛喂以占应供配精料 30%的 EM 发酵饲料，结果产奶量增加 12%，奶牛粪便臭味明显减轻(苏睿等，1998)。

EM 为活菌剂，在胃肠道内生长繁殖至一定数量后才能发挥作用。例如，在奶牛日粮中添加 3%的 EM 发酵料，在最初 10～20 天变化不大，在 20 天后产奶量才明显增加。同时，要注意在使用 EM 发酵饲料喂奶牛时，切莫与抗生素等药物同时使用。

在肉犬养殖中使用 EM 技术，同样有很好的增产效果。采用 EM 发酵饲料喂肉犬。将 EM 菌液、红糖和基础日粮按 3：1：100 的比例配合，溶化拌匀后装入塑料袋或缸中压实密封，厌氧发酵数天，有浓酒香味时即用作饲料。他们选取体重相近的肉犬 40 只，分为 2 组。试验组用 90%基础日粮加 10%的 EM 发酵料喂犬，对照组犬只喂基础日粮。均日喂 3 次。试验结果表明：①EM组肉犬平均日增重 184.22 克，对照组犬为 160.44 克，EM 组比对照组的增重 23.78 克，提高 14.8%。②EM 组的料重比为 3.2：1，对照组的为 3.6：1，前者比后者耗料降低 11%，表明对 EM 饲料的利用率提高 12.5%。③饲喂 EM 料后，犬的粪便臭味消失，苍蝇减少；而对照组犬喂养区，只要走近便可闻到臭味。而且对照组犬发生 2 例腹泻病例，EM 饲喂组则无。④EM 组比对照组的每只犬多盈利 18.14 元(陈龙如等，2000)。

(三)EM 养兔的效果

养兔业使用 EM，可加快兔的生长速度，提高饲料利用率，减少发病和死亡率，增加经济收入。

有试验表明：①以日龄 68～72 天的新西兰幼兔为试材，用 EM 发酵液饲喂 60 天，结果每只兔日均增重是试验组的比对照组的多 2.1 克，提高 12.7%，每增重 1 千克耗料下降 4.2%。②对 3 月龄的青年兔饲喂 EM 发酵饲料，并饮用 EM 处理的饮用水 36 天，结果是试验组的日增重比对照组的多 3.2 克，增重提高14.2%，料重比降低 0.07，试验期内每只试验兔增加收益 0.91 元。

③EM对提高繁殖母兔的情期受胎率、产仔率和产仔活重也有明显效果，对情况一致旳适龄母兔进行EM饲喂对比试验结果表明，试验组兔比对照组兔提高情期受胎率8.4%，提高产仔数5.4%，产仔成活数提高7.3%，产仔每只均重提高5.3%。

采用EM处理玉米秸秆粉进行发酵后，用以饲喂生长兔，结果发现可以取代日粮中所添加的抗生素等药物，一方面降低了饲养成本，另一方面还可有效地防治兔病。

(四)EM养殖肉鸡的效果

在肉鸡饲养中使用EM，能加快肉鸡生长速度，提高饲喂报酬和存活率。例如，用0.25%的EM拌饲料喂肉鸡，对4～7周龄鸡的增重影响不显著，但饲料转化率提高15.7%，死亡率减少18%。

用EM发酵饲料按1份EM菌液+1份糖蜜(或红糖)+350份水+1 000份饲料配匀发酵而成，再配以1‰的EM饮用水饲喂肉鸡，对照组鸡所用饲料配制和饮用水均相同，但不加EM。对肉鸡饲养48天后所测得的结果见表2-20。由此可见，EM组鸡的死汰率仅为19.7%，而对照组鸡死汰率为24.7%。EM组鸡出栏率比对照组鸡提高5%，死汰率降低25.4%。EM组平均每只鸡比对照组的净增0.16千克，提高11.5%。EM组鸡的料肉比为2.58，比对照组鸡的3.14降低17.8%。出售后，EM组每只鸡的经济效益比对照组的高111.4%。

表2-20 EM喂养肉鸡的生产效益分析

处理	进雏数(只)	出栏数(只)	出栏率(%)	平均出栏重(kg/只)	总重(kg)	肉质评定
EM组	1 800	1 445	80.3	1.55	2 239.75	肉质细嫩，味香，骨硬，油脂少
对照组	2 000	1 505	75.3	1.39	2 091.95	较差

(五)EM提高禽蛋产量

在蛋鸡方面，福建省泉州市养殖场经2年试验用EM喂养蛋鸡，育成率达96.7%，比对照组的高3.5%；高峰期EM组鸡平均产蛋率为90.3%±0.87%，比对照组的高4.5%；大群饲喂EM者，高峰期产蛋率达90%～95%，其中达90%以上的高峰期可维持14～15周。

用添加 20%的 EM 发酵饲料喂蛋鸡，结果与对照组的相比，日均产蛋量提高 5.54%，产蛋率提高 4.72%，料蛋比下降 5.25%，毛利润提高 19.59%，边际成本利润率为 24.75%，蛋白哈氏单位提高 10.31%，蛋黄颜色提高 1.5 罗氏级，蛋壳厚度增加 6.99%，明显改善了蛋的品质。

二、EM 提高畜禽抗病力

EM 能调节畜禽体内微生物菌群，有效抑制畜禽体内病原菌，增强免疫机制，还能提供大量抗生素及其他生理活性物质，增强畜禽抗病力，减少疾病发生，提高成活率，对疫病有奇特防治效果。例如，用 EM 菌剂和氧氟沙星治疗仔猪白痢病做对比试验，分秋、冬、春 3 个阶段治疗仔猪白痢，每个阶段设Ⅰ、Ⅱ、Ⅲ组，Ⅰ组口服杀痢王，Ⅱ组口服 EM 菌剂，Ⅲ组为空白对照。结果是在第一阶段，Ⅰ、Ⅱ、Ⅲ组仔猪发病率分别为 56.8%、52.8%和 61.5%，Ⅰ、Ⅱ组猪治愈率分别为 76.2%和 100%，第Ⅲ组的病情为 6～9d；第二阶段因可能感染传染性胃肠炎，治疗无效；第三阶段Ⅰ、Ⅱ、Ⅲ组发病率分别为 61%、45.3%和 66.7%，但结果Ⅰ、Ⅱ组猪的治愈率分别为 68%和 100%，第Ⅲ组病程为7～11天。表明 EM 菌剂对猪白痢的治愈率明显高于氧氟沙星，而且平均每头药费节省 0.30 元，获良好的经济效益。

用 EM－红糖混合液拌饲料饲喂奶猪的结果亦表明，饲喂 20 天后发现凡喂以 EM 者，患黄白痢头数为零，而不喂 EM 的对照组猪黄白痢发生率分别为 30%和 40%(表 2-21)。

表 2-21　EM 对奶猪的防病效果

类别 组别	试验猪数(头)	患黄痢数(头)	患白痢数(头)	用药情况
EM 组	20	0	0	
对照组	20	6	8	诺氟沙星，庆大霉素治疗

孙黎等(2000)的试验证明 EM 进入鸡体内后，肠道内有害菌减少，形成有益菌占优势的肠内细菌群，使脂肪、糖类和蛋白质等发酵分解，合成各种营养成分的能力显著增强，肠道内腐败物质生成量明显减少，从而排出的粪无臭味而只有微酸的发酵味，表明其肠道抗病力增强。

三、EM 改善畜禽产品品质

在日本，市场上已有冠以 EM 的畜、禽产品出售，如“EM 鸡蛋”“EM 牛肉”等。我国国家环保总局环保研究中心渤海生态基地亦已有由EM饲养的蛋鸭产的“EM鸭蛋”于2001年问世，成为我国首例名副其实的“绿色禽蛋”。这些产品是因为用EM作饲料添加剂后，畜、禽肉质和蛋质均有改善之故。例如，上海阿妮优公司用EM饲喂蛋鸭后，其蛋品的哈氏单位、蛋形指数和蛋黄色泽分别比对照组的增加2.21、0.93和0.44。

使用EM发酵饲料和EM喷洒饲料饲养蛋鸡，这两组试验鸡分别比对照组的多产蛋64.3个和17.1个，蛋重分别提高1.42克和0.71克以外，EM组鸡所产的蛋中粗蛋白质、维生素C、钙、磷等含量分别比对照组的提高3.53%、74.6%、64.9%和145.99%；粗脂肪和胆固醇含量则分别降低5.85%和69.08%，蛋壳厚度增加0.026毫米。

北京依埃姆公司曾将饲喂EM的蛋鸡所产的蛋送国家卫生部食品卫生监督检验所检测。结果表明，全蛋的脂肪、胆固醇大幅度降低，而蛋白质含量明显提高（表2-22）。直观上可见蛋黄颜色比对照的深，蛋白质黏稠度高。

表2-22　对EM鸡蛋的检验结果

检测项目	EM鸡蛋	普通鸡蛋平均值	比值(%)
蛋白质(%)(全蛋)	13.3	12.6	+5.56
脂肪(g/100g)(全蛋)	2.0	11.0	−73.6
胆固醇(mg/100g)(全蛋)	120.8	680.0	−82.2

锦州畜牧局对EM饲养的肉鸡进行屠宰分析，发现EM喂养的鸡之肌腺胃、肠管、胸大肌、腿、翅等重量均高于对照组鸡的，脂肪含量则低于对照组鸡的（表2-23）。

表2-23　对EM肉鸡屠宰检测的结果

组　别	肌腺胃	肠　管	胸大肌	腿	翅	脂　肪
EM组	265.2	797.6	1 542.5	277.2	1 018	349.6
对照组	162	767.5	1 416.5	264.4	1 020	547.5
增减%	+63.7	+4.3	+8.9	+4.8	+7.6	−36.7

凡宰杀过EM肉鸡和EM猪的人，都反映动物腹腔内和脏器发育良好，肠管粗细均匀，壁厚弹性强，油少，吃起来鲜嫩可口、无腥味。

使用EM发酵普通饲料和（或）以EM添加于饮用水中饲喂育肥猪，结果对猪肉检测证明，包括四类抗生素、重金属和农药在内的所有17项指标全部合格，而且有毒有害物指标低于国家标准好几个数量级。表明利用 EM 技术生产出的猪肉产品完全能达到国家绿色食品 AA 级标准。

四、EM 影响种鸡后代性别比例

郑德富等(2002)发现，EM 能使种鸡产蛋性能、蛋白质和出雏率显著提高。经翻肛法和抽样剖检法鉴定时发现其公、母比例为 1∶0.31～0.32，严重偏离 1∶1 的自然规律。1998 年 5 月份开始在 3 家种鸡场共 18 万羽种鸡同时应用 EM，3 个月应用期内所产雏鸡均出现上述相似的性别比例偏离现象。那是因为高等动物胚胎在早期是不分性别的，性别的分化开始于中期生殖腺的分化。EM 通过掺入饲料和饮水进入动物肠道后，可分泌与合成大量激素，可能使动物体内激素发生改变，这些激素可能使合子(蛋)雄性化基因系统占优势，从而使合子性别发育方向往雄性化发展之概率增大，从而出现上述雏鸡性别比例失调的现象。但在停用 EM 1 个月后便可恢复正常。

五、EM 降低饲(饵)料系数和提高饲(饵)料转化率

用 EM 添加于饲料中喂养仔猪，在 30 天试验期间，喂以 EM 饲料的单头奶猪日增重 258 克，平均单头日耗饲料 0.24 千克；对照组的单头奶猪日增重 178 克，平均单头日耗饲料 0.235 千克；但前者料肉比为 0.928，对照组猪的料肉比为1.165。说明在猪饲料中添加 EM，饲料转化率显著提高。上海嘉定区伏虎牧场在猪饲料中添加 EM，结果经喂养 100 天后，EM 组猪的料肉比为 364∶1，而对照组猪的料肉比为 415∶1。即前者的饲料系数明显低于后者。

饲料系数或料肉比降低的原因可能是 EM 改善饲(饵)料的适口性和改善饲(饵)料蛋白质质量之故。EM 中各种有益微生物本身就含有颇多的优良蛋白质、丰富的维生素，尤其是维生素 B_{12}、叶酸和生物素、齐全的氨基酸组成及其他生理活性物质，当它们和饲(饵)料一起为动物吸收利用，对于提高饲(饵)料的品质和动物摄食量均有很大帮助。此外，如前面所提及的，EM 中的纤维素分解菌、半纤维素分解菌和乳酸菌等均可与肠道中有益菌相互协同，组成一个体内的营养加工厂。EM 中的益生菌还能有效地增强肠道的活动能力，提高对各种营养物质的利用率，从而提高饲(饵)料系数。

六、EM 饲养蚯蚓的效果

采用普通蚯蚓为试材，进行盆养。开始时，盆内装一半经筛过的不含有机物的土壤，每盆放养蚯蚓(大小均有)200 克，设喂 EM 的试验组和不喂 EM 的

对照组。试验组采用由玉米面＋干落叶＋0.1%的EM＋0.1%糖蜜＋1%过夜自来水组成的混合料(含水量达30%左右),于30℃中发酵3天后风干喂养;对照组为玉米面＋干落叶,比例和用量与试验组的相同。每天早上用适量的过夜自来水喷洒饲养盆中饲料表面,控制其水分含量在70%～80%,每天下午4～5时用配好的饲料超量饲喂,均匀地撒在饲养土表面,以次日清晨仍有残留饲料为度。两组均每周翻土1次,保持饲养土均匀。每个月把蚯蚓从饲养土中筛出,并称重。称重后再倒回饲养盆内继续饲养。试验结果表明,EM发酵饲料喂养的蚯蚓明显地比对照组的生长快(表2-24)。

表2-24 EM饲养对蚯蚓生长的促进效果

日期(日/月)	2/2	5/3	3/4	6/5	7/6	2/7	2/8
对照组平均重(g)	200	242	247	258.5	263.5	283	294
试验组平均重(g)	200	238	272	293	310.5	363	439
试验组比对照组每月平均净增重(g)	0	－4	25	34.5	47	80	145
试验组比对照组每月增重率(%)	0	－1.6	10.1	13.3	15.6	28.3	49.3

七、EM在蜜蜂养殖中的应用效果

EM对增强蜂的抗病力有明显作用。因为EM随饲料或饮用水进入蜜蜂的肠道内,与肠内有益菌群形成优势菌群,从而能抑制或消灭致病菌群。同时,还能分泌和合成氨基酸、蛋白质、维生素以及各种酶类、抗生素、促生长因子等营养物质和激素,从而提高蜜蜂的抗病力。

采用EM原露作体外抑制蜜蜂微孢子和欧幼病病原菌时,发现EM对蜜蜂微孢子体外发芽有较强的抑制作用,EM使用浓度越高,抑制效果越好。早春用EM饲喂,可对越冬老蜂和春季新蜂均起保健作用,繁蜂率明显提高。在60天内,每群平均多增蜜蜂0.9足框,增殖16.07%。在春繁中后期,特别是在新老工蜂交替时,喂以EM的蜂群,子脾整齐,间虫和插花现象减少。经检测,采用EM防治蜂病,不会带来蜂产品药残问题。

使用EM喂蜂应注意下列事项:

一是在始繁期,如果越冬蜜蜂是在茶花场地培育的,此时工蜂的营养腺较发达,可饲喂一定比例的代用花粉,并用EM发酵液作为添加剂。在中繁期,新蜂开始出房,在饲料中添加适量大黄苏打片或EM发酵液,但两者不能同时用。在末繁期，整个时期均应喂 EM 发酵液，以防爬蜂发生，外界蜜源结束前再喂 1～2 次 EM，以防移入另一场地时发生爬蜂。

二是 EM 是活菌群，抗生素会抑制其生长，因此两者不能同时使用。使用时，两者必须相隔 1 周。用 EM 防治蜂病，如果效果不佳时，应改用其他药物防治，或用 EM 与药物治疗交替使用，如此效果会更好。

三是不同地区蜜蜂种类不同，气候条件不同，养蜂人的饲养习惯不同，不同地区发生蜂病的种类也可能不同。因此，使用 EM 养蜂的方法也应根据当地实际情况，参考上述方法做适当修改。

八、EM 在养蚕业上的应用

江西省天意生物技术开发公司在春蚕期间，以 781×(782×734)为供试品种，设 3 个试验区和 1 个对照区，每区 200 条蚕。均设在同一蚕室相邻位置上，饲养条件和常规管理技术均相同。所用桑叶均为同一桑园的同品种桑叶。试验区用 0.2%的 EM 混合桑叶饲喂，以桑叶全部湿透为宜。每天喂 1 次。对照区不加 EM。结果是凡饲喂有 EM 的桑叶者，与对照组的相比，结茧率提高 29.7%，每千克茧粒数减少 166.7 粒，减少 20.8%；全茧量(即产量)增加 97.7 克，增产 43.2%；下茧比例减少 6.3%，上茧率增加 7.7%，上车率增加 7.7%，茧层率增加 0.9%；50 克鲜茧鲜壳量增加 0.43 克，增加率为 4.1%；干壳量增加 0.33 克，增加率为 3.4%(表 2-25)，而且发现饲喂 EM 桑叶的蚕食桑快，几乎是刚触及便顺行食用并且干净，连叶脉都食完。而对照组蚕却是撒叶后数分钟才开始食用，并且残叶多。食用 EM 桑叶后，蚕体抗逆力增强，病蚕少，特别是对农药的抵抗力增强。

表 2-25　EM 养蚕试验效果

项目 处理	饲养头数	结茧		含茧量(克)	每千克茧粒数(粒)	下脚茧比例(%)	上车率(%)	上茧率(%)	茧层率(%)	50g 鲜茧	
		粒数(粒)	结茧率(%)							鲜壳量(%)	干壳量(%)
试一区	200	198	99	336	620	8	92	96	22	11	10.5
试二区	200	194	97	310	600	2	98	98	22	11	10
试三区	200	197	98.5	325	680	4	96	96	21	10.5	9.9
平均(A)	200	196.3	98.2	323.7	633.3	4.7	95.3	96.7	21.7	10.83	10.13

续表 2-26

项目 处理	饲养头数	结茧		含茧量（克）	每千克茧粒数（粒）	下脚茧比例（%）	上车率（%）	上茧率（%）	茧层率（%）	50克鲜茧	
		粒数（粒）	结茧率（%）							鲜壳量（%）	干壳量（%）
对照(B)	200	137	68.5	226	800	11	89	89	20.8	10.4	9.8
A－B(＋－)		＋59.3	＋29.7	＋97.7	－166.7	－6.3	＋6.3	＋7.7	＋0.9	＋0.43	＋0.33
%		43.3		43.2	20.8					4.1	3.4

九、EM对养殖动物的作用机制

EM在促进水产动物和畜禽等生长，提高其产品质量，增加其抗病力等方面均有很好的作用。为什么EM会有这么多的作用？有关机制目前尚处于“假说”阶段，有待于进一步研究。据目前我们对组成EM中各主要微生物群的作用之认识，究其原因大概有以下几方面：

第一，组成EM菌群的微生物全是益生菌。其中，酵母菌营养价值很高，是单细胞蛋白的重要来源之一，近年已成为全价饲料中必不可少的添加成分。光合细菌富含蛋白质、维生素、类胡萝卜素、辅酶Q_{10}、促生长物质和抗病毒因子等，在促进动物生长、提高动物抗病力和成活率、改善产品质量等诸多方面有很好的作用，已在水产动物和畜禽养殖中广泛应用。乳酸菌在抑制有害微生物，防止有机物腐败方面有重要作用。

第二，EM在饲(饵)料中甚至在进入动物消化道内都能生长繁殖。其间，它们能生成大量糖类、氨基酸、蛋白质等营养物排泄至体外。据中国农业大学生物学院中心化验室对EM饲料和普通饲料所做的分析表明，EM饲料中17种氨基酸总含量明显高于普通饲料的，提高幅度在10%～28%。因此，EM除了为动物提供更充分的营养物质外，如果它们能进入肠道内的话，还可能在肠道内产生许多生理活性物质，如各种酶类、维生素和激素等，有利于促进动物体内物质代谢和调节各器官的功能。

第三，EM如果能进入肠道后，因为它们能不断繁殖，因而可以调节动物肠内微生物群的平衡，与肠内原有的有益菌一起形成强大的优势种群，抑制有害微生物的生长繁殖。

第四,在鱼类中已发现 EM 能提高鱼血液中红细胞数和血红蛋白含量,血沉和红细胞比积等亦有提高,而红细胞的脆性则降低。这些血液学指标的改善,表明 EM 对动物机体的生理功能有良好影响。

第五,饲喂 EM 后的畜禽舍内氨浓度明显降低,其原因可能是饲料中含氮化合物向氨基酸方向转化,另一种可能是肠内优势的有益菌群抑制了大肠杆菌之类的活动,扭转了蛋白质转化为氨和胺的倾向,肠内粪便和尿中的氨因而减少,排出的氨自然也就少了,这些都有利于动物的健康生长。

第三节　在畜禽养殖中 EM 的使用方法和注意事项

在畜禽养殖中,EM 的使用方法有发酵饲料、饮水和栏舍喷洒等法。

一、EM 固体发酵饲料

配方一　按配合饲料量的 0.2%取 EM 原菌液和等量红糖(或糖蜜,红糖需预先用热水溶化),混匀后加水稀释 100 倍左右(稀释度的大小应按饲料的干燥程度做适当调整),均匀地拌入饲料中,再装入厚塑料袋或缸中,压实,排尽空气,扎紧口袋(用缸时则用塑料薄膜封口),厌氧发酵 7～10 天。发酵成功的饲料必须是具酒曲香味。然后按 10%～15%之比例取发酵饲料与未经发酵饲料混合饲喂家禽或家畜。

配方二　选用不含抗生素的非颗粒全价饲料 100 份,糖蜜或红糖 1～2 份,35℃左右的温水 30 份,完全混合均匀后装入塑料袋或缸(桶)中,压实,密封,发酵 5～7 天后有酒曲香味便可使用。再按 5%的比例与基础饲料混合饲喂,初期饲喂量可适当提高。一般发酵饲料不开封可保存 1 个月,开封后应在短期内用完。

二、EM 液体发酵饲料

本法是按上述固体发酵饲料时所用的糖蜜(或红糖)、EM 原菌液和温水的相同比例(即糖蜜或红糖∶EM∶温水为 1～2∶2～3∶30～40)混匀后密封发酵 3～6 天,有酒曲香味后,把它添加于饮料中即成。本法简单,但饲料中营养成分可能比不上上述 EM 固体发酵的。

此外,还可利用当地的农副产品甚至禽粪等与 EM 共同发酵制成适合不同畜禽食用的适口饲料。下面是根据不同畜禽和其年龄大小而制作的不同 EM 发酵饲料的方法。

三、利用农副产品制作 EM 发酵饲料

利用农作物秸秆发酵成饲料，首先要把秸秆粉碎。如果秸秆用作牛、驴、马的粗饲料，可用揉碎机加工，尤其是玉米秸较粗硬，揉碎可提高秸秆利用率。如果用作羊、兔、鹅粗饲料，可用粉碎机将秸秆粉碎成粗粉，以便混拌精饲料。稻草和麦秸比较柔软，可用铡草机切碎，长度为 1～2 厘米即可。

其次是配制好 EM 发酵液，取 EM 原菌液、糖蜜或红糖各 1 份，再加 80 份清洁水混合发酵后才能与粉碎好的农副废弃物混合发酵。以下是一些实例。

(一)制作供大鸡用的 EM 发酵饲料

配方一　15 千克青饲料(甘薯蔓、黑麦草、白菜叶、凤眼莲等)切碎，添加玉米粉 45 千克，花生麸 15 千克，麦麸 20 千克，黄豆粉 5 千克，鱼粉(或蛆粉、蚯蚓粉等)2 千克，骨粉、食盐和微量元素适量，不含抗生素等药物(杜英德等，1998)。

配方二　干蚯蚓粪 15 千克(湿蚯蚓粪 30 千克)，玉米粉 40 千克，花生麸或茶籽饼 20 千克，麦麸 15 千克，米糠 7 千克，鱼粉(或蚯蚓粉、蝇蛆粉等)2 千克，食盐 0.4 千克。

用上述两配方制作 EM 饲料时，可先将 EM 原菌液和用 40℃温水溶解的红糖(或糖蜜)溶液等量配合再加少量食盐混匀，再用适量温水配成稀释液，静置 2 小时以激活 EM 中的微生物，然后与上述配好的饲料混合均匀，使含水量达到用手抓握一把饲料时指缝间有水而不下滴为宜。然后将饲料装入容器内压实，密封，厌氧发酵。夏季发酵需 24～48 小时，冬季需 48～72 小时便可使用(赵风清等，1996)。

用此类饲料喂鸡，可大大降低成本。使用按常规饲料喂养的鸡每只仅能赚 1～1.5 元，而用本法制作的饲料喂养，每只鸡可盈利 3.5～5 元；而且鸡场少有臭味，鸡的抗病力也增强，肉质鲜嫩可口，市场售价高。

(二)制作猪用 EM 发酵饲料

发酵 100 千克饲料需用米糠 20 千克，麦麸 17 千克，玉米粉 30 千克，豆粕 15 千克，青饲料或干蚯蚓粪 25 千克(湿蚯蚓粪用 30 千克)，畜用微量元素(不含抗生素等药物，使用蚯蚓粪时可以不加)2 克，蝇蛆粉、蚯蚓粉或鱼粉 2 千克。

上述饲料原料和比例可因地制宜，灵活调配。另加 EM 原菌液 2 升、红糖(或糖蜜)1 千克(红糖需先用 40℃温水溶解)，食盐 0.4 千克，用温水配成 70

千克，混合均匀后放置 2～4 小时以活化 EM 中的微生物，然后倒入饲料中混合均匀，装入容器内压实，用塑料薄膜密封进行厌氧发酵。夏季发酵需 1～2 天，冬季需 2～5 天后便可使用。

(三)EM 与畜禽粪便等制作发酵饲料

新鲜鸡粪、牛粪、兔粪、猪粪均可用 EM 进行发酵制作成发酵饲料。据杭柏林等(2009)所介绍的方法如下：

1. EM 发酵鸡粪

(1)收集鸡粪　必须收集健康鸡的新鲜粪便，最好不要用喂过大剂量抗生素的鸡粪，因为用 EM 处理这些鸡粪效果较差。为避免营养物质的损失，夏季清粪时间间隔最好不超过 1 天，冬季不超过 3 天，以当日清理的粪发酵效果最好。为便于清扫，可用麦麸、米糠、草粉等铺垫在鸡笼下，垫料与鸡粪之比约为 3∶2，使鸡粪与垫料的混合物含水量控制在 35%左右。

(2)饲料配方　(据杭柏林等，2009)

配方一　60%健康鸡的新鲜粪便(病鸡粪不能用)和 40%秸秆粉或米糠、麦麸制成混合料，再按 500(混合料)∶1(EM)∶1(红糖或糖蜜)之比例称取各原料，水的添加量灵活掌握，使含水量控制在 35%左右。

配方二　按 1 000 份干鸡粪、1～2 份 EM、1～2 份红糖或糖蜜、300 份水的比例制作。如果直接使用新鲜鸡粪，应视鸡粪含水量多少来调整加水量，过湿时可加些草粉或秸秆粉等。

(3)制作方法

①将红糖用 30℃～40℃温水溶解后加入 EM 原液和水，静置 2 小时，制成 EM 稀释液。

②将新鲜鸡粪分层装入发酵池内(小型鸡场可用缸发酵)，每层厚约 20 厘米，每装 1 层按比例均匀喷洒 EM 稀释液。

③可根据鸡粪的含水量，在 EM 稀释液中再加入一定量的水，进行 2 次稀释，使调整后的发酵鸡粪含水量(包括垫料在内)为 40%左右。每装 1 层鸡粪按比例喷洒 EM 2 次和稀释液 1 次。

④重复操作，直至贮满，用塑料布密封发酵。

⑤在一般情况下，夏季发酵 3 天、冬季 5 天即可完成发酵。发酵好的鸡粪无臭味，质地松软，有苹果香味或曲香味，适口性好。打开塑料布后，发酵鸡粪内有白色菌丝覆盖即成。

(4)使用方法　将鸡粪发酵饲料以一定比例掺进日粮中饲喂，可作为多种动物的饲料，对仔猪可添加 3%～5% 的发酵鸡粪为宜，对育肥猪可掺入 30%～50%，喂牛则掺入 25%～50%。

(5)注意事项

①由于发酵鸡粪在营养水平、适口性和消化吸收等方面较粮食差，因此在生长快、采食量少、消化功能弱小的小猪阶段使用效果不太好，在猪体重达 50 千克左右时再使用才合适。

②肉猪价格很低时，可适当加大发酵鸡粪的添加量。

③母猪空怀期和妊娠前期，鸡粪发酵饲料的添加量可占饲料量的 50%左右；妊娠后期和哺乳期，鸡粪发酵饲料添加量以占 30%左右为宜。

④鸡粪发酵饲料主要代替饲料中的饼类饲料，以降低饲料成本。

⑤鸡粪发酵饲料高蛋白低能量，替代奶牛精饲料的比例不宜超过 50%，否则会因能量饲料不足而影响奶牛的生产。

2. EM 发酵牛粪

(1)原料配比　选用健康牛的鲜牛粪，将牛粪、EM、红糖或糖蜜和水按 500∶1∶1∶25(据牛粪湿度大小做适当调整)之比例混合拌匀。

(2)发酵与使用方法　发酵过程与鸡粪发酵饲料相同。用于养殖蚯蚓时，可密闭发酵 7～10 天，与蚯蚓同时放入饲料盆中，每天下午 4～5 时将饲料均匀撒在表层(撒放量以第二天饲喂时仍有剩余为度)，每天早晨用水喷洒表面，水分掌握在 60%～70%，每隔 7～10 天翻 1 次，保持培养土松匀。对其他动物饲喂牛粪发酵饲料的方法与注意事项亦与鸡粪发酵饲料的相同。

3. EM 发酵兔粪

(1)原料配比　将健康兔的新鲜粪便(病兔粪不能用)稍加晾晒后粉碎。兔粪、EM、红糖或糖蜜的配比以 200∶1∶1 为好，水的添加量可灵活掌握。

(2)发酵与使用方法　发酵过程同鸡粪发酵饲料。夏季发酵 2～3 天，冬季 5～7 天即可完成，发酵料散发出曲香味即成。用于喂猪时，于日粮中的掺入量可略低于鸡粪发酵饲料。

4. EM 发酵猪粪

(1)原料配比　选用新鲜猪粪(不含尿)先堆垛干燥数天，待含水量为 40%左右时使用。可按 1 份 EM∶1 份红糖或糖蜜∶300 份猪粪之比例称取各原料。

(2)发酵方法　发酵时用少量温开水将红糖溶解，水温低于 40℃时倒入 EM 搅匀，放置 2 小时后与干猪粪边拌边堆垛，用塑料薄膜覆盖密封，再加盖些稻草等，发酵 7 天左右即可。

EM发酵猪粪既可用作饲料，又可用作肥料，如用作肥料，可与一般有机肥混匀如法发酵后使用。

四、EM饮水法

用EM原菌液加等量红糖溶液或糖蜜混合均匀后配制成0.1%～0.3%的稀释液，每日供畜禽自由饮用。具体配制方法是：在每日所需营养物(如红糖)中加入40℃温水适量充分溶解(或用糖蜜)，然后加入EM原菌液和水(EM菌液∶红糖或糖蜜∶水为1∶0.5∶100)充分搅拌均匀，静置10小时以激活EM中的微生物，再加水配成浓度0.1%～0.3%的稀释菌液，便可直接供作饮用水。该法主要针对供雏鸡饮用，因为它们有采食量少、饮水多的生理特性。

五、栏舍除臭

用EM原菌液加等量红糖溶液(或糖蜜)配成0.4%稀释液，每周喷洒栏舍1次。臭味减轻后可延长至15～30天喷洒1次，可消除臭味，改善畜禽栏舍环境，增进畜禽健康。

六、注意事项

第一，鉴于各地厂家生产的EM产品活菌含量和菌活力差异较大，即使是同一厂家生产的EM菌剂，由于保存时间长短不一，其活菌含量也有很大差别。因此，上述的EM使用量应根据具体情况而有所增减，否则所得效果就会有很大差异。甚至在同样营养水平和管理条件下，由于EM发酵物添加比例不同，饲喂效果也不一样。使用方法不同也有不同效果。有人认为单纯向日粮中添加发酵物比饮水法的效果好。也有采取饲料处理、饮用水喂饮和舍内喷洒处理同时进行，即“三步到位”比任何单一方法好得多。

第二，EM倘若能闯过胃部这一关而进入肠道内的话，不是立即显效，它们必须在肠道内通过不断地生长繁殖，与肠内原有益生菌群一起达到占优势菌群时才能发挥作用。因此，EM对畜禽的有益效果在饲喂早期并不明显，往往需要连续饲喂30天后才显现效果。故使用EM时必须有连续性。

第三，前已提及，EM菌剂不能与抗生素和消毒剂同时使用，必须在使用抗生素和消毒剂1周以后才能喂以EM。但EM可以与酸化剂同时使用，有人用10%的EM发酵饲料与0.2%酸化剂配合使用，效果比单用EM还好。

总而言之，使用EM时应根据EM菌剂的活菌含量、菌群活力(通常培养成功的新鲜菌剂中细菌活力最强)、喂养的具体对象(包括不同畜禽种类、年龄、健康状况等)，探索出最合理的饲喂方案。

第四节　EM 处理畜禽粪和生活垃圾可获再利用

众所周知，畜禽粪便是环境污染源之一，如不能及时科学处理，便会造成严重的环境污染。我国通常将粪便直接还田，或经自然堆制发酵后作为有机肥施用。但如此处理，除有臭气污染四周空气外，还常引起蚊、蝇、蛆等孳生，污水流淌，对周围环境有害。当添加 EM 与畜禽粪共同堆制发酵时，上述现象便会大大减轻甚至臭味消除。添加 EM 后，一般经 13～20 天便可达到无害化标准。

使用 EM 堆肥和常规自然堆肥相比，有如下优点：

一是堆制过程中不会产生对周围环境造成污染。

二是粪便堆肥中氮、磷、钾等养分明显高于自然堆肥，如在鸡粪中的氮、磷、钾分别提高了 23.2％、31.4％和 20.8％。

三是缩短堆制时间。自然堆肥法夏天约需 60 天，冬天需要 300 天，改用添加 EM 法则只用 13～20 天便可完成。

但应注意，使用 EM 制造堆肥必须采用新鲜无腐烂发酵的畜禽粪，否则如有大量繁殖的腐败菌占优势，即使加入再多的 EM 也无济于事。

采用 EM 和畜禽制作有机肥，可采用下列工艺程序：

工艺一

EM
↓
调节畜禽粪水分为 30％～40％→堆制发酵→熟化→低温干燥→粉碎→产品

工艺二

EM
↓
添加 EM 堆制畜禽粪→机械混合→造粒→干燥→吸附→产品

工艺三

EM
↓
添加 EM 堆制畜禽粪→高温快速干燥→混合→产品

此外，EM 与经过筛选后的有机废弃物(如各种废弃菜肴、烂果蔬、秸秆等)混合堆制发酵熟化后也可制成有机肥，既可保护环境，又可变废为宝。

第六章　EM在种植业中的应用

第一节　EM提高种子发芽率和幼苗质量

用EM稀释液浸种或作基肥，对种子萌发和幼苗生长有明显促进作用。以稻种通09为试材。设A_1、A_2、A_3、A_4和对照等5个处理，其中A_1为置床(发芽皿)前用0.2%的EM浸种24小时，置床后用0.2%的EM处理；A_2为置床前用0.1%的EM浸种24小时，置床后用0.1%的EM处理；A_3为置床前用0.2%的EM浸种24小时，置床后用自来水处理；A_4为置床前用0.1%的EM浸种24小时，置床后用自来水处理；对照用30℃温水浸种24小时，置床后用自来水处理。分别于30℃中培养，于第四天统计发芽势，第十天计算其发芽率。结果是经EM浸种后均不同程度地提高了稻种的发芽势、发芽率、发芽指数和活力指数等，如表2-26所示。

表2-26　EM菌剂浸种对水稻种子萌发的有利影响*　(品种:稻种通09)

处　理	平均发芽势	平均发芽率(%)	种子发芽指数	种子活力指数
A1	73.00	93.00	85.62	474.32
A2	71.69	91.00	78.49	472.04
A3	65.33	88.66	70.85	394.00
A4	63.00	86.33	65.99	321.89
对照	60.67	81.67	63.22	302.45

*本表按原表综合而成

以沈农8801稻种为试材。用EM稀释100倍、500倍、1 000倍和1 500倍的菌液浸种24小时、48小时和72小时，以清水浸种为对照。结果是以EM的500倍稀释液浸种72小时的发芽势最高，为77.5%，比对照的提高12.0%，发芽率提高5.6%。以EM的500倍浸种的，其秧苗素质也最好，根数比对照的增加52.9%，分蘖数也显著增多，百株干重比对照的增加65.4%，充实度增加81.4%(表2-27)。

表 2-27　水稻经 EM 浸种对秧苗素质的影响　（品种：沈农 8801）

EM 处理	根数（条）	分蘖数（个）	茎宽（cm）	株高（cm）	最大叶长（cm）	最大叶宽（cm）	叶龄（片）	百株干重（g）	充实度（mg/cm）
100 倍	15.1	1.1	0.34	11.1	6.37	0.39	4.5	6.6	5.94
500 倍	16.5	2.0	0.36	12.9	7.18	0.41	4.5	8.6	7.13
1000 倍	13.1	0.5	0.35	12.9	6.10	0.34	4.3	6.1	4.74
1500 倍	13.5	0.5	0.34	12.9	6.57	0.42	4.3	5.7	4.09
清　水	12.1	0.5	0.32	13.2	5.67	0.32	4.3	5.2	3.93

另有试验表明，经 EM 处理的多种粮食作物种子均表现萌发率和出苗率明显提高（表 2-28 和表 2-29）。

还有人用经 EM 发酵的土壤培育的茄子幼苗，与对照的比较，株高增加 75.95%，叶龄增加 8.33%，绿叶数增加 34.65%，茎粗增加 47.37%，最大叶宽增加 68.82%。

表 2-28　EM 浸种对种子发芽率的影响

作　物 处　理	高　粱	水　稻	玉　米	小　麦	大　豆
对照%	81.3	81.3	80.9	83.4	77.9
EM%	92.0	94.5	92.1	91.2	79.7
效果%	+10.7	+13.2	+11.2	+7.8	+1.8
增长%	13.1	16.2	13.8	9.3	1.1

表 2-29　粉状 EM 拌种和液态 EM 浸种对冬小麦出苗率的影响

项　目	出苗数	出苗率%	总基数含分蘖
清水浸种（对照）	17.50	58.30	31.0
液态 EM 浸种	23.75	79.20	55.2
粉状 EM 拌入土中	22.29	74.30	44.7

EM 除了能提高幼苗质量外，苗期发病率也降低，几乎不需用杀菌剂。例如，王术等（1999）用稀释 500 倍的 EM 对水稻沈农 8718 浸种 72 小时后，其秧苗患立枯病率为 1.8%，而用清水浸种的秧苗患病率高达 40.0%。

第二节　EM提高作物产量

一、EM在粮食作物上的应用效果

(一)在水稻上的应用效果

以水稻辽粳454为试材,于秧苗2叶1心期和3叶1心期用稀释200倍和500倍的EM菌液喷施秧苗各2次,以喷清水为对照。结果是喷施EM的均比对照组显著增产。以200倍EM稀释液的效果最佳,比对照组增产17.6%(表2-30)。他们用稀释500倍的EM菌液对沈农8718稻种浸泡72小时,结果其产量亦比对照组增产16.0%,增收1 721.40元/公顷(表2-32)。

表2-30　EM喷施水稻秧苗的增产效果　(品种:辽粳454)

EM处理	分蘖率(%)	公顷穗数(个)	每穗颖花(个)	每穗成粒(粒)	千粒重(g)	产　量(kg/hm^2)	增　产(kg/hm^2)	增产率(%)
200倍液	82.7	394.5	127.5	110.1	24.5	9508.5	1422.0	17.6
500倍液	81.4	424.5	119.8	104.7	24.2	8893.5	807.0	9.9
清水	78.3	364.5	115.8	96.4	24.0	8086.5	0.0	0.0

表2-31　EM500倍稀释液浸稻种的增产效果　(品种:沈农8718)

EM处理	公顷穗数(万)	每穗颖花(个)	每穗成粒(粒)	千粒重(g)	成粒率(%)	产　量(kg/hm^2)	每公顷多投入(元)	每公顷增收(元)
CK	358.5	116.2	104.8	24.2	90.2	6795.0	0.00	0.00
24h	376.3	131.3	113.9	23.4	86.9	7051.5	22.5	387.90
48h	336.0	126.3	115.3	25.0	91.3	7533.0	22.5	1157.10
72h	349.5	131.6	118.7	25.5	90.2	7885.5	22.5	1721.40

以优质杂交稻Ⅱ优838和优质常规稻扬稻6号为试材。采用EM浸种和堆肥处理施用。其中,EM浸种是将稻种放在稀释100倍的菌液中浸泡至形成鸡胸状后撒播于苗田中。EM堆肥则按EM活菌剂1千克加水150升,再加普通堆肥(100千克中含50千克稻草、30千克牛粪和20千克猪粪)500千克制堆盖膜,厌氧发酵而成。试验地共设18个小区,每小区面积16米^2,各小

区分别施EM堆肥或普通堆肥15千克，共计6个处理，其中Ⅱ优838为4个处理：(EM浸种＋EM堆肥)、EM堆肥、(EM浸种＋普通堆肥)、普通堆肥(CK)；扬稻6号为2个处理：EM堆肥、普通堆肥(CK)。各处理均重复3次。试验结果表明：①从表2-32可见，施用EM堆肥在两个水稻品种上均有相同的良好效果，表现在施用EM堆肥后的Ⅱ优838和扬稻6号分别比对照的每穴分蘖数多1.4株和1.2株，每穴鲜根重多19.4克和17.8克，每穴整株鲜重多39.3克和33.5克。②在水稻经济性状上亦有明显差别。施用EM堆肥的Ⅱ优838和扬稻6号分别比对照株高增加3.8厘米和3.7厘米；每穴剑叶面积分别多21.2厘米^{2}和20.7厘米^2；穗长分别增加0.5厘米和0.8厘米；每穗实粒数分别多6.7粒和4.5粒；理论单产值分别增加1 316.4千克/公顷和1 503.2千克/公顷，增幅为19.24%和20.77%。最终实测产量仍比对照的高得多，施用EM的Ⅱ优838和扬稻6号分别比对照的增产8.60%～21.17%和17.86%。

表2-32　EM处理对水稻农艺性状的影响　(品种：杂交稻Ⅱ号和扬稻6号)

品　种	处　理	每穴分蘖数(株)	每穴根鲜重(g)	每穴整株鲜重(g)
Ⅱ优838	EM浸种＋EM堆肥	10.3(＋1.6)*	57.2(＋22.6)	208.5(＋42.7)
	EM堆肥	10.1(＋1.4)	54.0(＋19.4)	205.1(＋39.3)
	EM浸种＋普通堆肥	9.3(＋0.6)	39.5(＋4.9)	188.7(＋22.9)
	普通堆肥(CK)	8.7	34.6	165.8
扬稻6号	EM堆肥	7.8(＋1.2)	50.6(＋17.8)	203.7(＋33.5)
	普通堆肥(CK)	6.6	32.8	170.2

*括号内数值为比CK增加的值。

(二)在小麦上的应用效果　见表2-33。

表2-33　不同施肥处理对冬小麦产量及其构成因素的影响

处理	穗数(万穗/公顷)	穗粒数(粒/穗)	千粒重(g)	产量*(kg/hm^2)
1	574.8aA	37.2aA	47.0aA	8203.5aA
2	559.1bB	35.8bB	45.3bB	7789.5bB
3	557.3bB	33.7dD	45.0bB	7239.0cC
4	527.6cC	34.0cC	43.7cC	6859.5dD
5	515.4cC	31.6eE	43.0cC	6523.5eE
CK	288.3dD	22.8fF	39.7dD	2565.0fF

注:表中小写字母为 a=0.05 和大写字母为 A=0.01 的显著性检验,* 为实收产量。

EM 不仅能提高小麦产量,对小麦后期的旗叶衰老也有很好的延缓作用。例如,岳寿松等(1997)以小麦品种辽春 10 号进行盆栽,每盆留苗 25 株,于开花后第二天和第十二天对小麦植株喷洒稀释 500 倍和 1 000 倍的 EM 菌液,对照组则喷清水。试验结果表明:①开花后随植株衰老,小麦旗叶光合速率会逐渐降低,但经喷施 EM 处理的旗叶光合速率却始终高于对照组。这说明 EM 能提高叶片衰老期间的物质生产能力,为增产奠定了基础。②经喷施清水的对照植株在开花后,旗叶中可溶性蛋白质含量持续下降,而喷洒 EM 的旗叶内可溶性蛋白质含量先下降,但在开花后 9 天经稀释 500 倍的 EM 处理的,其旗叶中可溶性蛋白质显著地高于对照组,在花后 16 天经稀释 500 倍和 1 000 倍的 EM 喷洒的,其旗叶中可溶性蛋白质仍然均高于对照组,说明 EM 有阻止旗叶衰老期间可溶性蛋白质含量下降之作用。③喷施 EM 后的旗叶内叶绿素含量明显高于对照,其中花后 9 天和 16 天测得的结果表明,此时叶绿素含量显著地高于对照组,而花后 22 天的则达极显著水平(表 2-34)。④喷洒 EM 后,能显著地降低衰老过程中的叶片丙二醛(MDA)含量,即在一定程度上抑制了细胞膜脂过氧化作用,对提高叶片衰老期间的代谢能力有重要作用。⑤小麦经喷洒 EM 后,籽粒产量显著提高,增产原因除了上述因素外,主要在于增加了千粒重和穗粒数(表 2-35)。

表 2-34　不同处理对小麦旗叶衰老期间叶绿素含量的差异　(品种:辽春 10 号)

	开花后不同天数差异比较			
处　理	2 天	9 天	16 天	22 天
喷洒 500 倍 EM	6.65	5.87	3.80	1.79
喷洒 1000 倍 EM	6.64	5.76	3.76	2.23
喷洒清水(CK)	6.69	5.55	3.45	1.14

表 2-35　喷施 EM 对小麦产量及其构成因素的影响　(品种:辽春 10 号)

处理	穗粒数	千粒重(g)	产量(g/盆)	增产率(%)
喷施 500 倍 EM	33.1	43.0	36.4	10.3
喷施 1000 倍 EM	31.7	43.5	36.9	11.8
喷施清水(CK)	28.6	41.3	33.0	0

在克丰三号、繁 8 和 80-179 等 3 个春小麦品种中对其茎叶喷施每 667

米^2 55～60毫升的EM菌液和种衣剂，结果是与单施种衣剂的对照相比，平均株高增高2厘米左右，平均小穗数增加3个，千粒重提高1～2克，容重高2g/L以上，小麦单产每667米^{2}增加25～45千克。

（三）在玉米和高粱上的应用效果

在春玉米花期喷施EM菌液，增产幅度为2.7%～20.1%，平均增产5.6%。于夏玉米苗期施用粉状EM，玉米生物产量和籽粒产量均增加30%左右。

分别采用EM微生物堆肥、传统堆肥和化学肥料施于冬小麦和夏玉米地里，结果表明，和施等量的传统堆肥处理的相比，EM堆肥处理的冬小麦和夏玉米的总光合势分别高5%～36%和5.2%～14.3%；比施化肥处理的分别高19%～72%和19.6%～46.4%，并随EM堆肥施用量增加，光合势的差别更明显。由于EM堆肥明显提高作物的光合势，加快了植株干物质的积累速度，因而提高了冬小麦和夏玉米的群体生长速率。而且EM堆肥降低了土壤容重，增加了土壤含水量，改善了作物的生长条件，因此最终冬小麦增产8.3%，夏玉米增产8.2%～9.4%。

以玉米掖单13号为试材，分别施用：①尿素20kg/667m^2；②尿素20kg/667m^2+EM；③有机肥（蚯蚓粪渣2 000kg/667m^2）+复合肥50kg/667m^2；④有机肥（蚯蚓粪渣2 000kg/667m^2）+复合肥50kg/667m^2+EM。

结果表明：①EM对玉米植株生长有一定促进作用，表现在株高、棒长、棒粒以及每芯籽粒重均高于仅施化肥或有机肥的（表2-36）。

表2-36　EM对玉米植株生长性状的影响　（品种：掖单13号）

处　理	株高(cm)	棒长(cm)	秃长(cm)	棒粗(cm)	籽粒重/芯
化　肥	177.80	16.63	4.80	15.62	4.7
化肥+EM	178.40	16.67	5.28	15.77	5.8
有机肥	164.30	14.72	6.15	13.78	6.2
有机肥+EM	174.60	16.55	5.24	15.56	6.9

②EM对玉米产量亦有提高，其中施用有机肥+EM的玉米平均667米^{2}产比单施有机肥的约高93.5千克，增产27%以上；施用化肥+EM的亦比单施化肥的高10.5kg/667m^2（表2-37）。

表 2-37　EM 对玉米产量的影响　(品种:掖单 13 号)

处　理	小区产量折合 $667m^2$ 产(kg) 1	2	3	4	$667m^2$ 产量(kg)
化　肥	449.5	431.5	453.5	464.5	450.0
化肥+EM	437.0	499.0	469.5	436.5	460.5
有机肥	305.5	376.5	339.0	349.5	342.5
有机肥+EM	443.0	444.0	438.5	417.5	436.0

③EM 对玉米品质的改善也有一些作用,主要表现在施用有 EM 的均能提高籽粒中总糖含量。其中,施用化肥+EM 的比单施化肥的籽粒单糖量增加 2.8%,施有机肥+EM 的比单施有机肥的增加 5.5%。

在春玉米(品种为掖单 13 号)开花期喷施稀释 800 倍的 EM 菌液 720 千克/公顷,对照组喷施清水。另一试验是在夏玉米(品种为早熟杂交种朝阳早)出苗后,追施 EM 菌粉剂,用量为每公顷 200 千克,不施 EM 为对照。两种试验结果为:①春玉米开花期喷施 EM 稀释液后,叶片总叶绿素含量比对照组的增加 6.4%~51.4%,平均增加 26.2%;与光合作用和干物质积累有关的比叶重比对照组的增加 0.4%~15.2%,平均增加 4.9%;最后的籽粒产量比对照组的增加 2.7%~20.1%,平均增产 5.6%。②夏玉米苗期追施 EM 粉剂后,叶片叶绿素 a 比对照组的增加 1.20%,叶绿素 b 增加达 6.76%,总叶绿素含量增加3.33%。对叶片气孔阻力和蒸腾速率的测定结果表明,EM 能明显降低气孔阻力而提高蒸腾速率。上述因素有利于对二氧化碳的吸收和光合速率的提高,从而使玉米生物产量和籽粒产量均增加 30%以上(表 2-38)。

表 2-38　苗期施用 EM 对玉米产量及其产量因素的影响　(品种:掖单 13 号)

处　理	全株鲜重 (kg/hm^2)	籽粒产量 (kg/hm^2)	有效穗长 (cm)	粒重/穗 (g)	百粒重(g)
施 EM	20970	41100	11.1	341.4	18.1
对　照	16110	31380	10.1	266.0	17.7
增加%	30.2	31.0	9.9	28.2	2.3

在田间小区上对玉米和高粱施用 EM 试验。

分设:①对照(不用 EM 拌种和喷施 EM,只用清水代替);②用稀释 1 000 倍的 EM 菌液拌种;③用 1 000 倍 EM 稀释液拌种和叶面喷施 1 次 800 倍 EM

稀释液；④用 1 000 倍 EM 稀释液拌种和叶面喷施 2 次 800 倍 EM 稀释液。

试验结果是：①用 EM 对玉米种子拌种后，可使玉米穗长、穗粒数、百粒重和产量分别比对照组的提高6.77%、20.1%、6.4%和 20.1%。EM 拌种后随叶面喷施 EM 次数增加，上述各项指标和产量相应增加。喷施 2 次的比喷施 1 次的增产 3.1%，比只拌种而未喷施的增产 13.9%，比对照组的增产 33.5%；喷施 1 次比只拌种而未喷施的增产10.4%，比对照组的增产 32.6%。②按上法用 EM 菌剂处理高粱种子和叶面喷施后，同样有明显的促生长和增产效果。由表 2-39 可见，无论是喷施还是拌种，均能提高高粱的穗粒数和千粒重，产量亦有不同程度的提高。拌种者比对照组的增产 7.64%，拌种后再叶面喷施 2 次的比对照组的增产 29.74%；而且抽穗期和成熟期均比对照组提早。EM 能促进高粱增产之原因可能与 EM 能提高其光合速率有关，因为 EM 能明显提高高粱叶片中叶绿素含量。

表 2-39　EM 菌剂对高粱生长和产量的影响＊

处　理	叶绿素含量 (mg/g)	抽穗期 (日/月)	成熟期 (日/月)	单穗产量 (g)	穗粒数 (粒)	千粒重 (g)	单　产 (kg/hm^2)
1(CK)	1.183	16/8	3/10	52.0	1928	27.0	6444.8
2	1.346	12/8	28/9	56.0	2000	28.0	6937.3
3	1.682	3/8	28/9	65.0	2251	28.75	8052.2
4	1.856	8/8	26/9	67.0	2307	29.25	8361.9

＊据陈胜利资料整理而成。

(四)在马铃薯上的应用效果

作为重要粮食和菜用作物之一的马铃薯，其种薯经多年重复使用，极易遭受病毒侵染和逐年累积，导致产量越来越低，块茎越来越小。为了减轻病毒病给马铃薯所带来的损失，对春季马铃薯种薯用 0.4%的 EM 菌液喷拌，对照组用清水处理。试验结果是：①种薯经 EM 喷拌后，幼苗期马铃薯的株高、株冠直径、出苗率均分别比对照组的提高 8.58%～40.19%、6.49%～19.76%和 4.3%；苗株表现健壮、叶大深绿、茎粗早封垄，而且植株有横向增大比竖向增高要强的规律。这可能是由于早期土壤中有益微生物类群占了优势，故植株生长较快，但在后期可能土壤中有益菌减少，致使 EM 所起的有利作用降低，植株增幅减弱，不过株高和株冠直径仍始终大于对照组(表 2-40)。

表 2-40　EM 对马铃薯生长的促进作用

项　目			0.4%EM 喷拌	对　照	EM 比对照(±)	增加率(%)
株高(cm)	2 月 10 日调查	最　低	15.15	10.34	4.81	46.52
		最　高	29.20	23.26	5.94	25.54
		平　均	22.50	16.05	6.45	40.19
	3 月 30 日调查	最　低	28.00	25.52	2.48	9.72
		最　高	45.00	43.21	1.79	4.14
		平　均	39.25	36.15	3.10	8.58
株冠直径(cm)	2 月 10 日调查	最　低	15.24	10.85	4.39	40.46
		最　高	35.65	26.33	9.32	35.40
		平　均	24.55	20.50	4.05	19.76
	3 月 30 日调查	最　低	30.16	25.22	3.94	15.62
		最　高	62.41	58.80	3.61	6.14
		平　均	44.95	42.21	2.74	6.49
换算成 $1m^2$ 出苗率(%)			97	93	4	4.3

②EM 拌种处理后，对马铃薯生长期间的病株率、病情指数、重病矮株率等均显著地低于对照组的(表 2-41)。

表 2-41　EM 对马铃薯地上部病害的防治效果

调查时间	项　目	0.4%EM 喷　拌	对　照	EM 比对照(±)	下降率(%)
3 月 20 日	病株率(%)	23	38	－15	39
	病情指数	7	14	－7	50
	重病矮株率(%)	3	9	－6	67
4 月 20 日	病株率(%)	28	45	－17	38
	病情指数	11	19	－8	42
	重病矮株率(%)	7	15	－8	53
最终比前期病株率增加数		5	7	－2	28
最终比前期病情指数增加数		4	5	－1	20
最终比前期重病矮株率增加数		4	6	－2	33

③用 EM 处理种薯后，马铃薯块茎产量有所提高，平均单株产量增加 66.8 克，增产 13.6%。对每 667 米^2 示范田上所做 EM 拌种试验结果亦表明，施用 EM 处理的比对照组的每 667 米^2 的块茎增加 243 千克。

以马铃薯脱病毒品种鄂马铃薯 1 号和 3 号为试材。于播种后 33 天和 44 天施用 EM 菌剂，其中有根灌加叶面喷施处理和单独喷施处理两种方式。根灌时在 9.6 米^2 小区上施用 10.4 克的 EM 原菌液，喷施则用 2.6 克/小区，均将 EM 原菌液稀释 500 倍后使用，先后共各施用 2 次。试验结果表明，凡施用有 EM 的，单株结块茎个数、单株块茎重和小区产量均高于对照组。其中，以根灌加叶面喷施的效果最为显著，与对照组相比，增产幅度为 8.8%～13.6%。

二、EM 在糖料作物上的应用效果

对甘蔗（品种为 F172）施用 EM 菌肥的示范田进行验收。结果表明，施用 EM 的甘蔗株高和茎粗分别比对照田的高 0.68 厘米和 0.45 厘米；平均每 667 米^2 有效茎数比对照田的多 678.89 株，结果每 667 米^2 增产 22.76%。甘蔗田间锤度和蔗糖含量分别比对照田高 0.8%和 0.25%。

对甘蔗（品种为台糖 172）施用 EM 菌肥所得结果亦表明，甘蔗蔗糖含量和蔗汁锤度（Bx）均略高于对照组的。

三、EM 在蔬菜、瓜类作物上的应用效果

水培生菜和圃栽小白菜，水培培养液为日本山崎配方（pH 值 5.5～6.2）EM 菌液以按占营养液的 1/300 的量加入培养液中，对照组则不加 EM。试验结果表明，加有 EM 的能明显促进水培生菜植株的生长，地上部鲜重比对照组增加 78.5%，根重和根量分别比对照组增加 27.53%和 38.93%，单株叶片数增多 4.4 片（表 2-42）。

表 2-42　EM 对水培生菜生长的影响

项目 处理	地上部鲜重 （g/株）	根　重 （g/株）	根　量 （cm/株）	叶片数 （片/株）
添加 EM	293.33	46.33	41.0	26.0
CK	164.33	36.33	31.8	21.6

他们在小白菜圃中施用 EM，亦能使小白菜增产幅度在 19.36%～22.66%（表 2-43）。

表 2-43　EM 对小白菜产量的影响

重复处理＼项目		小区产量(kg/区)	折合 667m² 产(kg/667m²)	净　菜(kg/667m²)	增　产(%)
Ⅰ	施 EM	55.54	5749.51	5059.57	19.36
	CK	46.53	4816.79	4238.78	0
Ⅱ	施 EM	60.31	6243.30	5494.10	21.84
	CK	49.50	5124.25	4509.10	0
Ⅲ	施 EM	53.86	5575.60	4906.53	22.66
	CK	43.91	4545.47	4000.10	0
Ⅳ	施 EM	59.22	6130.47	5394.31	21.82
	CK	48.61	5032.12	4428.27	0

在小白菜(品种为山西白)出苗后第十天开始,每隔 6 天用 0.5%的 EM 菌液以 $100kg/667m^2$ 的用量做叶面喷施,23 天后测得结果表明,喷施 EM 者产量比对照组提高 22.3%,而使用复合肥者比对照组只提高 17.9%。说明 EM 不仅可提高小白菜产量,还可替代化肥,减少化肥在蔬菜中的残留量。

在大白菜种植地中施用粉状 EM 和液态 EM,其自交系增产幅度为 10.9%～16.72%。

据报道,对萝卜施用稀释 500 倍的 EM 菌液,比不施 EM 的对照组增产 43.2%,比施农家肥的增产 33.5%,比施复合化肥的增产 42%。

对番茄施用粉状 EM 后,增产 14.4%～14.6%,施用液态 EM 后增产 12.5%。

对辣椒(品种为早丰 1 号)叶面喷施 EM,结果是平均每 667 米² 产量比对照组的增加 21.26%,其中单株结果数和果重分别增加 6.95%和 13.48%。

用稀释 200 倍的 EM 菌液喷施菜瓜、萝卜和油菜,结果分别比喷施清水的增产 20%、16.5%和 10.2%。菜瓜个大质优,萝卜含水量高和质优,油菜呈现鲜绿,明显优于对照组。

在冬莴笋、黄瓜和辣椒施用 EM,均有明显增产和增益效果(表 2-44)。

表 2-44　EM 对几种蔬菜产量和收入的影响

品　种	增产率(%)	收入增加(%)	投入产出比
冬莴笋	16.67	21.4	1∶70
黄　瓜	32.15	46.59	1∶21.10
辣　椒	35.7	58.4	1∶7.56

对棚栽黄瓜每667米^{2}用0.5升稀释500～1 000倍的EM菌液做叶面喷施。在第一次喷施18天后，再用0.25升的EM原菌液与其他原料制成发酵液（由1份EM+1份红糖+1份醋+1份白酒和10份水混合发酵而成）对黄瓜作第二次喷施，18天后再用原稀释菌液叶面喷施1次，过15天后再用发酵液喷施1次。试验结果表明，与不喷施EM的对照组相比，喷施有EM的黄瓜叶色浓绿，叶片较肥厚而有光泽，结瓜后期植株无明显早衰征状，瓜条顺直而有光泽，畸形瓜少，平均每667米^{2}比对照组多收1 500千克。同时，由于患病轻，用药次数比对照组少5～8次，可节约人工和农药费开支200余元。

EM对黄瓜、豌豆和大豆等的生长与产量均有明显增产效果（表2-45至表2-47），尤其是EM与有机肥配合施用，增产效果更为显著。

表2-45　EM对黄瓜产量的影响

处　理	收获期（d）	667m^{2}产（kg）	增收/667m^2(kg)		增产率(%)	
			比化肥	比有机肥	比化肥	比有机肥
化　肥	37	5 627.4	—		—	—
有机肥	37	5 947.3	—	—	—	—
有机肥+EM	52	6 372.4	745.0	425.1	13.2	7.1

表2-46　EM对豌豆产量的影响

处　理	收获期（d）	667m^{2}产（kg）	增收/667m^2(kg)		增产率(%)	
			比化肥	比有机肥	比化肥	比有机肥
化　肥	15	1 192.4				
有机肥	15	1 188.6				
有机肥+EM	15	1 299.4	107.0	110.8	9.0	9.3

表2-47　EM对大豆生物性状和产量的影响

处　理	生长期		收获期		
	地上部鲜重（g/株）	地上部干重（kg/667m^2）	百粒重(g)	667m^{2}产量(kg)	增产率(%)
化　肥	56.1	362	22.9	201.5	—
有机肥	68.5	428	24.1	206.83	3
有机肥+EM	98	450.3	26.4	224.42	11.4

在品种为津纯2号的黄瓜于播种、分苗和移栽7天前，分别用稀释50倍的EM菌液喷洒土壤，并且在播种前用稀释200倍的EM菌液浸种4小时。从出现3片真叶开始，每周喷施1次稀释500倍的EM菌液，对照则用清水处理。试验结果表明：①早春塑料大棚内的黄瓜经EM处理后，与对照组的相比，出苗整齐，子叶肥大而且光泽好，根粗苗壮。黄瓜开始采果时间比对照组的提早3天，先后采果15次，小区产量为99.9千克，折合每667米^{2}产量为9 990千克；而对照组的共采果14次，小区产量为83.1千克，折合每667米^{2}产量为8 310千克。EM处理的比对照组的每667米^{2}多增收1 680千克，增产20.22%。②施用EM的黄瓜果实比对照组的大而且伸展好，色深绿具光泽，口感更为脆嫩，味甜可口。③由于喷施了EM，故黄瓜生长期间霜霉病、枯萎病和白粉病等发病率明显降低。农药使用次数和用药量比对照组的减少了50%，每667米^{2}节省农药支出13元。由于增产，故增加产值达1 680元/667m^2(按1元/kg计)，而使用EM的投入仅为25元，可见经济效益颇为可观。

重庆市植物保护站(1995)在豇豆全生长期间施用稀释700倍的EM菌液共3次，结果增产15.1%。他们对黄瓜施用稀释500倍的EM菌液3次，亦增产19.1%。

在经过农药处理的豇豆出苗后，先后以EM稀释液(3mL/m^2，对水1 000倍)做叶面喷施3次。结果如表2-48所示，喷施EM的豇豆平均667m^{2}增产17.05%。

表2-48　EM对豇豆产量的影响

每区荚数				折合667m^{2}产量		单　株				
处　理			数　量	产　量(kg)	(kg)	增　产(%)	荚　量	增　加(%)	重　量(g)	增加(%)
喷施EM	1	2034	32.26	2389.27	20.81	14.13	30.59	223.99	20.80	
	1	2107	33.75	2500.02	13.45	14.01	8.24	234.38	13.45	
	1	2072.5	33.01	2444.65	16.90	14.07	19.46	229.19	17.12	
对　照	1	1558	26.70	1977.79	0	10.82	0	185.42	0	
	1	1864	29.75	2203.72	0	12.94	0	206.00	0	
	1	1711	28.23	2090.75	0	11.80	0	196.01	0	

在大豆始花期用稀释500倍的EM菌液和清水(对照)做叶面喷施试验后

亦发现：①EM 能使大豆叶片中过氧化氢酶活性和可溶性蛋白质含量提高。其中在喷施 EM 后 7 天，过氧化物酶活性为 30.73mgH_2O_2/(g·min)，对照组为 29.98mgH_2O_2/(g.min)，即 EM 处理的比对照组增加 2.5%；喷施 EM 18 天和 32 天后，叶内可溶性蛋白质含量分别为 119.96mg/g 鲜重和116.10mg/g 鲜重，而对照组的则分别为 108.60mg/g·FW 和 106.08mg/g·FW，说明 EM 处理的可溶性蛋白质含量始终高于对照组。②喷施 EM 后 11 天和 30 天，叶中叶绿素含量分别为 4.38mg/g·FW 和 3.92mg/g·FW，对照组的则分别为 4.31mg/g·FW 和 3.58mg/g·FW，即 EM 处理比对照组提高 9.5%。两者叶绿素含量均随叶片衰老而略有下降，EM 处理的叶绿素含量下降幅度为 10.5%，而对照组的则下降 16.9%。说明 EM 有延缓叶片衰老、防止叶绿素快速下降之作用。③与 EM 能使叶绿素含量提高相关的光合速率也相应提高。例如，在喷施 EM 后 5 天和 30 天，叶片光合速率分别为 18.20mg·DW/(dm^2·h)和13.17mg·DW/(dm^2·h)，而对照组光合速率则分别为 14.56mg·DW/(dm^2·h)，和 10.72mg·DW/(dm^2·h)。虽然两者的光合速率均随叶片衰老而有所下降，但经 EM 处理的其光合速度始终高于对照组。这是 EM 能提高大豆生长速度和籽粒产量的主要原因。④经 EM 处理后的植株株高比对照组的增高3.19%～25.4%；而且最终叶面积比对照组的提高4.12%；与产量有关的比叶重亦比对照组的提高 16.55%。最终单株荚数、单株粒数、百粒重和籽粒产量均高于对照组，实际增产达 10.75%(表 2-49)。

表 2-49　EM 处理对大豆产量及产量性状的影响　(品种：沈农 6 号)

处　理	单株荚数(个)	单株粒数(粒)	百粒重(g)	粒茎比	生物产量(kg/hm^2)	实测产量(kg/hm^2)	增产率(%)
喷施 EM	46.42	83.87	20.47	1.11	8583.30	2544.45	10.75
清水(对照)	36.6	73.62	19.20	1.03	6842.55	2297.40	—

EM 对食用菌生产也有很大作用。蘑菇类的培养料需经发酵才能使用，在发酵前期使用 EM 可加快升温，加速培养料的发酵进程。对培养料用 EM 处理，接种后菌丝长速快，生长健壮，洁白浓密，从而出菇均匀，子实体厚实，产量增加，与不用 EM 的对照组相比，产量增加 15%～20%(朱忠贵、娄无忌，2000)。

在茄果类中，每 667 米^2 用由山西兴牧科技公司重新组配而成的 EM(称为 EM)菌肥 100～150 千克，与鸡粪和牛粪各 2 500 千克拌施后，另在结果期施用硫酸钾 100 千克，结果茄子 667 米^2 产量达 10 000 千克左右。

在油菜上施用EM，同样获得明显的增产效果。例如，涂显平等(2000)以华杂2号和鄂油长荚两品种为试材，试验采用EM浸种育苗和施EM堆肥两种方法。EM浸种育苗试验有12个小区，每小区面积为30米^2，两品种的种子用稀释100倍的EM菌液浸泡至种子膨胀后播种，对照组用清水浸泡。EM堆肥施用试验的各小区面积为66.7米^2，各小区施EM堆肥(对照组施普通堆肥)50千克。试验结果是：①用EM菌液浸种后，华杂2号和鄂油长荚两品种单株根鲜重分别比对照组增加44.29%和54.46%，苗高分别增加10.03%和7.68%，真叶数分别增加13.85%和14.71%，单株鲜重分别增加95.39%和89.89%，并且叶色明显地深于对照组。②EM明显降低油菜的发病率。例如，鄂油长荚品种未经EM处理的对照组油菜菌核病枯秆率高达9.73%，而经EM浸种兼施EM堆肥的枯秆率仅有2.60%；经EM浸种而施用普通堆肥的枯秆率为7.07%，但施用EM堆肥的则为5.11%；并见施用EM菌的用量较高时，对降低发病率的效果越好。③经EM浸种并施用EM堆肥的华杂2号和鄂油长荚两品种的经济性状最佳，与对照组的比较，一次分枝分别多1.6个和1.3个；单株有效角果数分别多43.3个和34.8个；每角果粒数分别多1.6粒和0.8粒；千粒重分别多0.22克和0.37克，单株产量分别多5.85克和5.63克；每公顷理论产量分别比对照组增加702千克和574.3千克，增幅为32.9%和29.21%。最后小区实收产量为：华杂2号和鄂油长荚经EM浸种并施EM堆肥的，产量分别比对照组增产25.52%和27.13%；仅施用EM堆肥的，产量分别较对照组增产20.90%和17.03%。可见增产效果非常显著。

四、EM在果、茶、桑上的应用效果

(一)EM对果树的增产效果

在柑橘树上喷施EM稀释液，每15天喷施1次。结果在当年越冬时，该3 335米^{2}柑橘树不仅无落叶，而且叶片增厚呈墨绿色；而未喷施EM的那1 667米^{2}柑橘树落叶多，而且长势明显较差。

在新红星苹果树上施用EM，设两个处理：处理Ⅰ为在秋季每株沟施25千克鸡粪和稀释300倍的EM发酵7天的菌肥，次年植株生长期间叶面喷施稀释900～1 800倍的EM发酵液(由EM 1份＋红糖1份＋醋1份＋水10份组成)共4次，在生长前期喷施40%福美胂可湿性粉剂500～800倍液1次；处理Ⅱ为对照，秋季时每株施鸡粪25千克，年生长前期同样喷施农药4次以防治病虫害，所用农药为稀释2 000倍的20%甲氰菊酯、1 000倍的溴氰菊酯、

1∶2∶200 倍的波尔多液和 0.5 波美度石硫合剂。在红富士苹果树上的试验处理为:EM 组是从 8 月 1 日开始,每隔 15 天喷施 1 次稀释 500 倍的 EM,连续喷 5 次;对照组仅喷清水。以上各个处理均为 40 株树。试验结果表明:①用EM 处理的新红星苹果树的叶片生长得大而且浓绿、厚硬有光泽。与对照组的相比,单叶面积增加 6.28 厘米^2,单叶鲜、干重分别增加0.19 克和 0.08 克,新梢生长量增加 7.14 厘米;平均单果重增加 21.7 克,每 667 米^2 增产 214 千克(表 2-50)。

表 2-50 EM 对新红星苹果生长和结果的影响

处 理	单叶面积 (cm^2)	单叶鲜重 (g)	新梢长度 (cm)	单果重 (g)	产 量 ($kg/667m^2$)
EM 组	30.38	0.94	25.82	235.7	2274
CK 组	24.10	0.75	18.68	214.0	2060

经喷施 EM 的红富士苹果,单果重亦比对照组的增加 25 克,折合每 667 米^2 产量增加 247 千克;含糖量提高 2.1%;着色面在 70%以上的果占 92.0%,其中全红果占 40.0%,分别比对照组提高 8.2%和 26.0%(表 2-51)。

表 2-51 EM 对红富士苹果产量和质量的影响

处 理	单果重(g)	产量(kg)	含糖量(%)	着色 70 以上(%)	全红果(%)
EM 组	265	2623	17.1	92.0	40.0
CK 组	240	2376	15.0	83.8	14.0

②EM 对防治苹果病虫害亦有明显效果。仅施用 EM 的苹果,其对绿盲蝽、蚜虫、苹果红蜘蛛、卷叶虫类和早期落叶病等的防治效果和对照组所施用的几种农药的防治效果基本相近(表 2-52)。

表 2-52 EM 对苹果几种病虫害的防治率(%)

处 理	绿盲蝽	蚜 虫	苹果红蜘蛛	卷叶虫类	早期落叶病
EM 组	60	92	87	95	98
CK 组	81	90	75	97	98

在三月红荔枝上施用 EM 亦取得很好的效果。

试用 5 种处理:①用 2%EM 菌液淋根 1 次,1.5%EM 菌液喷树冠 3 次;②用 1.25%EM 菌液淋根 1 次,2%EM 菌液喷树冠 3 次;③用 2%EM 菌液淋根

1 次和喷树冠 3 次；④用 1.25％EM 菌液淋根 1 次，1.5％EM 菌液喷树冠 3 次；⑤对照组仅淋喷清水。EM 菌液用量为每 667 米^2 每次 3 升。均于晴天的早晨或傍晚喷施。

试验结果是：①用 EM 处理的三月红荔枝果实成熟度平均达7.05成，比对照组高 0.8 成，增长 12.8％。其中，处理①比对照组高 1.75 成，增长 20％；处理②比对照组高 1 成，增长 16％；处理③比对照组高 0.75 成，增长 12％；处理④比对照组高 0.25 成，增长 4％。其中以处理①效果最明显，说明 EM 对促进三月红荔枝的果实提早成熟有显著效果。②不同 EM 浓度处理的荔枝单果重均比对照组增加，其中处理①比对照组增加 3.14g/枚，增长16.6％；处理②比对照组增加 1.34g/枚，增长 7.1％；处理③比对照组增加3.89g/枚，增长20.6％；处理④比对照组增加 1.79g/枚，增长 9.2％。表明 EM 对其单果重有一定的促进作用，但增重不够显著。③经 EM 处理的三月红荔枝果实呈现肉厚、蜡白色，肉质中粗稍脆，甜酸适中，微香，口感好；对照组果实，肉质粗韧、味酸淡、口感差。④经 EM 处理的荔枝果实内可溶性固形物含量的平均值为17.05％，比对照组平均值增长 12.8％。其中处理①为17.56％，比对照组增长16.2％；处理②为 17.2％，比对照组增长 13.8％；处理③为 17％，比对照组增长12.4％；处理④为 16.5％，比对照组增长 8.9％。⑤据分析，按当时广西在 5 月初最早上市的三月红荔枝鲜果每千克价格在 20 元左右，以后每延长 1 天每千克价格下降 0.8～1 元，最后基本上维持在每千克12～16 元。施用 EM 的每 667 米^2 投资约 200 元，按每 667 米^2 产三月红鲜果 500 千克计，使用 EM 者可提早上市 5～7 天，每千克鲜果可增收 4～6 元，则每 667 米^2 可纯增收 1 900～2 900 元。

用 EM-1 号菌液喷施 8 年生“福眼”龙眼果树。试验设 4 个处理，分别用稀释 400 倍、700 倍、1 000 倍的 EM 稀释液喷施，对照组则喷以清水。随机选取 12 株树，每种处理 3 次重复。于谢花后 11 天做第一次喷施，谢花后 22 天进行第二次喷施，每次喷施均于晴天下午 5～6 时进行，喷布均匀，使叶面和果面充分湿润。选择同一花期着果的龙眼幼果挂牌标记，每隔 11 天测量果实大小 1 次。果实成熟时，随机测其单果重、可食率和可溶性固形物等。结果表明：①稀释 700 倍的 EM 能明显促进龙眼果实横径和纵径的增长，日增长量分别比对照组增加 54.32％和 21.05％；稀释 400 倍的 EM 处理的果实横径和纵径日增长量分别比对照组增加 29.08％和 10.53％；稀释 1 000 倍的 EM 处理的果实横径日增长量比对照组增加 6.96％，而纵径日增长量与对照组无差异。②在单果重方面，稀释 400 倍、700 倍和 1 000 倍的 EM 喷施的果实单果重分别比对照组增加 22.85%、37.62%和 14.37%；3 种稀释度的 EM 均能显著提高龙眼果实可食率和可溶性固形物。

戈阳县气象局院内栽有 98 株梨树，他们对这些梨树喷施 EM 菌液，并留下 2 株不喷 EM。结果到结果期竟然有天壤之别。96 株经喷过 EM 的梨树结果累累，而未喷施 EM 的 2 株居然没结 1 个果。

贺丽华等(2004)以树龄为 5 年生的葡萄早熟品种 8611、京秀和晚熟品种红地球为试材，于 4 月下旬葡萄出土后，每株根际施 EM 菌肥 1.0～1.5 千克，发芽后以稀释 520 倍的 EM 菌液灌根 1 次，在萌发期、新梢快速生长期、盛花末期、果实迅速膨大期、开始着色期分别喷施稀释 500～800 倍的 EM 菌液各 1 次，对照组则同时喷施清水。试验结果是：①EM 改善了土壤肥力，施用 EM 与对照的相比，土壤有机质、全氮和碱解氮含量基本持平，但速效磷比对照的提高 2.2mg/kg 土，速效钾增加 26.2mg/kg 土，土壤容量减轻 0.02g/EM^2。②施用 EM 后的葡萄有色品种提早着色有一定作用。早熟品种 8611 和京秀开始着色期提早 4～5 天，半红期提早 5～6 天，全红期提早 5 天；晚熟品种红地球开始着色期提早 4 天，半红期提早 3 天，全红期提早 6 天。③施用 EM 的 8611 葡萄含糖量为 6.5%，对照组为 6.0%，提高糖度 0.5%；施用 EM 的京秀葡萄含糖量 13.1%，对照组 12.3%，提高糖度 0.8%；施用 EM 的红地球葡萄含糖量为 11.5%，对照组为 10.0%，提高糖度 1.5%。可见 EM 对改善葡萄果实品质和提早着色有明显效果。

(二)EM 对茶树的增产效果

在茶树方面应用 EM 同样有良好效果，用 EM 处理茶树(品种为楮叶种，树龄 13～15 年)，试验区 2 621 米^2，共分 6 个小区；1、3、5 区为重复施用 EM 的试验区，2、4、6 区为不施 EM 的对照区。EM 试验区施用基肥为 200 千克菜籽饼加 2 000 毫升 EM 发酵液，对照区施 200 千克菜籽饼。EM 试验区用 2 000毫升的 EM 加水 100 升做叶面喷施，对照区只喷施 100 升水。结果如表 2-53 所示。施用 EM 者，其芽长、芽重、芽叶总数、正常芽数和春茶产量均明显高于对照组，而且茶叶香气和叶的嫩度均优于对照。EM 明显地提高了茶叶品质。

表 2-53 EM 对茶叶生长与产量的影响 (品种:槠叶)

芽长处理(cm)	比 CK 增减(%)	芽重(g)	比 CK 增减(%)	芽叶总数	比 CK 增减(%)	正常芽数	比 CK 增减(%)	春茶产量(鲜叶 kg)	比 CK 增减(%)
EM2.83	+13.65	19.2	+10.34	147.67	+3.5	75.55	+25.55	218	+12.37
CK2.49		17.4		142.67		60		194	

茶叶经施用 EM 后,每 667 米^2 产茶青 108 千克(可收 3 回),对照区的只能收 2 回,每 667 米^2 产 83 千克,前者比后者增产 30.12%。

(三)对桑树施用 EM 的效果

江西省天意生物技术开发有限公司(1998)将桑树分为试验区和对照区,所用品种、栽种时间和管理均相同。每区均有 20 株桑树,各有 3 个重复。试验区用 1 000 倍的 EM 稀释液于春蚕收蚁第二次开始喷施第一次,以后每隔 5~7 天喷施 1 次,均于晴天上午 10 时喷施,以充分喷湿叶片的正、反面而不滴水为宜。前后共喷施 4 次。对照区则喷清水。结果是喷施 EM 者,每 667 米^2 桑园桑叶产量比对照区的增加 27.7%(表 2-54)。

表 2-54 EM 对桑树叶产量的影响

项目/处理	单株平均产叶量(kg)	每千克叶片数(片)	折合每 667 米^2 产叶(kg)
试验区 1	0.475	422	713
试验区 2	0.525	436	788
试验区 3	0.438	418	657
平均(A)	0.479	425	719
对照(B)	0.375	453	563
A－B(+－)	+0.104	－28	+156
%	+27.7	－6	+27.7

注:(1)表中数据均为 10 株的平均值。(2)每 667 米^2 产量按 1 500 株计算。

五、EM 在花卉上的应用效果

福建省农业科学院(1995)用 0.2%的 EM 稀释液每天对菊花和三角梅植株喷洒 1 次。20 天后测得结果表明,施用 EM 者,其植株高度比对照组提高 5%,而且叶色浓绿,生长较好。

施用 EM 菌液的兰花呈现出苗整齐，花叶明显增厚，花茎增长，开花期提前，花期延长，花朵色泽更鲜艳。由新加坡引进的兰花经施用 EM 后，由每年夏季 1 次开花增加为 2～4 次开花。

采用 1‰～2‰的 EM 对草场喷施，结果与只喷清水的草场相比，草场生产力提高 10%～30%，土壤中有机质、碱解氮、速效磷平均分别提高 0.11%、5.2mg/kg 土和 5.23mg/kg 土。同时，土壤中有益微生物成倍或几十倍地增长，非常明显地改善了草场土质。普遍认为，用 EM 技术处理草场对退化、沙化及荒漠化草原进行改良有很大潜力。

六、EM 改善果蔬产品质量

施用 EM 后，许多蔬菜、瓜果中维生素 C、糖含量和单果重均有增加(表 2-55)。

表 2-55　EM 对作物产品质量改善程度的影响

作　物	维生素 C 含量(mg/100g)		糖　度(%)	单果增重(%)
	对照组	EM 组		
白　菜	18.59	34.19	0.6	
萝　卜	27.98	32.56		17.12
草　莓	35.02	40.32		
番　茄	14.3	15.4	0.8	
甜　瓜	6.05	6.55	1.5	
西　瓜				41.38

用 EM 稀释液喷施猕猴桃植株，结果叶色更为翠绿，落叶期推迟 7～10 天，果实明显增大，含糖量增加，口感更纯正可口。

以 EM 制作堆肥为基肥，结合追施 EM 作追肥，在大豆、蔬菜和芝麻上除了有明显增产作用外，与施用普通堆肥的相比，其有效营养分含量均提高 20%～30%。

七、EM 在树木育苗上的应用效果

EM 对木本的核桃楸幼苗的生长同样有明显的促进作用。刘亚丽等(2004)在大棚核桃楸育苗中使用 EM，分别将 EM 稀释 200 倍、400 倍和 600 倍，于苗木生长初期、速生期分别对每株苗木同时叶面喷施 50 毫升的 EM 和灌根 50 毫升。对照组用清水喷灌。结果表明：

①经 EM 处理的苗木与对照组相比,其株高、地径、鲜重和干重均随 EM 施用浓度增加而增加,分别比对照组提高8.62%~39.68%、5.68%~17.04%、4.06%~15.46%和 3.45%~14.78%(表 2-56)。

表 2-56　不同浓度 EM 处理对核桃楸苗木生长状况的影响

EM 浓度	苗高均值(cm)	地　径(cm)	鲜重均值(g)	干重均值(g)	地上与地下干重比
稀释 200 倍	19.43	1.03	82.661	36.792	0.45
稀释 400 倍	16.86	0.99	78.430	35.280	0.49
稀释 600 倍	15.11	0.93	74.497	33.162	0.51
对　照	13.91	0.88	71.591	32.054	0.54

②EM 还提高了核桃楸叶片的叶绿素含量,其中以稀释 200 倍 EM 处理的叶绿素含量最高,随 EM 施用浓度下降,叶绿素含量呈减少趋势,但基本上均高于对照组(表 2-57)。

表 2-57　不同浓度 EM 处理对核桃楸叶片叶绿素含量的影响

EM 浓度	叶绿素总含量均值(mg/g)	叶绿素 a 均值(mg/g)	叶绿素 b 均值(mg/g)
稀释 200 倍	0.53	0.36	0.17
稀释 400 倍	0.52	0.31	0.21
稀释 600 倍	0.46	0.30	0.16
对　照	0.43	0.31	0.11

八、EM 增强植物抗病力和抗逆性

EM 对棉花枯黄萎病、草莓根腐病、白粉病和蚜虫等病虫害均有一定抑制作用。对于由灰霉菌引发的草莓根腐病的防治效果达 85%以上。对黄瓜霜霉病的防治效果达 80%~83.9%。EM 对茄子和黄瓜的炭疽病和西瓜立枯病的防治效果如表 2-58 所示。

表 2-58　EM 对蔬菜和瓜果苗期病害的防治效果

项　目	茄子炭疽病	黄瓜炭疽病	西瓜立枯病
EM 施用组	叶片青绿，无病斑	平均病叶 0.5 片	病株 7 株/$667m^2$，病株率 0.14%
CK 组	叶片病斑占 19.61%，每片叶有 4～8 个病斑	平均病叶 1.3 片	病株 126 株/$667m^2$，病株率 2.68%

生姜种植中最怕受姜瘟病危害，施用 EM 后，在收获前 EM 对姜瘟病防治效果平均达 85.6%。施用 EM 试验田每 $667m^2$ 产鲜姜 1 845kg，比对照组区的增收 81kg，增产 4.26%。

EM 还能提高作物的抗逆性。例如，EM 对增强作物的抗旱性有明显作用。以不抗旱的辽春 10 号小麦为试材，在抽穗中期、抽穗末期和灌浆期分别 1 次或 2 次用稀释 500 倍的 EM 菌液对小麦作叶面喷施，每 667 米^2 用液量 50 千克，对照组喷施清水。其间在 5 月份至 6 月中旬遭遇干旱。结果发现：

①EM 能提高小麦叶片的保水力（表 2-59），在 5 月底至 6 月 12 日干旱期，其效果更明显。6 月 8 日测得的结果表明，经 EM 喷施的比对照组提高萎蔫含水量 21.77%。6 月 13 日下雨后，6 月 15 日测定结果是喷施 EM 的效果便相对降低，以喷施 2 次的比 1 次的明显，分别比对照组高 4.7%和 7.38%。

表 2-59　不同 EM 处理对小麦叶片保水力的影响（%）

重　复	测定日期				
	6 月 8 日		6 月 15 日		
	对　照	喷洒 1 次	对　照	喷洒 1 次	喷洒 2 次
Ⅰ	38.43	44.99	52.18	54.81	56.22
Ⅱ	40.66	44.14	53.55	54.35	55.68
Ⅲ	31.41	45.41	50.63	54.64	56.02
平均	36.83	44.85	52.15	54.60	55.97
%	0	21.77	0	4.7	7.38

②喷施 EM 菌液对提高小麦叶片干重含水量同样有效。喷施 1 次 EM 后，6 月 8 日和 6 月 15 日的叶片干重含水量分别比对照组提高 3.2%和4.42%。

③在干旱条件下，叶片叶绿素含量明显下降，但经喷施 EM 后，叶绿素含量的下降明显低于对照组。6 月 8 日测得喷施 1 次 EM 的，叶绿素含量比对

照组高16.11%;6月15日测得喷施1次和2次EM的分别比对照组高29.7%和26.3%;到6月25日测得喷施1次和2次EM的分别比对照组高104.2%和142.1%。可见在小麦遭受干旱的后期,对照组叶片叶绿素含量严重减少,而经喷施EM的很明显地延缓了叶片叶绿素的衰退。

④干旱胁迫会导致叶片细胞膜透性发生破损,因而细胞汁容易外渗。EM处理能保护膜结构并稳定其透性。在6月上旬干旱胁迫时,经喷施1次EM的,其叶片外渗电导率比对照组降低33%;在后期经喷施1次和2次EM的,其叶片外渗电导率仍分别比对照组低33.4%和32%:可见EM对细胞膜透性有明显的保护作用。

⑤EM还能明显地提高小麦光合速率。不管在干旱胁迫下还是干旱胁迫解除后都是如此。所得结果表明,在干旱胁迫的6月初,喷施1次EM的,其叶片光合速率比对照组高33.86%;6月中旬干旱胁迫解除后,喷施1次和2次EM的,其光合速率比对照组分别高73.21%和91.85%,效果更为明显。

⑥经喷施1次和2次EM后,小麦产量分别比对照组增产12.36%和15.32%(表2-60)。经考种结果表明,对照组、喷施1次和2次EM的每穗粒数分别为16粒、16.9粒和16.9粒,千粒重分别为29.7克、30.6克和31.1克。

综上述可见,在干旱胁迫下经EM处理后,作物可通过提高叶片保水力,增加干重含水量而改善水分状况,并减少干旱所导致的叶绿素分解破坏,保护细胞膜结构和提高叶片光合能力而增强其抗旱性能。

经EM处理的甜玉米与对照组相比,能加快气孔失水速度,而在气孔关闭后失水速度便减慢。从而认为EM对叶片气孔开闭功能有调节作用,可使气孔张开时能充分张开,关闭时紧密闭合,因而有利于正常生态条件下光合作用的进行和在逆境条件下的自我保护。

表2-60　不同EM处理对干旱胁迫下的小麦产量的影响　(单位:kg/667m²)

重　复	对　照	喷施1次EM	喷施2次EM
Ⅰ	181.3	201.1	204.3
Ⅱ	175.4	204.3	207.1
Ⅲ	176.0	193.0	202.9
平均	177.6	199.5	204.8
%	0	6.18	7.66

玉米(品种为单掖13号)经EM稀释液浸种或叶面喷施EM后,种子中的

水解酶活性提高。表现在经稀释250倍和500倍的EM菌液浸种后，种子内的α-淀粉酶活性分别比清水浸种的对照组高116%和128%；与植物抗逆性和代谢强度有密切关系的过氧化氢酶(CAT)活性亦明显增强，种子经稀释250倍、500倍和1 000倍的EM菌液浸种处理后，其CAT活性均比对照组提高30%以上，很利于增强苗期的抗逆性。当玉米植株在干旱胁迫下，经EM喷施后，对提高植株的CAT和超氧化物歧化酶(SOD)等保护酶起重要作用。在干旱胁迫下，经EM喷施处理的植株中CAT活性在第六天达到高峰，对照株的CAT活性在第五天达高峰，第六天便开始下降，但经EM处理的，其CAT活性和SOD活性始终都高于对照组(表2-61)。

表2-61 叶面喷施EM对玉米叶内保护酶活性的影响

保护酶种类	处 理	处理后天数(d)				
		3	4	5	6	7
CAT活性 (H_2O_2 mg/g·DW)	喷施EM	16.8	25.8	40.4	46.0	22.4
	干旱对照	15.7	24.7	35.9	25.8	13.5
	正常浇水	14.6	14.6	13.4	13.4	12.2
SOD活性 (U/g·DW)	喷施EM	2580.9	2872.3	3157.9	4218.8	2783.5
	干旱对照	2595.7	2659.6	2984.7	3906.3	2061.8
	正常浇水	2608.7	2719.4	2707.1	2668.2	2696.5

在沈阳市东陵区高坎镇上马村种植沈试29玉米，用稀释500倍的EM菌液浸种12小时后晾干后共播种0.7公顷。结果在百年未遇的干旱情况下，出苗率比清水浸种的提高10.2%，有效穗数和穗粒数亦显著提高，最后增产达29.2%(表2-62)。

表2-62 EM处理对干旱条件下的玉米产量的影响

处 理	有效穗数(穗/hm^2)	穗粒数(粒)	百粒重(g)	产 量(kg/hm^2)	增产率(%)
清水浸种	43950	415.9	38	7545	—
EM浸种	53490	515.0	38	10485	29.2

EM对提高作物的抗寒力亦有明显作用。例如，嘉善县瓜菜研究所张秀清对使用EM的常规苗床和不使用EM的电加热温床育苗做对比试验。栽培品种为伊丽莎白厚皮甜瓜。1995年12月8日播种，翌年1月8日移栽。

栽后常规苗床组受到强冷空气影响，植株根系大面积受冻害，叶片严重失水。1月27日施用EM 10天后，失水的卷缩叶片全部展开，重现健康长势；并且膨果期比电加热温床组的提前15天。

EM对提高玉米植株的抗倒伏性亦有明显作用。例如，用稀释500倍的EM菌液浸泡掖单13号玉米种子8～10小时，对照用清水浸种。基肥施用粉状EM $45kg/hm^2$，于播种时施入，对照组不施EM，其余施肥管理措施均一致。结果是：

①施用EM的玉米植株具有发达的根系，其根系干重、主根数和气生根数均高于对照组(表2-63)。

表2-63　EM处理对玉米植株根系状况的影响

处　理	根干重(g/株)	主根数(条/株)	气生根数(条/株)
液体EM浸种	44.8	92	15
对　照	40.2	88	9
粉状EM基肥	45.6	102	25
对　照	38.7	90	8

②EM对玉米植株地上部生长有明显改善作用，表现在经液体EM浸种的植株株高与对照组相近，但穗位却低于对照的，而且茎基部第一、第二节也比对照组粗短；施用粉状EM的植株穗位更明显地低于对照组，茎基第一、第二节更加短粗健壮，差异程度大于液体EM浸种的植株(表2-64)。

③茎腐病感染后会降低茎秆的压碎强度，是引起倒伏的主要原因。经粉状EM基施处理的，茎腐病发病率仅有8%，而对照组为20%；经液体EM浸种的，发病率(15%)也略低于对照组(19%)。最后是经EM处理的玉米植株倒伏率明显下降，与对照组相比，液体EM浸种可使植株倒伏率下降4%，而粉状EM基施可使植株倒伏率降低8%。

表2-64　EM处理对玉米植株地上部生长性状的影响

处　理	株　高(cm)	穗　位(cm)	基部第一节		基部第二节	
			节长(cm)	节粗(cm)	节长(cm)	节粗(cm)
液体EM浸种	281	101	4.69	2.69	9.70	2.60
对　照	280	105	4.72	2.67	4.70	2.58
粉状EM基施	284	90	4.37	2.96	8.90	2.88

对　照	278	102	4.71	2.67	9.68	2.60

九、EM延长水果保鲜期

在鲜果采摘前3～5天，用稀释100～250倍的EM菌液在鲜果枝4周喷洒1～2次，采摘时带果柄，并保护果皮不受破损。或在鲜果采摘后，选出表皮完好无损的果，用稀释100～150倍的EM菌液均匀喷洒水果或浸果30秒，晾干后再行装筐堆放，四周用塑料薄膜覆盖，以后每周检查1次，挑除个别烂果后，再用稀释500～700倍的EM菌液喷洒1次，再装筐堆放。如此处理，与传统法比较，可延长果品保鲜时间1～2倍。杧果经施用EM菌肥后，其果实在常温下可延长保鲜5～6天。

第三节　EM对土壤的改良作用

由于长期施用化肥和农药，90%现有土质不同程度地变得坚硬、板结、无机养分不易溶化，水田易产生有害气体，物理性状变差。腐败菌占有率亦高。当施用含氮高的未完全腐熟的有机物时，便会容易产生腐败臭味；而且土壤虫害亦增多，形成腐败土壤。此种腐败土壤对作物生长极为不利。

此类土壤经EM处理后，由于大量的有益微生物的繁殖，便会发生如下变化：腐败型土壤→净菌型土壤→发酵型土壤→合成型土壤→发酵合成型土壤。

其中，净菌型土壤能产生抗生素的微生物增多而占优势，从而不再产生腐败发酵，但对作物产量提高不大。

发酵型土壤中乳酸菌、酵母菌等发酵型微生物占优势，土质变得松软，促进无机养分的可溶性，土中氨基酸、糖分、维生素等生理活性物质较多，对作物生长有促进作用。

合成型土壤是以光合细菌、藻类和固氮菌等合成型微生物和藻类占优势，一旦施入有机肥，土壤便会变得肥沃。

发酵合成型土壤是由发酵型与合成型微生物协同生长的土壤，是最理想的土壤，对作物生长最为有利。

EM对增加土壤肥力亦有明显作用。例如，用稀释1 000倍的EM菌液给玉米和高粱种子拌种后，由于菌体在土壤中进行了一系列活动，除了对作物生长发育和产量产生促进作用外，对提高根际土壤肥力也十分明显（表2-65）。

表 2-65　EM 菌剂对土壤养分的影响

作物	处理	土壤有机质(%)	碱解氮(N)(mg/kg)	速效磷(P_2O_5)(mg/kg)	速效钾(mg/kg)(K_2O)	pH 值
玉米	EM 拌种	0.93	63.0	4.0	120.0	7.8
	对　照	0.84	58.5	32.0	80.0	7.8
高粱	EM 拌种	0.80	51.5	15.7	120.0	7.9
	对　照	0.73	49.0	10.0	90.0	7.9

在冬小麦地上施用 EM 堆肥，亦见 EM 对土壤养分有明显提高。与等量的传统堆肥处理和化肥处理的相比，EM 堆肥处理的土壤有机质、全氮和碱解氮含量最高，而且施用 EM 堆肥多的高于施量少的，不施肥的对照组最低(表 2-66)。这是由于 EM 堆肥中含有较多的有机质，而且存在有大量有效微生物，加快了堆肥中有机物的分解和转化，从而提高了土壤中有机质和含氮量。

表 2-66　EM 堆肥对土壤养分含量的影响

处　理	有机质(%)		全氮(%)		碱解氮(mg/kg)	
	0～20cm	20～40cm	0～20cm	20～40cm	0～20cm	20～40cm
1	1.93	0.86	0.126	0.063	119.35	73.30
2	1.73	0.77	0.114	0.058	102.00	69.30
3	1.62	0.73	0.107	0.053	104.40	67.70
4	1.45	0.71	0.097	0.049	89.15	56.40
5	1.28	0.67	0.080	0.047	82.65	53.95
对　照	1.22	0.63	0.070	0.044	81.55	33.85

用 EM 培育大棚核桃楸幼苗时，分别采用稀释 200 倍、400 倍和 600 倍的 EM 菌液对苗木喷施兼灌根，结果亦见 EM 除了对苗木生长有不同程度的促进作用外，对改善土壤肥力亦起很大作用，表现在土壤有机质含量随 EM 用量提高而增加，与对照的相比，增幅为 1.45%～9.42%；速效氮、速效磷分别增幅 2.62%～14.7%和 5.65%～18.35%；而且土壤呼吸强度也同样增强，增幅为 1.96%～13.83%，但对土壤 pH 值影响不大，土壤容重则随 EM 浓度增高而降低(表 2-67)。

表 2-67　不同浓度 EM 处理对土壤理化指标的影响

EM 浓度	容重均值 (g/cm)	pH 值	有机质 (%)	速效氮 (mg/kg)	速效磷 (mg/kg)	呼吸强度均值 (mg/d·g)
稀释 200 倍	1.11	7.49	1.51	42.21	23.48	1.045
稀释 400 倍	1.14	7.50	1.47	46.13	22.76	0.997
稀释 600 倍	1.18	7.47	1.40	42.24	20.96	0.936
对　照	1.20	7.48	1.38	41.16	19.84	0.918

EM 处理还明显提高了土壤中微生物含量(表 2-68)。与对照的相比,其中细菌含量增幅为 8.7%～29.8%;放线菌增幅为 5.3%～45.8%;微生物总含量增幅为 8.2%～28.3%。

表 2-68　不同浓度 EM 处理对土壤微生物数量的影响　(单位:$\times 10^5$)

EM 浓度	细菌均值	放线菌均值	真菌均值	总微生物量
稀释 200 倍	1 350	277	26	1 603
稀释 400 倍	1 260	217	23	1 499
稀释 600 倍	1 130	200	21	1 351
对　照	1 040	190	19	1 249

EM 的组成成分中的领头菌为光合细菌,现已知光合细菌对某些小分子有机物,包括对某些农药具有降解功能,因此含有光合细菌的 EM 对残留农药能否降解,这是个值得研究的问题。现已有试验表明,EM 对残留于土壤中的某种除草剂有一定的降解作用。例如,氯磺隆(Chlorsnulfuron)是 20 世纪 80 年代迅速发展起来的一种磺酰脲类除草剂,被广泛应用于农业生产中。其最大缺点是在土壤中残留期长,易使后茬敏感作物受害。所以,一直以来研究和解决氯磺隆残留毒性都是其推广和应用中的一个重要课题。采用含有光合细菌、乳酸菌、酵母菌、放线菌和曲霉菌等 10 属 100 多种有效微生物的 EM 菌液处理残留有氯磺隆除草剂的土壤,结果发现 EM 确能降解氯磺隆,而且降解速度颇快。土壤中添加 EM 的降解作用随着氯磺隆初始浓度的提高而增强。随氯磺隆初始浓度由低到高的不同处理,其 35 天的残留浓度依次比对照组低 0.017μg/kg、0.808μg/kg 和 3.769μg/kg。加大 EM 施用量也会使氯磺隆的降解率有所提高。

EM 还能消除土壤中残留的农药。据比嘉照夫的资料,在土壤中撒上

EM 后，仅 1 个月时间，土壤中的残留农药便几乎全被分解了。他们曾将 EM 撒在高尔夫球场上 30 天后，检测结果表明土中残留农药已降到标准界限值。

第四节　在农作物种植上使用 EM 的方法

EM 主要用于制作堆肥和追肥。用 EM 制作的肥料可分为 3 类：一是 EM 堆肥，二是 EM 发酵材料，三是 EM 发酵液。EM 堆肥可用作基肥或追肥，EM 发酵料可用作追肥，EM 发酵液可用作根外追肥。现将这 3 类发酵肥的制作方法简介于下：

一、EM 堆肥的制作

(一)EM 用量

一般每 667 米^2 田地施用 1.5 吨 EM 堆肥。生产 1.5 吨 EM 堆肥需使用 1～2 升的 EM 原菌液(视活菌含量而定)。据此，可按所种田地面积有多大，需要多少吨堆肥，便可算出需要多少升 EM 原菌液了。

(二)制作方法

EM 堆肥的制作可分两步进行。第一步是将作物秸秆切成 3～5 厘米长碎条，有条件时可加些酒糟、米糠、麦麸、油饼(如花生麸或油茶麸)等有机物残渣，或加些畜禽粪便等，将上述原料充分混匀。第二步是按原料多少，配制 EM 稀释液。例如，需堆制 15 吨堆肥，可取 EM 原菌液 1～2 升，加水 500 升和红糖 1 千克(或糖蜜 1.5 升)，配成 EM 稀释液，然后将 EM 稀释液混入原料中，并搅拌均匀，平放堆制。堆制时必须注意温度。夏天气温高，因此堆高不宜太厚，一般可堆 30～40 厘米厚；冬季气温低，可堆 60～70 厘米厚。堆温以控制在 25℃～30℃ 为宜，最高不能超过 50℃。堆温过高时要摊开散温，堆温过低时可覆盖塑料薄膜保温。当原料发酵至有甜酸味，表面布满白色菌丝时即可供施用。通常在 30℃时发酵时间需要 7～10 天，温度偏低时，发酵时间便要适当延长。堆肥时要尽量密封，并注意含水量要适宜，以手握原料指缝间有水而不下滴便可。此类堆肥最适于作基肥。

利用畜禽粪制作堆肥效果更好。将猪粪与木屑混合，使其碳氮比(C/N)为 30∶1，含水率为 50%～65%，EM 菌剂接种量为 1.5%，但需 2 次加菌发酵。第一次发酵可加快提高堆肥温度，使高温期提前到来，加速有机物分解而缩短堆肥过程。由于第一次发酵时要经历一个高温阶段，才能达到无害化和腐熟化要求，但大部分有益菌会被杀死，因此必须在堆温降至40℃左右时，以1%的接种量再添加1次EM菌液进行第二次发酵，并控制工艺条件，使各种有益菌大量繁殖，可有效提高堆肥中有益活菌量。在堆制发酵期间必须适时进行翻堆，第1次发酵时每2天翻1次，第二次发酵时每4天翻1次。

二、EM发酵料的制作

EM发酵料指的是利用EM把一些新鲜的米糠、麦麸、酒糟、油饼、豆渣等较精细的有机物进行发酵，作物秸秆也可采用。上述原料均要粉碎。

(一)EM用量

如果将EM发酵料用作追肥，通常堆制100千克发酵料，可用0.3～0.5升的EM原菌液与100千克原料混合发酵。

(二)制作方法

第一步是先将所用原料全部粉碎。第二步是配制EM稀释液。例如，制作100千克的EM发酵料，可用0.3～0.5升的EM原菌液、0.3千克红糖(或0.5L糖蜜)和100千克原料混匀，再按堆肥的制作方法那样进行堆制。注意控制好堆肥的温度和水分。堆制好后应尽快用完。

EM发酵料可直接用作追肥，也可混入农家肥中再堆制成堆肥，那样就更好。

三、EM发酵液的制作

EM发酵液的制作方法是取EM原菌液1份，红糖(或糖蜜)、白酒和醋等各1份，加水10份，混匀后装入密封的容器内，在28℃～32℃中发酵7～10天后供用。

四、EM发酵物的使用方法

上述EM堆肥和EM发酵料主要供作基肥或追肥使用，而EM发酵液是水溶液体，它的使用方法不外乎是浸种或拌种、叶面喷施、浸根或淋施等几种方法。但对EM的使用浓度、使用量和施用时间则视不同作物而异。这里仅列举一些实例介绍于下，以供参考。

(一)水稻栽培中如何使用EM

1. 供作基肥　按上述EM堆肥制作方法将EM堆肥发酵好后，按每667米^{2}施用1.5～3吨(视土质肥瘦而定)EM堆肥施入水田中并犁耙好。

2. 浸种和拌种　用稀释500～1 000倍的EM原菌液或200～300倍的EM发酵液(以下各项统称为EM菌液)浸泡已开始萌动的谷种0.5～1小时。最好是将EM发酵料和已萌动的谷种拌种后播种。一般每50千克湿谷可拌0.5～1千克的EM发酵料，如果需要催芽，要注意催芽时温度不要过高。

3. 叶面喷施　当秧苗长出3～4片真叶时，用稀释300～500倍的EM原菌液或EM发酵液做叶面喷施1次；孕穗时再用稀释150～200倍的EM原菌液或EM发酵液喷淋1次；即将抽穗前再用上述稀释液叶面喷施1次。如有必要，在灌浆期也可再叶面喷施1次300～500倍稀释度的EM菌液。

4. 浸根　插秧前对秧苗用稀释300～500倍的EM菌液浸根数分钟。

(二)玉米栽培中如何使用EM

1. 供作基肥　按每667米^2 1.5～2吨的用量将EM堆肥施于畦沟内，与土粒拌匀。

2. 浸种　将EM原菌液稀释200～300倍后，把种子倒入其中，拌匀，待种子将水分基本吸干后，晾至爽手时即可播种。

3. 叶面喷施　待幼苗出土并长出3～4片真叶时，用稀释300～500倍的EM菌液做叶面喷施1次；中耕和抽穗前再分别用稀释100～200倍的EM菌液喷施1次。如有需要，在抽花丝期末也可用稀释500～600倍的EM菌液喷施1次。

(三)豆类作物栽培中如何使用EM

对大豆、绿豆、花生等作物可用下法处理：

1. 供作基肥　按每667米^2 1.5～2吨的用量将EM堆肥施于畦沟或穴中。

2. 浸种　用稀释300～500倍的EM菌液浸种数小时后播种。

3. 叶面喷施　当幼苗长出3～4片真叶时，用稀释300～600倍的EM菌液做叶面喷施1次，以后每隔1周喷施1次，共喷施3～4次，结荚时再喷淋1次。

(四)薯类作物栽培中如何使用EM

甘薯、马铃薯、木薯等作物可用下法使用EM：

1. 供作基肥　按每667米^2 1.5～2吨的用量将EM堆肥施于畦沟或穴内。

2. 浸种　用稀释200～300倍的EM菌液对种薯或种茎浸20～30分钟，稍晾干后种植。

3. 叶面喷施　当幼株长出3～4片叶后，用稀释300～600倍的EM菌液做叶面喷施1次，以后每隔15～30天再以相同浓度的EM稀释液喷淋1次。

(五)蔬菜栽培中如何使用EM

1. 供作基肥

(1)改良土壤：在菜苗种植前1个月左右，每667米^2 用10～20升的EM菌液对水800～1 000升对土壤淋施并翻耕，10天后再淋施1次稀释800～1 000倍的EM菌液。

(2)施基肥：将EM堆肥按每667米^2 1～1.5吨的量施于土中并翻耕整畦。

2. 浸种　用稀释300～600倍的EM菌液浸种1～2小时后播种，对种皮较厚的种子应适当延长浸种时间。

3. 叶面喷施　当菜苗长出3～4片叶时，用稀释500～1 000倍的EM菌液作叶面喷施1次，以后每隔7～10天喷施1次。

(六)果树种植中如何使用EM

1. 苗期使用　果苗种植时，用稀释200～500倍的EM菌液淋根或喷淋1次，用作定根水。成活后每30天用稀释800～1 000倍的EM菌液对全树喷淋1～2次。

2. 结果期对EM的使用法　结果后再用同浓度的EM菌液喷施1～2次。收果前15天左右再用同浓度的EM菌液喷施1次，这对提高果实的甜度和采后保鲜有利。

(七)甘蔗栽培中如何使用EM

1. 蔗种处理　埋种前用稀释300～500倍的EM菌液浸蔗种茎20～30分钟，或在埋种茎时直接用稀释300～500倍的EM菌液淋种茎后再盖土。

2. 喷淋蔗苗　当蔗苗长出 3～4 片叶时，用稀释 300～500 倍的 EM 菌液喷淋蔗苗，每 667 米^2 用 EM 原菌液 3～4 升。分蘖期时，用稀释 300～600 倍的 EM 菌液喷施甘蔗叶和根部，蔗茎伸长时再连续喷淋 2 次(相隔 7 天左右)稀释 300～600 倍的 EM 菌液，这对促进甘蔗分蘖和拔节生长有利。

3. 收获后使用　甘蔗收割后，应及早对宿根蔗喷淋 1～2 次稀释300～400 倍的 EM 菌液，这对宿根蔗越冬抗寒防霜冻和防病虫害有利，并有利于翌年甘蔗地下茎抽芽生长。

(八)瓜类栽培中如何使用 EM

1. 种植地的处理　种植前 30 天，每 667 米^2 用 EM 原菌液 3 升，用水稀释 300～500 倍后喷淋土面并翻耕，10 天重复 1 遍。

2. 移栽使用　幼苗移栽时，用 EM 比粪水为 1∶200 的稀释液淋根(如无粪水，可用水稀释 300～500 倍的 EM 菌液淋根)。

3. 苗期喷淋　幼苗长至 3 片真叶以上时，每 667 米^2 每次以 2～3 升的 EM 原菌液用水稀释 500～1 000 倍后对植株喷淋 2 次。

4. 花前期和小瓜期喷淋　每 667 米^2 每次以 2～3 升的 EM 原菌液用水稀释 500～800 倍后在花前和小瓜期各喷淋 1 次。如发现有枯萎病发生，用稀释 150～300 倍的 EM 菌液淋施病株根部。

(九)香蕉种植中如何使用 EM

1. 种植地的处理　种植前 30～60 天，每 667 米^2 用 3～4 升原菌液或 EM 发酵液稀释 400 倍后淋洒穴坑，并翻土拌匀，10～15 天后重复 1 遍，至少进行 2 次。

2. 用作基肥　以 EM 堆肥按每 667 米^2 1～1.5 吨的用量施于已挖好的种植坑内，并倒入细土拌匀。

3. 淋根　蕉苗移栽后，用 EM∶粪水为 1∶300 的比例混匀后淋根。

4. 喷淋

(1)在苗期：可用稀释 300～500 倍的 EM 菌液喷施 1～2 次，每 667 米^2 需用 EM 原菌液或 EM 发酵液 3～4 升。

(2)花蕾期：用 EM∶粪水为1∶200～400 的比例混匀后浇根部，每 667 米^2 需用 EM 原菌液或 EM 发酵液亦为 3～4 升。

(3)挂果中期：用稀释 300～500 倍的 EM 菌液浇淋香蕉根部或喷施果穗，可提高产量和品质。

(十)花卉栽培中如何使用EM

1. 土壤处理 在种植地上,每667米^{2}用3～5升的EM原菌液或EM发酵液稀释300～800倍后淋湿土面并翻耕,每10天重复1遍。

2. 施用基肥 以EM堆肥按每667米^2 1.5～2.0吨的用量施于田中并翻耕。

3. 花种处理(包括插枝或插条) 用稀释200～300倍的EM菌液浸种0.1～24小时(木本花卉使用EM菌液浓些和处理时间应长些,草本的应使用稀些和处理时间短些)。

4. 苗期和开花前期喷施 每667米^{2}用EM原菌液或其发酵液3～4升,稀释500～800倍后对植株喷施。

五、使用EM应注意的事项

上述几类作物对EM的使用方法仅供参考。使用EM时必须注意以下事项:

第一,EM不能代替常规使用的肥料,因此在种植作物时,必须按常规法按期施用所必需的肥料,该施用什么肥料就按原有要求施用所必需的肥料,只是增加喷施EM菌肥而已。最好是使用由EM发酵的含有有机原料和复合化肥所组成的堆肥。

第二,EM中的微生物均为活细菌,故绝不能与任何农药(包括抗生素)或除草剂同时使用,如果需要施用农药,必须将EM和农药施用的时间错开,彼此相隔应有6天以上。

第三,由于市售EM菌剂有液态和固态(用吸附剂将EM浓缩菌液吸附后制成的粉剂)两类。各厂家生产的EM菌剂中菌种种类和活菌含量均有一定的差异。而且随保存时间延长,其活菌含量会降低。因此,在选用EM菌剂时,必须选用出厂时间最短、活菌含量最高的产品。在使用浓度上也要根据菌剂活菌含量进行酌定。活菌含量高者(每毫升含活菌量达30亿个以上)稀释度应高些,反之则应低些。每667米^{2}用EM量也应根据具体作物和土壤肥力情况而定。均应通过试验,才能制定出合适的EM使用浓度和用量。

第五节 EM使用中存在的问题

大量事实已证明,应用EM已取得明显的生产效益、经济效益、生态效益和社会效益。说明EM有广泛开发应用的前景。但从现有资料看,各国在

EM 应用研究中尚存在一些有待解决的问题。

一、EM 的最佳使用方法尚有待深入研究

现有的使用方法都是经验性的，尤其是 EM 处理废水，在淡水养殖业等领域中的使用方法尚无一套完善的、效果既好又能重复的使用方法。

二、效果再现性不很稳定

因为 EM 对环境中温度、酸碱度、湿度和紫外光线等表现较敏感，再因各地区上述环境因素不一致，因此采用同一种使用方法甚至是同一种菌剂和浓度，往往效果差异很大。在此地区使用效果很好，但在彼地区有可能失败。

三、EM 保存有效期不确定

EM 菌剂中的微生物容易随保存时间之延长而逐渐失活而死亡，因此货架保存期短。其实际有效期最长也只有半年，不像其他农用化学药品那样可以保存 1～2 年甚至更长。使用有效期已过的 EM 产品，其效果就会不明显甚至失效。这是 EM 应用中常见效果不明显的主要原因。

因此，为使 EM 菌剂在保存期间不致失效，应做到以下几点：①EM 菌剂应在低温、干燥、避光处保存和运输，在保存时间较长，液面出现少量微白色泡沫和底部稍有沉淀均属正常。②在寒冻地区，如果 EM 菌剂结冰，可在自然条件下，如室内或地窖，自然解冻后使用，不会影响使用效果，但切莫人工加热，以防杀死有益微生物。③每次使用若用不完，应盖紧瓶盖，密封保存。经过一段时间保存，如果气味不变，舌检仍有酸并略带酒味而无异味，pH 值在 3.5 以下时仍可使用，只是微生物活性有所下降，需加大用量。如果保存后有腐臭味产生便是已变质，应弃而不用。

四、商品化生产受到限制

因为组成 EM 的微生物种类和功能非常复杂，难以对 EM 的微生物组成有一个很确定的配方。目前，尚无明确的质量标准和监测方法，以致不同的生产厂家往往自行研发，将不同的微生物只要能共生并有一定的增产效果便组合在一起，没有统一的标准配方，因此使用效果很不一致。从而使 EM 商品化生产受到很大限制。

五、消费者对生物技术产品认识不足

在没有充分介绍和实例示范的情况下，消费者通常对新使用的生物技术产品是不会认可的。尤其是像 EM 那样有生命的微生物菌剂，在使用后绝不可能像农用化学肥料或药剂那样显效快。它是需要在新的环境条件下经过一段适应期和重新生长并大量繁殖，达到占优势的数量后才能逐渐显效。正因如此，故一些初次使用 EM 的农户对 EM 的使用效果心存疑虑，一旦未见效果，便很易予以否定。再因市场上销售的“EM”菌剂，良莠不齐，有许多根本就没有像真正的 EM 所应含有的五大科数十种有益微生物。

消费者在选购 EM 产品时也应注意以下几点：①生产日期和有效期。距生产日期越近的越好。②了解生产厂家，购买大型公司或技术雄厚的生物研究机构的产品，其质量可能有保证。③了解产品的使用对象。④了解产品包装是否完好，如有漏气现象，不要购买。

第三篇　身上具芽孢的芽孢杆菌

第一章　芽孢杆菌的生物学特性

芽孢杆菌和一般细菌一样，都是属于原核生物。它与许多其他细菌不同之处就是它的细胞内会产生芽孢，故称之为芽孢杆菌。芽孢杆菌种类很多，除少数对寄主有害外，有相当一部分菌种是有益的，属于益生菌一类。

第一节　芽孢杆菌的细胞形态与结构

一、芽孢杆菌的细胞形态与特征性结构

芽孢杆菌（*Bacillus*）通常是革兰氏阳性细菌，它们的细胞多呈杆状，长短不一，大小在0.5～10微米之间。由于种类不同，有呈单个、成对或短链状存在。在生长条件合适的情况下，幼龄细胞或生长繁殖最快的对数期细胞，此时的细胞形态通常比较稳定，不易改变，因此常在此时期观察和描述它们的形态。但当它们生长至后期完全成熟阶段，其细胞便会产生一个折光性强的芽孢或称内生孢子。个别菌种还会产生伴胞晶体。1个细菌只产生1个芽孢，芽孢的形成是这一属的基本特征，但它不是细菌的繁殖方式，只是该属细菌所具有的遗传特性。

在特殊环境条件下，有些菌株的细胞大小和形态也会受环境条件所影响而发生变化。例如，培养基成分、浓度、培养温度和培养时间等都会影响其细胞的形态，有的菌体呈现膨大、分枝或呈丝状等畸形。

多数芽孢杆菌的细胞具有鞭毛，能运动。

其特征性结构是其细胞内具有芽孢，另外还有糖被和鞭毛。

（一）芽　孢

芽孢或称内生孢子，它是芽孢杆菌特有的结构。芽孢杆菌在其生长发育的后期，其细胞质内便会形成1个厚壁、质浓、折光性强，并且能抵御不良环境条件的休眠体，特称之为芽孢。芽孢实际上是细菌的一种孢子，故又称之为内

生孢子。由于这种芽孢很特别，因此有必要在此着重介绍芽孢的形态、结构、形成和特性，因为它与芽孢杆菌生命的顽强有密切关系。

1. 芽孢的形态与结构　芽孢有呈圆形、椭圆形或圆柱形，因不同菌种而异。它的大小和在菌体细胞内的位置也因菌种不同而异。通常有中生、端生和次端生（图 3-1）。有的芽孢杆菌的芽孢着生位置是不固定的，会随环境条件不同而改变。多数营养体细胞形成芽孢时是不膨大的，如图 3-1 中的 a、b，只有少数会膨大，如图 3-1 中的 c～g。

芽孢杆菌的芽孢大多数是位于菌体细胞的中央，一般不大于细胞的宽度，如图 3-1 中的 a。但有的芽孢杆菌的芽孢则位于细胞的偏端或顶端，而且通常大于细胞的宽度，如图 3-1 中的 c～f。所以，芽孢的有无、大小、形状和其位置等是细菌鉴定的重要标志之一。

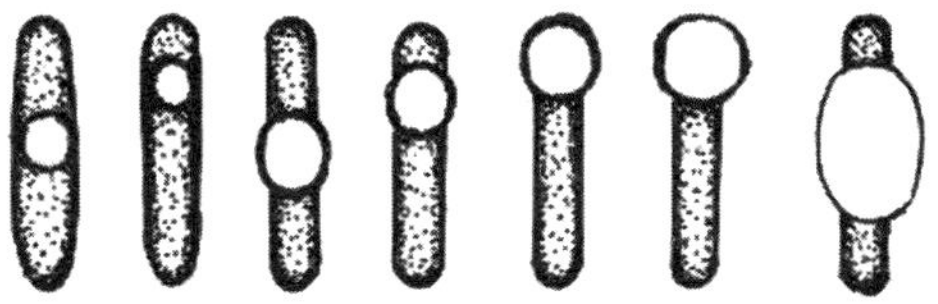

图 3-1　芽孢的几种类型　（仿自黄秀梨，2003）

芽孢的生命活力是很顽强的。通常情况下，它处于一种休眠状态，无任何代谢活动。在普通环境条件下，可存活数年乃至数十年。有的在湖底沉积土中的芽孢经历 500～1 000 年后仍有生活力（刘秀花，2007），可见芽孢的休眠期是多么长久。

芽孢的结构相当复杂，在高分辨率的电子显微镜下可以观察到成熟的芽孢具有多层结构，如图 3-2 所示。从外到内依次为芽孢外壁、芽孢衣、皮层、芽孢壁、芽孢膜、芽孢质和芽孢核区，其中的芽孢壁、芽孢膜、芽孢质和芽孢核区共同构成核心。

芽孢的形成过程非常复杂。但芽孢的整个形成过程很快，需 8～18 小时，在此不必赘述。当芽孢成熟后，菌体细胞通常会迅速解体，芽孢便会游离出来成为独立的个体。可以说，芽孢是原菌体的下一代。

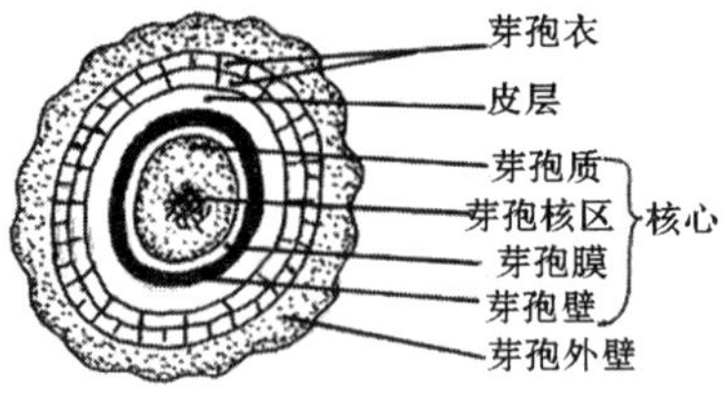

图 3-2　细菌芽孢结构模式图　(仿自黄秀梨,2003)

2. 芽孢的抗逆性　芽孢的生命力很顽强,可存活很长时间,其原因就是它具有极强的抗逆性。对高温、辐射线、化学药物、静水压力等均有非常强的耐受力。例如,热解糖梭菌的营养细胞在 50℃下短时间即被杀死,但其芽孢在 132℃中经 4.4 分钟才能杀死其中的 90%;又如肉毒梭菌的芽孢在 100℃沸水中 5～9.5 小时才被杀死,在 121℃中也需要 10 分钟。所以,我们采用高压蒸汽灭菌法对培养基消毒时,必须在 121℃中保持至少 15 分钟,才能保证培养基或器皿彻底灭菌。在干热灭菌条件下,芽孢的耐热性更强,所以干热灭菌时,必须在160℃～170℃下维持 2～3 小时。故我们生产的枯草芽孢杆菌制剂,不管是液态还是固态,保持较长时间仍有活力。

3. 芽孢的萌发　游离的芽孢通常没有明显的代谢活动能力,但它始终保持着潜在的生命功能和萌发能力。一旦条件合适,芽孢便会萌发成营养细胞,也就是说,再成为一个具有明显代谢作用的芽孢杆菌。芽孢的萌发过程要经过活化、萌发和生长 3 个阶段。

(1)活化　又称激活阶段。因为芽孢处于休眠状态,所以需要一个活化过程使它"苏醒"过来。在实验室内,可用加温或酸碱处理使它活化。例如,枯草芽孢杆菌的芽孢在 70℃中保持 30 分钟,巨大芽孢杆菌的芽孢在 100℃中 8 分钟,便可使其芽孢很快活化起来。用 pH 值 2～3 的酸性缓冲液处理蜡状芽孢杆菌的芽孢,也可使之迅速活化。在自然条件下,随环境条件的变化,芽孢也会缓慢地被活化起来。

(2)萌芽与生长　芽孢活化后,只要条件合适,便会开始萌发,而且速度很快,一般只需要几分钟。芽孢萌发后,它原有的抗逆性便会逐步下降甚至丧失。萌发后的芽孢会迅速合成新的核酸和蛋白质,芽管长出并很快变为一个新的营养细胞,即芽孢杆菌。

(二)糖被与鞭毛

有些芽孢杆菌,如巨大芽孢杆菌、多黏芽孢杆菌等的细胞壁外表有 1 层厚度不定的胶状物，称为糖被。其主要成分为多糖、多肽或蛋白质。按糖被厚度之不同，常有不同的名称，如微荚膜、荚膜或黏液层等。其中，荚膜可保护细胞免受干旱伤害，保护自身免受宿主白细胞所吞噬、贮藏养分、堆积某些代谢废物等。

芽孢杆菌多数都具有鞭毛，可以运动。鞭毛是菌体细胞表面的一种长丝状、波曲状的附属物。有鞭毛的芽孢杆菌大多为周生鞭毛。例如，枯草芽孢杆菌便有周生鞭毛，每秒钟能移动 7 微米。检查芽孢杆菌有无鞭毛，有一种很简便的方法，就是用 0.5%～1%琼脂配制成一种半固体培养基，装在试管内，灭菌后用穿刺法将菌种接于培养基内。培养后，如果在其穿刺线的四周有向外扩展的生长线，说明该菌具有运动能力，便可推测它可能具有鞭毛（刘秀花，2007）。

二、芽孢杆菌的细胞分裂方式

芽孢杆菌主要以二分分裂方式繁殖。分裂时，核区的去氧核糖核酸（DNA）先行复制为两条 DNA 双螺旋链，然后形成两个核区。接着在两个核区之间产生新的细胞膜和细胞壁，从而把母细胞分隔为二。每次经过这样的由 1 个母细胞一分为二的过程称为 1 个世代，其间所经历的时间称为 1 个代时。在适宜条件下，不同菌种的代时会有不同。例如，蜡状芽孢杆菌的代时为 18 分钟，枯草芽孢杆菌的代时为 26～32 分钟，蕈状芽孢杆菌的代时为 28 分钟。

三、芽孢杆菌的群体（菌落）形态

由于芽孢杆菌多数具有鞭毛，能运动，所以将它们接种在平板培养基上时，由一个菌体细胞经不断分裂而形成的群体即菌落的边缘常呈波状、缺刻等不规则形态。再因芽孢杆菌的细胞分裂后常呈链状排列，因此其菌落表面粗糙，通常有环状或放射状的皱褶。在芽孢杆菌生长后期，由于产生芽孢，其菌落便会因折光率发生变化而变得不透明或似乎显得有些干燥状态。在液体培养基中培养芽孢杆菌 1～3 天，液面常形成膜或环状等菌群。

第二节　常用益生芽孢杆菌的种类

目前，国内外用于畜禽养殖中的芽孢杆菌种类不少，常见的并且已容许使用的有蜡样芽孢杆菌、地衣芽孢杆菌、巨大芽孢杆菌、枯草芽孢杆菌、坚强芽孢杆菌、凝结芽孢杆菌、缓慢芽孢杆菌、短小芽孢杆菌、纳豆芽孢杆菌、东洋芽孢杆菌、芽孢乳杆菌和丁酸梭菌等(孔建,2005)。

在我国市场上以芽孢杆菌制成的益生菌剂主要有:促菌生(蜡样芽孢杆菌)、整肠生(地衣芽孢杆菌)、抑菌生(枯草芽孢杆菌)、乳康生(含蜡样芽孢杆菌)等。

在水产养殖中应用较广和较多并且已为我国农业部列为安全使用的菌种有枯草芽孢杆菌和地衣芽孢杆菌。

据国内外有关报道,在畜禽养殖中使用的种类主要有:蜡样芽孢杆菌、枯草芽孢杆菌、环状芽孢杆菌、巨大芽孢杆菌、坚强芽孢杆菌、短小芽孢杆菌、东洋芽孢杆菌等。据美国食品与药物管理局及美国饲料协会 1989 年提供的资料表明,目前国际上已允许直接用作饲用的微生物菌种达 42 种。我国农业部 1999 年 6 月公布可直接供作饲喂动物的饲料级微生物添加剂菌种共 12 种,其中包括有枯草芽孢杆菌(*Bacillus subtilis*)、纳豆芽孢杆菌(*B.natto*)等。在此仅介绍一下枯草芽孢杆菌和纳豆芽孢杆菌。

一、枯草芽孢杆菌

枯草芽孢杆菌(*Bacillus subtilis*,缩写为 Bs)是在 1941 年非洲战役中,首次被德国医疗军团发现。他们从马和骆驼的粪便中分离出 Bs。根据它的菌落形态和形成芽孢的特点,当时命名它为枯草芽孢杆菌,该菌名沿用至今。

(一)菌体和菌落形态

枯草芽孢杆菌主要呈杆状,很少呈链状,具周生鞭毛,能运动。革兰氏染色阳性。所生芽孢大小为 0.8/微米×(1.5～1.8)微米,呈椭圆形,位于细胞的中段,直径小于菌体细胞的宽度。其芽孢萌发时,从芽孢壳的赤道处破裂开来,芽管便由此破裂处伸出而成为营养细胞,孢子壳也随之消解。

菌落呈圆形或不规则形,由于它们的细胞能运动,故菌落边缘多呈不规则形状。菌落表面色暗,变厚和不透明,常起褶皱。但其菌落形态常因培养基成分之改变而发生很大差异,菌落色泽也可呈奶油色或浅褐色。当培养基表面潮湿时,利于菌体向四周移运,因此菌落易于向四周扩散。

在菌落中或其邻近的培养基内,有时会形成一些色素,在许多菌株中色素可呈褐色或红色,少数为橙色或黑色,视培养基成分不同而异。在含有 1%葡萄糖的琼脂培养基中穿刺培养时,表面生长物变厚,常呈粗糙和褐色,在其下部可形成盘状并呈淡红色。

在液体培养基中,呈浅黄色,但色暗,液体表面有皱褶的膜,培养液轻度浑浊。

枯草芽孢杆菌分为 *B.subtilis subsp.Subtilis* 和 *B.subtilis subsp.spizizienii* 两个亚种。

(二)生理生化特点

1. 好氧性 枯草芽孢杆菌以有氧呼吸为主,其最终电子受体为氧,故必须有氧供应才能正常生长。但在含有葡萄糖的复合培养基中,也可以进行厌氧代谢,不过此时其生长和发酵能力很弱。

2. 分解力强 能分解植物组织中的果胶和多糖类物质,有些菌株能使马铃薯块茎腐烂。在细胞外,该菌能使果糖和棉籽糖形成果聚糖。其细胞内储存的产物主要是类似肝粉的糖类。它能还原石蕊牛奶,能迅速消化酪素而且凝块少。

3. 生长环境特殊 它所需要的营养生长的最低限培养基成分中可以没有维生素,但必须有葡萄糖、柠檬酸盐和一种氨态盐为唯一的碳源和氮源。其生长最适 pH 值为 5.5～8.5。

4. 产生多肽抗生素 它能产生多肽抗生素,1 个菌株可以形成几种抗生素,还能释放具有溶菌作用的酶。

5. 分泌功能发达 枯草芽孢杆菌的分泌功能非常发达,据其基因组进行预算,大概可合成 4 701 种蛋白质,电脑预测其中 25%可能为外分泌蛋白。作为一种重要的农业和工业生产用菌,它除了能产生淀粉酶、中性蛋白酶、碱性蛋白酶和抗菌蛋白外,还能产生中性甘露聚糖酶、中性植酸酶、肌苷、D-核糖等。

二、纳豆芽孢杆菌

(一)细胞特征

纳豆芽孢杆菌(*Bacillus subtilis natto*)的细胞大小通常为(0.7～0.8)微米×(2.0～3.0)微米。革兰氏染色阳性,在含葡萄糖的琼脂培养基上生长的菌体细胞原生质染色均匀。所生芽孢呈椭圆形或柱状,中生或偏中生。即使孢囊膨大,也不显著,有鞭毛,能运动。生长温度最低为 5℃,最高为 55℃,芽孢耐热性强。

(二)生化特征与主要功能

纳豆芽孢杆菌是一种具有耐酸、耐热特性的益生菌,在胃酸作用下 4 小时存活率仍有 100%,是各种益生菌中对环境耐受力最好的,可以通过人和其他动物的消化道直达小肠。对人和动物具有下列多方面的保健功能：一是口服后可改善人体肠道微生物群的生态，有助于消化道功能正常化。二是它所产生的纳豆激酶是一种能分解血栓的纤维蛋白酶，有强大的溶栓作用。纳豆激酶是由日本学者须见洋行等人于 1986 年首次从纳豆中发现的。该酶是一种枯草芽孢杆菌蛋白激酶，是在纳豆发酵过程中由纳豆芽孢杆菌产生的，是一种碱性丝氨酸蛋白酶，因为它具有纤溶活性，故能显著地溶解体内外的血栓，明显缩短优球蛋白溶解时间，并能激活动物体内血管内皮细胞产生纤维蛋白溶酶原激活剂(t-PA)，从而增加内源性纤溶酶的含量与作用，间接表现溶栓活性。其溶栓作用远超过尿激酶。尿激酶对血栓之作用只有 3～5 小时，很快便会失去活性，而纳豆激酶却可长达 8 小时，缩短血栓溶解时间，能明显改善循环系统。三是该菌能产生多种抗生素，如杆菌素、多黏菌素、2，6-吡啶二羧酸，这些物质对痢疾杆菌、原发性大肠杆菌、伤寒菌和沙门氏菌等都有强烈的抑制作用。四是该菌对大豆发酵物中含有染料木素和染料木苷，类似枯草溶血素的脂肽，还含有丰富的植物雌激素和一种叫 Infrabin 的类黄酮色素成分，这些物质有强烈的裂解功能，能抑制肿瘤细胞的增殖。纳豆菌自身也可有效地破坏或杀死癌细胞，还可以刺激免疫系统诱发干扰素产生达到抗癌目的。五是该菌含有丰富的维生素 K_2，这种维生素 K_2 与高聚谷氨酸(γ-PGA)能与钙结合，使钙固定于骨质中，对防止骨质疏松有作用。

采用纳豆芽孢杆菌接种于煮熟的大豆上，在 40℃左右和有氧条件下进行无菌发酵所制成的纳豆是日本的一种传统大豆发酵食品。纳豆具有很好的保健功能，具有溶血栓、抗肿瘤、降血压、抗氧化性、抗菌消炎作用，也可能有防骨质疏松等多种作用(齐海萍等，2003)。

第三节 自然界芽孢杆菌的分布

自然界中芽孢杆菌分布极广，空气、土壤、水域以至极端环境中均有它们的存在。

一、土壤中的芽孢杆菌

土壤富含各种无机物和有机物，是一切微生物生长和繁殖的最适宜的天然培养基。据估算，1 克干重的农田土壤中所含的细菌数量可达几百万至上千万个，是土壤中最活跃的成分。一般在表土层或耕作层中，由于所含营养物质最丰富，所以绝大多数的微生物都主要集中在这些土层内，都多以微菌落形式分布在土壤颗粒表面和植物根际周围。

二、水体中的芽孢杆菌

自然界的水体或多或少都含有各种各样适于微生物生长所必需的无机和有机营养物质。但在淡水水域中，一般所含营养物质比较贫乏，因此能形成优势菌种的主要是一些自养细菌，如蓝细菌、光合细菌、硝化细菌和硫杆菌等，而芽孢杆菌则较少。在海洋水域中，由于含盐量高，通常在3.3%～3.5%，作为革兰氏染色阳性菌的芽孢杆菌也仅能在近海区域找到（刘秀花，2007）。

根据吴根福等（2003）对杭州西湖水域和黄丽静等（2005）对城市公园湖水等水体和沉积物中分离出来的细菌所做的研究表明，在这些水体中，芽孢杆菌所占的比例较低，但在湖底表层沉积物中，芽孢杆菌的含量相对较高。底泥和水体深层环境中氧是不足的，不适于芽孢杆菌的生长，因此应该认为水底深层和底泥中所存在的其实大多是芽孢杆菌的芽孢，而非芽孢杆菌的营养细胞。

三、空气中的芽孢杆菌

空气的物理因素和化学因素跟土壤和水体的完全不同，因为它缺乏能为微生物生长和繁殖所必需的基本要素。首先是空气中缺乏微生物生长所必需的营养物质，其次是太阳的紫外线照射能杀灭几乎所有的微生物。但在低空中，由于有臭氧层的遮挡，云层的水分、漂浮着的灰尘小颗粒等却为微生物的生存提供了条件。尤其是在工业区的上空，城市人流密集的地区空气中，有机物含量较高，因此在这些区域的空气中，不可避免地会漂浮着较多的微生物种类和较高的数量。但真正能在空气中生存时间较长的，主要是微生物抗逆性较强的孢子、芽孢或孢囊。

空气中的微生物大多附着在灰尘粒子上，以微生物气溶胶的形式存在。据测定发现，在森林、海岸、城市和乡村四个生态系统中，共出现有19属的细菌，其中芽孢杆菌占41.7%，无论是城市还是农村，芽孢杆菌都是空气中的优势菌群（刘秀花，2007）。

四、极端环境中的芽孢杆菌

不利于一般生物生长的特殊环境称为极端环境，或称恶劣环境。主要有高温、严寒、高盐、高压、干旱、强酸、强碱等，如火山、温泉、南北极地、高山、冰川、盐湖、深海底层等地。但各种微生物都有它各自适应的环境条件，所以在各种极端环境中，除了正喷发着的火山外，几乎都生存有不同的微生物。

在芽孢杆菌属中，能适应高温的有所谓高温型芽孢杆菌，常见的有嗜热脂肪芽孢杆菌、酸热芽孢杆菌、热坚芽孢杆菌、热溶芽孢杆菌等。它们之所以能耐受高温，与其细胞膜中所含的高比率长链饱和脂肪酸和分支链脂肪酸（如ω-环己基环族脂肪酸）有密切关系。这些异常的脂肪酸有利于细菌在极端的酸碱度和高温条件下生长。

酸热芽孢杆菌是既能耐高温，又能嗜酸的异养菌，它能在45℃～70℃、pH值2～6的含硫热泉中生活。它们可以从化能自养细菌释放出来的有机物，或从死细胞分解物中获得生长所必需的营养。

第四节　芽孢杆菌的主要功能——益生机制

迄今对芽孢杆菌的益生机制研究尚少，一般认为其功能主要有以下几方面。

一、产生多种消化酶类

据Collington的报道，枯草芽孢杆菌具有活性较高的蛋白酶、淀粉酶和脂肪酶等，所以它是工业上生产淀粉酶和蛋白酶的重要菌种。

淀粉酶能降解饲料中的淀粉为单糖。在动物肠道内，单糖可为其他厌氧菌催化为乙酸、乳酸等，从而降低肠道pH值，抑制腐败菌生长。其所分泌的蛋白酶和脂肪酶利于饲料中蛋白质和脂肪的降解。其中，蛋白酶和肽酶组成的蛋白酶系，能水解蛋白质和多肽为游离的氨基酸，易为动物消化吸收。

芽孢杆菌还具有能降解饲料中复杂糖类的酶，如果胶酶、葡聚糖酶、纤维素酶等，对提高饲料中糖类和能量的利用都有帮助。Sagard（1990）便证明枯草芽孢杆菌、地衣芽孢杆菌等具有活性较强的果胶酶、淀粉酶、纤维素酶等，能降解植物性饲料中结构复杂的果胶、葡聚糖、纤维素等，其中很多酶是动物体内不能合成的。

用芽孢杆菌饲喂动物后，动物体内某些水解酶的活性增强。例如，给肥育猪饲喂芽孢杆菌后，猪肠道内α-淀粉酶活性比对照组猪的提高6.9个糊精活化单位。以芽孢杆菌饲喂鲤鱼后，其肠道内淀粉酶和蛋白酶活性分别为对照组的3.82倍和2.76倍。

二、产生多种营养物质可促进动物生长

芽孢杆菌为动物摄食后，在肠道内可生长繁殖产生多种代谢产物，如维生素、氨基酸、促生长因子等，尤其是维生素B_1和维生素B_6特别丰富，为动物提

供营养。

凝结芽孢杆菌、芽孢乳杆菌等菌株能产生乳酸，可提高动物对钙、磷、铁等元素的利用，促进对维生素 D 的吸收。

纳豆芽孢杆菌不仅具有分解蛋白质、脂肪等大分子物质的性能，使得发酵产物中富含氨基酸、有机酸、寡糖等多种易被吸收的成分，而且在芽孢杆菌发酵的纳豆中发现有一些生理活性物质，具有多种保健功能。

在异育银鲫饲料中添加 0.2% 的芽孢杆菌，可使异育银鲫相对增重率比对照增加 33%。

三、产生抗菌活性物质

许多芽孢杆菌能产生抗菌活性物质。特别是枯草芽孢杆菌具有产生多种抗生素的能力，这在芽孢杆菌属中是很少见的。例如，枯草芽孢杆菌产生的一种短肽，称为枯草菌素（Subtilin），它是含有 32 个氨基酸的五环状硫醚抗生素，具有广谱的抑菌活性，在动物肠道内可抑制病原菌和腐败菌之繁殖。这类抗生素有很强的热稳定性，在饲料加工过程中仍能保持有较高的活性。

现已知枯草芽孢杆菌中抗菌物质的生物合成途径有核糖体途径和非核糖体途径。

四、对病原菌具生防作用

芽孢杆菌对病原菌有明显的生物防治作用。在动、植物病原菌防治中均起到重要作用。据目前所知，其生防机制主要有竞争作用、拮抗作用、产生多种酶类降解病原菌、诱导寄主对病原菌产生抗性等。兹分别简介于下：

（一）竞争作用

主要包括营养竞争和位点竞争。枯草芽孢杆菌以位点竞争占优势，竞争方式是在植物根际、体表或体内以及土壤中定植。例如，枯草芽孢杆菌的 Bs-2 和 Bs-1 菌株通过浸种、灌根和涂叶等接种方法能进入番茄等多种非自然宿主的植物体内定植。在玉米植株内，枯草芽孢杆菌和玉米病原菌串珠镰孢菌有相同的生态位点，但由于枯草芽孢杆菌在玉米体内能迅速定植和繁殖，因此可以有效地降低串珠镰孢菌的生长和毒素的积累。又如，枯草芽孢杆菌的 B916 菌株在纹枯病病斑上定植能力很强，但在健康植株上则定植弱。不过在接种以病原菌 1 天后再施以枯草芽孢杆菌，便可达到最佳的防治效果。

在动物肠道内，枯草芽孢杆菌和有害菌群在生存空间、定植部位和营养物质等方面进行竞争。由于枯草芽孢杆菌的芽孢有强抗逆性，能萌发生长，因而占有生长优势，从而限制了有害菌的生存与繁殖。

（二）拮抗作用

通过分泌诸如枯草菌素、抗生素等抑制或杀灭病原菌。例如，凝结芽孢杆菌能产生抑菌物质对革兰氏阳性菌如金黄色葡萄球菌、粪链球菌和艰难梭菌等有很明显的抑制作用。枯草芽孢杆菌对大肠杆菌和沙门氏菌有很好的抑制效果。用芽孢杆菌及其过滤液饲喂小鼠和雏鸡，发现它们对肠道致病菌有明显的拮抗作用。拮抗作用的机制大概是：

一是抗菌物质使病菌的细胞壁合成受阻，导致真菌敏感细胞几丁质不能合成。

二是抗菌物质作用于病原菌的细胞膜，将其伤害，造成细胞内离子外泄而使病原菌死亡。

三是抗菌物质中的大环内酯类和多烯类能使病原菌细胞内核糖体上的蛋白质合成受阻，从而抑制病原菌生长。

四是芽孢杆菌产生的拮抗蛋白能作用于病原菌的菌丝和孢子等，使菌丝和孢子畸形，抑制病原菌孢子萌发，并能使其菌丝细胞膨大而破裂。

五是有些抗菌物质能在植物根部形成一层生物膜，能保护植物根部免受病原菌入侵。

（三）产生多种酶类降解病原菌

芽孢杆菌能分泌多种胞外酶，如几丁质酶、蛋白酶、脂肪酶等，这些酶能直接溶解和杀灭病原菌。其作用方式是芽孢杆菌吸附在病原真菌的菌丝上，并随菌丝生长而生长，然后产生和分泌水解酶等溶菌物质溶解菌丝体，使菌丝断裂、解体，或使菌丝原生质凝结，如几丁质酶等便有此种作用。

（四）诱导寄主对病原菌产生抗性和增强免疫功能

在植物方面，枯草芽孢杆菌能通过诱导植物自身抗病机制而增强抗病性能。例如，枯草芽孢杆菌的某些菌株能产生与植物抗性蛋白合成有关的信号蛋白，这种蛋白能促使抗性蛋白合成基因表达，从而使植物抗性蛋白能大量合成而产生抗性。又如，水稻纹枯病生防菌 Bs-916 菌株能诱导水稻叶鞘细胞内的苯丙氨酸解氨酶（PAL）、多酚氧化酶（PO）、超氧物歧化酶（SOD）等酶活性增强。枯草芽孢杆菌中的某些菌株还能诱导小麦 PO 活性增强并且产生新的 PO。

在动物方面，芽孢杆菌能促进动物肠道相关淋巴组织处于高度的“免疫准备状态”，同时使免疫器官发育加快，免疫系统成熟快而早，T.B 淋巴细胞数量增多。例如，给雏鸡喂以芽孢杆菌后，鸡的免疫器官生长发育比对照组快，而且血中 T 细胞量比对照组高。以 10^8 个/g 的枯草芽孢杆菌喂雏鸡，能显著地提高脾脏中 T.B 淋巴细胞数量。

在饲料中添加 1%的地衣芽孢杆菌饲喂鲤鱼，结果是鲤鱼的胸腺、脾脏的生长发育均比对照组快，而且其免疫器官中 T.B 淋巴细胞也较对照组成熟快而且数量多，产生抗体也多，免疫功能强。

(五)通过促进寄主生长而增强抗性

有些芽孢杆菌，如枯草芽孢杆菌中的某些菌株能合成细胞分裂素、玉米素、赤霉酸等生长调节剂，采用其培养物溶液处理萝卜或小麦根部，或作叶面喷施，均能很明显地促进它们的生长。有的能加速植物种子萌发，增强植物生长势，从而增强植物免疫功能。

五、改善动物体内外生态环境

通常幼龄畜禽出生时，其消化道内无菌，出生后 3 小时才能在其胃肠道内发现有入侵的细菌，12 小时后，在其大肠中可检测出细菌。经检测发现，按顺序先后可见有需氧菌、兼性厌氧菌、严格厌氧菌出现。最终形成以乳酸杆菌、双歧杆菌等厌氧菌占优势。

当给动物喂以需氧的芽孢杆菌时，肠道内的大肠杆菌、产氧荚膜梭菌、沙门氏菌等显著减少，而有益细菌增多。在其排泄物和分泌物中，同样是有益菌增多而致病菌减少，从而净化了体内环境，减少疾病的发生。

在断奶仔猪日粮中添加芽孢杆菌进行饲喂，结果显著减少大肠杆菌数量而增加十二指肠中的乳酸杆菌含量。发现猪采食含有枯草芽孢杆菌的饲料 21 天后，其粪中双歧杆菌含量上升而链球菌和梭菌数目明显下降，这在仔猪中尤为明显。

芽孢杆菌在改善动物消化道内微生物群的同时，氨、胺、吲哚和硫化氢等对肠道黏膜细胞有明显毒害的物质也因而减少。

芽孢杆菌对水产动物的外环境，即养殖水体亦有明显的净化作用。芽孢杆菌能迅速降解水体中的有机物，包括鱼的排泄物、残留饲料浮游藻类的尸体和池底污泥等，使之生成硝酸盐、磷酸盐、硫酸盐等无机盐类，还能有效地降低水中化学耗氧量(COD)和生化耗氧量(BOD)以及氨态氮、亚硝酸氮和硫化物等含量。芽孢杆菌对水中的蓝藻也有一定的抑制作用。

六、作为疫苗或杀菌剂用于疾病防治

由于芽孢杆菌具有明显的防病治病功能，因此目前国内外都在研发利用芽孢杆菌添加至动物饲料中喂养动物，可预防动物炭疽病的发生。据报道，芽孢杆菌的芽孢制剂对人和动物机体免疫力均有促进作用。

在防治植物真菌病害方面，利用枯草芽孢杆菌研制的生防制剂已有多种问世（见本篇第三章）。例如，美国“Serenade”可湿性粉剂和水剂，能防治多种果蔬的真菌和细菌。我国云南农业大学研制的“百抗”对大田水稻纹枯病的防治有效率可达70%以上。武汉天惠生物有限公司生产的“枯草芽孢杆菌 B_5—208 杀菌剂”对黄瓜白粉病，草莓白粉病和灰霉病，番茄灰霉病，棉花黄萎病、枯萎病和立枯病等均有很好的防治作用。

七、改善动物商品性能

芽孢杆菌能改善养殖动物的肉质和体色。例如，用芽孢杆菌复合菌剂投喂斑节对虾，对虾肉质获改善，虾体含水量降低，而粗蛋白质含量增加，呈味氨基酸含量显著提高。

第二章　芽孢杆菌的分离与培养

第一节　芽孢杆菌的分离和筛选

以枯草芽孢杆菌的分离和筛选为例，方法如下：

一、配制培养基

可供芽孢杆菌分离和筛选所用的培养基有多种，但常用的为通用培养基：蛋白胨 10 克，牛肉膏 5 克，NaCl 5～10 克，pH 值 7.4～7.6。

用蒸馏水或无离子水定容至 1 000 毫升，用盐酸或氢氧化钠调节其 pH 值至所需值。如果需要配制固体培养基，可加入 2%左右的琼脂(或卡拉胶)。

配制好培养基后，必须在蒸汽压力锅中，于 121℃下灭菌 20～30 分钟。

二、采　样

可从不同养殖水体、底泥、土壤，甚至动物消化道及其排泄物中获取样物，作为菌种分离来源。

三、分离和筛选方法

(一)富集培养

1. 液体状　如果样物为液体，可直接加入盛于三角瓶内的上述通用液体培养基中，置于 30℃中培养 18～24 小时，然后于 75℃～80℃水浴中热处理 10～15 分钟，以杀灭非芽孢杆菌。

2. 固体状　如果样品物为固体，如底泥或土壤等，应先予以阴干，然后称取适量(5～10 克)置于三角瓶中，加入 45～50 毫升无菌生理盐水，振荡均匀后，于 80℃水浴中加热处理 10～15 分钟，杀灭非芽孢杆菌。然后吸取其中 5 毫升悬浮液加入盛于三角瓶内的 45 毫升通用培养液中，于 37℃中，在转速 200r/min 下振荡培养 20～24 小时。

(二)平板培养法分离

一是吸取上述富集培养所得的培养物悬浮液1毫升，用无菌生理盐水按10倍梯度稀释法(详见附录一)做系列稀释。

二是从上述系列稀释液中吸取0.1毫升稀释度最高的悬浮液以涂布法或划线法接种于平板培养基上，详法见附录一。

三是于37℃中培养20～24小时，或在28℃中培养48～72小时，记录平板上细菌菌落生长情况。挑选平板上生长最快、最旺的菌落，仍用无菌生理盐水如法做系列10倍梯度稀释后，进行第二次平板涂布或划线法接种并培养。如此反复3～4次，以便筛选出生长最快和最旺的菌落进行下一步的检定。

四是如果担心非芽孢杆菌没有完全杀灭，可在平板上分离2次后，挑取生长最快最好的菌落悬浮于无菌生理盐水中，振荡均匀后置于80℃水浴中再1次热处理5分钟，然后再继续进行2～3次平板涂布或画线分离。

第二节　芽孢杆菌的培养

一、母种(一级)培养

母种培养所常用的培养基与上节供分离和筛选用的培养基相同。母种培养通常是采用试管斜面培养基，因此可在常用培养基中加入2%的琼脂(或卡拉胶)，加热溶解后分装于试管内；加棉塞后，热压灭菌15～20分钟，趁热摆成斜面，冷却后供用。

用无菌接种针将一环菌株培养物以划线法接种于斜面通用培养基上，置30℃中培养，待斜面上长满菌落后，低温保存备用。

二、原种(二级)培养

原种培养即种子培养，目的是将母种扩大培养，以求能满足三级扩大培养所必需的菌种数量。

(一)原种培养用培养基

1. 母种培养　上述母种培养用的通用培养基均可供作原种培养基。

2. 其他培养　下列培养基亦可供用：

①可溶性淀粉20g，酵母粉(或酵母浸膏)0.6g，$(NH_4)_2SO_4$ 6g，$MgSO_4\cdot$

$7H_2O$ 0.3g,$CaCl_2 \cdot 2H_2O$ 0.08g,KH_2PO_4 2g,Na_2HPO_4 8g,pH 值 7.2。

②蛋白胨 10g,酵母粉 5g,K_2HPO_4 1.5g,$MgSO_4 \cdot 7H_2O$ 1.5g,NaCl 5g,pH 值 7.0。

③玉米淀粉 10g,蛋白胨 2g,酵母浸膏 2.5g,NH_4Cl 5g,KH_2PO_4 1g,$Na_2HPO_4 \cdot 12H_2O$ 5g,$MnSO_4 \cdot H_2O$ 0.1g,pH 值 7.2~7.4。

④蛋白胨 12g,酵母浸膏 8g,蔗糖 3g,$MgSO_4 \cdot 7H_2O$ 0.75g,KH_2PO_4 2.5g,$CaCO_3$ 8g,$MnSO_4 \cdot H_2O$ 0.1g,pH 值 7.6。

上述培养基均用蒸馏水定容至 1 000mL。

(二)培养方法

种子培养可采取逐步扩大培养量的方法进行。因此所用培养容器可由小至大。将培养基溶液分装于可通气的三角瓶或广口瓶中。热压灭菌 1 小时,冷却后接入母种。于 30℃~35℃中通气培养 1~2 天。最简易的培养装置如图 3-3 所示。所用气泵可利用观赏鱼类养殖缸输氧用的可调式气泵,如果培养容器较大,可用小型抽气泵供气。空气过滤器可自制,在一粗玻璃管或塑质管中分层填入棉花和活性炭,两端用橡皮塞封口便可。

待菌种量增多后,再改用容积更大的小口瓶如法安装和培养。

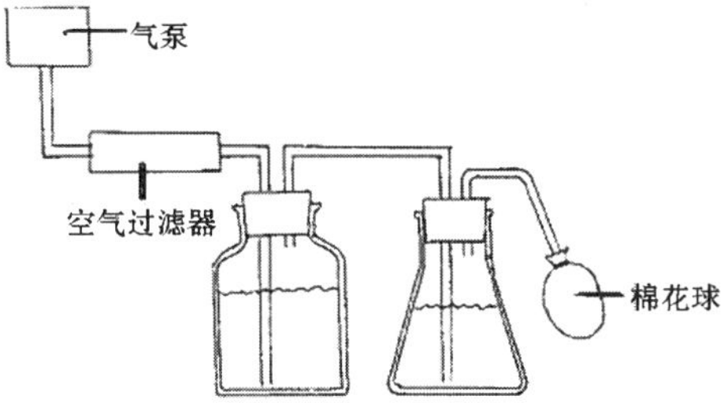

图 3-3 菌种简易培养装置示意图

三、三级扩大液体发酵培养

(一)可用培养基

①蛋白胨 5g,玉米淀粉 20g,玉米浆 15g,NaH_2PO_4 8g,pH 值 7.6～7.8。

②蛋白胨 5g,玉米淀粉 25g,NaH_2PO_4 5g,$MgSO_4 \cdot 7H_2O$ 0.5g,pH 值 7.6～7.8。

③高温豆饼粉 22g,玉米淀粉 8.5g,玉米浆 1.5g,尿素 1g,K_2HPO_4 3g,KH_2PO_4 1.5g,$MgSO_4 \cdot 7H_2O$ 1g,$MnSO_4 \cdot H_2O$ 0.2g,pH 值 7.5。

④可溶性淀粉 25g,葡萄糖 1g,玉米浆 45g,微量元素适量,pH 值 7.0～7.5。

⑤豆粕粉 5g,糖蜜 20g,K_2HPO_4 0.5g,$MgSO_4 \cdot 7H_2O$ 1g,$CaCO_3$ 1g,pH 值 7.5。

⑥蔗糖 5g,$CaCO_3$ 0.1g,Na_2HPO_4 2g,$FeCl_3$ 0.005g,$MgSO_4 \cdot 7H_2O$ 0.5g,pH 值 7.0。

⑦麦麸 50g,蔗糖 20g,柠檬酸三钠 2.5g,$(NH_4)_2SO_4$ 5g,$K_2HPO_4 \cdot 3H_2O$ 0.3g,$MgSO_4 \cdot 7H_2O$ 0.5g,$FeSO_4 \cdot 7H_2O$ 0.05g,pH 值 7.2。

⑧玉米浆 10g,谷氨酸废液的浓缩液 20g,糖蜜稀释液 150mL,KH_2PO_4 2g,pH 值 7.2。

上述二级原种培养用的培养基均适用于三级扩大培养。

培养基所用的糖蜜需经预处理后才能使用。预处理方法如下:将原糖蜜稀释至 30°BX,加入浓硫酸调稀释液的 pH 值为 4.0 进行酸化,加热至 85℃,通风 30 分钟,于 70℃中静置 8 小时。上述处理过程为热酸通风沉淀法,最后吸取其上清液,待冷却后用水稀释至含还原糖量为 150g/L 时便可使用(王瑶等,2007)。

(二)液体发酵培养技术

1. 基本工艺流程

培养液→热压灭菌→接入菌种→发酵培养→检测→分装→入仓

2. 发酵用水　可采用自来水(需预先暴晒除氯)和洁净井水。

3. 深层发酵技术

(1)生产设备　要求采用全不锈钢发酵罐,辅助设备的材质亦用不锈钢料。供发酵时微生物所需的空气亦必须除菌和干燥。

(2)发酵罐和培养液的灭菌　发酵罐上一般装有空气管道和排气管道、取样用的取样管道、放料用的出料管道、接种管道、消沫剂管道、补料管道、调节pH值用的酸碱管道和控制培养温度用的降温水管道等。

在使用前，先将配制好的培养液通过专用管道输入发酵罐内，然后通入蒸汽进行灭菌。当培养液温达到120℃、压力表上达到$(1\sim2)\times10^5$Pa(罐压)时，将安装在发酵罐上供接种、补料和酸碱调节管道进行排汽，并且调节好各进汽和排气阀门，使罐压和温度保持在这一水平上。在此保温期间，凡进口在培养液面下的各管道和冲视镜管等均应通入蒸汽，在液面上的其余各管道则应排放蒸汽，以保证除培养液外的所有管道亦均灭菌彻底，不能留死角。保温结束后，依次关闭各排汽和进汽阀门。待罐内压力低于空气压力后，向罐内通入无菌空气。在夹套或蛇管中通入冷水，使培养液温度降至所需温度。

(3)接种方法　采用加压法将菌种通过发酵罐上专用管道输入罐内。

(4)发酵条件的调控　调控重点是温度、通气量和pH值等。

①温度调控　适温范围为30℃～34℃。发酵期间会产生大量热能，当培养液的温度升至40℃时，超过生长适温，应及时通入冷水降温。当室温低于22℃，刚接种的菌株因温低而早期生长缓慢，不能按时转入对数生长，不利于菌株生长繁殖，最终会导致发酵所得含菌量不足，因此应及时通入蒸汽升温。

②通气量调控　一般发酵罐都装置有使培养液中空气均匀分布的设备，如搅拌器或气升式管道等。正常情况下，微生物发酵初期需氧量较少，通气量可控制在0.4∶1(V/V)。随细菌增殖，需逐渐增加通气量，在发酵高峰期应达到0.6∶1(V/V)。

③pH值调控　整个发酵期间，pH值应保持在7.0～7.5。

④检测含菌量　生产液态菌剂，按上述方法只需培养24～48小时便可出罐分装，并检测其含菌量。

(三)固态发酵培养技术

1. 基本工艺流程

培养基配制→灭菌→(液态或固态菌种)接种→发酵培养→干燥→粉碎→检测→包装→入仓

2. 培养基组成　可采用麦麸、玉米粉、豆粕、花生麸、米糠等为基本原料，按不同比例和种类彼此配合制成，再补充些营养因子即可。据有关试验，较好的组合有：

①78%麸皮，20%花生麸，2%硫酸铵和营养因子(主要由酵母浸膏或蛋白胨等组成)。

②50%麦麸,40%豆粕,酵母粉和蔗糖各5%。

③豆腐渣和营养因子。

3. 培养基配制和灭菌

(1)原料的粉碎　用粉碎机将麦麸、花生麸或豆粕等粉碎,料筛网目直径以0.9厘米为佳。

(2)培养基组合和灭菌

①按计划要求将培养基组合好,加水混合均匀,含水量应达65%~80%(视原料本身含水量多少而定)。调节其初始pH值为7.2~7.8。于121℃热压灭菌2小时,若用常压法灭菌必须在100℃~110℃中灭菌10小时以上。

为便于装料灭菌,可采用生产食用菌所常用的聚丙烯塑料袋分装培养料进行灭菌。

②灭菌后,用琼脂平板培养基检测培养料中有无残存杂菌污染。如无则说明灭菌已彻底。

4. 菌种配备和接种

(1)菌种形态　如果采用液态菌种,可采用前述液态发酵方法制备菌种。如果采用固态菌种,可用小塑料袋或广口瓶装入上述麦麸、花生麸、蛋白胨或酵母粉、硫酸铵等组成的培养料,热压灭菌后接入液态菌种,于30℃中培养24~48小时,便可获得固态菌种。

(2)菌种量　接种量以4%~5%为宜,接种时需在无菌条件下,解开菌袋两端,分别注入适量的菌种溶液。或用一无菌圆锥形木柱在两端袋料中打1个孔洞,挖取适量固态菌种塞进孔洞内,再用无菌长镊子将菌料稍加拌匀。然后用无菌纸封好两端,以整袋进行培养。

(3)半开放式接种和培养方法　在预先已灭菌好的室内,用0.1%高锰酸钾溶液把发酵床架上的发酵盘浸泡5分钟,做1次彻底消毒,晾干后备用。发酵盘底部垫1~2张已灭菌的可透气的报纸。然后撕开已灭菌的菌袋,将培养料倒出,平铺在发酵盘上,使料厚约5厘米。然后将菌种溶液均匀地喷施在料上,最后盖上1张无菌报纸或纱布。

发酵床架可用木料或钢条制作。培养盘可用木板条制作成长方形,盘底采用不锈钢纱网,便于通气(图3-4)。

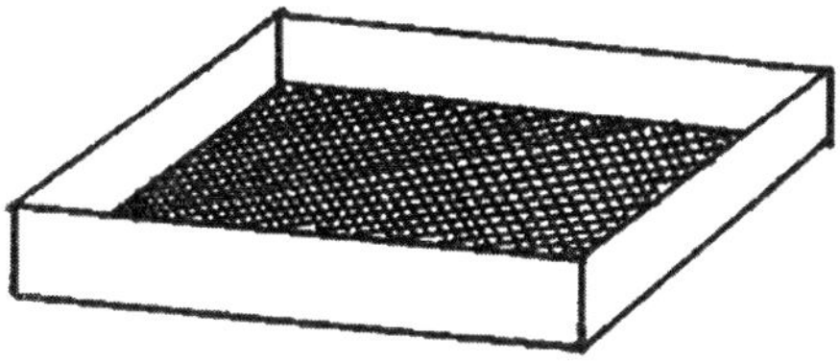

图 3-4　固体发酵培养盘

接种时为了使菌液和培养料搅拌均匀，有条件的话，可使用经过消毒的搅拌机，把培养料倒入机内，然后用加压法将菌种溶液喷入料内；如果使用固态菌种，应先将菌种弄碎后再拌入料内。如此经搅拌机搅拌后，菌种和培养料混合比较均匀、接触好，既减轻劳动强度，又可准确计量，而且可减少污染，发酵速度也会增快。

5. 发酵管理　固体发酵培养中，因培养基成分、pH 值、水分含量等均在发酵前调好，故在发酵期间无须调整，但所需温度则可调控。

发酵时间一般为 2 天，经过 1 天发酵后应每隔 4 小时翻料或倒盘 1 次。

在华南南部地区，春、秋季室温在 22℃～30℃时，可利用细菌发酵时产生的热能，使物料温度保持在 28℃～38℃的适温范围内，不需另加增温设施。但在夏季，室温高于 30℃时，加上发酵产热，室温可高达 40℃以上，则需采用工业风扇、排气扇、空调或减少物料厚度等措施降温。在冬季，如果室温低于 22℃，刚接种的菌种便会因温度低而不能按时转入对数生长期，不利于菌体正常生长，导致最终含菌量不足，则需及时给物料加温，如用热水接种、管道加温、发酵室保温处理等。

6. 摊晾　发酵结束后，即可出料，摊开在干净的并经过杀菌处理的较大的用尼龙网制作的晾摊或竹垫上，利用自然风让料稍微晾干。

7. 热风烘干　摊晾后的料含水量仍很高，必须用热风烘干。可采用流化床烘机，以 70℃～80℃的热风烘干数小时，如此可将杂菌基本全部杀死，而芽孢仍能存活下来。

黄小琴等(2011)固体发酵繁殖枯草芽孢杆菌时，用麦麸与豆粕按等质量比例混合作为发酵基质，以酵母粉为氮源、蔗糖为碳源，基质含水量为 65%，pH 值 7.5，于 32℃中培养 24 小时后，发酵产物含菌量达 9.62×10^{9} 个/g。发酵产物经 65℃真空干燥后，含菌量仍有 9.581×10^{9} 个/g。被推荐为最佳的干燥方法。

8. 烘干物料的粉碎　烘干后的物料颗粒较大,需粉碎成微细颗粒。可采用网目 0.9 厘米的锤片式粉碎机粉碎。

9. 混合型菌剂的配制　如果需要将若干单种菌株发酵培养所得菌剂按比例混合成组合型菌剂,可使用双螺旋混合机混合。

10. 包装　单种菌剂或混合型菌剂经上述方法处理后便可分装和入库。

11. 活菌含量测定　芽孢杆菌活菌含量通常采用琼脂平板计数法测定。详细方法可参阅附录一。

12. 注意事项

一是固体发酵中,控制环境卫生是保证高产、优质的前提,因此所用工具、发酵床架和发酵盘均需严格灭菌。

芽孢杆菌虽然耐高温、生长快,但在南方热带气候中,杂菌污染势所难免,这对芽孢杆菌的最终活菌数必有明显影响。因此,在有条件时应采用无菌空气系统,即在发酵室的所有通风窗上安装有空气过滤装置,室内装有紫外线灯和臭氧发生器等设施。如此方能减少外界环境对生产车间的污染。

二是芽孢杆菌是喜湿、好氧、耐温菌,因此在发酵管理中对物料含水量、通气状况和温度均应控制在合适范围内。

第三章　芽孢杆菌在动物养殖中的应用

目前，已明确可用于畜禽和水产动物养殖的微生物主要有光合细菌、有益芽孢杆菌、乳酸菌和酵母菌等。在这些微生物中，酵母菌、乳酸菌和光合细菌均属于抗逆性差、货架寿命短的细菌，在饲料加工过程中，经高温高压制粒后几乎完全失活。仅有芽孢杆菌因具有抗逆性强的芽孢，在制备过程中较稳定，而且寿命颇长。

第一节　芽孢杆菌作为益生菌的优势

芽孢杆菌的应用虽比光合细菌、硝化细菌和乳酸菌等晚些，但近年发现，芽孢杆菌类与其他非芽孢杆菌相比有以下几方面优势：

一、稳定性好、抗逆性强

前已述及，芽孢杆菌一旦形成芽孢，便能耐受各种不利条件，如对干热、湿热、紫外线、γ 射线、强酸强碱、有机溶剂、真空干燥、氧化作用等均能耐受。故在工业生产制粒过程中以及通过养殖动物消化道的酸性胃液环境均能保持高度稳定性。

二、营养丰富

芽孢杆菌所含营养物质并不逊于光合细菌和酵母菌等。芽孢杆菌能合成蛋白质、脂肪和维生素等。所合成的维生素中有维生素 B_1、维生素 B_2、维生素 B_6、维生素 C 和维生素 K_2 等。特别是可供作保健食用的纳豆芽孢杆菌能产生更多的维生素 K_2。

三、能保存饲料营养成分

芽孢杆菌作为饲料添加剂，当它与饲（饵）料配合贮存时，因为它是以休眠的芽孢形式存在，故不会消耗饲（饵）料中的营养成分，保证饲（饵）料品质不会受损。

四、芽孢杆菌复苏迅速并改善动物肠道微生物群结构和营养

芽孢杆菌随饲(饵)料进入动物消化道内后,能在肠道中迅速复苏,萌发为营养细胞,并且能快速生长和繁殖,增加动物肠道内益生菌尤其是诸如双歧杆菌之类的厌氧菌的含量,改善肠道内微生物群的结构,抑制病原菌的繁殖。

复苏后的芽孢杆菌能产生多种酶类,如蛋白酶、淀粉酶、脂肪酶、纤维素酶等,有助于降解植物性饲料中复杂的糖类和动物性饲料中的蛋白质与脂肪等。

五、优良的水质调节剂

芽孢杆菌能净化水体环境。它能降低水体中COD、BOD值,而且由于商品饲(饵)料的投喂会造成水体中产生大量的大颗粒悬浮物,因其分解很慢,从而加剧水中有机淤泥的形成。芽孢杆菌通过分泌种类繁多的水解酶类可以加快这些残留有机物的水解。故投施益生芽孢杆菌制剂能减少甚至完全消除由于半集约化的虾、鱼养殖在池底中央沉积的黑色淤泥层。

六、货架期长

由于芽孢杆菌是处于休眠状态的,不管是液态保存还是经过加工过程所得的固态菌剂,在保存期间均不会丧失活性,这是芽孢杆菌特有的优势。其固态产品经受105℃高温处理后,芽孢依然存活。在室温下可保存1年以上。例如,在澳大利亚,有人将浓缩的芽孢杆菌悬浮液在常温下保存了3年以上,无须冷藏。

第二节　芽孢杆菌在水产动物养殖中的作用

一、产生营养物质,促进水生动物生长

芽孢杆菌添加到饵料中被水生动物摄食后,在动物肠道内生长繁殖,能产生多种营养物质,如维生素、氨基酸、有机酸、促生长物质等,为动物机体提供营养物质。芽孢杆菌产生的有机酸为动物机体提供能量与营养之同时,还能促进动物对钙、磷和铁的利用,促进对维生素D的吸收。由于营养丰富,对水生动物的生长有明显促进作用。在基础饲料中添加不同用量的芽孢杆菌饲喂异育银鲫2个月后发现,添加有芽孢杆菌的,对异育银鲫体重之增加有明显促

进作用，其中添加 0.2%的芽孢杆菌组相对增重率比对照组增加 33%。

用蜡样芽孢杆菌 ZOU 8 菌株投喂凡纳滨对虾，结果发现对虾从无节幼体Ⅲ期到溞状幼体Ⅱ期幼体的变态也有极显著的促进作用。

在基础饲料中添加由 0.1%至 0.6%的不同浓度的地衣芽孢杆菌投喂尖吻鲈 8 周后发现，随地衣芽孢杆菌在饲料中添加量的增加，尖吻鲈的增重率和特定生长率呈现逐渐增加的趋势，在 0.5%组达最高，分别比对照组增加了 9.77%和 4.56%。肥满度亦显著高于对照的。

在基础饲料中添加不同剂量的蟹源地衣芽孢杆菌饲喂中华绒螯蟹，结果均能显著提高中华绒螯蟹的增重率。其中，饲喂以低剂量(1.3×10^7 个/g)的，其增重率比对照组提高 31%；喂以中剂量(1.4×10^8 个/g)的，其增重率比对照组提高 42.8%；喂以高剂量(0.9×10^9 个/g)的，其增重率比对照组提高 22.9%。

二、产生多种酶和提高水生动物消化酶活性

如前所述，芽孢杆菌除了能合成和分泌活性较强的蛋白酶、淀粉酶和脂肪酶外，还能产生能降解饲(饵)料中复杂化合物的酶类，如果胶酶、葡聚糖酶、半纤维素酶、葡萄糖异构酶等。例如，枯草芽孢杆菌和地衣芽孢杆菌具有较强的蛋白酶、淀粉酶活性，同时能降解木聚糖、地衣聚糖、果胶、羧甲基纤维素、多聚半乳糖醛酸以及一些复杂的植物性糖类。还可以降解养殖水体中残留饵料中的有机物，能净化水质和脱氮等。

芽孢杆菌进入动物体内后，还能提高动物体内消化酶活性。例如，用含有芽孢杆菌的饲料投喂凡纳滨对虾，结果对虾体内淀粉酶、脂肪酶和蛋白酶活性均高于未喂芽孢杆菌的。用添加不同剂量的芽孢杆菌于饵料中投喂斑节对虾。结果亦见芽孢杆菌添加量在 1.0～3.0g/kg 饲料范围内，随着芽孢杆菌添加量之增加，饲料干物质、粗蛋白质、脂肪、磷、必需氨基酸、非必需氨基酸以及各种脂肪酸等在虾体内的表观消化率也随之增加，并且均高于不喂芽孢杆菌的对照组。这表明由于虾体内有关酶类活性提高所致。

三、增强水生动物机体免疫功能

芽孢杆菌进入水产动物消化道后，不仅直接抑制动物肠道内有害菌的生长繁殖，还能提高动物机体特异性和非特异性免疫功能。

例如，在鲤鱼的饵料中添加 1%的地衣芽孢杆菌，结果鲤鱼的免疫器官内 T.B 淋巴细胞比对照组成熟快，数量多，产生抗体也多，免疫功能增强。

在饵料中添加芽孢杆菌投喂异育银鲫时，亦见能极显著地增强异育银鲫对嗜水气单胞菌的抗感染力。

用蟹源地衣芽孢杆菌 ESB_3 添加于基础饲料中饲喂中华绒螯蟹，结果亦发现，该活菌株能不同程度地提高中华绒螯蟹血细胞总数、血细胞呼吸暴发活性、酚氧化酶活性、溶菌酶活性、酸性磷酸酶和碱性磷酸酶活性。灭活的 ESB_3 菌株亦能显著提高溶菌酶、酸性和碱性磷酸酶等活性。该活菌还能明显提高中华绒螯蟹对嗜水气单胞菌的抵抗力。

芽孢杆菌能增强动物机体免疫力的原因，据张秀文等(2007)认为，芽孢杆菌能促进肠道相关淋巴组织的免疫功能，使之处于高度反应的“准备状态”，同时使免疫器官的发育增快，免疫系统的成熟度快而早，T.B 淋巴细胞的数量增多，使动物的体液和细胞免疫水平提高，从而增强机体抗病能力。

四、拮抗水生动物病原菌和提高防病能力

大量的研究表明，饲用芽孢杆菌具有拮抗动物肠道病原菌，提高防病能力的作用。芽孢杆菌在其生长过程中能产生乙酸、丙酸、丁酸等挥发性酸，这些酸类能降低动物肠道 pH 值，可有效抑制病原菌生长。同时，通过生物夺氧消耗肠道内的氧气造成厌氧环境，有利于肠道内原有的优势厌氧菌生长繁殖。例如，凝结芽孢杆菌在生长稳定期便能产生抑菌物质，对 G^+ 菌尤其是对金黄色葡萄球菌、粪链球菌、艰难梭菌有很好的抑制作用。

研究芽孢杆菌对虾池水体和底泥中总异养细菌和弧菌数量以及水体中浮游微藻数量的影响时发现，芽孢杆菌对虾池水体中的异养细菌和弧菌的生长繁殖有一定的抑制作用，但对底泥异养细菌和弧菌却有一定的促进作用，还能促进浮游微藻的平衡繁殖。这些结果表明，芽孢杆菌抑制了虾池水体中的条件致病菌的繁殖，而促进了虾池底泥物质的分解，有利于虾池的自我净化。

在水体中泼施枯草芽孢杆菌，能显著提高南美白对虾育苗成活率，试验虾平均成活率比对照组提高 31.05%，

芽孢杆菌还能抑制病毒而使之失活。当将芽孢杆菌和病毒混合培养时，抑制效果更明显。例如，芽孢杆菌对黄头病毒和白斑病毒均有灭活作用。在泰国南部某虾场，一直受对虾白斑病毒(WSV)困扰，当使用芽孢杆菌投喂后，虾池中的对虾便能连续实现丰产，而未经芽孢杆菌处理的则颗粒无收。甚至那些曾遭受 WSV 严重侵染的虾池，在经过用芽孢杆菌投喂后均重现生机。但应明确，如果投放入水体中的虾苗在孵化阶段已为病毒感染，则病毒病仍会发生。故必须在孵化期间使用芽孢杆菌防治病毒感染。因为当病毒通过食物

链传播时，芽孢杆菌亦几乎没有机会去灭活病毒，也无法抑制病毒的传播。

五、净化养殖水体水质

芽孢杆菌能迅速降解养殖水体中的有机物，包括鱼虾的排泄物、残留饲(饵)料、浮游藻类的尸体和池底淤泥；有效降低水中COD和BOD值，降低水中氨态氮、亚硝酸、硫化物等含量。以枯草芽孢杆菌、蜡样芽孢杆菌等投施于养殖池水中，按1米^{3}水投施5毫升菌液，每隔10天投施1次。大约经30天的处理，结果是凡投施有芽孢杆菌的，对水体所测的多项指标均优于对照组。其中，NH_3-N、NO_2-N、COD等含量分别约降低了96.97%、87.78%、73.66%，显著地改善了水质。而对照组水中的NH_3-N仅由原含量的8.885mg/L降至6.593mg/L；而NO_2-N却由原0.179mg/L升至6.259mg/L；COD值由原10.21mg/L升至22.89mg/L，分别为原含量的35倍和2倍多。

采用复合净水菌(由光合细菌、乳酸菌、酵母菌、芽孢杆菌、双歧杆菌、放线菌等组成)、光合细菌和复合芽孢杆菌分别做净化有机废水中氨氮和亚硝酸氮的对比试验。结果表明，3种菌剂对水中氨氮和亚硝酸氮的清除率均极明显地高于不施用菌剂的对照组。其中，以复合芽孢杆菌对氨氮和亚硝酸氮的清除效果最佳。例如，复合芽孢杆菌对氨氮的清除率为56.58%，显著高于清除率分别为42.64%和44.02%的复合净水菌和光合细菌。复合芽孢杆菌对亚硝酸氮的清除率为68.84%，亦显著高于复合净水菌的47.70%和光合细菌的37.17%。

六、改善水产动物的商品性

芽孢杆菌对养殖动物的肉质与体色有明显改善作用。例如，用复合的芽孢杆菌投喂斑节对虾，结果发现其肉质水分含量降低，而粗蛋白质含量增高，呈味氨基酸含量亦明显增加。

第三节 水产养殖中应用芽孢杆菌应注意的问题

一、筛选活性和适应性均强的菌株

将芽孢杆菌应用于水产养殖，能否发挥它应有的作用，关键因素之一是要筛选活性强、芽孢率高，而且在水体和动物肠道中均容易萌发和增殖的菌株。通常只有从当地自然水体中分离筛选出来的土著菌种才有可能适应当地的环境条件。因为有实验表明，采用一般商品菌剂，有时候并不能显示该菌剂应有的作用。例如，有人将芽孢杆菌商品制剂添加于鲤鱼饵料中投喂，不仅鱼的群体增重缓慢，增重率反而下降，而且饵料利用率也降低，生产性状明显低于对照组鱼群。这说明该芽孢杆菌菌剂有明显的不适应性，而且活性可能也低。

二、防病而非治病

必须认识到芽孢杆菌对动物疾病的防治主要是防病而非治病。故在使用时，在池塘注水或幼苗孵化期间便应施用芽孢杆菌，随后根据需要定期投施，如此，方能起到净化水生动物内外环境并增强动物防病能力的作用。在曾经患过疾病的养殖池中，适当加大芽孢杆菌的使用量，才能防病和增产。

三、适时投喂

一日发现有疾病发生，尤其是胃肠道疾病发生时，必须在水产动物处于应激状态和刚发病时，及时投喂添加有芽孢杆菌的饵料，同时对水体也投施芽孢杆菌，如此双管齐下，才能起到良好作用。必须认识到，芽孢杆菌投施后，不是“立竿见影”的，一般在投喂后 10 天才开始发生作用。

四、饲料营养水平要合适

添加芽孢杆菌时，所用饲（饵）料营养成分要合适。高营养水平的饲（饵）料使用效果不如营养水平较低的使用效果明显。用不同营养水平的饵料添加芽孢杆菌投喂草鱼和鲤鱼，观察其促生长效果。结果是中等营养水平组的每尾鱼平均增重率最高，比高营养水平组的多 30.89%，比低营养水平组的高 0.12%。

五、投喂方式

有直接水体投施和和饲（饵）料混合使用两种方式，各有其优点。

（一）直接水体投放的优点

芽孢杆菌制剂直接投入水体中后，芽孢萌发迅速，生长繁殖亦快，从而对水体能较快地发挥净化作用。试验表明，当将活化的芽孢杆菌反复数次投入水中，便能保证有足够的益生芽孢杆菌持久地生存在水体中。

（二）与饲（饵）料混合投喂的优势

将芽孢杆菌添加于饲（饵）料中投喂水生动物，主要优势是菌体可随饲

(饵)料一起进入动物消化道内,并在肠道里发挥作用。部分残留在水体中的饲(饵)料由于附着有芽孢杆菌,因而可以加快对残饵的分解,利于减少池底淤泥的形成。

芽孢杆菌混合饲(饵)料投喂,不管是否被吞食,饲(饵)料中的芽孢杆菌也会被部分释放入水中,对水质的改善亦有作用。有试验表明,在使用当天,可在已活化的菌体与饲(饵)料颗粒的混合料中添加少量凝胶以助菌体和饲(饵)料粘连,然后再投喂,效果会更好。

六、不能与抗菌药物合用

必须注意,不仅不能将抗生素、杀菌剂等与芽孢杆菌同时使用,在饲(饵)料中也不能添加有抗菌化学药物,否则会影响芽孢杆菌的使用效果。

七、芽孢杆菌可与其他益生菌配合使用

芽孢杆菌与光合细菌协同使用,对水质的净化效果最佳。有试验表明,光合细菌对养殖水体的 NH_3-N 有明显的降解效果,在 7 天内平均相对降解率为 17.71%;芽孢杆菌对 NO_2-N 有明显的降解效果,7 天内平均相对降解率为 49.88%。当光合细菌和芽孢杆菌联合投施时,7 天内对水中 NH_3-N 和 NO_2-N 的平均相对降解率分别达到 35.38%和 81.05%。另有试验亦表明,在养殖水体中单独投施地衣芽孢杆菌时,处理 7 天后,水中 NH_3-N 比对照的下降 31.04%;单独投放光合细菌的,7 天后 NH_3-N 下降 48.41%。但将光合细菌和地衣芽孢杆菌混合投施时,NH_3-N 下降率则达 82.82%。这些均说明芽孢杆菌和光合细菌配合用,对水质的净化起着很明显的互补作用。

采用枯草芽孢杆菌、蜡样芽孢杆菌与啤酒酵母菌组成混合菌剂投放于鲫鱼养殖池中,按 1 米^3 水体投放 5 毫升菌液,每天投放 1 次。结果亦发现,两种芽孢杆菌无论是单独发酵后使用或与啤酒酵母菌混合发酵后投放,养殖水中水质各项指标均优于对照池,达到良好水质水平。其中,NH_3-N、NO_2-N 和 COD 等含量均分别降低 96.97%、87.78%和 73.66%。但芽孢杆菌与啤酒酵母菌混合培养的发酵液对水质的净化效果却好于芽孢杆菌单独发酵后使用的。

第四节　芽孢杆菌在畜禽业上的应用效果

目前,用于畜禽养殖的芽孢杆菌菌剂种类主要有蜡样芽孢杆菌、枯草芽孢杆菌、纳豆芽孢杆菌、凝结芽孢杆菌、环状芽孢杆菌、巨大芽孢杆菌、坚强芽孢

杆菌、短小芽孢杆菌、东洋芽孢杆菌等。

芽孢杆菌应用于畜禽养殖中的效果有许多是与对水生动物的作用基本相同的，主要有以下几方面。

一、改善畜禽消化道微生物群

在正常情况下，动物消化道内的优势微生物区系各菌群之间，以及微生物与宿主之间处于一种相互依存和相互抑制的平衡状态。当动物处于应激状态时，其消化道内原有的稳定环境便会发生失调，正常的微生物区系平衡受到破坏，向着有利于大肠杆菌、沙门氏菌等条件病原菌及其他有害方向移动。条件性病原菌、腐败菌以及少量潜入的其他病原菌异常增殖。同时，使蛋白质分解产生氨、胺等有毒物质，导致消化功能紊乱，重则引发肠炎、腹泻或其他疾病。许多试验结果表明，芽孢杆菌在改善动物消化道微生物菌群结构方面起着很大作用。当对动物喂以需氧的芽孢杆菌后，动物肠道内的大肠杆菌、产气荚膜梭菌、沙门氏菌等显著减少，而有益菌增多。在动物的排泄物和分泌物中同样发现有益菌数量增加，而致病性微生物减少，这对减少畜禽疾病的发生起重要的预防作用。例如，猪采食含有 10^7 个/g 的枯草芽孢杆菌的饲料 21 天后，其所排泄的粪中双歧杆菌含量显著上升，而有害的链球菌和梭菌含量显著减少，这在仔猪中尤为明显。

试验证明，在动物饲料中添加 PB_6 活性菌剂后，确能显著降低动物肠道内大肠杆菌、产气荚膜梭菌和沙门氏菌的数量，使机体内有益菌增加，致病菌减少。例如，Alex 和 Hai－MengTan(2003)在 Ross 308 肉鸡和 AA 肉鸡的饲料中添喂 PB_6 活性菌 21 天后，结果发现其回肠内的梭菌含量降低了 2～10 克，大肠杆菌量降低了 1～10 克，而乳酸杆菌含量则基本无变化。又如，用含 1.0×10^9 个/t 的 PB_6 活性菌的饲料喂 Ross308 肉鸡 42 天后，结果是其体内乳酸杆菌含量由 2.7×10^8 个/g 增至 5.6×10^8 个/g，梭菌的数量由 5.9×10^4 个/g 减至 1.5×10^3 个/g，大肠杆菌的数量由 8.7×10^5 个/g 减至 1.4×10^4 个/g。

另有试验结果表明，纳豆芽孢杆菌对病原性大肠杆菌(如 0-111，0-144)及沙门氏菌具有拮抗作用，还能杀灭肠道出血性大肠杆菌 0-157。纳豆芽孢杆菌不仅能抑制葡萄球菌的生长繁殖，还能降低葡萄球菌肠毒素的毒性，从而提高机体免疫力。

芽孢杆菌能改善畜禽消化道内微生物群的原因可能有：①生物夺氧的效果。由于芽孢杆菌繁殖快，需氧多，结果导致肠道内氧不足，需氧的大肠杆菌等的生长便会受抑制，反而有利于厌氧的双歧杆菌和乳酸菌等益生菌之生长与繁殖。②芽孢杆菌参与消化道内益生菌群跟有害菌群之间对生存和繁殖空间、定植部位和营养物质的竞争,从而限制了有害菌群的生存与繁殖。③芽孢杆菌能合成和分泌一些抗生素物质能抑制病原菌的生长。

二、增强畜禽机体的免疫功能

近年的研究结果表明,芽孢杆菌能促进动物肠道相关淋巴组织处于一种高度的"免疫准备状态",并使免疫器官发育加快,免疫系统成熟快而早,T.B淋巴细胞数量增多,动物体液和细胞免疫水平提高。芽孢杆菌能促进机体免疫特别是局部免疫的提高,使分泌型免疫球蛋白A(IgA)的分泌增加。例如,蜡状芽孢杆菌可使猪血清中的中性粒细胞吞噬率由74.0%上升为91.0%,提高22.97%,吞噬指数由7.11上升为11.64,淋巴细胞转化率由66.0%上升为79.5%。对雏鸡喂以益生芽孢杆菌后,其免疫器官的生长发育比对照组快,而且血中T细胞比对照组高,并能显著提高脾脏中T.B淋巴细胞含量。纳豆芽孢杆菌能增强雏鸡对抗绵羊细胞的凝集抗体的产生。进一步的试验还表明,该菌能显著提高仔鸡脾脏T.B淋巴细胞的比例,对鸡的细胞免疫有肯定的影响。益生芽孢杆菌能促进肉鸡的免疫器官成熟,增强肉鸡的体液免疫功能。用地衣芽孢杆菌对家兔免疫功能的影响时发现,饲喂20天后,试验组家兔的胸腺、脾脏和蚓突面积系数分别比对照组提高了5.8%、22.8%和15.5%;饲喂40天后则分别提高了11.0%、8.0%和7.9%;对家兔注射疫苗后21天,试验组兔血清中免疫球蛋白含量为16.3%,明显高于对照组12.8%。这表明地衣芽孢杆菌能促进家兔免疫器官的成熟,增强家兔的细胞免疫功能。用添加量为0.1%~0.2%的复合菌剂益生康(由芽孢杆菌、乳酸菌和酵母菌组成)饲喂肉仔鸡,结果发现能明显刺激仔鸡胸腺、脾脏和法氏囊的发育,并且显著增加血清中总蛋白、球蛋白的含量。有人将12头(7±1)日龄的中国荷斯坦公犊牛随机分为2组,其中一组将纳豆枯草芽孢杆菌与牛奶混合饲喂犊牛,另一组则不添喂菌剂作为对照。结果表明,饲喂有纳豆枯草芽孢杆菌的除了提高犊牛日增重和饲料转化率、犊牛提前断奶外,还显著提高了犊牛血清中免疫球蛋白G(IgG)含量和γ-干扰素浓度,对白细胞介素-4含量也有提高。

由于免疫功能的增强,因此畜禽等动物发病率明显降低。例如,Zanl等(1998)用蜡样芽孢杆菌添加于饲料中喂仔猪,结果与对照组仔猪的腹泻率36.2%相比,试验组猪的腹泻率分别为18%和17.4%。马春全等(2000)将地衣芽孢杆菌添加于鸡饲料中喂养肉用仔鸡,结果可使仔鸡的腹泻死亡率下降93.3%,生长增重提高42%。对58头腹泻犊牛的有效治愈率达80%。对156

头腹泻仔猪的治愈率为75%。

用芽孢杆菌活菌剂防治雏鸡白痢病时证明，预防后的0～35日龄雏鸡发病率仅为0.20%，成活率达99%，3～15日龄的发病雏鸡治愈率达84.1%。

从植物中筛选得无毒的蜡样芽孢杆菌FS菌株，用以治疗断奶仔猪应激性腹泻，治愈率达96.08%，明显优于药物氟哌酸（只有80.36%）。霍军等（2004）通过在生长肥育猪饲料中添加凝结芽孢杆菌制剂与抗生素对比研究中亦表明，饲料中添加100mg/kg凝结芽孢杆菌制剂的，可显著提高猪的平均日增重，除降低饲料成本外，还能降低沙门氏菌阳性率。饲养效果与添加100mg/kg抗生素的效果无明显差别。可见芽孢杆菌对增强猪的防病效果与抗生素相当。陈旭东等（2003）发现蜡样芽孢杆菌能产生细菌素，可以拮抗致病菌，能明显降低仔猪的腹泻率。周映华等（2007）在断奶仔猪基础日粮中添加0.1%复合益生蜡样芽孢杆菌制剂，其防止腹泻的效果和腹泻降低指数明显优于对照组。

三、产生多种酶类和促进畜禽的消化酶活性

芽孢杆菌的另一大特点是能合成和分泌大量的胞外酶，参与对饲料的分解和消化，提高饲料的利用率。表3-1是芽孢杆菌所分泌的部分胞外酶。

表3-1　芽孢杆菌分泌的部分酶类　（引自杨汉博等，2002）

酶类名称	菌种名称
乙酰乳酸脱羧酶	短杆菌
碱性纤维素酶	圆形芽孢杆菌，枯草芽孢杆菌
α-淀粉酶	枯草芽孢杆菌，淀粉液化芽孢杆菌，地衣芽孢杆菌
淀粉酶	巨大芽孢杆菌
环糊精葡萄糖基转移酶	圆形芽孢杆菌，地衣芽孢杆菌，软化芽孢杆菌
细胞外蛋白酶	枯草芽孢杆菌
β-葡聚糖酶	枯草芽孢杆菌，多黏芽孢杆菌
β-内酰胺酶	蜡样芽孢杆菌
果聚糖酶	枯草芽孢杆菌
β-甘露聚糖酶	圆形芽孢杆菌
金属蛋白酶	枯草芽孢杆菌
中性蛋白酶	淀粉液化芽孢杆菌，枯草芽孢杆菌
RNA酶	淀粉液化芽孢杆菌

续表 3-1

酶类名称	菌种名称
木聚糖酶	短小芽孢杆菌，淀粉液化芽孢杆菌
植酸酶	枯草芽孢杆菌

枯草芽孢杆菌、地衣芽孢杆菌等具有较强活性的蛋白酶、淀粉酶和脂肪酶，还有能降解饲料中的果胶、葡聚糖、纤维素等的酶类，其中很多酶是动物本身不能合成的。

芽孢杆菌进入动物消化道内后，还能增强动物的消化酶活性。试验给肥育猪喂以芽孢杆菌后，猪的肠道内 α-淀粉酶活性比对照组提高 6.9 个糊精活化单位。用含有芽孢杆菌的"强力益生素"以 0.5%的用量添加于饲料中喂仔鸡，结果仔鸡内淀粉酶和总蛋白酶活性均升高。亦见芽孢杆菌饲喂鲤鱼后，鱼的肠道内淀粉酶和蛋白酶活性分别为对照组鱼的 3.82 倍和 2.76 倍。可见芽孢杆菌不仅能合成和分泌高活性的消化酶，还能提高动物消化道内有关水解酶的活性。

四、提高饲料转化率和利用率

由于芽孢杆菌能分泌强活性的消化酶并能促进动物体内水解酶活性，因此对动物饲喂以含有芽孢杆菌的饲料后，能明显提高饲料转化率、料重比和日增重等指标。例如，用枯草芽孢杆菌饲喂肥育猪，结果饲料转化率比对照组提高 3%～4%，猪的日增重提高 6%～7%。用芽孢杆菌饲喂断奶仔猪和 AA 商品代肉鸡，结果断奶仔猪饲料转化率提高 7.6%，日增重提高 25.6%；肉鸡日增重提高 14.1%，饲料转化率提高 7%。

在 385 日龄蛋鸡饲料中添加 0.5%芽孢杆菌，结果产蛋率(13.09%)高于对照组(8.42%)，饲料转化率提高 9.69%，每枚蛋重平均增加 0.26 克。潘康成等(2004)用添加有 0.1%的枯草芽孢杆菌的饲料喂肉鸡，饲喂 30 天后，试验末期肉鸡平均体重、净增重和日增重均高于对照组鸡，而且饲料转化率比对照组提高 3.14%。

在 259 日龄的"京粉一号"蛋鸡的饲料中添加由地衣芽孢杆菌和蜡样芽孢杆菌等多种芽孢杆菌进行饲喂，结果是与对照组相比，产蛋率提高 1.44%，平均蛋重提高 0.88%，破蛋率下降 0.33%，而饲料转化率改善 3.45%。

五、产生多种营养物质

芽孢杆菌能产生多种有益于饲养动物的营养物质，特别是维生素、氨基酸、有机酸、促生长因子等，为畜禽提供和补充饲料中所不足的营养物。例如，凝结芽孢杆菌、芽孢乳杆菌等能产生乳酸，可提高动物对钙、磷、铁的吸收与利用，促进维生素 D 的吸收。又如，纳豆芽孢杆菌不仅具有分解蛋白质、糖类和脂肪等大分子物质的功能，还能使发酵产物中富含氨基酸、有机酸、寡糖等多种易被动物吸收的成分，而且在纳豆芽孢杆菌发酵的纳豆中发现有一些生理活性物质，具有多种保健功能。

六、改善产品质量

芽孢杆菌在改善畜禽产品质量上也起明显作用。例如，在罗曼褐蛋鸡的日粮中分别添加 0(对照)、5mg/kg、10mg/kg、15mg/kg、20mg/kg 和 25mg/kg 的枯草芽孢杆菌和地衣芽孢杆菌的复合菌剂，饲喂 49 天后发现，添加了上述不同含量菌剂进行饲喂的蛋鸡所产的蛋合格率分别比对照组提高了 11.47%、7.77%、11.30%、8.76%和 3.87%；次品蛋率分别降低了 60.69%、37.23%、56.05%、46.33%和20.48%；料蛋比分别降低了 3.17%、3.06%、1.36%、2.20%和 1.14%；蛋黄比率分别比对照组高 4.0%、5.22%、1.66%、2.00%和 2.91%；蛋黄中脂肪含量分别比对照组高 0.95%、1.94%、2.16%、2.51%和2.32%。发现在蛋鸡日粮中添加复合芽孢杆菌进行饲喂，结果在一定程度上改善了蛋的品质。与对照组鸡相比，蛋形指数增加 0.78%，蛋壳硬度增加2.55%，哈夫单位增加 0.12%，蛋黄颜色增加 1.61%。

以 8 日龄公母混合的如皋黄鸡供试，在其基础日粮中添加 0.05%的枯草芽孢杆菌制剂，对照组鸡只喂以基础日粮。结果显示，与对照组相比，试验组在第 4、5、6 周的日增重分别提高了 32.4%、22.7%和 32.8%；试验组料肉比在第 4、5、6、7 周分别降低了 25.7%、23.7%、21.5%和 31.7%；试验组半净膛率和腿肌率比对照组分别提高了 3.00%和 8.09%。表明枯草芽孢杆菌既能提高如皋黄鸡的生长性能，又能提高其屠宰性能。

七、减少环境污染

在饲料中添加枯草芽孢杆菌饲喂畜禽，不仅可以提高饲料转化率和对氮素的利用率，而且还可以减少氨的产生。这是因为芽孢杆菌在大肠中产生的氨基化氧化酶和分解硫化物的酶类可以将吲哚类化合物完全氧化为无臭无毒害和对环境无污染的物质。

用巨大芽孢杆菌制剂饲喂240日龄的罗曼蛋鸡和肉鸡，结果亦同于饲料中添加400g/t的菌剂，不仅提高了蛋鸡的产蛋量，对肉鸡的促生长效果在5%～12%，而且使禽舍内氨气含量降低10%～25%，硫化氢含量降低40%～60%，大大降低了死亡率。

八、应用芽孢杆菌时应注意的影响因素

芽孢杆菌对畜禽等养殖动物虽有如上所述的多方面作用，但在实际应用中能否发挥这些功能和达到应有的效果，却受到以下多种因素的制约。

（一）不同菌种

不同菌种的生理生化特性、代谢产物均有一定的差异，因此有可能导致其在生长过程中合成和分泌的代谢产物，如酶类、抗菌物质和促生长物质等，在种类或含量等方面均会有所不同，结果导致作用效果不同，甚至同一种菌但菌株不同，其生理生化特性也存在一定的差异，因此其所发挥的作用效果也不一样。

（二）饲料中活菌含量和活性

有试验表明，要达到一定的作用效果，每克饲料中所含活菌数不应低于10^6个/g饲料。例如，给瘘管猪用每克饲料含有10^6个芽孢杆菌的饲料后，猪的空肠内容物中的芽孢杆菌数增加至1.26×10^6个/g，萌发率为50%～70%；待到排出粪便时，每克粪中的芽孢杆菌数增加至1.5×10^6个，萌发率增至85%～90%。因为活菌不管在动物体内或体外，均须进一步萌发、定植、生长与繁殖，并能分泌有益的代谢产物后才能发挥其应有的功能。其中，在肠道内能否迅速增殖是影响饲用效果的主要因素。芽孢萌发率和增殖率之高低与其进入动物消化道内的数量和活力高低有密切关系。

（三）动物个体生理状况

动物个体的生理状况也是影响菌剂作用效果的一个重要因素。当动物处于健康、生产性能良好时，添喂以益生芽孢杆菌并不能进一步提高动物的生产性能，而只能起到一定的保健作用。研究表明，当动物机体处于应激状态或患病，尤其是胃肠道患病时，添喂以益生芽孢杆菌才能起到明显的良好治疗效果，并能改善动物的生产性能。此外，动物的年龄、性别、种类等也能影响益生芽孢杆菌的作用效果。因此，使用菌剂的合适时间和饲喂方式方法也应予以

重视。

(四)使用菌剂的时间和饲喂方法

据有关试验和实际应用经验证明，在下列时间使用益生菌剂较为合理和有效。

第一，新生动物肠道内是基本无菌的，此时提供活性芽孢杆菌可抢先占领动物肠道，对以后的健康生长能发挥更大的作用。

第二，在动物生长后期，肠道功能退化，此时添喂益生芽孢杆菌可改善肠道内有益菌群，有利于动物的健康。

第三，当食物改变时，动物常会发生严重的消化应激反应，此时适时添喂以枯草芽孢杆菌制剂，对防止腹泻、提高日增重能起到很好的作用。

第四，动物在经抗生素处理后，肠道中有益菌数量必会大大降低，添喂益生芽孢杆菌后，便可很快恢复肠道有益菌的数量。

第五，当动物处于应激状态时，肠道消化功能会发生紊乱，菌群会出现失调，此时及时添喂益生芽孢杆菌便可帮助动物度过应激期，降低应激反应带来的负面效果。

在饲喂方式上，有拌料饲喂和饮水两种方式，但以拌料饲喂的效果比饮水要好得多。不管采用哪种饲喂方式，均需认识到芽孢杆菌进入动物消化道后，一般并不能迅速发挥其作用，它对胃肠道有一个适应过程，然后寻找机会定植、萌芽、长成营养体，再经不断分裂增殖，形成一定数量后才能逐渐发挥其作用。因此，作用时间过短或不连续饲喂以芽孢杆菌，就很难获得作用效果。例如，用于促进猪的生长，便应从断奶开始直至上市都必须连续添喂菌剂。如果防治新生仔猪腹泻，就应在产前 7 天给母猪饲用益生菌，否则达不到相应的效果。

(五)其他因素

有试验表明，高营养水平的饲料对芽孢杆菌的使用效果不如低营养水平的明显。在菌剂贮存过程中，如果水分含量较高，同时在饲料中添加有抗生素或防霉剂，均会对芽孢杆菌的作用效果产生不良作用。研究表明，水分对饲料中芽孢杆菌之存活率影响最大，随含水量升高和时间的延长，芽孢杆菌的存活率显著下降。芽孢杆菌对抗生素或防霉剂虽有一定的耐受力，但当饲料含水量较高时，由于芽孢杆菌容易萌动而成为营养细胞，此时必会大量被杀灭。

正因为受上述各种因素之干扰，市场上出售的种种饲用微生物菌剂，包括芽孢杆菌往往饲喂效果并不一致，有时效果很好，有时无效，有时甚至起负面作用,这也是饲用微生物制剂不被一些人所接受,难以广泛推广使用的原因。

第五节 利用枯草芽孢杆菌发酵生产饲用益生菌

鉴于在畜禽和水产动物养殖中滥用抗生素类药物,造成畜禽抗病力减弱,肉、蛋、奶品质下降,饲料成本上升,畜禽粪便亦造成严重的环境污染。益生菌能促进畜禽生长,提高饲料转化率,防止肠道感染,降低死亡率,改善产品品质和减少有害气体产生,因此应积极推广使用益生菌。可用于发酵生产饲用芽孢杆菌益生菌的菌种有多种,但迄今仍认为枯草芽孢杆菌最为安全,最好是从动物肠道中分离出来的。因为它们通常具有很高活性的蛋白酶、脂肪酶和淀粉酶等,能降解植物性饲料中某些较复杂的糖类,并能产生有机酸,合成维生素甚至抗菌物质等,还具有芽孢杆菌所应有的多种功能,如提高饲料转化率,促进动物生长,增强动物免疫力,减少肠道疾病,补充肠道内源酶类的不足等优点。所以,产酶枯草芽孢杆菌是一种良好的绿色天然微生态制剂,无毒、无污染、无药残,是发展绿色健康畜禽和水产动物的好帮手。

发酵生产饲用枯草芽孢杆菌制剂最好采用如第二章第二节所介绍的固体发酵培养技术,因为固态枯草芽孢杆菌处于一种含水量颇低而近似干燥的条件下,其芽孢可以较长时间地处于休眠状态而不易失活,因此保存期较长,而且便于保存和运输。

近年对饲用枯草芽孢杆菌益生菌的研制提出了以下几种方案。

一、生产复合菌制剂

鉴于芽孢杆菌与双歧杆菌、乳酸杆菌等相比较,发挥作用较慢,如果制成复合型菌剂,可以弥补各自的不足,能更快更好地发挥作用。例如,用含有乳酸杆菌、芽孢杆菌、链球菌所组成的复合菌剂饲喂雏鸡,结果试验组鸡日增重显著提高,饲料转化率亦提高,排泄物数量和氨水平均明显下降。用含多株芽孢杆菌、乳酸杆菌和酵母菌的复合菌制剂饲喂肉仔鸡,结果鸡的成活率比对照组高 4.05%,差异极显著,增重较对照组高 7.02%,差异亦极显著。

二、与其他添加剂联用

与酶制剂联用也是一个发展方向,有学者研究认为将益生菌、酶制剂与饲用双歧因子协同使用时可以将酶制剂的用量减少一半亦同样达到增重的目的。还有学者研究了芽孢杆菌与柠檬酸联合应用,可明显提高肉鸡的生产性能，并发现当作为益生素的芽孢杆菌与柠檬酸的配比为芽孢杆菌占0.41%～0.63%和柠檬酸占0.43%～0.64%时，可使肉鸡生产性能达到最佳水平。

三、与某些抗生素联用

考虑到芽孢杆菌对某些抗生素具有耐受性，因此提出可以将饲用芽孢杆菌之类的微生物与抗生素联用，来达到提高动物生产性能的目的。将枯草芽孢杆菌和金霉素、抗生素等联合添加于饲料中饲喂断奶仔猪，结果表明，与不加菌剂和抗生素的对照组相比，仔猪日增重显著提高1%～28%，饲料增重比降低1%～20%，腹泻率降低10%～39%，芽孢杆菌和抗生素表现了良好的加性效应。其中，以联合添加0.1%枯草芽孢杆菌和0.1%金霉素、0.04%抗敌素者效果最佳，表明芽孢杆菌可与某些抗生素联合使用。但也有人提出反对意见，因为有人曾测定过30株益生芽孢杆菌对15种抗生素的敏感性，结果90%的菌株能抗磺胺嘧啶，但对其余抗生素大部分菌株表现敏感。因此，将芽孢杆菌与抗生素联合使用应慎重，必须先研究清楚它们之间是否可以共存。

四、利用基因工程技术培育多功能饲用芽孢杆菌

有研究认为，可以利用基因工程技术对饲用微生物进行改造，以增加特定代谢产物的含量或导入其他基因使其产生它前所未有的新产物，以发挥多种效用。例如，曾将二氨基庚二酸脱羧酶基因转入所筛选到的受体中表达，培育成赖氨酸工程菌，使其不仅起到预防和治疗幼龄动物腹泻的作用，还起到为动物提供充足的赖氨酸，降低饲料成本的作用。

第四章　芽孢杆菌在农作物生产上的应用

自化学农药出现以来，已有近1个世纪，在防治病虫害和提高作物产量中均发挥了非常重要的作用。但由于长期连续不合理地使用化学农药，给环境带来严重污染，生态条件亦遭受严重破坏。农药残毒也给人类生存带来严重威胁。不少病菌和害虫已对农药产生了抗药性，因此必须采取综合处理方法才能有效地控制病虫害的发生。微生物农药的开发和使用是综合治理的最有效方式之一。

20世纪20年代初，人们开始注意生物防治（以下简称“生防”）。1921年，Hartely利用真菌防治猝倒病。1973年Kerr利用放射土壤杆菌（*Agrobacterium radiobacter* K84）成功地防治植物根癌病。目前，用于植物病虫害防治的生防微生物包括有细菌、真菌、放线菌乃至病毒（含噬菌体）等许多种群。

我国生物农药的研究始于20世纪50年代初，迄今已有50多种已登记的品种，其中主要品种有苏云金芽孢杆菌杀虫剂、农用抗生素、植物源农药、病毒类农药、真菌类农药等。这些生物农药来源广泛，由于有效活性成分来源于自然生态系统，对环境无污染，能防治多种农业病原菌和害虫，因此越来越受到人们的重视。

迄今，对需氧芽孢杆菌的生防作用之研究尤为重视，因为芽孢杆菌分布广泛，不仅在土壤、水体和植物根际、体表等环境中广泛存在，同时还是植物中常见的内生细菌，尤其是在植物根部和低茎部位含量较多。它能产生和分泌多种类型的抗菌物质与酶，具有较广谱的抗菌活性和极强的抗逆能力；而且绝大多数需氧芽孢杆菌的菌株对人和动物是无害的，可作为生防微生物的首选微生物。

第一节　植物与芽孢杆菌的密切关系

在植物根系、茎叶表面乃至体内维管束中都存在有不同含量的芽孢杆菌。

一、植物根际中的芽孢杆菌

植物根际是指植物根周围几个毫米的区域。在植物根际中有各种各样的微生物,以细菌占多数,其中有益细菌数量相对较少,占 2%～5%,中性细菌较多,占 80%～90%,其余则为有害细菌。在植物根际的微生物被统称为根际微生物。其中,对植物有利,能直接或间接促进植物生长的细菌称为根际促生细菌(*Plant growth－promoting rhizobacteria*,缩写 PGPR)。目前,已发现的 PGPR 类群主要有 *Pseudomonas*、芽孢杆菌(*Bacillus*)、*Rhizobium*、*Agrobacterium* 等。有 20 多个属的根际细菌对植物具有促进生长和防病作用。

在植物根际的芽孢杆菌中,不少对植物具有生防作用。例如,从发生小麦全蚀病的小麦根际土壤中分离纯化得到对小麦全蚀病有拮抗作用的蜡状芽孢杆菌 B3-7。又如,在根际中分离得到对棉花枯萎病、辣椒疫霉菌和西瓜枯萎病等病原菌有较好的拮抗能力的地衣芽孢杆菌、巨大芽孢杆菌、短小芽孢杆菌、苏云金芽孢杆菌、蕈状芽孢杆菌和蜡状芽孢杆菌等。还有从猕猴桃根际土壤中分离筛选得到 12 株对猕猴桃细菌性溃疡病有较好抑制效果的菌株 B56—3。

二、茎叶表面和体内的芽孢杆菌

在烟叶中分别或混合接种枯草芽孢杆菌和环状芽孢杆菌,发现能迅速产生一种愉快的香气,并发现随着微生物的生长,烟叶中的总碳和还原糖含量降低,pH 值升高,烟碱和总氮发生变化。

例如,在未发酵烤烟叶面微生物数量最多,但随自然陈化及人工发酵,叶面微生物数量逐渐减少,而且均以能产生芽孢的芽孢杆菌属和梭状芽孢杆菌属为优势种群。

中国农业大学从小麦体内筛选出一种内生的蜡样芽孢杆菌 B 946,对小麦纹枯病有良好的防病与促生长作用。将 B 946 菌株浸种,能在小麦体内从根向地上部的茎基与叶片转移。

第二节　利用枯草芽孢杆菌等防治植物病害的历史与现状

利用芽孢杆菌防治植物病害,最早是采用枯草芽孢杆菌(Bs),因此在此着重介绍一下枯草芽孢杆菌的生防历史与现状。

1879 年,拜耳前身公司首次利用枯草芽孢杆菌生产菌肥。

20 世纪 90 年代初,美国 Gustafson 公司以 Epic kodiak 为注册商标大量生产枯草芽孢杆菌杀菌剂,随后国际上有多家公司相继推出枯草芽孢杆菌杀菌剂。

迄今美国已有 4 株枯草芽孢杆菌生防菌株获得环保局(EPA)商品化或有

限商品化生产应用许可，它们分别是 GBO 3、MBI 600、QST 713 和解淀粉枯草芽孢杆菌变种 FZB24。

美国 AgraQuest 公司用枯草芽孢杆菌的 QST 713 菌株开发出活菌制剂 Serenade，并于 2000 年通过美国环保局的登记，用于防治多种作物的白粉病、霜霉病、疫病、灰霉病等。

枯草芽孢杆菌的 MBI 600 在英国 Micro Bio Group Ltd.，日本 Idemistu kosanco. 1td.，美国 Gustafson LIC，瑞士 AndermattBiocontro1AG 均已获得注册登记，并进行产业化生产。用于防治叶部病害（如灰霉病、白粉病）和根部病害（如枯萎病、立枯病、腐烂病、根腐病、黑斑病等）。

枯草芽孢杆菌中的 FZB24 菌株在德国、美国等国进行了注册，并在德国 Bayar 公司投入生产，用于防治番茄晚疫病、灰霉病和小麦白粉病，并且用作增产促进剂。

表 3-2 是美国在植物病害防治上已登记注册并且商品化生产应用的枯草芽孢杆菌生防菌剂产品一览表。

表 3-2 美国针对植物病害所精选的枯草芽孢杆菌(Bs)生防产品 （引自王星云等，2007）

产品名称	公 司	Bs 菌株组成	剂 型	主要防治对象
Serenade	Agra Quest Davis，CA	*B.subtilis* QST713	可湿性粉剂 水剂	多种果蔬的真菌和细菌
Eco Guard	Novozmew (Sclero－ho moeocarpa) Salem.VA	*B.lichenifor－mis* SB_3086	流剂	草皮的菌核病
Kodiak	Gustafson Plano，TX	*B.subtilis* GB03	可湿性粉剂（浓缩），流剂	棉花、大果荚、大豆等的真菌
Yield Shield	Gustafon	*B. pumillus* GB34	可湿性粉剂（浓缩）	大豆真菌

续表 3-2

产品名称	公　司	Bs 菌株组成	剂　型	主要防治对象
BioYield	Gustafon	*B.amylol igue－faci ens* GB99	干　片	组合盆栽中花坛植物上的真菌
Sublilex	MicrobioLtd	*B.subtilis* MBI600	可湿性粉剂（浓缩）	棉花、大果荚、大豆上的真菌
HiStick Subtilex	L＋Beker Underwood	*B.subtilis* BI600 *Rhizohium*	流　剂	大豆、花生上的真菌

注：B.subtilis 为枯草芽孢杆菌（Bs）

中国已注册的 Bs 菌剂产品见表 3-3。

表 3-3　中国已注册的枯草芽孢杆菌菌剂产品　（引自王星云等，2007）

产品名称	公　司	有效成分	剂　型	主要防治对象
纹曲宁	江苏省农业科学院植保所	*B.subtilis*B916＋井冈霉素	水　剂	水稻纹枯病，稻曲病
百　抗	云南农业大学、中国农业大学和云南星耀生物制品厂	*B.subtilis* B908	可湿性粉剂	水稻纹枯病，三七、烟草、小麦、白菜、花卉等土传病害
台湾宝	光华化工股份有限公司	*B.subtilis*	可湿性粉剂	白粉病、灰斑病、炭疽病等疫病
麦丰灵	南京农业大学	*B. subtilis* B3	粉　剂	小麦纹枯病
亚　宝	香港经纶全汎有限公司	*B. subtilis*	可湿性粉剂	水稻纹枯病、稻瘟病，甘蓝黑斑病

续表 3-3

产品名称	公　司	有效成分	剂　型	主要防治对象
Bs-208 杀菌剂	武汉大意生物有限公司	*B. subtilis* Bs-208	可湿性粉剂，水剂	黄瓜白粉病，草莓白粉病和灰霉病，棉花黄萎病、枯萎病和立枯病
增产菌	中国农业大学植物生态工程研究所与上海农华生物制品厂等	*Bacillus Spp.*	可湿性粉剂，水剂	活体微生物植物生长调节剂，对作物具有壮苗、抗病及增产作用
威绿达（VIRIDA）	浙江大学生物技术研究所	*B. subtilis*＋绿色木霉＋毛壳菌	菌　肥	有效防治猝倒病、根腐病、立枯病、枯萎病等，促进作物生长，增加作物产量
根健保	沈阳农业大学植保学院与美国农业部生物防治研究所	*B. subtilis* BA－21＋*Trichodernid Viride*	可湿性粉剂	对番茄、黄瓜、茄子、青椒、西瓜、香瓜、甜瓜等猝倒病、立枯病有特效

表 3-3 中的枯草芽孢杆菌 B 916 菌株对多种病原菌和水稻白叶枯病均有显著抑制作用，对水稻纹枯病田间防治效果达 50％～81％。百抗在大田中应用，对水稻纹枯病的防治效率达 70％以上。

第三节　芽孢杆菌的生防机制

芽孢杆菌对植物多种病害之所以具有生物防治作用，前已述及，主要原因是竞争、拮抗和诱导抗性等 3 个方面。

一、竞争作用

竞争作用是生防微生物发挥作用的重要机制之一。竞争主要包括有营养竞争和位点竞争。其中，营养竞争只在少数菌株中发现，如枯草芽孢杆菌中有些菌株通过产生一种铁载体与植物病原菌竞争铁元素，从而抑制病原菌的生长，而使枯草芽孢杆菌占据一定的生态位（Shoda，2000）。

枯草芽孢杆菌以位点竞争占优势，位点竞争方式是在植物根际、体表或体内和土壤中定植。何红等（2004）从辣椒中分离内生的枯草芽孢杆菌 BS-2 和

BS-1 菌株,将这两种菌株对番茄等多种非自然宿主进行浸种、灌根和涂叶等方法接种,结果能在这些植物体内定植。杜立新等(2004)研究枯草芽孢杆菌 BS-208 和 BS-209 菌株在番茄叶面和土壤中的定植能力时发现,BS-208 菌株在番茄叶面上分布不均,大多数定植在伤口周围、叶面的凹陷处和绒毛的根部,并且在土壤中亦能定植成功。并见在温室条件下 30 天,菌株种群数量才开始下降,在田间条件下 13 天开始显著下降。上述实例说明植物内生或附生芽孢杆菌有很好的定植和繁殖能力。但在土壤中,芽孢杆菌以细胞存活一段时间(约 14 天)后便主要以芽孢形式在土壤中长期存活。

二、拮抗作用

拮抗作用主要是指微生物通过生物合成产生多种抗菌物质抑制有害病原菌的生长或直接将病原菌杀灭。这些抗菌物质包括有抗菌肽、脂肽类、降解酶、非糖类抗生素、大环内酯类及多烯类等。

枯草芽孢杆菌产生的抗菌物质主要通过溶解病原菌的细胞壁或细胞膜,造成其原生质泄漏而使菌丝断裂或畸形,同时抑制其孢子萌发。有些抗菌物质如 Surfactin 还能在植物根部形成一层能保护根部免遭病原菌入侵的生物膜,该膜能保护植物根部免受病原菌的入侵(Harsh 等,2004)。由于芽孢杆菌合成的抗菌物质种类很多,因此这些结构不同的抗菌物质对病原菌的抑制机制也不同。有些菌株能同时合成和分泌多种结构相似的抗菌物质,它们对抑菌具有协同作用,因此抑菌效果更明显。

李改玲等(2011)从青海牦牛粪中分离筛选出一株菌株 QM 3,它对番茄早疫病菌有显著抑制作用。经研究发现,QM 3 菌株对病原菌丝的生长有明显的抑制和致畸作用,如菌丝节间变短、变粗、扭曲变形、严重交联、颜色加深并产生卵形或近圆形的厚垣孢子等现象;而且对其孢子的萌发和芽管的伸长有极显著抑制作用。另外,还发现该菌株的胞外产物中含有纤维素酶和蛋白酶,能削弱病原菌菌丝细胞壁的保护作用,引起细胞质聚集和外溢等现象。

任士伟等(2011)从几种树木根际土样中分离得 4 株芽孢杆菌,对黄瓜枯萎病菌、西瓜枯萎病菌、棉花枯萎病菌、水稻纹枯病菌、小麦赤霉病菌、葡萄黑痘病菌和苹果轮纹病菌均有显著抑制作用,抑制率均在 70%～90%,甚至发现其发酵液也有明显抑菌作用。这些发酵液对某些病原菌的生长形态有致畸作用,例如能使水稻纹枯病菌的菌丝变膨大、细胞壁变透明、菌丝末端变细或变钝圆。认识这些变化可为进一步了解芽孢杆菌对病菌的拮抗机制提供参考。

三、诱导植物抗性作用

芽孢杆菌还能通过诱发植物自身的抗病机制从而增强植物的抗病性能，这是生防菌发挥生物防治作用的一个重要方面。Kilian 等（2000）发现枯草芽孢杆菌 FZB24(r)菌株能产生与植物抗性蛋白合成基因表达相关的信号蛋白，诱导植物合成抗性蛋白，从而使植物产生抗病性能，而且能通过分泌相关蛋白如丝氨酸专性肽链内切酶直接诱导植物产生抗性。他们还发现枯草芽孢杆菌 AF_1 菌株处理木豆种子，能诱导木豆苯丙氨酸解氨酶活性增强。陈中义等（2003）亦发现枯草芽孢杆菌 IN 937 菌株能诱导黄瓜对 *Erwinia tracheiphila* 具有抗性。又如，枯草芽孢杆菌 B3 菌株能诱导小麦多酚氧化酶活性增强并产生新的多酚氧化酶。

除上述 3 方面的生物防治机制外，1998 年还发现枯草芽孢杆菌能通过促进植物根系和植株生长而间接地增强植物的抗病能力。例如，Kilian（2000）发现枯草芽孢杆菌 FZB24(r)菌株的液态培养物中含有植物生长素、细胞分裂素、玉米素、脱落酸和赤霉素等，对萝卜、小麦根部处理或叶面喷施均能起到很好的促生长作用，经该菌株处理过的大头菜根系比没有处理的发达得多。

第四节 利用芽孢杆菌生产生防菌剂的优越性

一、利用芽孢杆菌生产生防菌剂的优越性

芽孢杆菌尤其是枯草芽孢杆菌广泛存在于自然界中，作为植物病害生防细菌之一的枯草芽孢杆菌用于生产生防菌剂，有如下优越性：

第一，有较强的防病作用；

第二，易于存活、定植和繁殖；

第三，能产生耐热的芽孢，易于生产和剂型加工；

第四，批量生产工艺简单，成本亦较低；

第五，施用方便，贮存期长；

第六，其制剂的稳定性、与化学农药的相容性和在不同植物和不同年份的防治效果的一致性均优于不产生芽孢的细菌和真菌生防菌剂，是一种理想的生防微生物。

二、生产复合生防菌剂的好处

生物都具有一定的生态适应性，在一定的生态系统中引入生防菌，它能否适应它所被引入的生态环境，能否在病原菌的寄主植物上定植和繁殖，能否与那些病原菌竞争等都会决定生物防治的成败。而且在自然界里，病原菌已广泛产生抗生性，这也是个重要因素。因此，为了避免出现上述问题，目前多采用与化学农药或抗生素相配合制成复合的菌药制剂，或将若干种生防菌组合成复合生防菌剂。

（一）与化学农药或抗生素复合配剂防病

芽孢杆菌与化学农药或抗生素配合防病可以有两种方式。一种是首先利用化学农药或抗生素发挥它们对病原菌和害虫的快速抑制和杀灭，同时对包括病原菌在内的土壤习居微生物对生防菌有可能产生的排斥作用予以抑制，然后施以生防芽孢杆菌，让它在劲敌已衰弱的条件下能顺利地在植物根部和叶部定植与繁殖，迅速地形成优势菌群，合成和分泌抗菌物质，并诱导植物产生抗病力，从而达到防治目的。在这里，化学农药和抗生素是为生防菌造就能生存、定植和繁殖的条件。此种配合方式对于那些对化学农药或抗生素敏感的芽孢杆菌来说是适用的。

另一种方式是芽孢杆菌与化学农药或抗生素混合组成菌药制剂。例如，能防治小麦赤霉病的枯草芽孢杆菌 B4 和 B6 菌株对某些化学农药或抗生素有拮抗作用，因此用它们与多菌灵、杀虫双等组成复合菌药制剂，对病虫害的防治效果更好。

又如，江苏省农业科学院植物保护研究所将枯草芽孢杆菌 B-916 菌株与井冈霉素组合，名为“纹曲宁”。经田间小区试验表明，单用 B-916 发酵液对水稻纹枯病有一定防效，但效果不稳定，而且经过一段时间后便显著下降。而复合的“纹曲宁”的防效则明显高于 B-916 处理的防效，也明显高于井冈霉素单独处理的防效。还发现井冈霉素对 B-916 菌株在水稻根部和叶围的定植有促进作用，能减缓 B-916 菌群数量大幅度下降，有助于 B-916 菌株发挥其生防作用。B-916 菌株还可与化学农药如戊唑醇（*tebuconazole*）配合使用，对抑制蚕豆枯萎病病原菌（*Fusarium spp.*）菌丝的生长和防治蚕豆枯萎病有显著的增效作用；而且它对病原菌的抑制作用远远大于单独使用 B-916 菌株或同量的戊唑醇，达到优势互补、用量也减少、防效提高之目的。

(二)与其他拮抗微生物协同防病

枯草芽孢杆菌和其他拮抗菌混合组成复合型菌剂,有利于混合菌株对植物不同部位的全面占领。由于混合菌剂能适应不同的环境条件并且能生存繁殖,因此可望实现多种抗生菌功能互补、多种病害兼防和作用持久的协同防治效果。例如,表 3-3 中的威绿达(VIRIDA)是由绿色木霉、毛壳菌和枯草芽孢杆菌混合而成的,在浙江省蔬菜上已广泛使用,面积已达 333.3 公顷以上。

三、生防菌剂开发中存在的问题

目前,我国对生防菌的研究、开发、生产与应用中均存在不少突出的问题,其中主要有:

第一,研究开发与生产脱节;

第二,制剂化困难,产品质量稳定性差,应加强管理;

第三,生产工艺落后,产品一致性不高;

第四,生产企业规模小,应加强中试研究,加速实现产业化;

第五,应用推广难度大,应加大宣传力度;

第六,生防菌产品有效成分标准化混乱,有效成分检测亦无统一标准,通用名称也无统一标准;

第七,生产成本过高,有效杀菌物质分泌量过低,而且污染严重,防治效果慢,防治对象单一等;

第八,芽孢杆菌防治土壤传播的真菌病害缺少基础研究;

第九,缺乏大范围、大面积的田间示范应用效果。

第五节 芽孢杆菌的杀虫作用及其主要种类

杀虫细菌是开发较早的微生物农药。目前已知的杀虫细菌类群主要有芽孢杆菌科(Bacillaceae)、假单胞菌科(Pseudomonadaceae)、肠杆菌科(Enterobacteriaceae)、链球菌科(Streptococcaceae)等。其中,具有杀虫作用的需氧芽孢杆菌,就目前所知,主要有蜂房芽孢杆菌、苏云金芽孢杆菌、球形芽孢杆菌、蜡状芽孢杆菌、幼虫芽孢杆菌、侧孢芽孢杆菌、日本甲虫芽孢杆菌、缓慢芽孢杆菌、巨大芽孢杆菌、生尘芽孢杆菌等。

由杀虫细菌所组成的微生物农药有如下优点:

第一,对昆虫有特异的选择性,对人、畜无毒,又能保护昆虫天敌,从而保护了生态平衡。

第二，可通过发酵法培养生产产品，既降低了成本，又是工农业废弃物获得循环利用的途径之一。

第三，可通过生物技术手段构建优质高产菌株，满足生产和应用之需。

目前研究较多和使用较多的是苏云金芽孢杆菌和球形芽孢杆菌。

一、苏云金芽孢杆菌的杀虫功能

苏云金芽孢杆菌是1911年由柏林纳最早从地中海粉螟的患病幼虫中分离出来的，按其发现地点为德国苏云金省，因而命名为苏云金芽孢杆菌（*Bacillus thuringiensis*，缩写为Bt）。它是产芽孢的革兰氏阳性土壤细菌，在菌体的稳定生长期能形成伴孢晶体。每个伴孢晶体又由一至数个杀虫晶体蛋白构成。杀虫晶体蛋白又称δ-内毒素，对敏感昆虫有强烈毒性，但对高等动物和人无毒性。

我国从20世纪60年代对该菌剂开始了规模化生产。目前，Bt已广泛应用于控制多种鳞翅目、双翅目、鞘翅目的害虫之防治。此外，Bt对膜翅目、同翅目、直翅目、食毛目中的多种害虫以及植物病原线虫、螨类和原生动物等也有一定的防治作用。

近年，还发现苏云金芽孢杆菌以色列亚种属于广谱的生物灭蚊剂，迄今已发现它对150多种蚊和蚋幼虫有不同程度的毒杀效果，但持效期短。

（一）Bt的杀虫机制

Bt之所以能杀虫，主要原因有：①在伴孢晶体内，杀虫晶体蛋白是以原毒素的形式存在，当它进入昆虫消化道以后，在专一的蛋白酶催化下，杀虫晶体蛋白被水解，释放出毒性肽核心片段，该核心片段便与昆虫消化道中刷状缘膜囊上的受体蛋白发生高亲和性的结合，快速而不可逆地插入细胞质膜内，形成小孔或病灶，引起细胞膜非极性化，细胞的渗透平衡遭受破坏，最后导致细胞裂解，最终使昆虫死亡。②Bt在昆虫的血腔中能迅速增殖，从而引起昆虫发生败血病而死亡。

（二）Bt的生产方法

Bt菌剂的生产不外采用液体发酵和固体发酵两种方法。

1. 液体发酵　液体发酵是目前大规模生产Bt杀虫剂的主要发酵方式。Bt对培养基的要求并不严格，多种农副产品均可为它吸收利用。但在深层液体发酵中，培养基浓度(用量)和碳氮比(C/N)很重要。在一定范围内培养基浓度增加，有利于细菌生长和芽孢形成，但当浓度过高，造成黏度增加，氧供应降低，Bt 的生长便会受到抑制，芽孢数也随之下降。

一些微量元素对 Bt 的发酵培养有明显好处。糖和磷酸二氢钾也是必需的，其中由磷酸二氢钾和磷酸氢二钾所组成的缓冲作用对芽孢和伴孢晶体的形成很有利，钙也是 Bt 生长所必需的。

液体培养温度多采用(30±1)℃，温度低于 28℃，发酵周期会延长，但液温高于 37℃时，伴孢晶体几乎无法形成。

2. 固体发酵 固体发酵的方法如前所述。尽可能在无菌条件下利用网盘、发酵床等进行半封闭的发酵培养。固体发酵中，通常采用含有活化芽孢的菌粉或种子液接入培养料中。但所用种子菌液要合适，培养基的初始 pH 值、含水量、微量元素含量和发酵温度等均要合适。其中，对培养基含水量的调控至为重要，因为培养基中含水量过高则芽孢和伴孢晶体游离迟缓，发酵周期也会延长。

(三)存在问题和解决方法

目前，Bt 杀虫剂产品的剂型主要有：①以水为介质的水悬剂；②以有机溶剂为介质的油悬剂；③以固体填充剂为介质的可湿性粉剂；④近年新研发的水分散性颗粒剂和胶囊剂等新剂型。

在菌种开发方面，近数十年来已从世界各地土壤、昆虫及其接触物中分离得大量苏云金芽孢杆菌的菌株。但在生产应用中尚存在不少问题。首先是在连续的人工转接和生产中，Bt 会出现芽孢和伴孢晶体变小以及数量减少、生长速度变慢等退化性状。为解决这一难题，一般是采用虫体复壮方法来获得高毒力的菌株；另一方法是用诱变法筛选高毒力菌株。例如，丁学知等将菌株 7012C 经紫外线和 2 次用亚硝基胍的交替复合诱变处理，结果所得菌株的毒力比原始菌株的毒力提高 7.5 倍。采用诱变处理和利用虫体复壮相结合的方法可能更为有效。

另一问题是 Bt 杀虫剂虽然安全性高，但和化学农药相比，产品稳定性差，残效期短，杀虫速度慢，而且受施用环境的影响较大，它不能经受太阳的紫外线所影响，否则便会失败。因此，研制毒性强、杀虫快、稳定性高、残剂期长的菌剂或与化学农药配合组成菌药复合剂是解决这一难题的关键。

二、球形芽孢杆菌的杀虫功能

1965 年 Kellen 等首次从美国加州采集到的切脉毛蚊(*Culiseta inci-*

dens)中分离出来的，其学名为 *Bacillus sphaericus*。它对蚊的幼虫有毒害作用。它是一种兼性病原菌，在生长后期可形成一个次端生的、膨大的球形芽孢，生存于土壤和昆虫体内。该菌的有毒菌株杀虫谱较窄，只对库蚊和按蚊有较高毒力，对伊蚊幼虫的毒力就比不上苏云金芽孢杆菌，对蚋的幼虫却无毒力。通常适用于防治污水中的淡色库蚊和致倦库蚊。其中，以 2362 菌株的毒性较高。我国也先后分离筛选出 Bs-10 和 C3-41 等高毒性球形芽孢杆菌菌株。

球形芽孢杆菌的杀虫毒素是二元毒素，其菌体细胞内产生分子量分别为 51.4KD 和 41.9KD 的两种毒素蛋白，当这些毒素蛋白被蚊的幼虫吞食时，毒素蛋白在蚊的幼虫肠道内活化为毒素而使幼虫中毒而死。

球形芽孢杆菌使致倦库蚊幼虫致死的过程大致是：蚊的幼虫吞食芽孢杆菌的芽孢和伴孢晶体的混合物后。这二元毒素在幼虫碱性的胃环境中被降解为具活性的蛋白质，然后活性蛋白与胃部的上皮细胞刷状缘上的细胞膜异性受体蛋白结合，导致细胞形成空泡，发生细胞裂解，敏感的昆虫因此由于缺乏营养而死亡。

三、其他杀虫芽孢杆菌

其他杀虫芽孢杆菌主要有：

(一)蜡状芽孢杆菌

蜡状芽孢杆菌(*Bacillus cereus*)不形成伴孢晶体，而是通过产生一些毒素来杀灭害虫。它主要对落叶松的叶蜂(*Pristiphora erichsonii*)有杀灭能力。该菌所产生的磷脂酶 C 能破坏昆虫中肠细胞，导致菌体大量进入昆虫血腔中引起败血症。该菌还能产生蜡状毒素等细胞外毒素，这是引起人和动物发生食物中毒的主要病原菌。

(二)幼虫芽孢杆菌

幼虫芽孢杆菌(*Bacillus larvae*)最初是从美洲蜜蜂幼虫腐烂病中分离出来的。培养该菌时，在基本培养基中必须添加硫胺素等生长因子，否则难以生长。它对害虫的致病机制是由营养细胞通过溶解昆虫的中肠细胞壁，使菌体大量进入昆虫血腔中并大量繁殖，导致幼虫发病直至幼虫死亡。

(三)侧孢芽孢杆菌

侧孢芽孢杆菌(*Bacillus laterosporus*)可从死亡的蜜蜂幼虫、土壤和水体中分离得到。在20世纪发现该菌可引起蜜蜂幼虫发生欧洲腐烂病，对黄腹厕蝇（*Fannia canicularis*）、烟草甲幼虫等均有杀灭作用。其中，有的菌株对三带缘库蚊（*Culex triaeniorhynchus*）、尖音库蚊（*C. pipiens*）、白纹伊蚊（*Aedes albopictus*）和中华按蚊（*Anopheles sinensis*）等有杀灭活性。侧孢芽孢杆菌的杀虫毒性与伴孢晶体无关，而是通过对细胞壁和细胞膜的破坏，使菌体大量进入昆虫体内和大量繁殖而使虫体死亡的。

（四）日本甲虫芽孢杆菌

日本甲虫芽孢杆菌（*Bacillus popilliae*）又称日本金龟子芽孢杆菌，它是日本金龟子的乳状病原体，能引起日本甲虫发生乳状病。这是因为芽孢杆菌在幼虫的淋巴中形成大量孢子，使幼虫变成乳白色。

该菌主要是通过芽孢感染和传播，芽孢被幼虫吞食后，芽孢在其肠道中萌发成杆状的营养细胞，营养细胞能侵染中肠细胞，随后穿过肠壁进入体腔，如此侵染10～14天后，这些昆虫的幼虫便会死亡。

四、杀虫菌剂在使用中应注意的问题

Bt等杀虫剂在田间使用时，为避免太阳紫外线辐射，应在傍晚太阳下山时施用为妥。因为太阳紫外线和电离辐射会使菌株产生的杀虫晶体蛋白降低或丧失毒性。经研究发现，菌体经日光照射后，Bt中的晶体蛋白中约有20%的组氨酸遭到破坏，而组氨酸正是组成晶体蛋白的核心结构的主要成分之一。核心结构改变后，晶体蛋白的毒力便会降低。所以，目前国外多采用一种能吸收紫外线的保护剂称为BC 58黑色素的物质加至Bt杀虫剂中，效果良好。

第六节　应用芽孢杆菌生产微生物肥

农业生产中，长期依赖化学肥料和农药来维持产量，已造成农田土质和肥力严重下降，农产品品质降低，食品和地下水源等环境污染的严重后果。加上我国大多数土壤中速效磷、钾及其他一些养分均缺乏，要解决上述难题，发展生态农业生产绿色食品，必须走开发天然性生物肥料的道路，其中最为有效的途径之一便是生产微生物肥。因为微生物肥有以下几种功能：

第一，能活化并促进植物对营养元素的吸收。例如，泡囊丛枝状（VA）菌根真菌肥料能增加宿主对锌、铜、钙、镁、锰、铁等的吸收。磷细菌能产生各类有机酸和胞外磷酸酶增加土壤中有效磷的含量。

第二,能产生多种生理活性物质调节植物生长。

第三,能通过抑制病原菌而间接地促进植物生长。

第四,能增强植物的抗逆性。有少数微生物如某些芽孢杆菌便有此种功能,它们能提高宿主的抗旱性、抗盐碱性、抗极端温度、湿度以及抗重金属毒害等。

在众多有用微生物中,芽孢杆菌的许多菌株是微生物肥料的首选菌种。因为芽孢杆菌在提高农田土壤的肥效中有如下作用:

一、芽孢杆菌的解磷作用

土壤中含磷量虽然相当的多,但能为植物直接吸收利用的却极少。绝大多数(约 95%)都是以不溶性的无机磷或植物不能利用的有机磷形式存在。人工施用的磷肥虽能满足植物高产对磷的需要,但磷在土壤中很易发生形态变化形成不可利用的沉淀状态。土壤中无机磷含量占全磷量的 1/3～1/2。按无机磷存在的形式可以分为闭蓄态和非闭蓄态两种类型。闭蓄态磷是指为氧化铁胶膜所包蔽的磷酸铁和磷酸铝,它们的活性很低,供磷能力弱,难为植物所利用;非闭蓄态磷酸盐有磷酸铁、磷酸铝、磷酸三钙等 3 种形态,它们的磷在一定条件下可以释放出来,供植物所用。有机磷中,50%为植酸、磷脂、核酸和少量磷蛋白、磷酸糖等,它们不能为植物直接吸收,必须由微生物通过产酸或产酶等使这些无效形态的磷化合物转变为植物可利用的磷养分。

土壤中约有半数的微生物都能分解有机磷化合物,其中有多种是产芽孢的细菌,如巨大芽孢杆菌、枯草芽孢杆菌、多黏芽孢杆菌、短芽孢杆菌、蜡状芽孢杆菌和蕈状芽孢杆菌等。

土壤中能被植物吸收利用的有效态无机磷很低,一般只占全磷量的2%～3%,因此也必须靠微生物把它们分解为可溶性的易被植物吸收的磷。

大部分解磷微生物都在根际土壤中,其中解磷作用较大的芽孢杆菌最早是从根际中分离出来的巨大芽孢杆菌。1947 年曾大量生产该菌菌种用来接种土壤,能有效地提高土壤有效磷的含量。前东北农业科学研究所曾将巨大芽孢杆菌制成菌剂,在黑钙土和非黑钙土上施用。结果是不同的作物增产幅度不同,平均增产是黑钙土的为 13.5%,非黑钙土的为 11.7%。20 世纪 80 年代后,国内许多单位相继开发出了有多种芽孢杆菌组成的复合解磷菌制剂。

目前,已报道具有解磷作用的微生物有 23 种之多。其中经过分离鉴定的解磷芽孢杆菌主要有巨大芽孢杆菌、蜡状芽孢杆菌、侧孢芽孢杆菌等;而且这些芽孢杆菌多数是属于解有机磷的细菌,主要分解有机磷化合物。其中,对有机磷化合物分解能力最强的是巨大芽孢杆菌。

怎样测定微生物(包括芽孢杆菌)的解磷能力之强弱呢？方法有以下3种：

1. 琼脂平板测定法　在含有琼脂的培养基中加有难溶性磷酸盐或有机磷化合物，灭菌后制成平板培养基，然后将待测解磷菌株点接于平板上，置30℃中培养。经培养一定时间后，观测菌落周围有无透明圈以及圈之大小。如有透明圈则表明该菌株有解磷能力，透明圈直径之大小可预示其解磷能力的强弱。

2. 测定可溶性磷含量　采用钼磷比色法可定量测定培养液中由难溶性磷酸盐或有机磷化合物被降解后所产生的可溶性磷之含量。方法是将解磷微生物培养在含有不溶性磷化合物如磷酸三钙的培养液中一段时间后，用钼磷试剂显色，比色法测定其中水溶性磷的含量。但应注意，测定时应考虑到微生物生长繁殖过程中自身已同化的一部分磷，否则会降低估算待测菌株的解磷能力。

3. 植株生长测试法　将解磷细菌接种于供测植物根际的土壤中，通过对比实验，观测试验植株和未接种的对照植株的表观生长情况，借以确定待测菌株有无促生长能力和解磷能力及其强弱。此法可测定无机磷细菌的解磷能力，也可测定有机磷细菌的解磷能力。但本法要求条件高，培养系统复杂，干扰因素也多，结果重复性差。

解磷细菌是通过什么方法使难溶性无机磷和难以利用的有机磷化合物变为可以为植物吸收利用的可溶性磷的？也就是它的解磷机制如何？一般都认为有以下2种方式：

(一)产　酸

解磷微生物产生各种酸类物质，主要有乳酸、柠檬酸、草酸、甲酸、乙酸、丙酸、琥珀酸、酒石酸、α-羟基酸、葡萄糖酸等有机酸以及硝酸、亚硝酸、硫酸、碳酸等无机酸，借以降低环境中的pH值，使土壤中难溶的磷酸盐降解为有效磷。亦有认为有机酸可以螯合金属态Fe-P、Al-P、Ca-P，使之释放有机磷。

(二)产生胞外酶

解磷细菌可以产生和分泌各种胞外酶，分解难以利用的有机磷化合物。例如，它们分泌的磷酸酶能催化磷酸酯或磷酸酐等有机磷化合物水解为有效磷。磷酸酶是一种诱导酶，当土壤中缺磷时，其活性会成倍增加。芽孢杆菌还能产生和分泌植酸酶，能水解植酸。解磷巨大芽孢杆菌产生的多酚氧化酶能分解腐殖酸。

二、芽孢杆菌的解钾作用

土壤中含钾量较丰富,我国各地土壤含钾量为0.5%～2.0%。土壤中钾的形态主要有3种:①水溶性钾,如硝酸钾、氯化钾、磷酸二氢钾、碳酸钾等;②代换性钾,即与土壤胶粒吸附的钾;③难溶性钾,存于矿物中,如硅铝酸钾、云母等。矿物中含钾量约占土壤总含钾量的98%。由于矿物质难溶于水,只有在矿物风化后才能释出有效钾。土壤中有多种能产酸的化能异养型微生物能分解这些硅铝酸钾矿物而释放出有效的钾。

我国钾矿资源贫乏,只靠进口无法满足当前和将来农业发展对钾肥的巨大需求。由于土壤中90%～98%的钾主要是以作物不能直接吸收利用的矿物质钾形式存在,因此利用解钾微生物分解矿物质钾才是解决土壤中有效钾亏缺的重要途径之一。现已知属于芽孢杆菌属的硅酸盐细菌能分解钾长石、云母等铝硅酸盐类的矿物质,使其中的钾、磷、硅等元素变为可溶性,可供植物吸收利用。

目前,已知的硅酸盐细菌的种类主要有环状芽孢杆菌、胶质芽孢杆菌、土壤芽孢杆菌等。它们能促进作物生长,改善作物产品质量和土壤营养状况,可减少化学钾肥的施用量。其中,胶质芽孢杆菌在土壤中分布较为广泛,在一般农田中,每克土壤有数千至数万个胶质芽孢杆菌,尤以根际土壤中分布较多。它能利用磷灰石和钾矿物质中难溶磷和钾,并且与之形成荚膜,因此有人认为该菌的解磷和解钾功能可能与荚膜有关。施用硅酸盐细菌肥料对各种喜钾作物如甘薯、烟草、水稻、棉花、小麦等均有明显的增产效果。

三、芽孢杆菌的固氮作用

氮素是作物增产的主要元素之一。自然界可被利用的氮有相当一部分是来自生物固氮的。全球通过微生物固氮的总量约为2亿吨,占全球作物需氮量的3/4。生物固氮方式计有共生固氮(如根瘤菌)、自生固氮和联合固氮3种。

自从在1958年Hino从日本土壤中分离得到一株有固氮作用的芽孢杆菌后,许多国家也陆续从土壤中分离到一些固氮芽孢杆菌,而且种类数也越来越多。迄今国外报道有固氮能力的芽孢杆菌的种主要有固氮芽孢杆菌、浸麻芽孢杆菌、多黏芽孢杆菌、环状芽孢杆菌、蜡状芽孢杆菌、丁酸芽孢杆菌等。国内报道的有短小芽孢杆菌、产氮芽孢杆菌、短芽孢杆菌、环状芽孢杆菌、地衣芽孢杆菌、巨大芽孢杆菌、枯草芽孢杆菌、蜡状芽孢杆菌、球形芽孢杆菌、坚硬芽孢杆菌等。

我国学者还发现把不同的芽孢杆菌混合培养对固氮有显著的混合增效作用。他们认为固氮混合增效是一种代谢的协同作用。通过混合培养使不同菌种相互作用，相互提供营养或通过一些物理的和生物化学机制的相互刺激，从而可以促进固氮功能的提高。

四、应用芽孢杆菌与其他有效微生物生产微生物肥

根据芽孢杆菌既有解磷、解钾和固氮等功能，对植物又有抗病虫和促生长等作用，因此开发出以芽孢杆菌为首选的微生物菌肥有重要意义。但单一菌种的作用总归比不上将能相互和谐共处而又能功能互补的不同菌种混合使用所发挥的作用来得大。例如，枯草芽孢杆菌有较好的防治真菌病害的作用，巨大芽孢杆菌有较强的解磷能力，硅酸盐细菌中的胶质芽孢杆菌有较好的解钾功能，苏云金芽孢杆菌有较广谱的杀虫效果。若有可能的话，把这些各具优势功能的芽孢杆菌分别或混合培养，研制成复合微生物菌肥，其功能可能会更全面。倘若再与光合细菌和固氮菌等配合成肥，那将是一种功效相当全面的复合微生物肥。

将这种复合微生物肥与畜禽粪共同发酵，再添加一些速效的氮、磷、钾和少量微量元素，共同组成一种微生物－有机与无机的复合肥，必定是一种功效最为齐全的肥料。

五、应用芽孢杆菌改良盐碱地土壤

芽孢杆菌在改良盐碱地土壤方面亦有明显作用。采用在高渗透压条件下生长发育的巨大芽孢杆菌和枯草芽孢杆菌作为功能微生物发酵生产出生物有机肥，在我国山西省盐碱地上施用。其中，分设每公顷施用生物有机肥14 250千克，用地膜覆盖；另一为每公顷施用生物有机肥 15 000 千克，露地栽培；对照组则用化学法即每公顷施用脱硫石膏 12 000 千克。试验结果表明，芽孢杆菌生物有机肥对改良盐碱地土壤有明显效果，主要表现在：①与化学改良法相比，采用地膜覆盖和露地栽培的，其中细菌数分别增多 8.99×10^7 个/g 和 6.66×10^7 个/g；放线菌分别增多 1.81×10^7 个/g 和 2.89×10^7 个/g；真菌分别增多 4×10^8 个/g 和 8×10^5 个/g；藻类亦有明显增多。② 土壤理化性质获得改善，其中 pH 值分别降低 0.71 和 0.37；电导率分别降低 2.23 ds/m 和 2.12 ds/m；土壤全氮量分别增加 0.40g/kg 和 0.28g/kg；速效磷量分别增加 5.87 mg/kg 和 5.38 mg/kg；速效钾量分别增加 41.33 mg/kg 和 27.84 mg/kg；土壤有机质分别增加 0.42%和 0.37%。③土壤生物碳分别比对照的提高 33.68%和

27.59%；土壤呼吸强度分别提高 26.24%和 31.61%；土壤过氧化氢酶活性分别提高 35.54%和27.03%；而土壤脲酶活性则分别降低 29.72%和 25.17%。

第七节　芽孢杆菌在农作物生产上的应用效果

一、延长果品的保鲜期

许多果品采收后，在保藏期间常会遭受到各种微生物侵染而引起腐烂，严重缩短果实的保鲜期。例如，我国华南一带栽种的热带水果之一的杧果，很不耐贮藏，在常温下放置 7 天左右，随着果实的后熟和病原菌的侵染，便会容易腐烂。在亚洲，杧果炭疽病和蒂腐病是杧果主要病害之一。目前，多采用化学农药、杀菌剂或防腐剂等化学处理法防治杧果病害和采后保鲜处理，如此便常会引入一些不安全因素。因此，采用对杧果病原菌有拮抗作用的微生物对果树病害的防治和果实的防病保鲜有重要意义。杨胜远等(2004)采用芽孢杆菌 X-98-2菌株在含有 0.3%葡萄糖、0.1%硫酸铵，初始 pH 值 7.0 的最适因素的蛋白胨和牛肉浸膏的培养液中培养 48 小时，其菌液离心后所得上清液为发酵液，经适当稀释后用来浸泡洁净的杧果 5 分钟，晾干后，用纸包装后装箱，以水浸泡的杧果作为空白对照，均于 28℃～32℃中保存。结果表明：① 发酵液处理组的杧果轻耗量极显著地低于对照组的，保存 17 天后，前者的轻耗量(9.15%)比对照组(15.17%)降低 60.3%；② 发酵液对果皮转黄有明显的抑制作用，保存 17 天后，转黄级别比对照组低 2.4 级；③ 发酵液处理对降低果柄脱落率也有明显作用，保存 17 天，其果柄脱落率只有 16.7%，而对照组高达 83.3%；④ 因此发酵液处理组的优质果率高达 66.7%，可食用率为 83.3%，而对照组优质果率为零(0%)，可食用率只有 16.7%。可见，芽孢杆菌X-98-2菌株的发酵液对延长果品保鲜期有显著作用。其原因主要是该菌株对杧果炭疽病和蒂腐病等病原菌有明显抑制作用。他们对该拮抗菌的发酵液所做的初步分析表明，它对病原菌的抑菌活性物质主要是氨基糖苷类抗生素。

二、对作物抗逆性的增强效果

芽孢杆菌在增强作物抗逆性方面也有一定作用。

我们都知道在盐碱地上难以种植各种作物，因为盐碱地土壤中的盐分主要由 HCO_3^-、CO_3^{2-}、SO_4^{2-}、Cl^- 这 4 种阴离子和 Ca^{2+}、Mg^{2+}、Na^+ 这 3 种阳离子组成 $CaCO_3$、$Ca(HCO_3)_2$、$CaSO_4$、$MgCO_3$、$Mg(HCO_3)_2$、$MgSO_4$、

Na_2SO_4、$CaCl_2$、NaCl、$MgCl_2$、Na_2CO_3、$NaHCO_3$ 等 12 种盐。由于它们的溶解度不同，前 5 种盐对土壤影响小，后 7 种对土壤有害。危害最大的是 NaCl、Na_2CO_3 和 Na_2SO_4。盐碱地对植物的危害主要有以下几方面：一是在高浓度盐类作用下，植物气孔难以关闭，从而引起植物发生生理干旱，使植物萎蔫甚至死亡；二是危害植物组织，在高 pH 值下，导致 OH^- 对植物直接毒害；三是由于 Na^+ 之竞争，影响植物对 K、P 等营养的正常吸收。高亮等(2011)发现在高渗透压条件下生长发育的巨大芽孢杆菌和枯草芽孢杆菌经发酵生产而得的生物有机肥可以显著地减轻这些盐碱土对玉米生长之危害。他们发现，在每公顷地上施用 14 250 千克(用地膜覆盖)和 15 000 千克(露地栽培)的芽孢杆菌有机生物肥的盐碱土上栽种的玉米，和在施用脱硫石膏的化学改良法的盐碱土上栽种的玉米(对照)相比，其植株株高分别比对照的高36.8厘米和 28.7 厘米，基部第二节直径分别增粗 10.3 厘米和 8.3 厘米，上部第六节叶片明显增大而舒展，气生根数量分别多出 14 根和 8 根。植株叶色浓绿，生长发育正常，未出现盐碱危害症状，而对照组玉米的叶缘发生干枯。最终每公顷玉米成穗数分别比对照的多出 11 070 穗和 9 150 穗；穗位有所提高，秃尖少而轻；穗粒数、穗粒质量和千粒质量均比对照组多或重；每公顷产量分别比对照组(7 416.98kg/hm^2)增产 53.29%和 42.89%。

由此可见，芽孢杆菌菌剂或其发酵生产的生物有机肥均能提高植物的抗逆性而获得高产。

三、防病促生长作用

有学者分别用芽孢杆菌组合 BCL-8 及其单一菌株的发酵液(含菌量为 10^{11}个/mL)浸泡番茄种子 12 小时，晾干后均匀地置于铺有 3 层湿润滤纸的托盘内，于 25℃中培养。6 天后分别测量各处理的芽长、根长和干、鲜重。以无菌培养液浸种的为对照。并分别测定了发芽种子中的蛋白酶、α-淀粉酶和β-淀粉酶的活性，还测定了种子活力。研究了它们与农药五氯硝基苯(简称 PCNB，70%粉剂)对于由立枯丝核菌所引发的立枯病的防治效果。结果表明：①组合 BC1-8 及其单一菌株处理的，均能促进番茄发芽率和幼芽的生长。其中组合 BC1-8 可使种子提前 1 天萌发；经芽孢杆菌处理的，平均发芽率比对照组高 15.70%；平均芽鲜重、根长和芽长比对照组高 62.5%、186.52%和 59.5%；根芽比比对照组高 58%(表 3-4)。

表 3-4　芽孢杆菌对番茄种子发芽的促生效果

菌株编号	发芽率（%）	平均芽鲜重（g）	均根长（cm）	平均芽长（cm）	根芽比
BCL-8	90.00	0.011	4.57	1.55	2.95
SL－13	94.74	0.012	5.55	1.87	2.97
SL－14	95.00	0.014	4.72	1.97	2.40
SL－44	90.48	0.014	5.23	1.87	2.80
CK	80.00	0.008	2.69	1.22	2.20

其中，组合 BCL-8 和菌株 SL-44 处理的种子浸泡液的电导率比对照组降低 10%左右，说明其种子活力更强。经 BCL-8 和单一菌株处理的发芽种子内蛋白酶、α-淀粉酶和 β-淀粉酶等活性均高于对照组。上述 3 种酶的活性分别比对照组高 299.91%、96.74%和 99.98%。② 在能导致产生立枯病的立枯丝核菌的存在下，组合 BCL-8 及其单一菌株处理的种子发芽率、促苗期生长均高于各个对照。其中，尤以 BCL-8 促生防病效果最佳（表 3-5），其出苗率、株高、鲜重和干重分别比只用无菌培养液处理的 CKL 高 21.67%、117.08%、125.74%和 140.51%，对番茄立枯病的防治效果可达 58.62%，甚至比用农药 PCNB 处理的还高。后者的防治效果仅为 12.62%。可见组合 BCL-8 具有明显的促生长和防病双重功效，这在生产上很有实用价值。

表 3-5　芽孢杆菌组合 BC1-8 对番茄苗期促生防病的效果

菌株编号	出苗数（株）	出苗率（%）	平均株高（cm）	平均鲜重（g）	平均干重（g）	发病率（%）	病情指数	相对防效（%）
BCL-8	44	73.33	20.97	2.28	0.190	34.71	37.50	58.62
SL－13	35	58.33	11.96	1.44	0.103	57.14	32.86	40.08
SL－14	40	66.67	15.14	1.87	0.142	37.50	24.38	55.55
SL－44	38	3.33	16.52	2.21	0.150	4.74	25.00	54.41
CK1	31	51.67	9.66	1.01	0.079	88.89	48.15	—
CK2	45	75.00	13.69	2.06	0.134	—	—	—
CK3	36	60.00	12.50	1.35	0.099	75.00	47.92	12.62

注：CK1 为用无菌培养液浸种，土壤接种丝核菌；CK2 为用无菌培养液浸种，土壤为灭菌土；CK3 为用占种子重量 0.8%的化学农药 70%五氯硝基苯粉剂拌种，土壤接种丝核菌。

利用发酵的食用菌菌渣为载体，添加不同含量（0.01g/kg、0.1g/kg、和

1.0g/kg菌渣)的巨大芽孢杆菌(BM 002)菌剂制成生物有机肥,施于盆栽油菜中,每盆施生物有机肥50克(以干基计),同时施复合肥10克,对照组只施无菌剂的菌渣肥和复合肥。试验结果表明:① 经施用含量为0.01g/kg、0.1g/kg和1.0g/kg菌渣的菌肥,其油菜地上部平均单株增重比对照组增加57.41%、82.72%和15.40%,冠根比分别增加4.12%、9.83%和13.3%。其中,以施用菌剂为0.1g/kg菌渣的对油菜增重效果最大。② 施生物有机肥后,油菜根系发育状况总体上亦优于对照组,其总根长和根体积均显著高于对照组,其中亦以施0.1g/kg菌渣者效果最好。③ 不同用量的生物有机肥同样能不同程度地提高油菜叶绿素含量,其中亦以施0.1g/kg菌渣者效果最佳,其叶绿素a和b分别比对照组高6.1%和9.4%,总叶绿素含量增加7.1%。因此,施用0.01g/kg、0.1g/kg和1.0g/kg菌渣后,其光合速率分别比对照组高67.0%、73.2%和41.2%。④施生物有机肥的油菜地上部氮磷钾含量与对照的相比有不同差异,其中只有施用0.1g/kg菌渣者,其氮、磷、钾含量分别比对照组增加37.78%、5.15%和25.56%。综上述可见,在有机肥中添加适量的巨大芽孢杆菌能显著地提高油菜的生物量。

从烟草根际土壤中分离得1株短芽孢杆菌(*Brevibacillusbrevis*)DZQ 3,用以施用于烟草上。结果表明:① 该菌株对移栽30天后的烟株茎围、最大叶宽、最大叶面积均分别比不施菌剂的对照组高16.79%、15.01%和24.56%;移栽90天后,烟株茎围和最大叶宽分别比对照组高11.34%和24.23%;对株高、叶数和最大叶长影响不大,但烟株鲜重比对照组高9.55%。②菌株DZQ 3还能促进烟草的根系发育和根的活力。根系鲜重和根活力分别比对照组高44.91%和38.34%。③ 施菌剂的烟株在移栽60天时,其叶片叶绿素含量、SOD、多酚氧化酶、过氧化物酶、苯丙氨酸解氨酶和过氧化氢酶等活性分别比对照组高17.03%、12.26%、17.49%、30.14%、20.65%和43.78%。④ 施用菌剂的烟株感染烟草花叶病的时间比对照组晚,而且发病率也低于对照组。移栽35天后,对照组烟株便出现花叶病症状,发病率为6.67%,56天时达33.30%;而施菌剂的在56天后才发现感染症状,推迟了21天,发病率为6.67%。

第四篇　硝化细菌和反硝化细菌

第一章　硝化细菌的生物学特性

硝化细菌是一类好氧的化能自养细菌，它是在1889年由维诺格拉德斯基首次分离而得的。它包括亚硝化菌属（*Nitrosomonas*）和硝化杆菌属（*Nitrobacter*）两个生理亚群。它们能在有氧的水中和沙砾中生长。在形态上有互异类型，包括杆状菌、球形菌和螺旋状菌等。在营养上是绝对自养的，在有机培养基上一般不能生长，对营养要求专一性很强；而且世代时间长，远比不上与之相伴生活的其他异养细菌的生长速度。例如，亚硝化细菌的生长周期为8～24小时，许多菌株都难以培养，以致迄今尚未能分离获得纯正的亚硝化菌株。因此，在实验室对其进行富集培养和分离也较困难。

第一节　硝化细菌的种类

硝化细菌的功能是将水中的氨（NH_3）逐步氧化为硝酸（NO_3^-），其反应过程分两步进行，第一步是将氨氧化为亚硝酸（NO_2^-），第二步是NO_2^-被氧化为NO_3^-。即：$NH_3 \rightarrow NO_2^- \rightarrow NO_3^-$。这样的一种反应过程称为硝化作用。这一氧化反应过程是分别由亚硝化细菌（又称亚硝酸菌）和硝化细菌（又称硝酸菌）两类细菌来完成的。这两类细菌是完全不同的代谢群，在亲缘关系上并不密切，但是要完成由氨转化为硝酸又必须由它们合作进行，缺一不可，所以它们可以说是一对结拜兄弟，密不可分。学者们通常把它们统归为同一个科，即硝化杆菌科（Nitrobacteriaceae）。现将这对“结拜兄弟”分别简介于下：

一、亚硝化细菌（AOB）

亚硝化细菌又称氨氧化菌（*Ammonia－oxiding bacteria*，缩写为AOB），这类细菌的作用就是能使NH_3氧化为NO_2^-，故称之为亚硝化细菌或氨氧化菌，又称亚硝酸菌。目前，已知AOB中有16株亚硝酸菌。

近年通过对16SrRNA（核糖体核糖核酸）基因序列的比较研究，又将AOB分为自养性AOB和异养性AOB两大类。

二、硝化细菌(NOB)

硝化细菌又称亚硝酸盐氧化菌(*Nitrite Oxidizing bacteria*,缩写 NOB),这类细菌能使 NO_2^- 氧化为 NO_3^-,故又称硝酸菌。

NOB 是由进化上截然不同的 4 类细菌所组成的。

硝化细菌也分有自养型硝化细菌和异养型硝化细菌。其中,自养型硝化细菌在硝化作用的过程中占据主要地位。异养型硝化细菌在自然界的分布更为广泛,包括真菌、放线菌和细菌,甚至还有一些藻类。

在自然生态环境中,AOB 和 NOB 彼此为邻,正如前所形容的,它们构成一对结拜的兄弟,但彼此在关系上并无亲缘关系。

第二节 亚硝化细菌和硝化细菌的作用

一、亚硝化细菌的功能

在亚硝化细菌(AOB)的作用下,能将 NH_3 氧化而生成 HNO_2,其化学反应大致是:在氨单加氧酶等催化下:

$NH_3 + O_2 + 2e^- + 2H^+ \rightarrow NH_2OH$(羟胺)$+ H_2O$

$NH_2OH + H_2O + 1/2\ O_2 \rightarrow NO_2^- + 2H_2O + H^+$

总反应为:$NH_3 + 3/2\ O_2 \rightarrow NO_2^- + H^+ + H_2O - \Delta F$ $\Delta F = 278.42$ KJ

靠此化学反应所产生的化学能(ΔF)足以维持 AOB 细菌生存所需的能量。

二、硝化细菌的功能

硝化细菌(NOB)能将由 AOB 之作用所生成的 HNO_2 进一步氧化为 HNO_3,其化学反应为:

亚硝酸氧化酶

$2NO_2^- + O_2 \rightarrow 2NO_3^- - \Delta F$ $\quad\quad \Delta F = 72.27$ KJ

由该化学反应所产生的化学能(ΔF)同样足以供硝化细菌维持其生命和代谢活动。

由上述可见,在 AOB 和 NOB 两大菌群的共同作用下,水中有害的氨可以最终被氧化为硝酸。在有氧条件下,硝酸能被水生植物、藻类和微生物等吸收利用。在缺氧条件下,硝酸则为另一类细菌,即将在后面所介绍的反硝化细菌把硝酸还原为分子态氮(N_2)。即

AOB+NOB

$$2NH_4^+ + 4O_2 \rightarrow 2NO_3^- + 4H^+ + 2H_2O - \Delta F$$

有 O_2 ↙ 　 ↘ 缺 O_2

为植物、藻类、微生物吸收利用　　　N_2 ↑

第三节　亚硝化细菌和硝化细菌的细胞形态

亚硝化细菌和硝化细菌均为革兰氏染色阴性菌(G^-),不产生芽孢。它们的细胞形态基本相似,主要有以下 3 种形态:

一是杆状(如亚硝化单胞菌、硝化杆菌);

二是球状(如硝化球菌、亚硝化球菌);

三是螺状(如亚硝化螺旋菌)。

亚硝化细菌具有单生鞭毛,能运动,如亚硝化单胞菌、亚硝化螺旋菌等。但硝化细菌不具鞭毛,有的能向胞外分泌黏性物质,可以将几个细胞黏在一起形成团块,称为菌胶团。

大多数硝化细菌的细胞均具有复杂的膜内褶结构,形成囊泡状、管状膜等。这种结构对增加细胞的代谢能力有利,所以它们只需利用无机化合物而不需利用有机物进行生长,甚至也不需要外源生长因素。用句通俗的话来表达,它们是食“素”而不吃“荤”。

第四节　硝化细菌的生长习性

一、生长缓慢

亚硝化细菌和硝化细菌通常是共生在一起的,但它们都生长缓慢。在自然条件下每隔 20～24 小时才进行 1 次细胞分裂。在纯培养条件下,其世代周期也需 8 小时。在条件合适的琼脂平板培养基上要形成菌落至少要 5 天时间,而且不同菌株间差别较大。大多数种类的繁殖方式为无形的二均分裂,只有维氏硝化细菌为出芽生殖方式。

二、生长所需的生态环境条件

(一)温　度

它们生长的合适温度范围为 20℃～28℃,最适温度为 25℃,但低于 10℃,硝化细菌的生长便显著减慢,硝化作用明显减弱。低于 5℃或高于 42℃便会停止新陈代谢过程,并且难以存活。因为高于 35℃,对硝化细菌的酶系有破坏作用。它们所能承受的最高温度上限为 40℃。

(二)光

它们不需要光,喜欢在暗处生活而怕光,因为硝化细菌的酶系在近紫外波段有一个吸收峰值,在紫外线影响下可能会产生有害的超氧化物自由基,所以在培养这些硝化细菌时不需给以光照,保存菌液也应置于阴暗和凉爽处。

(三)依附底物

它们的生活场所需要一些可供其附着、掩蔽的依附底物,如沙砾之类,并且要有可以获得它们生活所必需的氨源和其他营养源。

(四)水　流

因为硝化细菌有固着生活的特点,故要靠水流为它们输送所必需的氧气、氨和其他营养物质。

(五)需 氧 量

氧是硝化细菌不可缺少的生活因素,因为 AOB 和 NOB 都是严格的好氧菌。水中含氧量不宜低于 2 mg/L。有人计算过每毫克氮素经过硝化作用后由氨转变为硝酸根,整个过程大约需要 4.75 毫克溶解氧来“清除”含氮物质释出的电子。

(六)pH 值

硝化细菌比较喜欢在中性或弱碱性环境中生长,pH 值在 7.5～8.2 的条件下较为合适。其中,亚硝化细菌的 pH 值范围为 7.0～8.0,最适 pH 值为 7.8;硝化细菌的最适 pH 值为 6.5～8.5,范围稍微宽些。

(七)竞争排除作用

由于 AOB 和 NOB 的生长都太慢,因此其所处的生活空间容易遭受其他异养性细菌排挤的压力,导致硝化细菌族群无法持续生长繁殖,甚至容易逐渐萎缩,所以在富集培养和分离纯化硝化细菌时甚为困难。

(八)对生态环境的要求

硝化细菌大多数分布较广,有的则较局限,如硝化球菌属和硝化刺菌属的种仅分布在海水中,但它们都喜在避光、溶氧量较高、有机质含量不高、有缓慢水流的环境中栖息繁殖。硝化细菌对有毒物质十分敏感,很微量的铁能促进其生长,但锰即使微量也会对它有毒害。

(九)抑 制 剂

很多化学物质都能对硝化细菌产生抑制作用,如乙炔、重金属、金属螯合剂、二硫化物、游离氨等。

第二章　亚硝化细菌和硝化细菌的分离与筛选

第一节　亚硝化细菌和硝化细菌的富集培养

在各类水体、土壤、沙砾、污泥中均生存有硝化细菌和亚硝化细菌，要将它们分离出来，那就需要富集培养。亚硝化细菌和硝化细菌的富集培养方法基本上是相同的，只是所用培养基有所不同而已。

一、富集培养用培养基

(一)亚硝化细菌富集用培养基

配方一：$(NH_4)_2SO_4$　2g
K_2HPO_4　1g
$MgSO_4 \cdot 7H_2O$　0.5g
NaCl　2g
$FeSO_4 \cdot 7H_2O$　0.4g
$CaCO_3$　5g
配方二：$(NH_4)_2SO_4$　0.5g
NaCl　0.3g
$FeSO_4 \cdot 7H_2O$　0.03g
K_2HPO_4　1g
$MgSO_4 \cdot 7H_2O$　0.03g
$CaCl_2 \cdot 2H_2O$　7.5g

(二)硝化细菌富集用培养基

配方一：$NaNO_2$　1g
$MgSO_4 \cdot 7H_2O$　0.03g
K_2HPO_4　0.75g
NaH_2PO_4　0.25g
Na_2CO_3　1g

配方二：$NaNO_2$　1g

$NaCO_3$　1g

NaCl　0.5g

K_2HPO_4　0.5g

$MgSO_4 \cdot 7H_2O$　0.5g

$FeSO_4 \cdot 7H_2O$　0.4g

均用蒸馏水定容至 1 000mL

二、采　样

供富集培养用的样品来源可在各种水体、土壤、污泥中采集。一般认为，从有机质含量高的污泥中更容易分离出高效的硝化细菌。

三、富集培养方法

(一)张玲华等(2002)的方法

他们采用如图 4-1 的培养装置，以连续进水方式对硝化细菌进行富集培养，通过控制进水的成分、培养装置内的温度和 pH 值等，为硝化细菌的生长提供最佳条件，同时尽量抑制其他杂菌的生长。

在富集培养期间，为了检测有无亚硝化细菌存在，每隔 1～2 天用格利氏(Griess)试剂(配法见后)检测有无亚硝酸生成及其生成量。如果培养物遇 Griess 试剂呈红色者，表明已有亚硝化细菌存在。检测方法可用有孔白瓷板，每次定量吸取 0.5 毫升培养物溶液置于白瓷板小孔中，分别滴入 1 滴 Griess 的 A 和 B 试剂，以所显红色的深浅来表示该菌活性的强弱。

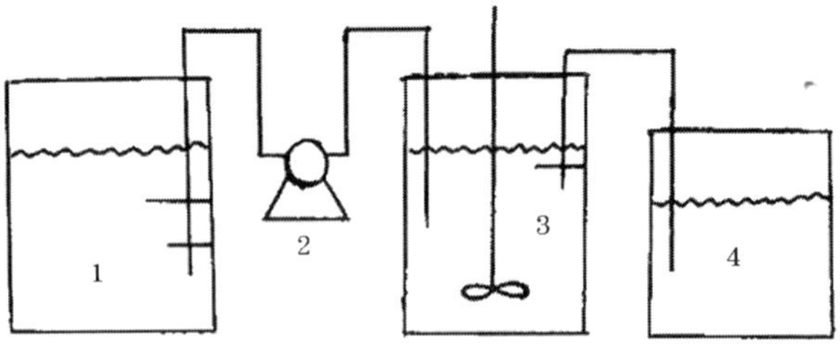

图 4-1　硝化细菌富集培养装置　(引自张玲华等，2002)

1. 富集用培养液　2. 泵　3. 恒温培养箱　4. 废水箱

用二苯胺试剂(配制方法见后)检测时,如果培养物溶液显蓝色,说明有硝化细菌存在。

按上述方法检测,选取显色最深的培养物接入新鲜培养液中,继续依法培养,并仍做上述检测。如此反复多次培养操作,便可不断地淘汰掉其他异养细菌。

(二)曾胡龙等(2007)的方法

他们所设计的富集培养系统所需材料为500毫升三角瓶、散气石、通气管、无菌空气过滤系统、气量调节头、空气压缩泵等。整个培养系统的结构如图4-2所示。

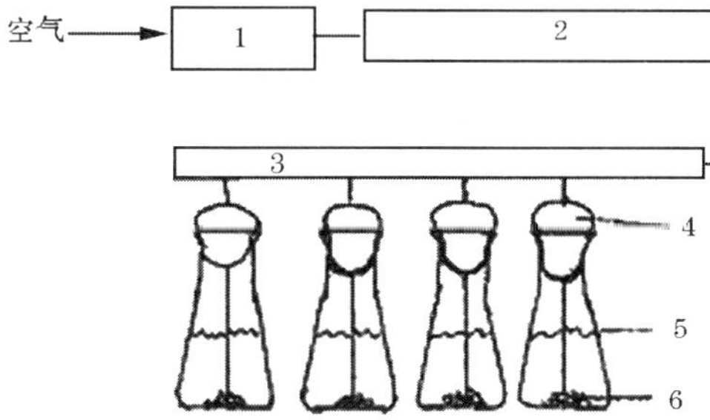

图4-2　硝化细菌富集培养装置　(仿曾胡龙等,2007)

1. 气泵　2. 空气过滤器　3. 通气管道
4. 棉花塞　5. 三角瓶　6. 散气石

该系统要求控温在20℃～30℃,以(30±1)℃为好。由于光照不利于硝化细菌生长,故要有遮光设备。接种前,对培养液的初始pH值要调好,亚硝化细菌的培养液pH值应调为8.0左右;硝化细菌培养液pH值调为9.0左右,因为在连续通气时,培养液的pH值会下降。

在培养期间,按前法用Griess或二苯胺试剂分别检测有无AOB和NOB存在。

四、富集培养应注意的事项

（一）亚硝化细菌富集培养应注意的事项

第一，为调节培养液中 pH 值能较稳定在 8.0～8.2，在培养期间应适当添加些 $NaHCO_3$。

第二，富集培养过程中，分阶段逐渐提高进水中铵盐的浓度，使之达到 300mg/L 为最佳。如此，富集得到的 AOB 含量可达最高。

第三，溶氧量应大于 2 mg/L，Vs 以 30%～40%为宜。

第四，AOB 富集培养时间每次需 13～19 天。

（二）硝化细菌富集培养应注意的事项

第一，培养液中必须定时添加适量的 $NaNO_2$，用 Griess 试剂显色时应呈深红色；不添加 $NaNO_2$ 则呈浅红色。

第二，$NaNO_2$ 可以有效地抑制杂菌生长，并为 NOB 的生长提供充足的氮源和能源，使 NOB 生长更快。

第三，NOB 富集培养时间每次需 6～12 天。

第二节　亚硝化细菌和硝化细菌的分离与纯化

一、分离用培养基

（一）亚硝化细菌分离用培养基

上述供富集培养用的培养基均可供作分离用的培养基，如需配制平板培养基，只需补加 2%的琼脂或卡拉胶便可。此外，下列培养基亦可供分离用培养基。

配方一：$(NH_4)_2SO_4$	0.5g
NaCl	2g
$FeSO_4 \cdot 7H_2O$	0.4g
K_2HPO_4	1g
$MgSO_4 \cdot 7H_2O$	0.5g
$CaCO_3$	5g

用蒸馏水定容至	1 000mL
配方二：A 液：$(NH_4)_2SO_4$	11.0g
NaCl	2.7g
$MgSO_4 \cdot 7H_2O$	1.4g
$FeSO_4 \cdot 7H_2O$	0.3g
$NaHCO_3$	16g
蒸馏水	100mL
B 液：KH_2PO_4	1.4g
蒸馏水	100mL

将 A、B 液以体积比（V/V）为 9∶1 的比例混合，再在混合液中添加 0.4mL含有硼（B）、铜（Cu）、锌（Zn）、钴（Co）、锰（Mn）的微量元素母液。

（二）硝化细菌分离用培养基

上述富集用培养基均可供作分离用的培养基，如需配制平板培养基时可补加 2%琼脂或卡拉胶。此外，下列补充一个专用的培养基配方。即：

A 液：NaCl	2.7g
$MgSO_4 \cdot 7H_2O$	1.4g
$FeSO_4 \cdot 7H_2O$	0.3g
$NaNO_2$	2.5g
$NaHCO_3$	16g
蒸馏水	100mL
B 液：KH_2PO_4	1.4g
蒸馏水	100mL

将 A、B 液以体积比为 9∶1（V/V）之比例混合，再在混合液中添加0.4mL含有 B、Cu、Zn、Co、Mn 的微量元素母液。

二　分离与纯化方法

在分离前，先在 AOB 和 NOB 的最后 1 次富集培养物溶液中持续通入氮气 0.5 小时，然后进行系列的 10 倍稀释。

第二步用平板培养法将合适稀释度的富集培养悬浮液以涂布法或划线法接种于琼脂平板培养基或硅胶平板培养基上。

第三步是将平板培养物置于 30℃恒温中黑暗培养。其中，在琼脂平板上需培养 7～14 天，在硅胶平板上需培养 14～21 天。

按上述方法反复进行多次分离培养，直至获得纯化菌株为止。

其中，硅胶平板培养基选择性较强，分离时杂菌较少，但制作较为烦琐，而且硝化细菌在此种平板上生成菌落需时较长。琼脂平板培养基分离硝化细菌时刚开始伴生杂菌较多，但菌落形成较快。

由于硝化细菌（包括AOB和NOB）生长慢，故在平板上长出的菌落很小，不易观察，必须仔细判别。通常在琼脂平板上培养7天后，出现清亮的浅白色细小的菌落。在硅胶平板上培养时间较长，选择性较高，需要2～3周后，可分离出的菌落呈浅黄色。

在平板分离培养中，由于硝化细菌世代周期较长，因此必须注意在整个培养期，都要防止平板培养基因失水而变干燥。为此，可在干燥器底部放置一些加水的棉花球。将培养皿平板培养基置于干燥器中，于恒温培养箱中黑暗培养即可。

现将硅胶和琼脂平板培养基制备方法简介于下：

称取硅酸钠100g，加蒸馏水605 mL，溶解成为水玻璃，再将稀盐酸与水玻璃按2∶1（V/V）混合，制成硅酸溶胶。然后吸取10mL硅酸溶胶与10 mL双倍浓度的分离培养基混合，再用1mol/L的NaOH中和并调pH值至8.2，再加入适量$CaCl_2$，待2～3小时后使之凝胶化。接种后置于干燥器内保湿，于28℃培养箱中培养。

在此种硅胶培养基上，一般异养菌和自养菌都不能在其上生长，故硅胶平板培养基配制好后，无须热压灭菌，但要用沸水浸洗数次，再用无菌水冲洗数遍即可。

也可取等体积的盐酸（HCl，比重1.09）和硅酸钠（比重1.10）溶液，徐徐加入，缓慢混合，搅拌均匀后分装于100～200 mL的透析袋中，在蒸馏水中透析48小时，其间换蒸馏水6～8次。待透析袋内的硅酸钠溶液无色透明后，高压蒸汽灭菌后供用。

第三章　亚硝化细菌和硝化细菌的初步鉴别方法

第一节　形态与习性鉴别

一、形态观察

采用单染色法，将平板培养基上分离得到的菌株染色后，在油镜下观察可见：

第一，亚硝化细菌（AOB）的细胞形态应呈单细胞无色杆状，宽度小于2微米，具单根极生鞭毛，能运动，无荚膜。

第二，硝化细菌（NOB）的细胞形态亦为无色单细胞杆状，宽度亦小于2微米，但无鞭毛，不能运动。

第三，平板菌落形态观察时应观察和记录单个菌落的边缘形状、隆起形状、表面形态和色泽、透明度等。

二、革兰氏染色

AOB和NOB均为革兰氏染色呈阴性，为阴性菌（G^-）。

三、对氧和营养物的需求

第一，AOB为严格好氧菌，NOB亦好氧。

第二，AOB和NOB在含有牛肉膏、蛋白胨等的肉汁培养基上培养不能生长。但两者仍有些区别，NOB为严格的自养菌，在肉汁培养基上绝对不能生长，而AOB则相对地可以生长。

第三，所需碳源均为CO_2。AOB从氨氧化为亚硝酸的过程中获得能量；NOB则从亚硝酸氧化为硝酸的过程中获得能量。

据此，为鉴别AOB和NOB，可将分离所得的已基本纯化的单菌落，经10倍系列稀释后分别接种于肉汁琼脂平板培养基上，观察它们能否生长？严格自养的NOB绝不能生长，但自养不是很严格的AOB仍可生长，据此便可把它们区分出来了。

第二节　生化鉴别

最简便的鉴别方法是化学检测。

一、试剂显色法检测硝化细菌

(一)格利氏(Griess)显色剂的配制

第一,A 液：1％对氨基苯磺酸溶于 3N HCl(W/V)中;B 液：0.02％α-萘胺溶于蒸馏水中。

附：3N HCl 是取 12N 的 HCl 250mL＋蒸馏水定容至 1 000 mL 即得。

第二,也可按下法配制：A 液：取 0.5g 对氨基苯磺酸溶于 150mL 的 10％(或 30％)醋酸中;B 液：取 0.5g 的 α-萘胺溶于 50 mL 蒸馏水中(或0.1g的 α-萘胺溶于 150 mL 的 10％醋酸中)。

(二)二苯胺试剂的配制

取 0.5g 二苯胺溶于 100mL 浓硫酸中,再用 20mL 蒸馏水稀释即得。

(三)显色剂鉴别亚硝化细菌和硝化细菌

第一,亚硝化细菌因能使氨氧化为亚硝酸,用 Griess 试剂检测其培养物悬浮液,即可显红色。但只有当 NO_2^- 浓度达到 0.15 mg/L 时,才有明显的红色出现。检测时吸取 1mL 培养物悬浮液置于小试管中,先加入 1mL Griess 的 A 液,摇匀,待 5～10 分钟后,再加入 1mL B 液,摇匀,显出红色时,证明已有 NO_2^- 产生,即表示有 AOB 存在。

第二,对硝化细菌而言,也可用 Griess 试剂来检测,但必须使用分光光度计进行比色测定,检测培养物悬浮液中前后 NO_2^- 浓度的改变。如果在一定时间内,溶液所显红色由深变浅,表示 NO_2^- 由于进一步被氧化为硝酸(NO_3^-),所以亚硝酸浓度降低。表明有 NOB 存在。

第三,二苯胺试剂是用来检测 NO_3^- 的存在与否。当硝化细菌将 NO_2^- 氧化为 NO_3^- 时,加入二苯胺,培养物悬浮液便会显蓝色。因此,常用它来检测 NOB 存在与否。

但二苯胺显色剂对 NO_3^- 的专一性不强,它与 NO_3^- 反应能显蓝色,与 NO_2^- 反应亦显蓝色。因此,当培养物悬浮液中残存有 NO_2^- 时必定会影响测定结果的准确性。所以，必须先将残余的 NO_2^- 清除掉再使用二苯胺检测 NO_3^- 才能获得正确结果。

清除残存 NO_2^- 的方法是在培养物悬浮液中加入数滴醋酸或盐酸使之酸化，再加入数粒对氨基苯磺酸，不久便有气体放出，这些气体就是由于对氨基苯磺酸在强酸性条件下与 NO_2^- 反应所生成的氮气（N_2）。当停止放气时，说明残存的 NO_2^- 均被转化为 N_2 而逸去了。此时应再加一些对氨基苯磺酸。为了确证 NO_2^- 已不存在，可用 Griess 试剂检测一下，如不显红色，证明 NO_2^- 已被除净。然后再分别加入 2 滴浓硫酸和二苯胺试剂，如果呈现蓝色，证明有 NO_3^- 存在。为便于观察结果，最好先加二苯胺后再滴加浓硫酸。NO_3^- 的存在表明有 NOB 存在。

二、亚硝化细菌和硝化细菌的硝化能力测定

（一）亚硝化细菌氨转化活力的测定

在含有 $(NH_4)_2SO_4$ 的培养基中培养一定时间后，可吸取 1mL 培养物悬浮液置于 50mL 容量瓶中，加入 1mL griess 的 A 液，放置 5～10 分钟后再加入 1mL B 液和 1mL 2%醋酸钠溶液，显色后稀释至刻度，测 OD 520 值。以此值表示 AOD 催化 NH_3 氧化为 NO_2^- 的强度或能力。

（二）硝化细菌硝化活力的测定

在含有 $NaNO_2$ 的培养基中培养一定时间后，可吸取 1mL 培养物悬浮液置于 50mL 容量瓶中，加入 1mL griess 的 A 液，放置 5～10 分钟后再加入 1mL B 液和 1mL 2%醋酸钠溶液，显色后稀释至刻度，测 OD 520 值。再经一定培养时间后，依同法再取样测其 OD 520 值。将前者所测得的 OD 520 值减去后者的 OD 520 值所得的差值代表该菌使 NO_2^- 氧化为 NO_3^- 的能力或强度。

（三）其他测定方法

第一，亚硝化细菌氧化氨的能力也可采用奈氏比色法，在 420nm 波长下测定培养物悬浮液中总氨的降低率来表示。

第二，硝化细菌氧化 NO_2^- 的能力可用二苯胺法测定 NO_3^- 的增加量来表示。

第四章　亚硝化细菌和硝化细菌的培养

按上述方法分离获得活性强的较纯的菌株后，便可进一步扩大培养甚至进行规模化生产。亚硝化细菌和硝化细菌的扩大培养与其他微生物一样，可采用一级（母种）、二级扩大和三级发酵培养的系列程序进行生产性培养。

第一节　母种培养和保存

按亚硝化细菌和硝化细菌各自合适的培养基配制成琼脂（或卡拉胶）试管斜面培养基。分别接入各自强活力的菌株，置 30℃恒温中黑暗培养长成菌落后，置 5℃左右冰箱中保存或供作二级扩大培养所需种源。

第二节　二级扩大培养

一、培养基

二级扩大培养所用培养基与前述富集培养用的培养基相同，通常采用液态培养基。

二、摇瓶培养

在斜面培养基上的母种中加入适量无菌生理盐水（由 0.85g NaCl 溶于 1 000mL 蒸馏水中配制而成），用无菌接种铲或接种环将斜面上的菌落刮下并搅匀，制成细菌悬浮液，然后注入装有无菌培养液的三角瓶中。三角瓶瓶口均用无菌棉花塞塞好。然后将培养瓶置于摇床上，于转速 200r/min 左右和 25℃～30℃室温中振荡培养。培养 6～7 天后，取样检测一下其含菌量。当活菌含量达到每毫升有 5 亿个以上后，可以如法再扩大培养，以增加可供三级培养所需的原种数量。

第三节　三级发酵培养

根据培养量的多少，选用容量合适的不锈钢发酵罐进行培养。为避免杂菌污染，培养液、发酵罐系统均需用蒸汽彻底灭菌。接入菌种后，采用气泵通过无菌空气过滤器为培养物提供无菌氧气，并控制好发酵液的 pH 值在 7.0～7.8。

发酵培养时间多长才合适，必须定期抽样检测其活菌含量，当含量达到所要求的数量便可停止培养。由于亚硝化细菌和硝化细菌的生长周期较长，通常需培养 10～20 天才能达到要求，但又不宜作更长时间的培养。因为在摇瓶培养或大罐内培养的后期，细菌的亚硝化率和硝化率均会有所下降。其原因可能有二：①培养液中营养成分减少以及 pH 值发生较大变化，不适于菌体继续生长，除非及时补充营养物质并适当调整其 pH 值。②培养液中终产物积累太多，对亚硝化细菌或硝化细菌产生反馈抑制。最好能设法采用"连续培养法"来培养硝化细菌，便可克服上述问题。

第四节 活菌含量的测定方法

一、琼脂或硅胶平板法

第一，按常规操作，吸取 5mL 样液置于无菌的 45mL 培养液中，加入数粒无菌小玻珠，置摇床上振荡 10 分钟，然后在无菌条件下，按附录一所介绍的方法进行系列的 10 倍稀释，把菌液稀释至 10^{-10}。

第二，选取其中合适稀释度的菌液 0.1mL，以涂布法接种在琼脂或硅胶平板培养基上，置 25℃～28℃中暗培养至有菌落出现后计数。计数方法详见附录一。

二、最大可能数计数法(MPN 法)

MPN 法又称稀释频度法。鉴于硝化细菌在平板培养基上不易生长，需时较长，且易污染，故采用 MPN 法较好。

MPN 法测定亚硝化细菌和硝化细菌的原理是：①对亚硝化细菌来说，培养后因 $NH_3 \rightarrow NO_2^-$，故有 NO_2^- 积累，采用 Griess 试剂检测能显红色者即为阳性管，否则为阴性管(无 AOB 菌存在)。

②对硝化细菌而言，培养后培养基中 NO_2^- 消失，用 Griess 试剂检测呈无色者为阳性管，否则为阴性管(无 NOB 菌存在)。本菌亦可用二苯胺试剂检测有无 NO_3^- 生成，有 NO_3^- 存在则显蓝色，为阳性管，否则为阴性管。

测定时必须先将待测菌液按 10 倍稀释法稀释至 10^{-10}。然后选用稀释度最高的 5 管供测试。根据不同稀释倍数阳性管之数量，运用统计学方法对亚硝化细菌和硝化细菌的含菌量计数。具体检测方法如下：

(一)AOB 活菌数的检测

检测 AOB 活菌数时常用的培养基配方有：

改良的 Stephenson 培养基

$(NH_4)_2PO_4$	2.0g	$MgSO_4 \cdot H_2O$	0.03g
NaH_2PO_4	0.25g	$MnSO_4 \cdot H_2O$	0.01g
K_2HPO_4	0.75g	$CaCO_3$	5.0g

用蒸馏水定容至 1 000 mL，pH 值 7.2

培养基溶液配制好后，热压灭菌 30 分钟后供用。然后按附录一所介绍的 MPN 法对待测菌液用上述无菌培养液进行 10 倍的系列稀释。采用其中 10^{-6}、10^{-7}、10^{-8}、10^{-9}、10^{-10} 等 5 个稀释度供检测用（又称"五管法"），但每个稀释度都有 5 支管，均用无菌棉花塞口。

分别接种后，于 25℃～28℃ 中培养 10～14 天后，分别各取其培养液 1～2 滴加于白瓷比色板小孔上，加 Griess 试剂的 A 液和 B 液各 1 滴，若有 NO_2^- 生成则显红色，为阳性管，证明有 AOB 存在。然后根据稀释度和阳性管数查 MPN 表，找出其活菌数，以亿个/mL 表示。

(二)NOB 活菌数的检测

可供 NOB 活菌量检测用的培养基有：

$NaNO_2$	1.0g	$MgSO_4 \cdot 7H_2O$	0.03g
NaH_2PO_4	0.25g	$MnSO_4 \cdot 4H_2O$	0.01g
K_2HPO_4	0.75g	$CaCO_3$	1.0g

用蒸馏水定容至 1 000 mL，pH 值 7.2

NOB 的具体检测方法同 AOB。选取 10^{-6}……10^{-10} 等 5 个稀释度，各配 5 支试管培养液，分别接种后，于 25℃～28℃ 中培养数周。

分别取培养液 1～2 滴加于白瓷比色板小孔中，滴加 Griess 试剂的 A 液和 B 液各 1 滴，检测还有无 NO_2^- 残存，如显红色，说明无 NOB 存在，为阴性管；如呈无色便是有 NOB 存在的阳性管。查 MPN 表计算其活菌数。

如果采用二苯胺试剂测定有无 NO_3^- 产生，则须按前面生化鉴定中所介绍的方法将 NO_2^- 清除后，再用二苯胺试剂检测，如显蓝色则为阳性管。

第五章　反硝化细菌

第一节　反硝化细菌的生物学特性

一、反硝化细菌的种类

反硝化细菌是指一类能将硝酸态氮(NO_3^-—N)还原为气态氮(NO、N_2O、N_2)的细菌群。这种将NO_3^-还原为N_2的过程称为反硝化作用。反硝化细菌分散在10个不同的细菌科中,迄今已知有50属以上的微生物能进行反硝化作用。自然界中最普遍的反硝化细菌是假单胞菌属,其次为产碱杆菌属。

传统的看法认为反硝化细菌属于异养微生物,只有在厌氧条件下生长和进行反硝化作用。但从20世纪50年代以来,发现有好氧的反硝化细菌,近年又发现自养的反硝化细菌。迄今已发现的计有异养厌氧反硝化细菌、异养好氧反硝化细菌和营养反硝化细菌3大类。

(一)异养厌氧反硝化细菌

异养厌氧反硝化细菌需要有机碳化合物如牛肉膏、蛋白胨、有机酸、糖等为碳源和电子(含氢)供体,属于异养型。因为它是厌氧菌,所以当它使NO_2^-—N转化为N_2时不需要氧参与。

(二)异养好氧反硝化细菌

最早在20世纪80年代,Robertson等(1988)报道好氧反硝化细菌和好氧反硝化酶系的存在,首次分离出好氧反硝化细菌泛养副球菌(*Paracoccus pantotropha*)、假单胞菌属的*Pseudomonas spp.*和粪产碱菌(*Alcaligenes faeca lis*)等。后来又发现一些在有氧条件下有较高反硝化效率的反硝酸细菌。

从污水中分离得到一种好氧反硝化细菌*Thisphaera pant otropha*,并且发现该菌具有硝酸还原酶,在有氧条件下,即使没有中间产物NO_2^-,也能把氨(NH_3)转化为N_2而逸出。

我国台湾学者从水稻稻谷沉淀物中发现3种反硝化细菌,能在有氧或无氧条件下，都能使 NO_3^- —N 还原为 N_2。

好氧反硝化细菌可与硝化细菌混合培养，因为大家都需要氧，但对培养基的要求有所不同。当它们混生在同一系统中时，便可实现硝化和反硝化反应全过程。即：

$$NH_3 \xrightarrow{AOB} NO_2^- \xrightarrow{NOB} NO_3^- \xrightarrow{\text{反硝化细菌}} N_2\uparrow$$

由硝化细菌所催化的硝化反应产生的 NO_3^- 可直接成为反硝化反应的底物。这一来便可以避免了硝化细菌培养过程中由于 NO_3^- 的积累而对硝化反应产生的反馈抑制，从而可以加速硝化反应过程；而且反硝化反应中产生的羟基（OH^-）可以部分地补偿硝化反应中所消耗的碱，从而可使系统中的 pH 值相对稳定。同时，硝化反应和反硝化反应可在相同条件和系统下进行（任延丽等，2005）。

（二）自养反硝化细菌

自养反硝化细菌不需要有机碳化合物为碳源，它能利用的碳源为无机的碳化合物，如 CO_2、HCO_3^- 等，合成自身所需的糖类所必需的能量也是来自无机物的，是从无机物中获取电子和氢等还原剂的，故称它为自养型。它和前面两种异养型的反硝化细菌相比较，在生产应用中有两个优势：①不需要投放有机物作碳源，节省开支；②只产生极少量的污泥。

自养反硝化细菌主要有两类：①利用氢为电子供体的反硝化细菌；②利用硫为电子供体的反硝化细菌。

例如，利用硫的反硝化细菌中有一种称为脱氮硫杆菌（*Thiobacillus denitrificans*）的，它将硫（S）或硫化物氧化为硫酸盐（SO_4^{2-}）时，便能将 NO_3^- 还原为 N_2。其化学反应如下：$55\ S+50\ NO_3^-+38\ H_2O+20\ CO_2+4\ NH_4^+ \rightarrow 4\ C_5H_7O_2N+25\ N_2\uparrow+55\ SO_4^{2-}+64H^+$ 由此反应中可见，它合成自身所需有机物 $C_5H_7O_2N$ 的原料全部都是简单的无机物，所需能量主要来自硫（S）被氧化为 SO_4^{2-} 时所释出的能量。

（四）厌氧和好氧反硝化细菌的区分

厌氧和好氧反硝化细菌的区分主要是根据它们的反硝化作用是在厌氧条件下进行，抑或是在好氧条件下进行的。事实上，据何芳等（2008）提供的资料，迄今尚未见有严格厌氧的反硝化细菌，现已知的所谓厌氧反硝化细菌都是微好氧的。

二、反硝化细菌的形态和作用

(一)反硝化细菌的形态

反硝化细菌的主要种类多属革兰氏染色呈阴性(G^-)。

菌体细胞呈杆状,一般不产生芽孢。它们有的具周生鞭毛(如脱氮色杆菌),有的具有顶生鞭毛(如荧光极毛杆菌、脱氮极毛杆菌)。

(二)反硝化细菌的作用

反硝化是指硝酸盐以气态氮化合物(NO、N_2O、N_2)形式损失的生物学过程。所以,在自然界中,土壤或水体中硝酸盐的损失,主要是由反硝化细菌造成的。NO_3^-的损失途径可能有:

(1) $NO_3 \xrightarrow{+H^+} NO_2^-$

(2) $NO_3^- \xrightarrow{+H^+} NH_3$

(3) $NO_3^- \xrightarrow{+H^+} N_2$

据已有的研究结果所知,反硝化细菌将 NO_3^- 还原为 N_2 的反硝化作用分四步进行,即:

$$NO_3^- \longrightarrow NO_2^- \longrightarrow NO \longrightarrow N_2O \longrightarrow N_2$$

此种能使 NO_3^- 还原为气态氮而遗失的反硝化过程又称为“脱氮”反应。

反硝化细菌之所以具有上述作用,主要是它们具有硝酸还原酶、亚硝酸还原酶、NO 还原酶和 N_2O 还原酶(郑平,2003;辛明秀等,2007)。

NO_3^- 在微生物反硝化反应中转化的途径和结果可归纳为下图:

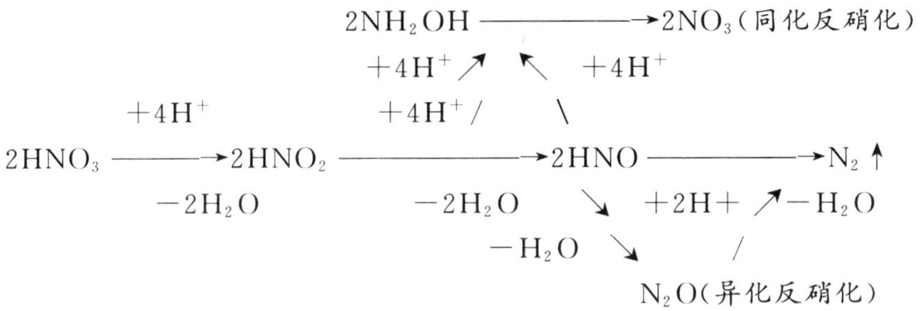

三、pH 值对反硝化细菌的影响

水体 pH 值对反硝化细菌和反硝化作用的影响均不大。在 pH 值 6.0～7.0 间,其脱氮率最大,在 pH 值 8.0～9.0 时亦有较高的脱氮率。说明反硝化细菌对水体 pH 值变化有很强的耐受力,对 pH 值适应性较广。

四、温度对反硝化细菌的影响

在一定范围内,温度越高,反硝化作用效果越明显。在 25℃～35℃,脱氮率可达 90%以上,但在 15℃以下,反硝化效果便不太明显。

五、重金属离子对反硝化细菌的影响

池塘中如果常使用硫酸铜、硫酸锌等消毒剂,其中铜(Cu^{2+})、锌(Zn^{2+})等残留物对反硝化细菌的生长有较强的抑制作用,不利于反硝化作用。

第二节　反硝化细菌的富集分离与纯化

一、反硝化细菌富集用培养基

配方一:适用于异养厌氧和异养好氧的反硝化细菌

牛肉膏	5g	
蛋白胨	10g	
$NaNO_2$	1g	用蒸馏水定容至 1 000 mL,pH 值 7.0～7.2

($NaNO_2$ 初始浓度用 0.1g/L,随时间的延长逐渐增加至 1g/L)

配方二:BTB 培养基,适用于耐氧反硝化细菌

L-天冬氨酸	1%
KNO_3	0.1%

KH_2PO_4	0.1%
$MgSO_4 \cdot H_2O$	0.1%
$FeCl_3 \cdot H_2O$	0.005%
$CaCl_2 \cdot H_2O$	0.2%

1%溴百里酚蓝(pH 值指示剂) 1 mL 用蒸馏水定容至 1 000 mL,pH 值 7.0～7.3

配方三：SG 培养基,适用于好氧反硝化细菌

琥珀酸钠	5.5g
$Na_2HPO_4 \cdot 7H_2O$	5g
KH_2PO_4	1g
$MgSO_4 \cdot 7H_2O$	0.1g
KNO_3	2g
$NaNO_2$	0.5g

微量元素母液* 2 mL 用蒸馏水定容至 1 000 mL,pH 值 7.0

*微量元素母液(g/L)：EDTA 50.0；$ZnSO_4$ 2.2；$CaCl_2 \cdot H_2O$ 5.5；$MnCl_2 \cdot H_2O$ 5.06；$FeSO_4 \cdot H_2O$ 5.0；$(NH_4)_6MO_7O_2 \cdot H_2O$ 1.1；$CuSO_4 \cdot H_2O$ 1.57；$CoCl_2 \cdot H_2O$ 1.61。pH 值 7.0。

二、富集培养与分离

供富集培养用的样品可采自菜园土壤、鱼虾养殖池塘水和污泥等。现举些实例予以说明。

(一)厌氧反硝化细菌富集与分离方法

第一,塘污泥(表层以下约 5cm)、菜园土(表层下约 10cm)、稻田土(表层下 10cm)各 1 份。混合均匀后称取 2g,置 200 mL 富集培养液(由牛肉浸膏、蛋白胨等组成)中,于 30℃ 中静置密闭培养。定时反复多次转接于新鲜富集培养液中培养一段时间。

第二,在琼脂平板培养基上以划线法接种,于 30℃ 中暗培养至出现菌落,挑选单菌落接于液态富集培养基中,静置密闭培养。

第三,产气快、气泡多的菌株,进行 NO_2^- 和总氮量的检测。最后选取产气最快、能迅速还原 NO_2^- 和总氮的菌株为菌种。

(二)好氧反硝化细菌富集与分离方法

第一,取新鲜肥沃菜园土 10g 置于 90 mL 无菌水中做系列 10 倍稀释,取

稀释度10^{-5}、10^{-6}的悬浊液分别在含有牛肉浸膏、蛋白胨和加有1‰的KNO_3、pH值7.2～7.4的琼脂平板上涂布接种，于28℃中培养3～4天，长出菌落为止。

第二，挑选形态各异的菌落分别接种于盛有3mL以KNO_3为唯一氮源的硝酸一柠檬酸钠的反硝化液态培养基（同上述配方三）试管中，于28℃、180r/min下振荡培养7～10天。

第三，于各试管中加入1～2滴Griess试剂检测有无NO_2^-存在，如溶液呈粉红色或棕色者，表明NO_3^-已被还原为NO_2^-，有好氧反硝化细菌存在。

如果溶液不显红色，则加入二苯胺试剂，若呈蓝色，表示NO_3^-未被转化，液中无反硝化细菌。如果加二苯胺试剂后，溶液无色，说明NO_3^-和NO_2^-均被还原为氮氧化物，表明该溶液中有活力较强的好氧反硝化细菌存在。

第四，经检测发现有好氧反硝化细菌存在后，便将该试管中的菌液以涂布法接种至硝酸-柠檬酸钠琼脂平板培养基上培养。出现菌落后，挑选分离较好的有代表性的单菌落做涂片镜检。若有不纯，进一步挑取此菌落做平板划线分离培养，直至获得目的菌株的纯培养物。

第五，将新得纯菌株接种于硝酸-柠檬酸钠琼脂斜面培养基上培养后保存。

第三节　反硝化细菌的活性测定

一、产气特性的测定

反硝化细菌含有硝酸还原酶，能使NO_3^-还原为NO_2^-，使培养液呈碱性，培养液便会由绿色变为蓝色。反硝化作用强的菌株通过亚硝酸还原酶，将NO_2^-进一步还原为氧化亚氮或氮气而逸出，因此在密闭的试管中滞留有这些被释放出来的气体。产气越早越快的菌株，其反硝化作用便越强，反之则弱。测定产气性质的方法如下：

第一，将制好的培养液（见配方三）盛于大试管（20 mm×200 mm）中，将缠有细线的小试管（12 mm×75 mm）倒立放在大试管中，并将小试管中的气体排尽，塞住大试管，留部分细线在大试管口外，以便于升降小试管之用。热压灭菌后备用。

第二，用2ml SG培养液洗下活化后的菌株培养物，转接入盛有小试管和SG培养液的大试管中，将小试管提升一段距离，以便接收气体。接种时切莫让气体进入小试管内。每个菌株接4～5支试管，于30℃恒温中培养10～14天，重复3次。保留一组不接种，作为对照。注意每天均需观察气体发生和颜色变化情况，选出产气早和快的菌株。

二、对 NO_3^- 还原力测定

第一，将上述产气试管中的培养液用滤纸过滤，吸取滤液，用蒸馏水稀释 100 倍，测定其中含氮量。以灭菌后的培养基为对照。含氮量减少越多者，说明其对 NO_3^- 的还原力越强。

第二，也可将活化后的菌株按体积比 1% 的接种量接种至含有 1.98 mg/L NO_2^- 的 LB 培养基中，于 30℃ 中静置密闭培养。每隔 2h 取样测定其中 NO_2^- 含量及菌体浊度。NO_2^- 含量可用 Griess 试剂显色测 OD 540 值，菌体浓度可用 OD 600 值来表示。

三、反硝化细菌活菌含量的测定

（一）MPN 法测定反硝化细菌活菌量

按前述硝化细菌等所用的 MPN 法测定。根据反硝化细菌能使 NO_3^- 还原为 NO_2^- 或者使 NO_2^- 还原为氧化亚氮或氮气的原理，如果供测试的原培养基使用 NO_3^- 盐时，则用 Griess 试剂显色测定系列稀释管中的菌液经一段时间培养后所产生的 NO_2^-，显红色的则为阳性管。如果供测试的原培养基使用 NO_2^- 盐时，则用 Griess 试剂显色测定 NO_2^- 是否已被还原掉，如无色则为阳性管。据此，可查 MPN 表计算其含菌量。

（二）琼脂平板培养法测活菌量

第一，先将待测菌液用培养液做 10 倍系列稀释，选取 10^{-5} 以上高倍稀释度的供检测用。

第二，测定厌氧反硝化细菌时，可将合适的琼脂培养基经热压灭菌后，待冷至 45℃ 左右时，吸取所定稀释度的菌液 1mL 与定量的琼脂培养液混合均匀后注入无菌培养皿中，凝固后置于 30℃ 中暗培养。

第三，测定好氧反硝化细菌时，可吸取 0.1mL 所定稀释度的菌液以涂布法接种在琼脂平板培养基上后进行培养。

第四，均按附录一中所介绍的方法进行菌落计数和计算其活菌含量。

第六章　硝化细菌和反硝化细菌在水产养殖中的应用

第一节　亚硝酸氮对水生动物的危害

我国淡水渔业用水标准规定，养殖水体中的亚硝酸盐含量应控制在0.2 mg/L以下，河虾、对虾等育苗水体中亚硝酸盐含量应在0.1mg/L以下。因为养殖水体中氨态氮和亚硝酸氮的积聚对鱼、虾、蟹等养殖动物会产生严重危害，主要表现在以下几方面：

一是直接毒死鱼虾种苗。例如，在广西某些乡镇，因远离海水源而抽取地下含氨氮较高的地下水作为虾的养殖水源，结果在放苗后，常发生全部死亡现象。有的在亚硝酸盐含量高达0.3 mg/L以上，并过量施用石灰清塘，造成在pH值过高的情况下放苗，结果虾苗也无法存活。有的养殖户习惯使用干鸡粪作基肥，亦因亚硝酸盐含量在0.3 mg/L以上，导致放苗后养殖成活率达不到50%，或大多出现应激红体病等。

二是低浓度亚硝酸盐常使鱼体抵抗力下降，易患各种疾病。高浓度亚硝酸盐会使鱼患褐血病而死亡。有研究结果表明，亚硝酸盐浓度一旦超过0.05 mg/L，鱼虾等体内血液运载氧的能力便会逐渐下降，造成慢性中毒，摄食量降低，甚至厌食。有的鳃组织也出现病变，呼吸困难，骚动不安等症状。有的对虾出现非缺氧性“浮头”，在池塘水表缓慢流动或紧靠浅水岸边。多数病虾先在池塘表面游动，继而转入中下层水中，最后静伏池底而死亡

在高浓度亚硝酸盐的水体中，如鳗鱼发生亚硝酸盐中毒时，往往出现多种症状，表现在其鳃丝充血、肿胀、黏液增多、呈褐色或暗红色，食欲减退，乃至厌食，咬食亦较严重。体表无光泽，皮肤粗糙，胸鳍微发红。内脏往往出现肝、胆肿大。易发生烂鳃、细菌性败血症等（王春光等，2006）。

三是氨氮和亚硝酸氮之积累，还会导致水体中可供作鱼类饵料的藻类非正常死亡，引起水体中溶氧量急剧下降，有害气体增多，有害细菌和条件致病菌大量孳生，造成养殖动物体质下降，抗应激能力差，易导致各种病原菌的侵袭而生病。

四是亚硝酸能与仲胺作用而生成强致癌性的亚硝酸胺类物质，对人和养殖动物均有潜在的危害。

亚硝酸盐对生物的致毒机理，国内外已在多种鱼类中开展了研究，一致认为亚硝酸盐对鱼类的毒性影响主要是使其血液中的亚铁血红蛋白（Fe^{2+}）被氧化为高铁血红蛋白（Fe^{3+}），从而抑制血液的载氧能力，严重时会导致鱼虾缺氧而窒息死亡（罗晓华等，2008）。

第二节　对水体中亚硝酸盐的常规处理方法

养殖水体中亚硝酸盐含量增高的原因主要有三：

第一，不规范的养殖方法导致氨氮和亚硝酸盐升高。如大量施用有机肥肥塘，或完全采用地下水作为养殖水源。

第二，不认识亚硝酸盐的产生和危害程度，不重视亚硝酸盐的降解。

第三，养殖业者不懂使用何种非药品或药品降解亚硝酸盐，而市售的各种微生态制剂的使用说明中都标明能降解亚硝酸盐，结果有的养殖户虽然常使用光合细菌、芽孢杆菌或 EM 等菌剂处理水体，但对亚硝酸盐的降解并无太大效果。

一般养殖者为了清除水中亚硝酸盐，通常使用底质和水质改良剂。例如，具有吸附功能的活性沸石粉，每次每 667 米^2 用量 50 千克，每 3～5 天施用 1 次。或使用过碳酸钠等增氧剂，每 1mg/L 增氧剂最多可降解 0.2mg/L 亚硝酸盐，长期使用成本颇高，而且增氧剂放出的活性氧只能将 NO_2^- 暂时性地氧化为 NO_3^-，NO_3^- 易被还原为 NO_2^-。有的使用氧化性消毒剂，如过氧化氢（含量 20%的双氧水），使用 0.8～1.0mg/L 可降解 0.1mg/L 的 NO_2^-。使用 1 mg/L 二氧化氯（5%液体）可降解 0.07mg/L 的 NO_2^-。至于微生物菌剂，最常用的为枯草芽孢杆菌，每 15 天使用 1 次，在有效活菌数达 2×10^8 个/mL 时，每 667 米^2 施用 1 千克，确实可消除亚硝酸盐达 11.3%，有的还更高。上述诸法对降解亚硝酸盐都有一定效果，但并不理想。因为那些净水剂、消毒药等会破坏水体中微生物的平衡，许多有益微生物亦与有害微生物一起被杀灭，这对养殖动物并非好事。枯草芽孢杆菌、光合细菌和 EM 等在降解有机物并增强水生动物的抗病力等方面确有很大作用，但它们之所以也能降低亚硝酸盐含量，主要是通过降解有机物而使亚硝酸盐的产生减少所致，是一种间接的作用，一旦亚硝酸产生，它们便无能为力了。因此，为彻底解决目前水产养殖水体中亚硝酸盐含量高这一难题，唯有依靠硝化细菌和反硝化细菌。

第三节　硝化细菌和反硝化细菌的应用效果

一、使用硝化细菌的效果

以虾的养殖为例。

实例一，广西合浦县党江镇沿海养殖联合户，养殖面积约 33.3 公顷(500 亩)，抽取地下水(比重 1.005，硝酸盐含量 0.5mg/L)为养殖水，结果放虾苗后大量死亡，后来投放硝化细菌，每 667 米^2 施用 1 千克，5～7 天后，水色由无色转为黄绿色(变肥了)，结果水中硝酸盐含量降为 0.15mg/L，放苗成功。养殖期间未采取消毒措施，水色稳定。放苗后 35 天，第二次施用硝化细菌，每 667 米^2 施 1 千克，82～92 天收获时，水中亚硝酸盐含量为 0.2～0.25 mg/L，养成的虾规格为每千克 80～90 尾，每 667 米^2 产虾 500～600 千克。

实例二，广西北海市郊区某养殖户，有高盐度海水高位池塘，面积为 3 公顷(45 亩)，对虾养殖 60 天时水中亚硝酸盐浓度高达 1.2 mg/L，使用其他方法降解亚硝酸盐，但无效。后改用硝化细菌，每 667 米^2 投放 1 千克，养至 80 天时再投放 1 次硝化细菌，每 667 米^2 仍为 1 千克，养至 102 天收获时，水中亚硝酸盐含量已降至 0.8 mg/L，每 667 米^2 产对虾 800 千克。若不采取有效措施，高盐度池塘中亚硝酸盐每天会上升 0.1～0.2mg/L，养殖对虾 100 天，亚硝酸盐浓度会高达 7～9 mg/L。但使用硝化细菌后，每天降低亚硝酸盐的绝对值实际大于 0.2mg/L，说明硝化细菌对亚硝酸的降解(实为氧化)能力远超过其他制剂。

实例三，据上海中鱼科技研究所的试验结果表明，使用纯化的硝化细菌(有效活菌数为 3 $\times 10^3$ 个/mL)1 次，用量为每 667 米^{2}1 千克，19 天后在正常投料、不排污、不换水的情况下，亚硝酸盐含量从 2.937 mg/L 降至 0.400 mg/L，亚硝酸盐含量下降 98.6%，对虾生长良好。

从上述实例可见，硝化细菌在降低养殖水中亚硝酸盐含量方面确有非常明显的效果，保证了对虾的健康生长和较高的产量。据有关资料证明，其原因主要有以下 3 点：①使用硝化细菌后，池水变得爽嫩和转绿。那是因为在硝化细菌作用下，NO_2^- 被氧化为 NO_3^-，NO_3^- 为绿藻吸收利用，因而绿藻大量繁殖，既为养殖鱼、虾提供了充足的天然饵料，又可使池水变肥。

②由于亚硝酸盐降低，对虾活力增强，因而对虾食欲也增强，吃料量明显增加。

③对虾的蜕壳量增大，肉眼便可见池中对虾蜕下的壳比平时多1倍以上。

在鱼类养殖方面，使用硝化细菌同样有明显的良好效果。

实例一：养殖罗非鱼鱼苗时，以投喂配合饲料为主，由于喂养密度高，投饵量大，导致有大量残饵、粪便和生物残体等物质沉积于水体下层，在厌氧条件下经细菌分解便会产生氨氮和亚硝酸氮等有毒物质，从而影响鱼苗的生长发育。在奥尼罗非鱼苗的培育水体中投入不同浓度的硝化细菌以改善水质，提高罗非鱼苗的体质。结果是当硝化细菌的浓度在100个/L时，氨氮含量比对照组降低了25.05％，亚硝酸氮含量则降低了45.16％，COD值降低了12.33％，均显著地低于对照组（$P<0.05$）；鱼苗培育成活率比对照组高7.58％，体长增长22.18％，体重增加46.15％，亦显著高于对照组（$P<0.05$）。

实例二：工厂化养殖澳洲银鲈时，对在水体中投施硝化细菌的前后部分水质指标进行了研究。结果表明：试验池在施放硝化细菌前，氨氮和亚硝酸氮含量的上升趋势与对照池大致相同。施放硝化细菌后，上升趋势便放缓，在施放后的第四天，氨氮含量出现下降，但在2～3天后又开始缓慢上升；而亚硝酸氮含量在施放硝化细菌后的初期略有上升，但在施放后的第四天出现明显下降趋势，到第九天却又开始缓慢回升。因此，认为在工厂化养殖澳洲银鲈过程中，可通过提前投施硝化细菌和以7～10天的时间间隔定期向水体中补充硝化细菌来缓解氨氮和亚硝酸氮的积累，改善养殖水体。

实例三：在蓝毛足鲈、七彩神仙鱼、孔雀鱼等淡水观赏鱼养殖中研究了应用硝化细菌的效果。结果认为使用硝化细菌可提高蓝毛足鲈等观赏鱼的相对生长率，并且由于硝化细菌含有维生素 B_1、维生素 B_2、维生素 B_6、维生素 B_{12}、泛酸和生物碱等，对鱼体保持鲜艳体色会产生良好的影响；而且发现，硝化细菌对预防细菌性肠炎病的发生有明显的作用。硝化细菌在淡水水族箱中的固着种群需要25～28天达到稳定状态。在施用硝化细菌21～28天后，水体中的COD、NH_4^+-N、NO_2^--N可达到稳定的水平。

二、使用反硝化细菌的效果

以污水处理为例。反硝化细菌能使水体中的 NO_3^--N 和 NO_2^--N 还原为气态的NO、N_2O 和 N_2 而散失，能较彻底地清除水中残留的亚硝酸盐。

在污水处理系统中反硝化细菌的种类很多，大约有50多个属，130多个种。已报道的有无色杆菌属（*Achromobacter*），芽孢杆菌属（*Bacillus*），短杆菌属（*Brevibacterium*），肠杆菌属（*Enterbacter*），乳杆菌属（*1actobacillus*），微球菌属（*Micrococcus*），假单胞菌属（*Pseudomonas*），螺菌属（*Spirillum*）等。

它们都含有硝酸还原酶和亚硝酸还原酶，可能还有 NO 还原酶和 N_2O 还原酶，在清除污水的硝酸盐和亚硝酸盐中起重要作用。

实例一：从土壤中分离获得一株高效反硝化细菌 DNF409 菌株，当其活菌含量达 10^8 个/L 时，其反硝化活性即可充分发挥，使水体中的 NO_3^-－N 和 NO_2^-－N 的降解率分别达到 94.79%和 99.94%，曾在多点池塘中进行中等试验，均获良好的脱氮效果。

实例二：从稻田土壤中分离获得一株好氧反硝化细菌 HS-03 菌株，在有氧条件下，能去除人工废水中的 NO_3^-－N(10 mmol/L)，去除率达 90%以上，反应过程中无 NO_2^-－N 积累，说明已被还原为气态氮。

实例三：以一株高活性反硝化细菌对武汉东湖抹布塘富营养化景观污水进行净化处理，投施该菌株 4 个月后，与投放前相比，水体变得无臭味，水质清嫩，溶解氧升高 3.4～3.6 mg/L，透明度增加 0.39～0.44 米。高锰酸钾指数(即 COD)下降了 63.75%～66.89%，总氮量降低 34.80%～38.20%。

实例四：试验表明，在水产动物养殖季节，无论是阴天或晴天，反硝化细菌都能有效地降低养殖水体中亚硝酸盐含量，特别是在晴天使用后，能在较长时间内维持养殖水体中低水平的亚硝酸盐含量，有利于净化水质，增加溶氧量。

第四节　复合菌剂和固定化的优越性

一、复合微生物菌剂的优势

污染水体的微生物治理不能单纯依靠硝化细菌或反硝化细菌单一微生物的作用，必须依靠具有不同生理功能的多种微生物协同作战才能达到对水质的净化效果。因而，出现了含有多种微生物的复合微生态制剂，它们是根据微生态学原理制成的含有大量有益菌的活菌制剂，有效微生物(EM)便是个典型实例。有的还含有微生物的代谢产物和(或)添加了有益的促生长因子，具有维持动植物和人类内外环境的微生态平衡之作用。目前，复合微生态制剂在水产动物养殖中广泛应用，所涉及的微生物主要包括有光合细菌、益生芽孢杆菌、硝化细菌、反硝化细菌、乳酸菌和酵母菌等。这些细菌的合理组合使用，可有效地净化水质。水体中残留的有机物为异养菌分解后所产生的有机酸、硫化物和氨氮等可为光合细菌营光合作用时所利用；益生的芽孢杆菌能抑制水体中病原菌的生长，又能改善水生动物肠道内微生物群的结构，增强其抗病力等；有的在繁殖中大量分泌淀粉酶、蛋白酶、脂肪酶等，能迅速降解水体中残留饵料和鱼虾粪便中的各种有机物，大部分分解为水和二氧化碳，所生成的氨氮和亚硝酸盐等有毒物质可为硝化细菌和反硝化细菌所氧化或还原为气态氮而得以消除。这种由不同生理功能的细菌组合而成的多功能制剂才是水质净化的较为理想的微生态制剂。下列实例是使用复合微生态制剂的效果。

实例一：江苏高邮大棚培育罗氏沼虾种苗池中的虾苗摄食明显下降。经检测，发现水中氨氮为 0.785 mg/L，亚硝酸盐含量为 0.592mg/L。在全池中泼施 1 次 EM 菌粉剂，用量为每立方米水体施 0.5 克，并泼施高效复合硝化细菌菌剂，用量为每立方米水体施 0.7 克。2 天后，虾苗吃食明显好转，活力也增加，3 天后开始检测水质，至第六天，水中氨氮已降为 0.0834mg/L，亚硝酸氮降为 0.0423 mg/L，几乎降为零，效果非常显著。

实例二：广西钦州和防城等地南美白对虾养殖池塘中应用高效复合硝化细菌制剂后，亚硝酸盐含量从 0.359～1.216 mg/L 降为 0.0325～0.0974 mg/L，施菌液后 4～5 天，亚硝酸盐便开始普遍明显下降，而且对虾生长良好。

实例三：江苏无锡马山养殖翘嘴红鲌的池塘中，发现有 12 口池塘的翘嘴红鲌不吃食料，有几口池塘中还有少量翘嘴红鲌死亡。经检测，发现水中氨氮含量较低而亚硝酸盐含量较高，最高者达 0.932 mg/L，最低的也有 0.392 mg/L，硫化氢含量为 0.768 mg/L。以每 667 米^2 每米水深施用 250～300 克的高效复合硝化细菌活菌剂 3 天后，鱼的吃食恢复正常，死亡亦停止。此时水中亚硝酸盐含量已降至 0.0874 mg/L，硫化氢几乎检测不到。

复合微生态制剂不仅效果好于单一菌剂，而且费用省，目前已日益成为研究的热点。

二、固定化联合菌剂的优越性

试验证明，不管是单种菌剂还是复合微生态制剂，它们被固定化后所能发挥的功能比其游离状态时所起的作用要强得多。特别是固定化菌剂对外界的理化因素有较强的抵抗力。所以，为了保证微生物在复杂环境和激烈操作条件下仍然能稳定地发挥高效的性能，人们采用了微生物固定化技术。

固定化微生物的方法多种多样，主要有表面吸附固定化、交联固定化、包埋固定化和自身固定化等。应用于生物脱氮微生物固定化的方法主要是包埋固定化方法。即使用高分子材料制备凝胶，把微生物包埋在其内部，该法的优点是操作简便，对细胞活性影响较小。在养殖水体净化中应用的实例有很多。

微生物包埋固定方法在第一篇第三章中已有叙述，其所常用的材料是海藻酸钙、角叉菜胶、聚乙烯醇(PVA)等。在此不再赘述。

固定化微生物菌剂的优势，从以下实例中便可明了。例如，采用海藻酸钠将硝化细菌和反硝化细菌联合包埋，利用扩散阻力在颗粒内部产生氧浓度梯度所形成的好氧区、缺氧区和厌氧区，使硝化和反硝化两个过程有机地结合在一起，构成单极生物脱氮系统，在好氧条件下同时进行硝化和反硝化。试验结果表明，联合固定系统对氨氮的氧化速率约为硝化细菌单独固定时的 1.4 倍，脱氮速率为分别固定构成的复合系统的 2.6 倍。

采用低温辐射技术制备高分子载体，通过吸附使硝化细菌和反硝化细菌固定在共聚物载体的内部和表面，用以处理废水。经此系统处理后，废水中的总氮下降 70%，氨态氮下降 84%，CODcr 下降 68%，出水水质明显得到改善。

第五节　硝化细菌和反硝化细菌制剂的正确使用方法

硝化细菌是一种自养型微生物，生长繁殖慢，好氧，依附性强，环境因素如有机物过多、pH 值低、溶氧低（在 2mg/L 以下）以及温度低等均会影响它的生长与繁殖。反硝化细菌则较复杂，既有异养型，也有自养型，有好氧的，也有厌氧的。环境因素如 pH 值和温度对它的影响不如对硝化细菌那么明显。但在使用上既有共同应注意的问题，也有不同的要求，正确使用它们才能达到使用效果。应注意的事项主要有：

一、使用时间

使用时间宜早不宜迟。在水产养殖中，一旦发现水中有氨或亚硝酸盐出现，便应立即施用硝化细菌和（或）反硝化细菌。特别是硝化细菌，因为它生长慢，在养殖水体中必须繁殖达到一定数量后才能起作用。通常在鱼虾种苗的繁育和投放的初期，便应同时施用硝化细菌和反硝化细菌，以后每隔一定时间（15～20 天）施用 1 次，直至收获鱼虾时，均应将水体中的氨和亚硝酸盐含量控制在最低的安全浓度下。

二、使用方法

（一）常规使用

1. 不需活化　硝化细菌和反硝化细菌在使用前，无须活化。因为它们的制剂都是活菌体，不像芽孢杆菌那样通常以芽孢形式存在，所以不需要像芽孢杆菌那样需要活化和扩大培养，否则反而会影响硝化细菌的使用效价。

2. 水体溶解氧丰富　硝化细菌必须投放在水体溶解氧丰富、底质有机物少的池塘四周水中，避免投放到有机污物多的位置(如中央区)，以免影响其生长与繁殖，降低其使用效果。同时，硝化细菌不需光，强光会抑制其生长，故不宜在中午强光照时使用，以在傍晚时施用为好。在使用硝化细菌的过程中，最好开启增氧机，使水体中的溶氧量保持在5mg/L以上，这样效果才更佳。

3. 加施有机肥　反硝化细菌则需投放在有机物质较丰富的水体中才能快速生长和繁殖。如果水质太瘦，便需适当施些有机肥。

4. 水体管理　使用硝化细菌和反硝化细菌后的初期，不宜换水排污，尤其是硝化细菌，因为它需要在附着物上附着后才不致于随排水而流失。最好是在投施时同时泼洒质量较好的沸石粉，使菌体快速吸附并沉于水底而不易被排走。

养殖池塘水中亚硝酸盐和氨氮含量很高时，硝化细菌和(或)反硝化细菌的用量必须适当增加。通常水深1米的池塘每667米^{2}应投施1千克菌液，此时则应增加至每667米^{2}施1.5～2千克或更多。在高温季节也应适当增加硝化细菌和(或)反硝化细菌的用量。

5. 两种不同菌的同时使用　若要同时施用不同的净水细菌，应注意细菌之间的共容性。例如，硝化细菌和光合细菌不宜同时投放，因为它们在净化水质的过程中会互有抑制作用，可能会降低净化效果。故使用时应分别相隔一段时间。

(二)其他使用

1. 使用抗生素、消毒剂或杀虫剂　使用抗生素、消毒剂或杀虫剂时，在它们的残毒未消失前，切莫投施硝化细菌和反硝化细菌，彼此使用时必须相隔至少6天以上。有的施用硫酸铜、硫酸锌等含重金属的消毒药，如果残留在水体中而不能消除，铜、锌等重金属必定会抑制硝化细菌和反硝化细菌的生长。由过碳酸钙、过碳酸钠或过氧化氢等组成的增氧剂所放出的氧对微生物有很强的杀伤作用，故绝不能与硝化细菌和反硝化细菌同时使用。

2. 观赏鱼类　在观赏鱼类的养殖箱(水族箱)中投放硝化细菌时，必须有供其生长的附着物，如生化棉(不能用普通的过滤棉)、生化球、陶瓷环、玻璃环或沙砾等，这些材料越多，滤水面积越大，水的自净功能就越好。同时，应提供充足的溶解氧，保证水流通过附着物时不留死角。

(三)效果分析

有时硝化细菌和反硝化细菌制剂使用效果不明显,其原因可能有:

一是所用菌剂的活菌含量低,或是其他的微生物制剂。

二是池塘环境条件不合适,如有机污染物含量过高,溶氧量低,对硝化细菌的生长不利;相反,水质太瘦,对反硝化细菌的生长则不利。

三是无论是单一菌种还是复合菌种,都存在环境适应性问题。如果所用菌剂不是土著微生物,而是外源微生物,尤其是那些所谓的"工程菌",对所投施的环境不适应,其生长繁殖必会受到影响。所以,目前主张直接利用当地土壤或水中分离出来的土著微生物,因为它们在长期接触当地污染物过程中已经历了一段自然驯化期,是生物处理污水的首选菌种。

例如,直接从富营养化的养殖水体中分离筛选得到硝化细菌、反硝化细菌、光合细菌、硫细菌和生物絮凝菌等各具不同生理功能的土著污染物治理菌株,经优化配伍成性能优良的复合功能菌,能有效地净化养殖水质。

第五篇　5406 抗生菌(细黄链霉菌)菌肥

第一章　5406 抗生菌的生物学特性

在细菌、真菌和放线菌中,凡能合成和分泌能抑制或杀伤其他微生物的物质的微生物均称为"抗生菌"。各种微生物的代谢产物有很大差异,有的分泌物能抑制或杀灭有害菌的生长,被称为"抗生素";有的分泌物能促进动植物的生长,被称为"刺激素"。5406 抗生菌对这两类分泌物兼而有之。

5406 抗生菌是原北京农业大学(现中国农业大学)尹莘耘教授等科学工作者于 1953 年从陕西省泾阳老苜蓿的根土中分离获得的。5406 是对当时采集地点和菌株的代号。其中,"5"代表西北地区,"4"代表苜蓿根土壤,"06"代表采自苜蓿根土壤中的第六号菌株。经鉴定,它是属于放线菌科,链霉菌属的费氏放线菌(*Streptomyces fradiae*)种组,命名为细黄链霉菌(*Streptomyces microflavus*)。迄今所知的并广为推广的抗生菌肥之一就是以该菌为菌种所生产的生物肥料。

第一节　5406 抗生菌的形态特征

一、5406 抗生菌的形态特征

在显微镜下观察时,可见 5406 抗生菌的菌丝体呈放射线状,分枝较多,无横隔。气生的孢子丝单叉分枝,纤细致密而短,在幼小时,呈直线或波曲状,成熟时则呈 2～4 圈松散的螺旋,有时可多达 6 圈。生长到一定时期,原生质发生凝聚并分裂形成许多链状的孢子,孢子呈椭圆形至柱形。孢子不耐高温,超过 60℃经 5 分钟便会死亡。如图 5-1 所示。

图5-1　5406放线菌菌丝和孢子的形态

二、5406抗生菌的菌落特征

在人工合成的琼脂平板培养基上,5406抗生菌所形成的菌落呈圆形凸起,开始生长时呈浅粉色至粉白色,背面显杏黄色至虎皮黄色,营养菌丝体深入培养基中。气生菌丝呈粉白色,当气生菌丝成熟时,上面生满成串的孢子时,则呈粉红色。孢子是无性繁殖器官。在菌落(或菌苔)形成后,表面有晶莹无色的小露珠,并放出冰片香味。在天然的培养基上,菌苔呈粉红至浅粉色,背面同样出现有杏黄至虎皮黄色素。

第二节　5406的生理特性

一、5406抗生菌对环境条件的要求

5406抗生菌是一种好气性放线菌,在生长发育过程中,需要一定合适的温度、湿度、空气、营养和酸碱度。

(一)温　度

5406抗生菌的最适生长温度为26℃～32℃,在16℃以下和36℃以上,生长便渐弱,在12℃以下和50℃以上则停止生长。

(二)氧和湿度

因为5406抗生菌的生长要求有良好的通气条件,因此对固态培养基的绝对含水量以20%～25%为宜。通常要求培养料的含水量在"手握可成团,落地即散"便可。含水量超过30%或低于15%时,生长均不好。因为过湿会影

响通气，过干则不利于孢子萌发。在液态培养中，亦需有充足的氧气供应。

(三)酸碱度

5406 抗生菌对培养基酸碱度的要求，在 pH 值 6.5～8.5 均能生长良好，但 pH 值低于 6.0 和高于 9.0 时，生长即受到抑制。一般以中性或微碱性为好。但在缺磷的土壤中，加入过磷酸钙后，在 pH 值为 5.0 时也不会影响 5406 抗生菌的生长发育。

(四)对营养物的要求

5406 抗生菌对营养条件的要求，以有机质含量较多的培养料上生长良好。它能利用葡萄糖、木糖、果糖、甘露糖等，以及氮、磷、钾、镁、铁和各种微量元素。所以，5406 抗生菌喜欢在有机质丰富的土壤中生长，以壤土或黏土为最好，沙性土较差。在新鲜的棉籽饼粉或茶饼粉、豆饼粉与肥土的混合料上生长最快。

二、5406 抗生菌的有效生化成分

(一)生长调节类物质

据尹莘耘教授等人对 5406 抗生菌所做的详细研究发现该菌能合成一种新型的生长调节剂，是一种不同于广泛存在于植物中的吲哚乙酸和赤霉素的生长刺激物。这种刺激物易溶于水、甲醇、乙醇、乙酸乙酯和吡啶等溶剂中，但不溶于丁醇、丙酮、四氯化碳和氯仿等溶剂。5406 刺激素是属于两性物质，不同于酸性的赤霉素、生长素(吲哚乙酸)和中性的激动素。

此种 5406 刺激素对下列环境因素均很稳定，例如①在中性条件下最为稳定，当 pH 值在 3.0～9.0，其活性基本不变。②在秋季阳光下照射 0～6 天，其活性毫无损失，而吲哚乙酸被照射 2 天便失效，可见该菌的刺激素对光照的影响十分稳定。③在 4℃低温至约 30℃常温下，其活性最强，但当温度升至 105℃高温处理 3 小时，其活性仍保存有 60%以上，甚至在 121℃和 15 磅压力下处理 30 分钟，其活性仍不会有太大的下降。④该抗生菌在饼土中发酵而成的菌肥中，其所产生的刺激素可保持相当长的时间，在发酵第七天，该刺激素的合成量达最高峰，以后 43 天内，其活性仍保持较高的活性。

从上述可见，5406 刺激素对酸碱度、光照、温度等条件的变化均有很强的稳定性。

5406 抗生菌刺激素可按图 5-2 的流程提取。

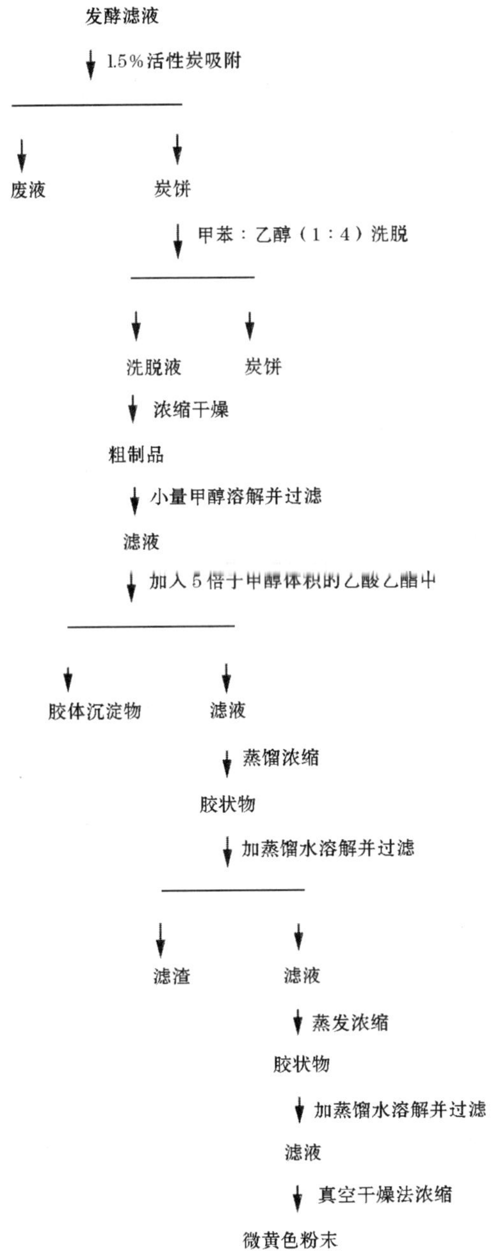

图5-2 5406刺激素提取流程 （引自尹莘耘，1966）

(二)抗菌成分

在琼脂平板培养基上,5406 抗生菌能抑制 32 种被测试过的植物真菌和细菌的生长。中国科学院微生物研究所经过发酵和提取,曾获得两种不同的抗菌物质。一种能杀细菌,另一种能杀真菌。但在菌肥生产过程中,随时间之延长,这些抗菌物质的活性会逐渐消失。例如,在饼土肥料中发酵至第七天,抗菌物含量达最高峰,但 10 天后便逐渐失活。其中,抗真菌物质在碱性条件下比较稳定,而抗细菌物质则在酸性条件下比较稳定。但两者在 pH 值 4.0～8.0 均较稳定。两者对温度的要求亦有差异。其中,抗真菌物质对温度变化比较稳定,在 80℃以下的各个处理温度中放置 2 小时,其活性基本无损失,在 40℃～80℃下经 8 小时,活性只略有降低,甚至在 50℃烘箱中烘干 2～4 天仍有活性存在。但其抗细菌物质对温度则特别敏感,其发酵液(pH 值 7.8)在 30℃下 8 小时、40℃下 6 小时和 50℃下 4 小时,其活性便完全损失。也就是说,其抗真菌物质耐受高温的性能远远高于抗细菌物质。

因此,当 5406 菌肥制成后必须及时施用,才能发挥其抗菌作用。或者在施用菌肥时另外补加适量的饼粉,以便让 5406 抗生菌在土壤中能继续生长繁殖,不断合成和分泌新的抗菌物质,才能提高其防病效果。

经尹莘耘等(1966)试验表明,5406 抗真菌和抗细菌物质都易溶于乙醇、丙酮、丁醇、甲苯、乙醇和丁醇、乙酸和水等溶媒中,但不能溶于乙醚中。因此,可以利用这些特点以及它们对温度和 pH 值耐受性的差异,对这两种抗菌物质进行提取。图 5-3 是 5406 抗菌物质提取流程图,可供参考。

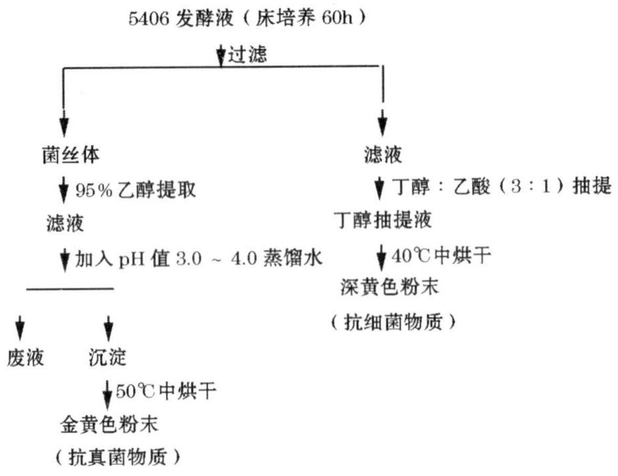

图5-3　5406抗菌物质提取流程图

第三节　5406抗生菌的作用

经尹莘耘教授及其他科研工作者的大量试验结果表明,5406抗生菌主要具有以下几方面的作用。

一、提高土壤肥力

5406菌肥作为一种生物肥料,它除了具有一般生物肥的作用外,还有其独特的作用,主要表现在:①它能疏松土壤,改善土壤物理结构,能保水通气,利于植物根系舒展;②有利于保温和保墒;③还能转化土壤中的氮、磷元素,供给植物吸收利用。尹莘耘等在已测定过的15类不同的土壤中,加入少量有机肥料(如豆饼粉等),再接种5406抗生菌后,土壤中有效氮、磷含量均显著提高,与未接种5406抗生菌的相比,平均有效磷增加56.6%,有效氮增加9.37倍;而让当地杂菌自然生长的,平均仅增加有效磷13.3%,有效氮增加4.12倍(表5-1)。

表 5-1　5406 抗生菌在不同土类中经豆饼粉诱发后转化氮、磷元素的效应

饼土中有效物质	饼土培养基的处理	有效磷、氮的含量与对照相比的%		
		最　低	最　高	平　均
磷(P_2O_5)	原土浸液接种	73.0	140.0	113.3
	5406 菌接种	111.0	316.0	156.6
	对照(饼土不接种)	100.0	100.0	100.0
氮(NH_3)	原土浸液接种	77.6	2371.5	512.1
	5406 菌接种	174.0	2595.5	1036.3
	对照(饼土不接种)	100.0	100.0	100.0

本表引自尹莘耘(1966)。

二、刺激作物生长

刺激作物生长是 5406 抗生菌肥具有增产作用的主要因素。如前所述，5406 抗生菌能合成和分泌一种对光、温和酸碱度的改变具有相当耐受能力、不同于赤霉素、吲哚乙酸和激动素等的新型刺激素。它能促进作物根系和植株生长，又能促进植物细胞分裂，具有常见的生长素和细胞分裂素的相同作用。据田间试验表明，它能打破马铃薯块茎的休眠；促进各种植物生根，发芽；增加小麦和水稻的分蘖；使植物叶绿素含量增加，因而叶色浓绿；在梨树、棉株上作叶面喷施或涂抹，能提高坐果率，减少幼果、蕾铃的脱落。还能使多种作物提早成熟，如它能使稻、麦、棉一般可提早 3～5 天，黄瓜、西葫芦提早 5～8 天，烟草提早 5～12 天。

三、防病虫作用

由于 5406 抗生菌既能产生刺激生长的物质，又能合成和分泌能抑制或杀灭真菌与细菌的两类抗生素类物质，尤其是在田间施用 5406 菌肥时配施以适当的有机饼肥，它便能不断地合成和分泌这些抗生素类物质。田间试验表明，它对水稻、棉花、谷子、大豆、豌豆等作物均有防止烂种、烂秧，提高出苗率等作用，这表明它能减轻多种作物苗期病害和土壤传染病害。对棉花黄萎病、立枯病和炭疽病，番茄的根腐病、疫病，人参根腐病等土壤病害，小麦锈病，马铃薯晚疫病，黄瓜霜霉病等均有明显地减少效果，但不能彻底根除。对小麦锈病等地上病害，只能增强植株耐病力，从而提高质量和产量，但不能减少其发病率。对烟草花叶病等略有减轻作用，但不能彻底治愈。

另有试验还表明，5406 菌肥对地老虎、玉米螟、稻螟、蝼蛄等害虫也均有一定的防治效果。

四、提高作物抗逆性

有的农户发现，5406 菌肥能提高作物的抗旱能力。这是因为 5406 菌肥能使土壤深层蓄水能力增强，而且在 5406 抗生菌的刺激素作用下，作物根系发达，分布深度递增，偶遇干旱季节，亦能吸收到土壤深处的水分，而不致干枯之故。此外，5406 菌肥还能增强作物的抗涝性。5406 菌肥对作物抗倒伏能力亦有提高的作用。例如，春天多雨季节，在河北省石家庄地区的小麦地里，凡每 667 米^2 施用 100 千克 5406 菌肥的，全都无倒伏发生，而只施用 10 千克棉籽饼（相当于 100 千克菌肥中的饼粉量）或 22.5 千克硫酸铵的对照组小麦田则发生全面倒伏。

综上述可见，5406 抗生菌肥确实是一种能起多种作用的抗生菌肥。通过多年广泛的实践，有的农民群众将它的作用归纳为： 抗（抗病虫害），二促（促进作物早萌发、早生根、早开花结果），三化（转化土壤中的氮、磷、钾，以利于作物吸收利用），四改（改良土壤质地和颗粒结构），五提高（提高作物单位面积产量）。

五、增加土壤有效养分含量

5406 菌肥除饼土本身含有一定量的氮磷钾和其他营养成分外，还能通过 5406 抗生菌的代谢活动产生有机酸，将根际土壤部分难溶性的磷转变为有效磷。据全国 15 种土壤施用 5406 菌肥情况统计，有效磷增加最高可达 215%，最少增加 11%，平均增加 56.6%；有效氮最高增加 15 倍，最少增加 75%。

第二章 5406 抗生菌肥生产方法

第一节 对厂房的要求

最好选用坐北向南的平房，要求干燥和通风良好，室内地面要高于室外地面，不能漏雨。一般要求设有无菌室、消毒间、保温培养室和产品贮藏室等。

一、无菌室

面积不宜过大，一般以 2 米×3 米×2 米即可。墙壁和天花板应涂有白色乳胶漆，地板用 60 厘米×60 厘米(或 80 厘米×80 厘米)的米黄色光面瓷砖铺地。透光应使用固定玻璃窗，照明可用荧光灯或普通钨丝灯。安装 1～2 支紫外线灯管作室内灭菌用。通气孔应设置在靠近天花板的墙上，孔口用多层棉花(或玻璃丝)和纱布制成较厚的过滤膜封口，以防杂菌侵入。

无菌室应有一个缓冲间，其大小为无菌室面积的 1/3，两室的门要靠边，并使用可移动的拖门。

无菌室内设有靠墙的水泥条桌或木制条桌，桌面要平坦光滑。有条件的最好备有 1～2 台空气净化工作台或无菌接种箱。

二、消毒车间

制作菌种和原母剂的厂房必须具有高压灭菌锅。扩制再生母剂的厂房也要建立有常压灭菌锅炉。消毒车间的面积大小视菌肥生产量而定。

三、保温培养室

小量的菌种试管和培养皿，可放在保温箱内培养。数量较大的菌种母剂应另设保温培养室。保温室要有通气设备。因为 5406 抗生菌在培养期间，常会产生氨味，并有水汽逸出，所以要定期通风，以防室内相对湿度过大而发生污染。培养室的墙壁、天花板均应用石灰或白色乳胶漆涂擦。地面可用地板瓷砖铺设。培养架最好用有孔(或无孔)角铁条制作，以便于装置，且易消毒。冬季低温应设有保温装置。一般要求室内温度在 25℃～32℃。

四、贮藏室

贮藏室主要用于贮存制造抗生菌肥所需的原料,如各种有机饼粉和肥土等。原母剂和再生母剂制成后,也可在贮藏室中作短期保存。

贮藏室的墙壁可用石灰粉擦,地面可用水泥抹平。贮藏室应利于通风、干燥和凉爽。其面积大小应视生产任务多少而定。

此外,有条件的应有化验室,以供作菌种培养基制作和原母剂质量检查之用。

五、所需主要设备

卧式或立式高压蒸汽灭菌锅 1～2 台,手提式灭菌锅 1 台。恒温箱(25℃～35℃)1 台。具油镜的光学显微镜 1 台。1/100g 和 1/500g 台秤各 1 副,可称量 10 千克以上的磅秤 1 台。烘箱(200℃)1 台。冰箱 1～2 台。紫外线灯、臭氧发生器等。其他如培养基配制所需的化学试剂,各种玻璃器皿等亦需备齐。

第二节　5406 斜面菌种的培养

5406 抗生菌肥的生产全过程大致如下:

$$\text{斜面菌种}\xrightarrow[26℃\sim32℃]{3\sim7d}\text{原母剂}\xrightarrow[26℃\sim32℃]{3\sim7d}\text{再生母剂}\xrightarrow[26℃\sim32℃]{5\sim8d}\text{菌肥}$$

一、斜面菌种培养基及其配制

培养基配方有:

1. 马铃薯葡萄糖培养基(PDA 培养基)　马铃薯 200g,去皮切块加约 600mL 蒸馏水煮沸 30min,纱布过滤,取汁。葡萄糖(或蔗糖)10～20g,琼脂 15～20g。

配制时,先用部分水将琼脂和糖加蒸馏水加热煮至全部溶解后与马铃薯滤液混匀,定容至 1 000mL 后趁热分装于试管中,自然 pH 值。

2. 甘薯、饼土培养基　在缺糖和马铃薯的情况下可使用本培养基。

甘薯 300g,饼粉(新鲜棉籽饼或豆饼粉)10～20g,精食盐 3g,肥土(塘泥、菜园土、河泥均可)20～30g,琼脂 15～20g。

先将甘薯去皮并切成小块,然后与饼粉、肥土、食盐等一起投入 500mL 水中煮沸 50 分钟，过滤后取滤液。另一半水与琼脂一起加热，使琼脂全融化后与上述滤液混匀，并定容至 1 000mL，趁热分装入试管。

3. 饼粉、肥土、糖、盐混合培养基　饼粉 30g，肥土 30g，糖 20g，食盐 3g，琼脂 15～20g。

配制时，先取 500mL 水与饼粉、肥土混匀煮沸 40～50 分钟，过滤后取其滤液。另用 500mL 水与琼脂、糖和食盐混合煮沸至全溶后与上述滤液混匀并定容至 1 000mL，趁热分装入试管中。

还有资料认为下列两种培养基较好，原料容易获得，而且通过这两种培养基交替使用，可以较长时间保持菌种的优良特性，不易退化。

(1)1 号培养基　小米(或大米)用水充分浸透后，蒸煮 3～5 分钟(米层厚 1～1.5cm)，趁热装管。每管装量不宜超过 1/3，用竹片(或木片)压成斜面。

(2)2 号培养基　马铃薯 200g，糖 20g，过磷酸钙 1g，食盐 3g，琼脂 15g。

将马铃薯去皮并切碎后，用水煮沸 30 分钟，纱布过滤后取滤液。琼脂、糖、食盐和过磷酸钙亦同时用水混合煮至全溶后与上述滤液混合，定容至 1 000mL，调 pH 值为 7.5～8.0，趁热分装于试管中。

二、培养基的灭菌

不管采用哪种培养基，在分装入试管中后，均塞上棉花塞，按 10 支 1 捆包扎好，于手提蒸汽高压灭菌锅 121℃ 中灭菌 20～30 分钟。趁热摆成斜面，待冷却凝固后供接种用。

三、接种与培养

接种斜面菌种时，必须在无菌接种箱内或空气净化工作台中操作。接种时将接种环在火焰上灼烧冷却后，即轻轻蘸取母管中的粉红孢子层接入新管斜面上。接种时应注意切勿挑取长入琼脂内的营养菌丝一起接入新管，因为连续用营养菌丝接种，菌种极易退化变劣；而且在接种时只需把孢子在斜面上轻轻涂匀即可，不可划破培养基斜面。一般 1 支发育良好的母种管可接80～100 支试管斜面。

接种后即置 28℃～32℃ 恒温箱中培养。培养期间，温度必须保持恒定，切莫忽高忽低。否则发育不良。

四、质量要求

在正常培养条件下，培养 24 小时后，斜面便出现浅黄色营养菌丝。48 小时后,逐渐长出白色气生菌丝,以后慢慢长成粉红色的孢子层。同时,在孢子层表面和管壁上有许多茶黄色小水珠出现。在保存期间,当培养基水分逐渐蒸发而减少,培养基变干燥后,就会形成许多不透明的小圆洞。

一般在马铃薯培养基上,菌苔较厚,培养 3～7 天即达成熟。而在其他培养基上,成熟期则较长。例如,在小米斜面上,需培养 10 天左右才能成熟。在成熟的小米培养基中,小米粒呈粉红色,壁上有大量小露珠。

成熟后的斜面菌种有一种类似冰片的药香味散发出来。

对培养好的斜面菌种,应对其纯度认真检查。如果菌种管内杂有细菌,菌丝会呈现湿性,孢子生长极少,甚至不长菌丝和孢子。若混杂有真菌,斜面菌苔上会呈现黄、绿、黑、白等色的长形菌丝,极易辨认。但当只含有很少量的杂菌时,肉眼无法看清,那就只有做稀释分离。所用方法有以下 2 种:

一是先用无菌接种环刮取少量待查菌种的菌苔制成悬浮液,然后用接种环移植一环悬浮液置于含有 0.5 毫升无菌水的无菌培养皿中,将悬浮液与水混合均匀后,再取此稀释的悬浮液一环放在第二个无菌培养皿的 0.5 毫升无菌水中。如此依法移接至第三、第四乃至更多个无菌培养皿中。然后在各皿中注入已热压灭菌并冷却至 50℃左右的琼脂培养基,并迅速混合均匀,置 28℃恒温箱中培养。待长出菌落后,按照菌种的特征,观察是否含有杂菌。如果长出的菌落呈圆形,粉白色并略带橙红色,而且色泽鲜艳,有多量小露珠分泌,活力又强者便是 5406 抗生菌,可以将它挑取出来作为纯种扩繁。如果菌落中出现有不长菌丝的小孔,说明可能有"噬菌体"侵染,一定不能选用。但在同一皿中如果有无小孔的并具 5406 抗生菌特征的菌落,可以挑选出来做进一步检查,以便从中选育出抗噬菌体的 5406 菌株。如果菌落色黄,形小,而且不分泌小露珠的,一般为已退化的菌株,不宜选用。

二是先将已经热压灭菌的琼脂培养基注入无菌培养皿中,凝固成平板后,置 65℃烘箱中烤干培养基表面的水分。然后滴一滴被检查的菌种悬浮液在第一个培养皿的培养基表面上,用玻璃刮刀均匀涂抹,再用同一刮刀在第二个培养皿的培养基表面上涂抹。同法连续涂抹 4～5 个培养皿。置 28℃恒温箱中培养 5～7 天后,在第 3～5 个培养皿中便会出现完整的菌落。用肉眼可以辨认出被检菌种是否已纯化。同时,根据菌种特征,将色泽较红、小露珠较多、菌落较大而无小孔的菌株挑选出来作为菌种进一步纯化。

上述两法既可检查试管斜面母种是否纯正,又可从中筛选出纯正的菌株,供进一步扩繁使用。

5406 菌种因为易退化,因此传代次数不宜过多,以 2～3 代为宜。若需要较长时间保存菌种，可制作沙土管，也可用液状石蜡将培养好的菌种封存，置冰箱中可较长期不死不变质，可保存 1～2 年。或用蜡封口置阴凉或冰箱中可保存 2～3 个月。

制作沙土管保存菌种时，可先用细沙在自来水中反复冲洗至沙中水清为止。将沙晒干或烘干后，装入小试管中，每管装 3～5 克，管口用棉花塞塞紧。热压灭菌 30～40 分钟，如此反复灭菌 3～4 次，然后置 90℃～100℃烤箱中烘干，直至冷却后管壁上无凝结水，完全呈干燥状态为止。冷却后，用接种环将母种管斜面上的粉红色孢子刮下，混入沙管中，每管加入孢子 3～5 次。振荡数分钟，使孢子均匀地散布在沙粒中，然后剪去管口上多余的棉花，用白蜡或火漆封闭。置冰箱中可保存多年也不会退化变质。沙土管只适用于保存具芽孢或孢子的菌种，因为只有芽孢或孢子才能在这种干燥、缺氧、缺乏营养和低温等条件下较长期存活。

第三节　5406 原母剂的培养

所谓原母剂，就是将斜面菌种做进一步扩大繁殖，也就是第三代。通常采用较大的培养容器，如广口的泥瓦罐、广口玻璃瓶或能耐热压灭菌的广口塑料瓶来生产原母剂。

生产原母剂的培养料可用碎米、豆饼、米糠、麦麸乃至肥土等。

一、培养基和注意事项

(一)培养基

配方一：豆饼粉(棉籽饼最好，花生饼、菜籽饼、芝麻饼等粉均适用)1 份，肥土 10 份，调 pH 值为 7.5。

配方二：米糠 1 份，肥土 10 份，再加占总量 1%的过磷酸钙，0.7%的 $CaCO_3$，调 pH 值为 7.5。

配方三：大米碎(即砻底米碎)0.5kg，水 0.35～0.4L，浸渍 4 小时，隔水蒸熟，要求熟透，无白心，用手摸之感觉爽手，再加过磷酸钙 10g，混匀后装瓶。每瓶 150g。

(二)注意事项

上述配方中所用原料必须注意：①各种饼类的质量一定要新鲜，具有原有香味,已发过霉或变味的均不能用。应用饼肥时,必须磨碎,饼粒越细越好,以能通过 60～80 目的筛孔为宜,应与面粉粒大小差不多,分布比较均匀,利用率便高,5406 抗生菌生长也快。粗的饼粒内部不能被抗生菌利用,制成的母剂在贮存期间就难免会容易滋生霉菌。尤其是南方湿热地区,更应特别注意此问题。对饼粉的贮存也应特别注意干燥、防潮和防霉。②所用肥土由于各地土壤酸碱度不同,内含有机质及其他营养物也不一致。往往在同一地区,也有合适与不合适的数种土壤存在。一般塘泥、坑泥、河泥或沟泥中富含腐殖质等营养,如无特殊污染物渗入,常是最好的母剂原料。还有山林中的黑土、猪舍牛栏边的肥土、菜园土、温室土等含碳、氮营养亦比较丰富,也适于繁殖 5406 抗生菌。但在土层深处挖取的心土、沙土、草炭等则不适用。选用肥土时,除选用富含有机质的土壤外,还特别要注意土壤的酸碱度,因为 5406 抗生菌在低于 pH 值 6.0 和高于 pH 值 8.5 的条件下均生长不良。在选用当地肥土之前,最好选取当地各种土壤做对比试验。方法是所加饼粉、水分、pH 值、接种量、操作和培养条件均相同,只是土样不同。每种土样至少有 3 个重复,做好标记,每天观察和记录瓶内抗生菌生长情况,用"＋"…"＋＋＋"号分级记录。以菌丝生长繁殖速度最快,最旺盛,露珠最多,冰片香味最浓的样土作为肥土使用。选好肥土后,必须将肥土打碎,用 8～10 目的筛过筛,余下的土继续粉碎至合格为止。③饼土混合和加水量:饼粉和肥土粉混匀后,仍须通过孔径 3～4 毫米的筛过筛后才适用。至于加水量则视培养容器不同而异。如用广口玻璃瓶或塑料瓶装饼土培养料时,加水就要少;相反,用瓦罐装培养料培养时,加水就应多些。因为前者较为密闭,瓶壁不透气,水分只能从瓶口处蒸发一部分,而后者为陶土质,罐壁上有千万个小孔,其优越性是通气良好而外界杂菌不能侵入,但水分容易外逸。一般要求饼土含水量以 20%～25%为最合适。当饼粉和肥土粉充分拌匀和加水后,凡手握能成团,放之又可触散为宜。如不能手握成团,为水分不足,成了团但触而不散,则是水分过多。两者均不利于 5406 抗生菌的生长繁殖。

二、装料和灭菌

培养容器装料量以 1/2～2/3 为妥,瓶口用 3～4 层牛皮纸包扎。在 121℃中高压灭菌 1.5～2.0 小时后,置无菌接种室中以备接种。

三、接　种

必须在无菌室或空气净化工作台(或无菌接种箱)中接种。第一代的接种，可用试管斜面的菌苔为母种。用无菌接种环刮取菌苔直接插入饼土培养基中。当打开瓶口时，将橡皮筋取下，用手轻轻掀开封纸的一角，露出 1 个小孔，让接种环穿入，上下穿插数次。当第一次接种环离开饼土表面时，改变位置重行插入，如此连续移换位置 4～5 次。接种环拔出后，立即封闭牛皮纸盖，并捆好橡皮圈。同时，将接种环浸入酒精瓶内并再次灼烧灭菌后，依法第二次刮取菌苔接入第二瓶饼土中。每支中型试管斜面上产生的菌苔如果均匀，一般可接种 4 瓶母剂。拔出试管的棉塞时，应用小手指夹取，蓬松的一端贴近手心，管口接近火焰，接种环刮取菌苔抽出后，将棉塞转向火焰，轻烧底部，立即塞入试管口中，以待下一瓶取种之用。

接种结束后送入保温培养室。对已接种的培养瓶，一手按住封口纸，一手紧握瓶底，不断摇动，并转换方位，充分摇匀，让瓶内孢子能均匀分布于培养料中。在摇动过程中要注意切莫使封口牛皮纸破裂，以免污染。

四、保温培养

为让 5406 抗生菌能快速地正常生长，保温室的温度必须控制在 28℃～32℃为妥。因为室温低于 12℃，菌丝生长慢；而升至 36℃时仍能良好生长，但高于 36℃，生长便会显著下降。尤其是在灭菌不彻底的情况下，温度高达 36℃和以上时，容易滋生杂菌。保温培养时，不宜增加室内湿度，因为湿度过高，墙上、地上均易长霉菌，易使原母剂污染。瓶口的牛皮纸弄湿后也易长霉菌。所以，培养室应经常开窗换气，保持室内空气清新。

在培养 3～5 天后，如果发现白色菌丝和孢子长得不均匀，而又无杂菌污染时，可再反复摇瓶一两次，一般培养 7 天左右，粉红色孢子层便会布满全瓶，瓶壁上有大量茶褐色透明的小露珠，并有浓郁的冰片香味，便是培养成功了。如不急用，可继续放在培养室内让它逐渐干燥。原母剂越是干燥，用它作为菌种进行接种就越方便，保存时也不易污染。在冬季低温季节，原母剂在 5℃以下环境中保存最为安全。

培养期间如发现有杂菌污染，应挖深坑埋藏，或用作一般的菌肥追施，不再扩大，也不要用于拌种和苗期施用，以免烂种、烂秧。

五、质量要求

制成的原母剂应呈粉白色并略带浅粉红色，具有冰片香味。绝不能有臭味和霉味，也不能杂有黑、绿、黄、灰等色，没有粗长蓬松的菌丝，也不会结成硬块，用棍棒插入，感到松动无阻。为确证有无杂菌污染，可取少量菌样经稀释后进行琼脂平板培养。

同时随机取样，称取定量样品，经10倍系列稀释后，用平板法测定其含菌量(详法参见附录一)。一般要求每克样品的孢子数应至少在10亿个以上，多者可达25万亿个。

原母剂培养好后，如不急用，除原瓶保存自然干燥外，还可倒在干净的竹垫上遮光晒干或于50℃中烘干，装在消毒过的塑料袋或纸袋中密封保存，贮存期可达半年。

第四节　5406再生母剂的生产

再生母剂实际上是以原母剂为菌种，进一步扩大母剂的繁殖量，以供下一步大批量生产菌肥时对母剂的需求量。

一、培养料和培养容器的选择

再生母剂所需培养料与原母剂的完全相同，配方也基本一致。所用培养容器必须选用较大的直颈敞口大瓦罐。以罐高35厘米、口径22～28厘米、壁厚0.5厘米者为宜。但要求罐内外不涂釉料，以保持罐壁有足够多的小孔可通气。

灭菌前，将饼土培养料松松地装满瓦罐。罐口用3～4层牛皮纸和外加一块耐高温的聚丙烯塑料薄膜封口。

二、灭　菌

倘若采用高压蒸汽灭菌锅灭菌，每次应灭菌3～4小时。由于瓦罐容积较大，一般的卧式热压灭菌锅内放置的瓦罐数量有限，因此可采用锅炉式进行灭菌。图5-4是我们曾用于食用菌培养料消毒用的消毒室。消毒室用砖砌成内室深180厘米，宽120厘米，高180厘米的小房。外墙与内墙距离15～20厘米，形成夹墙，夹墙中间填充谷壳或木糠(最好采用耐高温的蛭石)。房顶亦用两层水泥板封顶，两层板间亦填充木糠。消毒室底侧有蒸汽进口管，另一侧壁上端有一出气管，管上有开关。消毒室的门可采用双层木门或铁门。蒸汽发生装置是采用3个大油桶组成，呈“品”字形排列，下面2个油桶并排安装在炉灶上，其后侧有管相连并与消毒室的蒸汽进口管道相连接。两桶中的水在加热煮沸后产生的蒸汽便是通过背侧的蒸汽管进入室内。顶上的油桶是贮水桶。贮水桶前面下侧分别有两条具有活阀的管道与下部两个蒸汽发生桶相连。当下部桶中水分减少时,打开连接管道中的小活阀,便可往下桶加水。采用该消毒室,可以逐层排放许多个培养罐,但培养罐之间必须有一定的距离以让蒸汽在罐间回旋。室内温度可通过与室内相连接的温度表测知。当室内温度上升,出口排气管有热蒸汽外冒时,关掉排气管上的活阀,让室内温度达到100℃以上时,至少要维持10小时以上,而后则利用余热维持12小时。当温度逐渐下降至接近50℃后才把门打开,迅速将瓦罐取出并立即送入接种室。

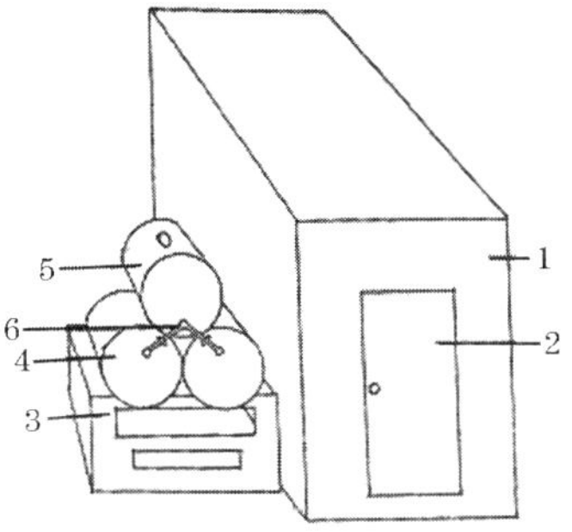

图5-4 简易常压消毒室

1.消毒室(具保温夹墙);2.双层门;3.炉灶;4.蒸汽发生桶;5.贮水桶;6.加水管道

三、接 种

饼土培养基经上述方法灭菌后,基本上可以杀灭绝大部分杂菌,但难免会有少数耐高温的芽孢存活着,这些芽孢一旦萌发成营养细胞,就会迅速繁殖而影响抗生菌的生长。因此,必须要趁热"抢温接种"。当料温达45℃时,就应尽快打开瓦罐封口纸,以原母剂为菌种,用无菌不锈钢匙迅速将原母剂搅松,并倾入瓦罐内,同时用经过0.1%高锰酸钾溶液或75%酒精消毒过的长袖胶手套套在手上,插入瓦罐内将培养料和倾入的菌种上下左右地混合均匀,然后迅即把牛皮纸和胶圈封闭罐口。

四、保温培养

接种完毕后,移入培养室,在26℃~32℃条件下保温培养。培养期间,同样要注意室内墙壁和地板的清洁与消毒,并经常通风,防止氨味、CO_2等气味过浓,影响抗生菌的生长。

五、质量检查

再生母剂的质量要求与原母剂的基本相同。通常在正常条件下培养 3～4 天便能使用,最慢也不会超过 6 天。

为了保证在相同时间瓦罐内抗生菌能同步生长均匀,除了接种后搅拌均匀外,所用瓦罐容积不宜太大,一般以高 35 厘米、宽 23 厘米左右为宜。装满培养料后,重量以 7～10 千克为妥。培养好的再生母剂只要洁白无杂色,无臭味和霉味,无长形菌丝和结块,而且有冰片香味,便可用于制作菌肥或再进一步扩繁。

第五节　5406 抗生菌肥料的生产

用再生母剂或原母剂与未经灭菌或灭菌不彻底的饼土肥料扩制而成的肥料,而且即将直接施入大田的称为抗生菌肥。

对抗生菌肥的质量要求,亦应像再生母剂那样呈白色、松散的小颗粒。用棍棒插入无什么阻力,并且无霉臭味,无长形菌丝和其他杂色。为达到这样的质量要求,在选择配料、接种和生产方法上均要严格要求。

一、配料选择

最好按生产原母剂那样,选用新鲜的具有原有香味的棉籽饼、豆饼、菜籽饼或花生饼等,同时一定要磨碎成粉状。

所用土壤最好选用肥土,酌量加入一些已充分腐熟的农家肥或新鲜的猪、牛、鸡、鸭、鹅等粪。

二、菌肥生产方法

在此介绍 3 种生产方式。

(一)曲箱生产法

据郭维烈(1991)介绍,这是浙江常山县逐年创改的一种好方法。

所用配方为:碎米粉 7%,米糠 5%,麦麸 10%,棉籽饼粉 10%,钙镁磷肥 5%,煤灰渣 10%,肥土 53%,水 40%～50%,调 pH 值为 7.5。

将培养料拌匀后,用石灰水调 pH 值至 7.5,然后松松地装入布袋中,每袋 2.5～3.5kg,于 $1.5kg/cm^2$ 压力下蒸汽灭菌 2 小时,倒入接种槽中,用消毒过的木棒搅拌令其速冷至 45℃左右。将再生母剂或原母剂倒入进行接种。然后倒入消毒过的竹制或木制箱中，料厚 2～3 厘米，料上覆盖 1 层无菌报纸或纱布。在 28℃中保温培养 4 天后，当菌肥全部由白色转为粉红色的疏松颗粒，并有浓郁冰片香味，取样放进水里，大部分能浮在水面上，即可在 45℃～50℃中烘干。干燥后进行检测和包装。

(二)半消毒生产法

据试验证明，认为表 5-2 中所列的配方，在原母剂或再生母剂的质量良好、操作正确的情况下，也可培养出质量良好的菌肥。表中所列各种肥料可先用 0.1%的高锰酸钾溶液调湿度，既可加水，又可杀灭部分杂菌。一般喷药量为料重的 1/10，然后将料松松地装进小布袋中，于消毒室内常压消毒 1.5～2 小时。然后把袋中的料倒出，摊在经过 0.1%高锰酸钾溶液消毒的塑料布上，用经消毒的小铁铲迅速将培养料搅拌至不烫手时，将再生母剂或原母剂按 1/100～1/30 的接种量倒入料中，用小铁铲拌匀。接种后，将料摊在撒有 1 层石灰粉的水泥地板(或塑料布)上，摊成 10～13 厘米厚，上面覆盖 3cm 厚的草木灰。如此培养 3～5 天，即可制得呈粉红色并具有冰片香味的菌肥。

本法的优点是在菌剂质量良好的情况下，所得菌肥质量也好，而且用它 667 米^2 施 25～50 千克的效果能超过每 667 米^2 施 150 千克堆制菌肥的效果。缺点是与曲箱生产法一样，要耗费较多的燃料。

表 5-2　5406 菌肥生产培养基　(引自郭维烈，1991)

培养基编号	培养基成分配比														
	饼粉	统糠	秕谷粉	肥土	花生壳粉	麦糠	甘薯苗	米糠	红萍	豆秸粉	湿水浮莲	稻草粉	甘蔗渣粉	玉米或高粱秆粉	培养天数(d)
1	1			10											3～5
2		1		10											3～5
3			1	10											3～5
4				10	1			0.2							4～8
5				90		10		2							5～7
6				80			20	1							4～6
7				80				1	20						5～7

续表 5-2

培养基编号	培养基成分配比													
	饼粉	统糠	秕谷粉	肥土	花生壳粉	麦糠	甘薯苗	米糠	红萍	豆秸粉	湿水浮莲	稻草粉	甘蔗渣粉	玉米或高粱秆粉	培养天数(d)
8				85						15					4～6
9				80				2			40				5～7
10				90				2				10			5～7
11				85				1					15		5～7
12				80				1						20	5～7

备注：

1 配料混匀后，各种培养基加水量宜大些，一般在 30%～35%。干薯苗粉比湿的好，用生苗必须剁碎。红萍须晒至半干。水浮莲须生切碎或用饲料切碎机切细。稻草粉须先加同量的 1%石灰水脱蜡，堆制 1 天，pH 值降至 7.0 时才可用。

2. 表中各种培养基须加入占总原料重量 1%的过磷酸钙，再调其 pH 值至 7.0。

3. 统糠又称二砻糠，是稻谷加工时所有副产物掺合粉碎而成。

(三)堆 制 法

据试验，成功率较高的堆制法是：取肥土或田间表土打碎过筛后，在阳光下暴晒，利用阳光中紫外线杀灭部分杂菌。再按 表 5-2 中的任一配方备好料，每 50 千克培养料需要原母剂或再生母剂 2～3 瓶。先把菌剂与糠麸拌匀，再与代料混匀，最后才掺入泥土中，用喷雾器喷清水，边喷边拌，直至“手握能成团，轻触即散”的程度。当培养料呈深褐色或咖啡色时，即铺于干净地面上或浅沟(浅池)内，料厚 10～15 厘米，表面覆盖 3 厘米厚的草木灰或干细土，在 25℃～32℃温度中培养，注意品温不能高于 34℃。培养 3～7 天后，用小棍棒插入料中感觉通畅无阻，料层呈粉白色略带微红色，具浓郁冰片香味时，即为良好的菌肥。

如果开始培养不久，品温急剧上升至 40℃以上，料呈现灰白色并发出霉臭味，便是小单孢菌污染，表明堆肥失败。如果品温上升缓慢，而且结饼发毛，则是料湿和培养温度低，为真菌所污染，亦为堆肥失败。如果培养料过湿，温度高，培养后不见发白或只有零星白点，散发出酒酸或恶臭味，则为酵母或细菌所污染，亦属失败。

一般牛栏猪圈禽舍里的泥土，均含杂菌多，如果未经暴晒处理，堆制后也大多会失败。

凡是含杂菌多的菌肥，均不能当作抗生菌肥使用，但可作为普通有机厩肥使用。

本法优点是可以就地堆制，就地使用。缺点是用量太大，费工多，质量也较难保证。一般水田每 667 米^2 要施用 150～250 千克，旱地每 667 米^2 要施用 100～150 千克。

三、注意事项

一是生产菌肥所用原料，可根据当地农副产品来挑选合适的代料，所有代料必须切碎成细条。所用畜禽粪必须新鲜并经日光暴晒成干品，然后粉碎和过筛。饼粉也要粉碎得越细越好。

二是在缺乏饼类和肥土的地区，在扩制抗生菌肥时，必须多做室内小型试验。利用当地不同土壤，不同农副产品和可充当肥料的一切资源，按各种形式的配比试制菌肥，从中筛选出能制成良好菌肥的代用品和配方。

三是配制培养料时，特别要注意饼土比量。有试验表明，当饼土比量为 1∶1时，放线菌生长缓慢，而且饼土中有少量真菌杂生；当饼土比量为 1∶16 或 1∶20 时，放线菌的发生也较差，但无杂菌出现。如果土质不肥，用粗粒（如米粒大小）棉籽饼粉来混制，饼土比量以 1∶4～1∶8 的效果最好。如果采用塘泥、河泥等含腐殖质和矿物质丰富的土壤，采用饼土比量为 1∶30 就能制出理想的菌肥。

四是利用代料生产 5406 菌肥时，由于抗生菌在某些代料中生长速度较慢，因此除了抢温接种外，还要加大接种量，以求能迅速让 5406 抗生菌的生长占优势。一般可按 1/100～1/30 的量接入菌剂。使用孢子粉也要加大接种量，而且所用菌剂必须越新鲜越好。贮存时间过长的菌剂由于活力降低，使用时更应加大接种量，否则极易失败。用代料所制成的菌肥，在气味上不如饼粉那样有浓郁的冰片香味，而往往有点青草香味，但绝不能有霉臭和馊酸味。

五是堆制菌肥时，要注意饼土料中的通气条件，因此要控制好加水量以及摊堆后料面最好用草木灰覆盖，既可防杂菌，又利于通气。

六是使用瓦罐生产菌肥时，第一次使用时要用蒸煮法将瓦罐灭菌，以后若无杂菌污染，就不必再蒸煮，只需在洗净后趁湿撒上一层生石灰粉便可。

第六节　5406刺激性粗粉的制法

前已述及,5406刺激物质是一种不同于赤霉素、吲哚乙酸和激动素的新型刺激素。它对酸碱、阳光和温热的影响均较稳定,而且活性保持时间也长,可达43天以上。对使用浓度也要求不严,不易产生药害。前面已介绍过这种刺激素的提取工艺和检测方法(图5-2)。考虑到目前对5406刺激素的提取工艺和检测方法均不成熟,近年有人通过试验,发现采用粗提的5406刺激素粗粉作根外喷施,对水稻、小麦、茶叶、蔬菜等均有较好的促进生长和增产效果。因此,郭维烈(1991)为适应生产对5406刺激素之需,认为可以采取简易方法来提制5406刺激素粗粉。首先要制备好优质菌剂才能进行提取,主要方法如下。

一、优质菌剂的制备

供提取5406刺激素粗粉所用的菌剂必须是活性强,无任何杂菌污染的成品。所用菌剂可以有两种:一种是利用10%豆饼和90%肥土以曲箱法或半消毒法生产出来的优质菌肥,这种菌肥提取率高,而且还能从豆饼粉中获得一些核酸类物质,有助于提高刺激作用。另一种是采用2%黄豆饼粉,0.3% NaCl,0.4% $CaCO_3$,1%蔗糖;或2.5%豆饼粉和2.5%蔗糖进行液体发酵所得的发酵菌液。

二、5406刺激素粗粉的制取

(一)方法一

取优质菌肥1份,加入蒸馏水1～2份,搅拌浸渍4小时,沉淀2小时后过滤,即得到具冰片香味很浓的像肥皂水样滑手的5406刺激素溶液,再经煮沸以加速杂质凝聚沉淀,并使浸提液中的豆饼粉残渣不会因放置时间过长而发臭变质。继续沉淀2小时或用离心机分离,取上清液加入1%活性炭强力搅拌20分钟(对液体发酵液可直接加入15%活性炭吸附),取沉淀物烘干即得5406刺激素粗制干粉。粉碎并过100目筛,包装贮存备用。整个工艺流程如图5-5所示。

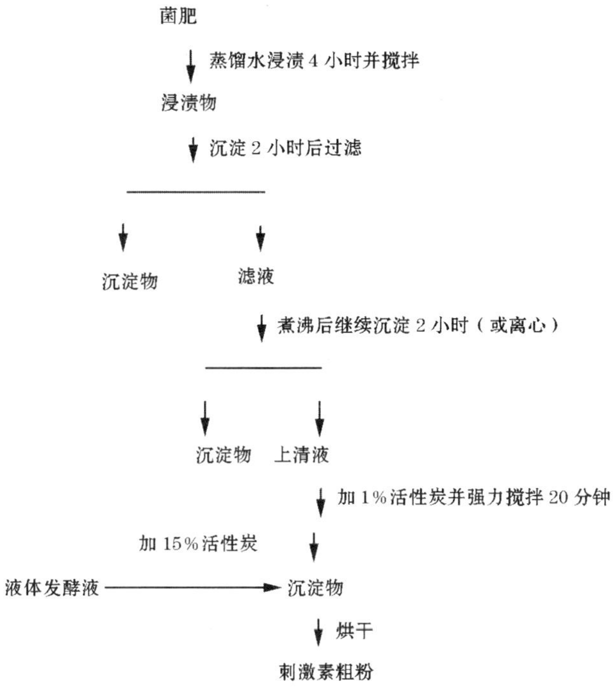

图 5-5　5406 刺激素粗粉制备流程一

(二)方 法 二

取优质菌肥搅碎并过 100 目筛，筛出附在表面的孢子粉供作拌种剂使用。然后每 10 千克菌肥粉加 50 千克水浸渍 4 小时，经常搅拌。再用乙酸调 pH 值为2.0～3.0。过滤后，用 6N NaOH 溶液调 pH 值为 7.0～8.0，然后加入 10%～20% NaCl，搅拌后成为泥絮状沉淀，经溶液自然沉淀或离心分离后，弃上清液，取沉淀物于 60℃ 中烘干，即得棕红色 5406 刺激物粗粉。其提取工艺流程大致如图 5-6 所示。

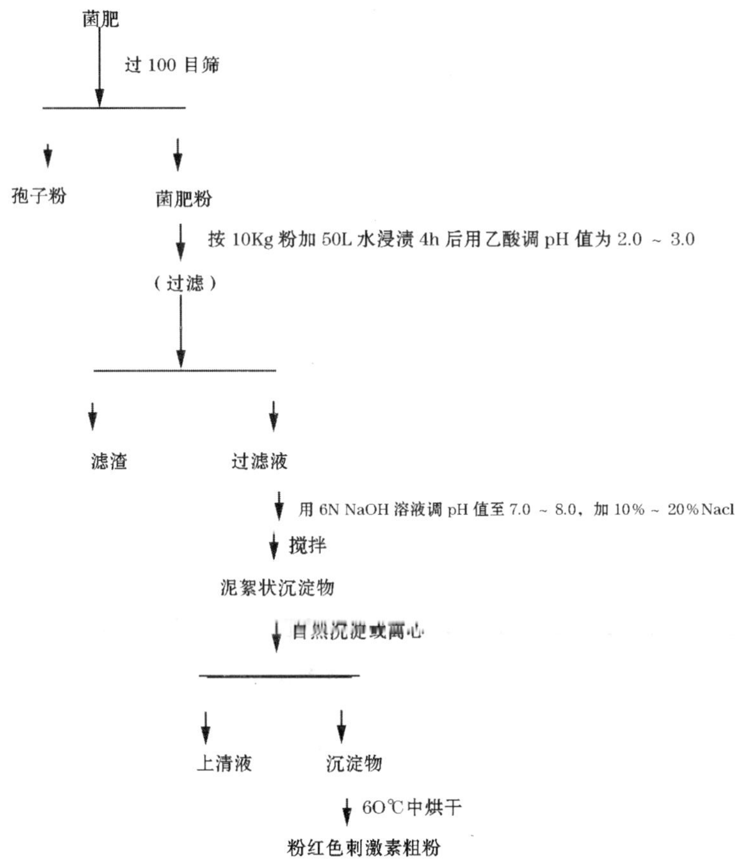

图 5-6　5406 刺激素粗粉制备流程二

第七节　5406 抗生菌肥成品质量的检测

一、5406 抗生菌肥和刺激物粗粉检测法

5406 抗生菌肥的质量测定，一般多用色、香、味直观定级，用显微镜计数或琼脂平板培养法计数来测定其含菌量。用豆芽弯曲法测定其刺激物的活性，用黑曲霉、红酵母和枯草芽孢杆菌等来测定其抗生物质含量等。但这些方法均有一定的局限性，很难就此确定 5406 菌肥的质量。因为实验表明，并非

所有含5406孢子数量多的产品肥效就好，有的退化了的菌株，其含菌量也很高，但使用效果并不理想。用豆芽弯曲法测定刺激素活性很难有统一的标准，因为不同品种的大豆对5406刺激素的敏感度并不一致。

（一）指示菌测定法

据郭维烈（1991）称，曾在尹莘耘教授指导下试用微生物法测定5406刺激素和抗生素含量，有较好的效果。现简介于下：

1. 指示菌　热带假丝酵母2.1397（*Candida tropicalis*）用PDA培养基培养24～36小时，刮取一满环菌苔放进10毫升无菌生理盐水中，摇匀，制成菌悬浮液备用。

2. 测定培养基　蔗糖2%，$(NH_4)_2SO_4$ 0.3%，KH_2PO_4 0.2%，天冬素0.15%，$CaCO_3$ 0.25%，$MgSO_4$ 0.025%，麦芽糖（AR级）1%，琼脂20%，pH值自然。

3. 制备平板培养基　热压灭菌后，在100毫升冷却至45℃的测定培养基中加入5%～6%指示菌悬浮液，再加入20mg/L金霉素溶液1毫升，摇匀备用。

趁热在大小合适的培养皿中注入上述培养基50毫升，平板要求平整，不能有气泡和结块。

4. 绘制标准曲线　用标准的5406刺激素样品配成4～5个不同的适当浓度，在同一平板上用钢圈测定，每个浓度要有3～4个重复。然后在28℃～32℃中培养18～24小时，以刺激圈之大小为横坐标，以刺激素浓度为纵坐标，绘出标准曲线。

5. 效价测定　待测产品如果是刺激素粗粉，可稀释成适当浓度进行钢圈测定，然后按3～4个重复处理的刺激圈直径之平均数，在标准曲线上找出该产品的刺激素含量。如果待测产品是菌肥，可采取1份菌肥，用4份清水浸渍4小时，不时搅拌，然后过滤煮沸，再稀释成适当浓度，依上法进行测定。最后计算出菌肥中的刺激物含量。注意测定时，每种浓度的5406菌肥提取液在平板上都要有3个以上的重复刺激圈，否则检测结果不可靠。

（二）生物测定法

1. 水稻苗法　此法在菌肥质量相差较大时，使用效果才明显。方法是先将水稻种子用0.1% $HgCl_2$ 溶液灭菌3分钟，淘洗干净，浸种催芽后播于盛有厚约3厘米无菌土层的搪瓷盘上，待幼苗长出3片叶时，将盘中稻苗划分为

6～8 个小区,分别用所提取的刺激素粗粉做适当稀释后进行喷雾,一般 5～7 天便可见效。分别测定各小区幼苗生长速度。或将待测菌肥,按上述方法用清水浸渍和过滤并煮沸后,再稀释成适当浓度,如法喷雾。

2. 豆芽弯曲法　将选出的敏感度较大的大豆品种先经 0.1% $HgCl_2$ 溶液灭菌 3 分钟,再用清水冲洗,播种在石英砂内,置 25℃～28℃温箱中培养,经 5～7 天,选取大小一致的豆苗切去弯曲的顶部,留下通直的长约 4 厘米的下胚轴部分。用锐利刀片自上端中心纵剖 3 厘米长度,再置蒸馏水中浸泡 30 分钟,让其两边张开,然后分组浸入不同浓度的菌肥提取液或刺激素粗粉浸出液中,在 27℃温箱中经 48 小时后,观测其弯曲度,每个处理应有 10～20 根,重复 2～3 次。向内弯曲一整圈的定为 1;达两整圈的定为 2;向内弯曲仅达半圈的定为 0.5,依此类推。此法可检测菌肥中生长素的含量。

本法所用大豆必须注意其品种、成熟度和采收后保存时间。新采收的种子或过陈旧的种子往往不够敏感,不同品种对刺激素的敏感度也不一致,故在开始时,要花点时间采用不同的大豆品种做好预备性筛选试验。

3. 黄瓜子叶测定法　选取无病黄瓜种子经 0.1% $HgCl_2$ 溶液灭菌 3 分钟后,排放在浸湿的滤纸上(滤纸放在四周有黑纸包围的有盖搪瓷盘内)然后于 28℃黑暗中培养 8 天,在绿色灯光下剪取子叶,叶面倒放在不同浓度的菌肥浸出液中,继续在 28℃暗箱中保温 14 小时,然后取出置强烈光照下曝光 3 小时,从子叶变绿情况判断菌肥质量。此法能检测菌肥中激动素的含量。

上述 3 种方法均须一起做,特别是水稻幼苗法更应该做,以便相互对比认证。

二、抗生素的检测

参考上述指示菌检测法,还可测定 5406 菌肥中抗生素含量。此时可采用红酵母 2.782(*Rhodotorula rubra*)或丝核菌(又称立枯病菌 *Rhizoctonia solani*),用 PDA 培养基培养 24～36 小时后作为指示菌。

测定培养基为酒石酸铵 1 %,新鲜酵母粉 1%,糖 5%,KH_2PO_4 0.2%,$MgSO_4$ 0.02%,琼脂 15%～20%。

先刮取一环指示菌的菌苔置于 10 毫升无菌生理盐水中,制成菌悬浮液,待测定培养基经热压灭菌和冷却至 45℃时,加入 5%～6%的指示菌悬浮液,并趁热注入无菌培养皿中制成平板培养基。然后将待测菌肥抽提液以 4 点法分别滴加于平板培养基四周,于 28℃恒温箱中培养 5～7 天后,在菌液周围出现抑制圈时,测定圈的直径大小可以判断菌肥有无抗菌效果和其活性高低。

三、活孢子数测定法

本法较镜检测数法误差少，但较麻烦。具体方法为：

1. 配制培养基　培养基成分为：可溶性淀粉20g，KNO_3 1g，NaCl 0.5g，K_2HPO_4 0.5g，10%棉籽饼粉浸出汁50 mL，硫酸亚铁0.5g，1%重铬酸钾溶液0.1 mL，琼脂15～20g，水950 mL，pH值7.2～7.4。其中，重铬酸钾能抑制细菌和真菌的生长。

2. 孢子粉悬浮液的制备和测定　制备孢子悬浮液时，可取定量菌肥样品，用1mL的10%洗衣粉溶液（也可用吐温80）作为表面活性剂，以解决5406抗生菌孢子固着在土粒上难以洗脱下来的问题。将一定量样品用无菌生理盐水稀释成一定浓度的悬浮液。再用无菌吸管吸取适宜的稀释度孢子悬浮液0.5mL接入无菌培养皿中，然后注入适量的已冷却至45℃的琼脂培养基溶液，与孢子悬浮液充分混合均匀，铺满皿底呈一薄层，凝固后置28℃恒温箱中培养4～5天，计算菌苔数便可计算出孢子含量。

四、菌肥质量的感官鉴定法

在实际生产中，由于菌肥多用较粗放的堆制法生产，因此只能采用直观方法来鉴别其质量。广大群众在生产实践中创造了“看、闻、摸”三结合的鉴定法。“一看”是要求堆制好的菌肥土粒表面呈白粉状，放置一段时间后也无多大变化。如果放置后变色，说明有杂菌污染。“二闻”是指优质的上等菌肥具有冰片香味而无霉臭或馊酸味。“三摸”是用手抓一把菌肥，不会黏手，无绒毛状物质，颗粒松散，不成团，也不成块，颗粒细而白，颗粒上有粉末状物为孢子；固着在土粒上，手触时不会飞扬，如果用手搅动时有尘灰状烟雾飞起时，那是霉菌。

通常把完全符合上述要求的菌肥作为优质的上等品，差一些的为中等品，杂菌较多的为下等品。

上等品的菌肥可用于拌种或浸种，或供作基肥（种肥）施用；中等品菌肥则不能和种子直接接触，在早播种时也不能用作种肥沟施，但可在中、后期播种时沟施，或在出苗后用于追肥；杂菌较多的下等品绝不能用于拌种和浸种，以免引起烂种，只能作追肥施用，也有一定的效果。

第三章　5406抗生菌肥的应用及其效果

第一节　5406抗生菌肥的施用方法

一、作基肥施用法

以5406菌肥作基肥时，应在播种前随粗肥一道撒施，或随浅耕耙地时施下。即先将菌肥撒施好，再耕翻或作沟肥入土，每667米^{2}菌肥施用量以其中含饼粉量15～20千克者为宜。但各种作物播种方式不同，有沟施、穴施或撒施等。

(一)沟　施

一般适用于小麦、高粱、谷子等条播作物。可先播种，随后顺垄沟撒施菌肥，要求撒施均匀，然后耙耘覆土。

(二)穴　施

一般在玉米、马铃薯、甘薯下种，瓜类等作物种子点播或蔬菜移栽时采用。要求把穴坑挖深些，施上菌肥，将菌肥与土拌匀后播种，而后覆土耙平。

(三)撒　施

一般用于撒播作物，蔬菜和阳畦育苗。先撒施菌肥，浅翻入土，再行播种。最好在雨后施用，或施后浇水1次，再中耕松土1次，效果更好，有减轻病虫害和早熟增产作用。

此外，在营养钵(袋)育苗时，可将10%～20%的5406菌肥掺入腐熟的农家肥和土壤中，拌匀后装袋，可育出健壮的苗。

二、作追肥施用法

5406菌肥可作为多种作物的追肥，但施用时期必须在作物生长发育的关键时期，宜早不宜晚。一般在作物定苗后便可进行追肥。水田追施后应中耕1次，旱地追施后要松土，让抗生菌能在疏松的土壤环境中繁殖和发挥作用。

此外，也可采用菌肥的浸出液经过滤后，用作叶面喷施。在形成花、果之前的合适时期作根外追施，有提高坐果率之作用。一般可用 1∶3～10 倍的水浸泡菌肥 6～10 小时后取其过滤液喷施。每次每 667 米^2 可喷施 50 千克滤液。

应注意 5406 菌肥用作追肥时，必须在原来施有 5406 菌肥的基础上追施方能显效。因为菌肥属于迟效肥，通常是每 667 米^2 先用 50～100 千克菌肥为基肥，而后再以 100 千克左右的菌肥作追肥，效果才好。不同作物追施菌肥的次数也应合理，通常在合适的生育期以追施 2 次以上者效果更佳。

三、浸种和浸根

将 5406 菌肥加 4 倍清水，浸泡种子 8～10 小时，捞出晾干后播种，可防烂种，提早出苗，出苗率高，幼苗健壮，而且根系发达。

用 5406 菌肥加 3～5 倍清水，在幼苗移栽前浸根 6～16 小时，可促使发根，分枝，减轻病害，提前返青，苗壮和早熟。

四、拌　种

先用少量清水把种子拌湿，再用占种子量的 1%～5%的菌种粉或 30%～50%的菌肥拌种，彻底拌匀，使每颗种子都沾上菌。播种后可减少烂种，有提早出苗、增加分蘖、促进生根、减轻病害等作用。但必须注意，用于拌种的菌肥一定要纯，绝不能有杂菌污染，尤其是要防止杂有青霉菌，否则会增加烂种。

五、浸出液（激素液）的制备和使用方法

5406 菌肥的浸出液中含有多种生长调节物和抗菌物质，能促进作物生长和防病等效能。据李智（2003）介绍的简易方法是采用 5406 孢子粉 1 千克，对水 30～50 升。制备时先用约 1 倍的水将孢子粉搅拌成糊状后，再对足水量进行浸泡 5～12 小时，并经常搅拌，待充分溶解后用纱布过滤，浸出液立即使用，不宜久存。在作物上喷施时，据不同作物和不同生长期决定使用量，一般每 667 米^2 应喷施 50～75 千克。以水稻为例，在栽前 5 天左右的幼苗、分蘖末期、孕穗期、破口期和开花期喷施为宜。尤以在孕穗期至破口期喷施最为经济和有效。灌浆后不宜喷施，以免贪青晚熟。喷施时应在晴天露水干后进行，24 小时内遇雨应重新补施。花期和高温季节喷施，应避开开花期和中午高温，下午 3 时后喷施为宜。

六、5406 抗生菌肥与其他肥料合用及其注意事项

上述几种菌肥的施用方法是指菌肥单独施用,但 5406 菌肥还可与其他肥料配合施用。在此介绍几种常用的混合施用方法和施肥中应注意的问题。

(一)与绿肥混合施用

据群众在生产实践中积累的经验发现,在绿肥翻压时,每 667 米^2 用 25 千克经过半消毒制造的菌肥,同时配施石灰,用拖拉机耙耘切碎,几天后,5406 菌即会大量繁殖,可大大提高菌肥效果。

在养红萍的水田中施用菌肥,应在第二次压萍中耕时撒施菌肥,并且耘田和晒田,结果增产效果显著。

在旱地作物中,可将绿肥与 5406 菌肥混合,穴埋或翻犁,均能获得良好的增产效果。

5406 菌肥与绿肥混用,增产效果通常比各自单独施用的效果好。原因是各种绿肥都是 5406 抗生菌的良好营养源,可促使土中抗生菌大量繁殖。如果再加入一些过磷酸钙,增产效果会更好。

(二)与厩肥混合施用

本法对于土质不利于 5406 抗生菌繁殖而生育期又长的作物来说,特别适用。因为厩肥能为 5406 抗生菌的生长和繁殖提供足够的养分,有利于延长菌肥的效果。例如,郭维烈(1991)提供的资料表明,他们曾在多年生胡椒上做试验,每棵 3 年生的胡椒施用代料生产的菌肥 12.5 千克,结果施后 3～4 个月,生长状况与每株施猪粪土肥 40 千克的效果差不多,但以后就衰退了。因为 5406 抗生菌已缺乏营养料而不能再繁殖了。后来他们将 5406 菌肥拌进猪粪里,每株施 175 千克(内含菌肥 15～25 千克),结果比每棵单施猪粪土 40 千克的胡椒生长得更好,而且维持 1 年以上也不衰退。

(三)与化肥农药混合使用

在化肥中,硫酸铵与硝酸铵都会抑制 5406 抗生菌的生长。例如,在鲜饼粉中掺入 0.2%硫酸铵,就会对 5406 抗生菌有不利影响。但掺入 2%～8%的过磷酸钙,却能促进 5406 抗生菌的生长与繁殖,效果良好。碳酸铵对 5406 抗生菌亦无毒害作用,5406 菌肥还可与尿素合用。因此,在将 5406 菌肥与化肥混合施用时,必须先了解清楚它们之间是有互利作用抑或是拮抗作用。如果

随意混用，结果难以预料。

5406 抗生菌是活菌，许多杀菌农药如硫磺、硫酸铜、硫酸亚铁等都会对 5406 抗生菌有毒害作用，所以切莫与这些杀菌剂混用。如果必须施用这些农药时，便应分开使用。例如，单独将 5406 菌肥作基肥或追肥，而杀菌剂只做叶面喷施。

（四）5406 菌肥施用中应注意的问题

施用 5406 抗生菌肥能否发挥它应有的作用，受许多因素所制约，除菌肥本身的质量是否合格外，环境因素包括栽培措施等对其有无增产效果均有很大影响。

1. 施用量切勿过多　5406 菌肥虽然比较温和，但也不宜用量过多，否则作物会徒长而影响产量。但也不宜过少，否则效果不显著。

2. 注意栽培措施　使用时要注意当地的各项栽培措施，如排灌、施肥、保墒、防虫、播种期、种子质量等均会影响 5406 菌肥的效果。

各地区的土质、雨量、温度、湿度等自然因素也能影响抗生菌、病菌和作物植株三者之间的拮抗、寄生、生育等关系。

3. 注意生长环境　对不同栽培方式和生长环境，应采取不同的施肥措施。例如，在水稻田中与在旱地上使用菌肥的方法就应有所不同。

在水稻田中使用菌肥最好是先拌种催芽后作追肥施用。一般每 50 千克湿谷拌 0.5～1.0 千克菌剂。谷种要充分浸透后才拌种。稻种拌入 5406 菌肥后，一般温度会稍高，在催芽时要注意温度变化。用作追肥时，因为 5406 抗生菌在水中不能繁殖，所以最好在第二次中耕时施下，此时禾苗已进入分蘖盛期，田面能避光直晒，而且中耕后又进行晒田和干湿排灌，很适于 5406 抗生菌的生长繁殖。同时，如果此时将菌肥拌合少量土杂肥施用，14 天后便见效果，增产效果也显著。

在小麦、玉米等旱地作物上使用菌肥，最好是通过用菌肥浸种后再作基肥施用。一般每 667 米^2 种子用半消毒法生产的菌肥 2.5～5 千克，在菌肥中加 3～4 倍清水搅拌浸提 2～3 小时，再将种子倒入、拌匀，待种子将水分吸干后，晾至爽手时即可播种。播种时每 667 米^2 用 25～50 千克菌肥掺入一些土杂肥和 5 千克磷肥、10 千克草木灰，覆盖于种子上，再覆土淋水，效果更好。

4. 在使用方法上也须作适当改进　例如①采用 5406 刺激素或 1∶3～4 的菌肥浸出液目前多用于根外追肥，或用作浸种和浸根。因此，可与其他多种激素、化肥或农药等混合使用，在作物的整个生育期中作多次喷施，再将浸渍后余下的滤渣作基肥或追肥施用，再补施一些菌肥，增产效果会更好。②有的地方采用曲箱法生产的 5406 菌种粉，如果在具有丰富的棉籽饼或豆饼、菜籽饼的地方，将菌种粉先拌入粉碎后的新鲜饼粉中，带到田头，再就地取细土 50～100 千克、过磷酸钙 5 千克(或钙镁磷肥 10 千克)，充分混合后覆盖于小麦或玉米等种子上，增产效果特别明显。

第二节　施用 5406 菌肥的增产效果

一、对水稻的施用效果

中国农业科学院土壤肥料研究所在云南昆阳基地的秧田里做过多次示范性试验，结果是凡施用 5406 菌肥的秧苗均长得油绿、粗壮、分蘖多、根系发达。尤其是在枯黄的秧苗上，使用菌肥后，效果特别明显。当秧苗在 2～3 片真叶时，每 667 米^2 混合撒施 5406、5891 菌肥 40 千克，7 天后又施 5406 菌肥 50 千克，10 天内便将枯黄的秧苗抢救回来，结果与对照的比较，平均苗高增加 52.8%，根数增加 29.0%，根长增加 43.7%，植株重增加 58.6%，分蘖株增加 120.0%。

他们在云南基地的水稻本田中，每次每 667 米^2 施用 75～100 千克菌肥，每隔 14 天追施 1 次，每 667 米^2 施 5406 菌肥 3 次共 225 千克(内含菜籽饼 75 千克，其余为土壤)，增产在 10%～15%；分 3 次共施 500 千克(内含菜籽饼 15 千克，对照田也施用同量的菜籽饼)，增产在 20%～50%。螟害、白穗率也有所减轻。

贵州省农业科学研究所在水稻秧田中每 667 米^2 施 5406 菌肥 50 千克作基肥，对照组施以同量的饼土。用 5406 菌肥 1 份加水 5 份浸提 10 小时后，用其过滤液浸根 6 小时后再插秧，返青后每 667 米^2 追施 5406 菌肥 125 千克，撒施于水面，让它自溶，对照田则追施同量的饼土。5406 菌肥分 3 次施用，每 667 米^2 共施 200 千克，结果增产达 28%，同时稻草也增加 20%。

广东省潮阳市在峡山、西胪等地的水稻田中施用 5406 菌肥，每 667 米^2 追施 50～75 千克，结果比施同量饼土或 5 千克硫酸铵的，每 667 米^2 增收稻谷 20～71.5千克，增产 23.6%～60%。

广西壮族自治区武宣县通挽镇梧山村在早稻田中以 5406 菌肥作追肥施用，每 667 米^2 追施 50 千克，共施 2 次合计 100 千克。对照田施等量麸饼和肥土。结果如表 5-3 所示。

表 5-3 追施 5406 菌肥对早稻产量的影响

处 理	面 积（667 米²）	实收干谷(kg)	折合 667 米² 产量(kg)	每 667 米² 增收(kg)	增 产（%）
5406 菌肥	0.277	89	321	44	15.8
等量麸饼	0.277	63	277	—	

在该县三里镇赖村分别采用 5406 菌肥和尿素做追肥对比试验，每 $667m^2$ 分别于第 2 次耘田时施用 5406 菌肥 125 千克和尿素 5 千克。结果是追施 5406 菌肥的每 667 米² 产干谷 250 千克，追施尿素的每 667 米² 产干谷 209 千克。前者比后者多收 41 千克，增产 19.6%。

二、对玉米的施用效果

中国农业科学院土壤肥料研究所在云南基地，采用 5406 菌肥 0.5 升加水 15 升，浸提 6～10 小时，用其滤液浸泡玉米种子 16 小时，在苗高 17 厘米和 50 厘米时，每株追施 5406 菌肥 50 克，对照组株则追施无 5406 抗生菌的饼土基质 50 克。两次各折合每 667 米² 施用 150 千克，2 次重复。结果是施用 5406 菌肥的，每 667 米² 收玉米 243.65 千克，对照组收 107.65 千克，前者比后者增产 54.5%。

贵州省农业科学研究所用 5406 菌肥浸出液（0.5 千克菌肥加 2 千克水浸提而得）浸玉米种子 12 小时，生育期中又追施菌肥 125 千克，对照组追施与菌肥同量的无 5406 抗生菌的饼土。结果与对照组相比，株高增加 5.6%，茎粗增加14.0%，根长增加 50.7%，玉米鲜重增加 26.4%，千粒重增加 4.6%，籽粒产量增加 27.6%。

三、对小麦的施用效果

中国农业科学院土壤肥料研究所用 5406 菌肥在清水中预浸 5 小时，每隔 1 小时搅拌 1 次，取滤液浸泡“北京 6 号”冬小麦种子 36 小时，对照组种子则用清水浸泡。结果与对照组相比，用 5406 抗生菌分泌物处理的，每平方米面积中株数增加 5.9%，穗数增加 19.0%，有效分蘖数增加 21.3%，千粒重增加 2.9%，增产24.9%。

该所用 5406 菌肥与小麦拌种，对照组用同量的饼土拌种。结果与对照组相比，每平方米出苗数增加 21.3 株，每株分蘖数增加 1.09 个，株高增加4.34厘米，根干重增加 0.0109 克，每株有效分蘖数增加 0.40 个，增产 7.7%。

此外,5406菌肥还能减轻小麦腥黑穗病,增强小麦对条锈病和叶锈病的抵抗力。

四、对黄瓜的施用效果

中国农业大学试验当黄瓜移苗定植时,每株穴施5406抗生菌肥20克(内含棉籽饼粉2克,其余为原温室的土壤)。结果比未另施饼肥的对照瓜提早收瓜7～12天。前3次收瓜量约比对照的高出1倍;前6次收瓜量增加了70%;最末1次增收13%。总计主瓜(正身瓜)共收10次,杈瓜(回头瓜)共收2次。总计施用菌肥的主瓜比对照组增产29.2%,总产量提高21.0%。

在辽宁省前兴城园艺试验场的田间试验表明,在黄瓜幼苗移栽时,穴施5406菌肥再生母剂2克(另加棉籽饼粉7克,壤土70克混合),比单施同量饼土的对照区提前7天成熟,并增产30%左右。

五、对大豆的施用效果

有试验表明,大豆种子经5406菌肥的浸出液(菌肥0.5千克加水1.5升浸提5～10小时后使用)浸泡18小时后,不仅提早出苗,增加出苗数,而且还能促进根瘤生长,表现为瘤形增大、瘤数增多。在田间对比试验中,有时能提早3～7天收获,增产15%～65%

在春季多雨、寒冷季节,用5406抗生菌粉对大豆拌种,能防止烂种,增加出苗率的效果特别明显,而且豆苗健壮,结瘤也多。

六、对棉花的施用效果

5406菌肥在棉花方面的应用试验结果表明,它对棉花153有多种作用。表现在:①用5406菌肥与棉花种子拌种并结合沟施,能明显减轻棉花烂种和防止死苗。如果在播种时加入1%的“六六六”粉,能防止种蝇等地下害虫的危害,使棉花种苗更为安全。②通常认为棉籽饼、菜籽饼、酱渣等是栽种棉花的好肥料,但是如果采用新鲜的饼肥与种子一起撒在沟内或拌种,常会引起烂种“烧苗”。如果采用5406抗生菌和这些饼肥混合生产成菌肥使用,便不会发生这种情况,而且还能提高饼肥的肥效。③试验表明,凡施用5406菌肥的,可以减轻立枯、猝倒、红腐等病菌的侵害。在温度18℃以上、湿度不很高时,能减少60%～90%的死苗率。而且植株健壮,生长快。5406菌肥还能防除棉花的黄萎病。④施用5406菌肥可明显提高棉花产量。例如,1961年安徽省巢县科学技术委员会在炯烊农业科学研究所试验田中,每667米^{2}施用5406菌肥 75 千克，结果比施同量棉籽饼肥（7.5 千克）的，增产 15.6%～20.4%。

此外，5406 抗生菌肥能使甘薯增产 13%～25%；花生增产 9%；油菜增产 13%～40%；茶叶增产 10%。

七、各种施用方法与效果

历年全国各地群众在不同作物上使用 5406 菌肥后，取得了丰富的经验，现综合列于表 5-4 至表 5-7，以供参考。

（一）浸种或拌种

表 5-4　浸种或拌种效果

作物名称	施用时间	施用方法	施用量或浓度	施用后的效果
水稻	播种前	浸种 24h	1∶4 菌肥浸出液	提前出苗，出苗整齐，根系发达
小麦	播种前	5406 拌种	种子喷湿后尽量沾菌	减轻腥黑穗病，增加出苗和分蘖
小麦	播种前	浸种 36h	1∶1～2 菌肥浸出液	出苗绿壮，增强耐锈病能力，增产显著
玉米	播种前	浸种 24～36h	1∶4 菌肥液 5kg 浸种 2.5kg	促进生长，出苗齐，根系发达
甘薯	上坑育苗肥	菌肥水浸薯块	1∶1 菌肥混合液粘薯块	提早出苗，减轻病害
甘薯	栽秧前	菌肥上下撒施	每穴用菌肥 25～100g	刺激生长，减轻黑斑病，增产显著
棉花	播种前	温水烫种后拌种	30%～50% 种子量的菌肥	减少烂种，增加发芽，提前出苗，促进生根
棉花	播种前	菌肥液浸种	每 50kg 种子用 15kg 菌肥 25L 水混合浸泡	减少烂种和病苗，促进生根和早熟
黄瓜	播种前	浸种 6～12h	1∶2～4 菌肥液	提高发芽率，促进生侧根

(二)浸根或蘸根

表5-5　浸根或蘸根效果

作物名称	施用时间	施用方法	施用量或浓度	施用后的效果
水稻	插秧时	浸根6h	1∶5菌肥浸出液	促进生根,提早返青,提前抽穗
水稻	插秧时	蘸根(干蘸)	每667米^{2}用菌肥15～25kg	促进新根生长,提前返青
甘薯	栽种时	浸苗和根5h	1∶5菌肥浸出液	减轻黑斑病,促进发根和分枝

(三)基　肥

表5-6　基肥效果

作物名称	施用时间	施用方法	施用量	施用后的效果
小　麦	播种时	条播时覆盖在种子上即盖土	5406菌肥100～150kg/667米^2(折合纯饼5～10kg/667米^2)	减少烂种,增加分蘖,早熟,增产10%～30%
水　稻	秧田播谷时	覆盖谷面或混在表土中	5406菌肥150～300kg/667米^2	减少烂秧,保苗,促发根,绿壮,病少
玉　米	播种时	①穴施时,菌肥与土壤掺和后播种;②条施时,菌肥覆盖种子后盖土	每667米^{2}施菌肥100～200kg	促进发根,减轻病虫害,早熟,增产10%～30%
薯　类	播种时	菌肥与穴土混合,或将菌肥覆盖在种子或种块上	每穴施菌肥25～50g	促进生长发育,减轻病害,早熟增产

续表 5-6

作物名称	施用时间	施用方法	施用量	施用后的效果
瓜　菜	移栽时	菌肥先与穴土混合后栽苗	每穴施菌肥 3～50g	促进生长发育，减轻病害，早熟增产
棉　花	播种时	条播时将菌肥覆盖在种子上，再覆土	每 667 米^2 施菌肥100～150kg	减少烂种和烂根，减轻病害，早熟增产
棉　花	移栽时	菌肥先与穴土混合后再栽苗	每穴施菌肥 25～75g	促进发根，壮苗，防病，早熟增产
烟　草	移栽时	菌肥先与穴土混合后再栽苗	每穴施菌肥 50～100g	促进发根，提早成熟，防病增产

(四)追　肥

表 5-7　追肥效果

作物名称	施用时间	施用方法	施用量	施用后的效果
水　稻	秧苗期至扬花期	浅水勤施，撒在水面上自溶，或以 1：4 浸出液喷雾，也可干喷叶面	每 667 米^2 每次施入 100kg 左右，分期使用	促进发根，增加分蘖，减轻病虫害，早熟丰产
水　稻	插秧后	将菌肥稍加水成团后塞入秧根下	每窝塞菌肥 10～40g	壮苗，促发根，防病，增产特别显著
小　麦	返青至扬花	1：4 浸出液浇灌或喷施，干菌肥在早露时撒于叶面上，或用菌肥沟施	每 667 米^2 每次 50～100kg	刺激生长，防治锈病，早熟增产

续表 5-7

作物名称	施用时间	施用方法	施用量	施用后的效果
玉 米	定苗后	两侧沟施,或化水浇灌	每667米^{2}每次100kg左右	植株绿壮,增产显著
棉 花	显蕾和开花期	两侧沟施,或化水浇病株	每667米^{2}每次用75～100kg分2～3次追施	防治黄萎病,增产显著
薯类和芋头	生长期	根周追施后盖土,或化水浇灌,或溶水喷施	每667米^{2}每次100kg左右分2～3次追施	刺激生长,减轻病害,增产显著
瓜 类		根周追施后盖土,或化水浇灌,或溶水喷施	每667米^{2}每次用100kg左右分2～3次追施	刺激生长,减轻病害,增产显著

附　录

附录一　细菌菌落形态和活细菌数的检测方法

一、菌落形态检验

（一）制作琼脂平板培养基

选择适用于待检细菌产品中菌种生长的培养基，配成含1.2%琼脂的培养液，经高压蒸汽灭菌后，在无菌环境中，趁热加入无菌培养皿中制成平板，厚3～5cm。凝固后供稀释后的细菌划线或涂布法接种后培养用。

（二）样品稀释液的制备

由于产品中菌液较浓，有的是单一菌种，有的为混合菌种。因此，必须尽量使样品中的菌体细胞最大限度地分散开来，使成单个细胞或孢子存在（否则一个菌落便不只是代表一个细菌），再取一定稀释度、一定量的稀释液接种至平板培养基上，使其均匀地分布在平板培养基上。如此据其在培养基上所形成的每一个菌落都是由单个细菌繁殖而成的，也就是说，一个菌落可代表一个单细胞。如果产品中是由2～3种或以上的细菌组成的，也可从各菌株形成的菌落形态和色泽之不同（如果其菌落形态和色泽不同的话）便可容易分辨出来。

样品稀释液的制备方法如下：准确吸取已混合均匀的样品10mL，放入装有90mL无菌生理盐水并放有小玻珠的250mL三角瓶中，用手或置于摇床上振荡30min，使菌体细胞充分分散，即成10^{-1}（即已稀释10倍）的稀释液。再用1mL无菌吸管吸取瓶中10^{-1}稀释液1mL移入另一支装有9mL无菌生理盐水的试管中，同样手摇使菌液充分混合均匀，即成10^{-2}（稀释100倍）的稀释液。再更换一支1mL无菌吸管如法吸取已混合均匀的10^{-2}菌液，移入另一支装有9mL无菌生理盐水的试管中，即成10^{-3}（稀释1 000倍）稀释液。依此法继续稀释，每次必须更换一支新鲜的无菌吸管。如附图1所示连续稀释。

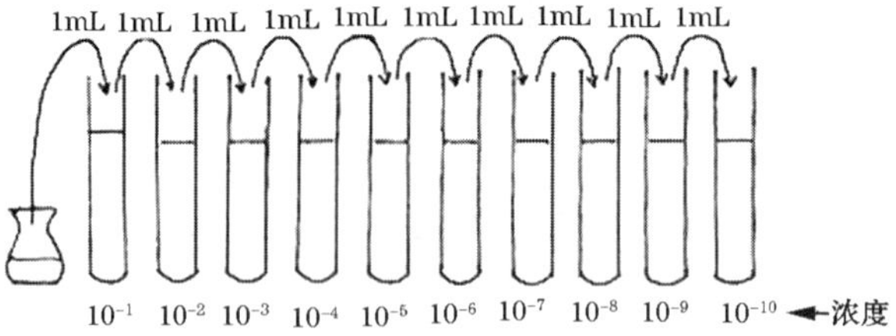

附图 1 菌液按 10 倍梯度稀释法

(三)划线法和涂布法

1. 划线法 用无菌接种环分别蘸取稀释度最高的最后 2 或 3 管的稀释液 1 环，于平板培养基上画线(如附图 2 所示)。画线可以两种方式进行，一种为交叉画线法，这是在平板的一边做第一次 Z 形画线。转动培养皿约 90°角，将接种环在火焰上烧过并冷却后，通过第一划线部分，做第二次 Z 形画线。同法也可做第三次或第四次画线。

另一种方法为连续画线法，这是从平板边缘的一点开始，连续做紧密的波浪式画线，直至平板中央。转动培养皿 180°，再从平板另一边(不须再烧接种环)同法画线至平板中央。该法较适用于含单一菌种的样品。

连续划线法　　交叉划线法

附图 2 划线接种法

2. 涂布法 分别吸取上述 3 个连续的最大稀释度的菌悬液 0.1mL，加至预先制备好的琼脂平板培养基上，分别用无菌玻璃刮棒将菌液均匀地涂布在培养基表面(如附图 3 所示)。

不管采用哪种方法,每一稀释度均需重复 3 次,同时以无菌水或生理盐水做空白对照。分别盖好培养皿盖后,置于适宜条件下培养。

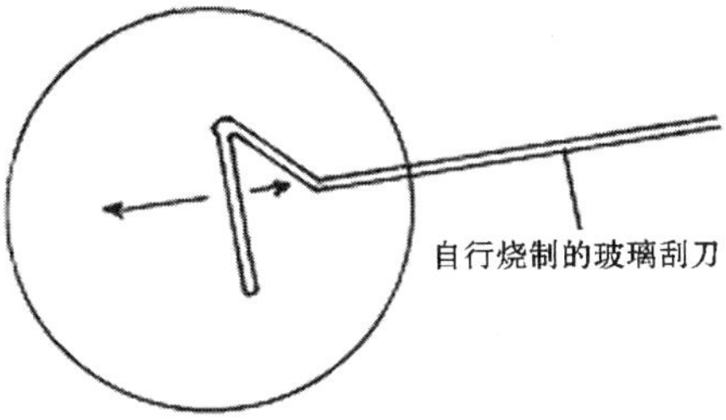

附图 3　涂布法接种

(四)厌氧培养

对厌氧的光合细菌来说,应将按上述方法接种后的培养皿盖上皿盖,置厌氧培养装置中,于 30℃中光照培养 3～5d,待长出菌落后,便可观察其形态和色泽,并予以计数记录或拍照保存。

(五)菌落识别

根据所检测菌种的技术资料,每个稀释度取不同类型的代表菌落通过涂片、染色、镜检等技术手段确认有效菌。当空白对照培养皿出现菌落时,表明检测结果无效,应重做。

二、光合细菌活菌数的测定

(一)单层平板计数法

1. 制备样品稀释液　按上述菌落形态检验中的方法,将样品进行 10 倍梯度稀释。

2. 制作琼脂平板培养基　备好至少 10 个具盖无菌培养皿,分成两组,每组 5 个重复,分别编好号。然后从稀释度最高的最后两管中分别吸取 1mL 稀释液注入各自相应号码的 5 个培养皿中,注意不同稀释度的不能共用同一支移液管。待经热压灭菌已冷至 45℃的含 1.2%琼脂培养基以每皿 10mL 的量分注于上述 10 个培养皿中,将各皿充分摇匀,让菌液中的菌体充分分散在培养基内,加盖平置,待培养基完全凝固后,倒置于无氧培养容器中,或在平板上加一层液状石蜡以隔绝空气。于 25℃～30℃中光照培养,待菌落形成后进行计数。

3. 样品中活菌数的统计　本法所根据的原理是经过将原菌液中的细菌高度稀释后,让其在培养基中各自呈单一细胞生长。因此,每个菌落可以代表 1 个细菌。由此数出培养皿中所产生的菌落数乘以其被稀释的倍数便可计算出该产品中每毫升所含的活细菌数。如附表 1 所列,将各皿菌落数填入表中,并计算各皿中活细菌数。

必须注意的是菌液稀释度小的皿内菌落数目必然过多,不易计数。稀释度过高的皿内,或只有几个菌落甚至无菌落出现,其可靠性就会很低。因此,在正式检验前,必须先做预试,找出合适的稀释度,以能在皿中产生 10～100 个菌落者为宜。

附表　光合细菌活菌数测定记录表

管及皿号	稀释倍数	标码	一皿中菌落数(1mL 稀释液)	原供测样品液 1mL 中活菌数(菌落数×稀释倍数)
①$10^{-1}$	10	拾		
②$10^{-2}$	100	百		
③$10^{-3}$	1000	千		
④$10^{-4}$	10000	万		
⑤$10^{-5}$	100000	拾万		
⑥$10^{-6}$	1000000	百万		
⑦$10^{-7}$	10000000	千万		
⑧$10^{-8}$	100000000	亿		
⑨$10^{-9}$	1000000000	拾亿		
⑩10^{-10}	10000000000	百亿		

4. 菌落计数方法　已出现有 10～100 个菌落的稀释度的平板为计数标准,统计有效活菌数目。当只有一个稀释度,其平均菌落数在 10～100 个之间时,以该平均菌落数计算。若有两个稀释度,其平均菌落数均在 10～100 个之间时,应按两者菌落总数之比值决定。若其比值小于等于 2,应计算两者的平均数;若比值大于 2,则以稀释度小的菌落平均数计算。有效活菌数按下式(1)或式(2)计算:

$$Nm=\frac{X\ k\ V_1}{M0V_2}\times 10^{-8}\cdots\cdots\cdots\cdots(1)$$

$$Nv=\frac{X\ k\ V_1}{VoV_1}\times 10^{-8}\cdots\cdots\cdots\cdots(2)$$

式(1)适用于固态菌剂,式(2)适用于液态菌剂。

式中:

Nm——质量有效活菌数,单位为亿个/g;

X——菌落平均数,单位为个;

k——稀释倍数;

V_1——基础液体积,单位为 mL;

M0——样品重量,单位为 g;

V_2——菌悬液加入量,单位为 mL;

Nv——体积有效活菌数,单位为亿个/mL;

Vo——样品容量,单位为 mL。

5. 杂菌率的测定　除样品有效菌外,其他的菌均为杂菌。样品中杂菌率按式(3)计算,数值以%表示。

$$M=\frac{N_1}{N_1+N}\times 100\cdots\cdots\cdots\cdots(3)$$

式中:

M——样品杂菌率(%);

N_1——杂菌数,单位为亿个/g或亿个/mL;

N——有效活菌数,单位为亿个/g或亿个/mL。

(二)双层平板计数法

孙军德等(2001)采用双层平板法测定光合细菌含量,效果比厌氧罐内的单层平板法好,重复间误差率较小。其法如下:

1. 培养基

(1)底层培养基　光合细菌通用培养基(含0.2%酵母膏)加0.8%琼脂。

(2)上层培养基　光合细菌通用培养基(合0.2%酵母膏)加1.0%琼脂。

2. 方法　取不同稀释度(一般为 10^{-6}、10^{-7}、10^{-8})的光合细菌菌液0.1mL均匀地涂布在已灭菌并已凝固的底层平板培养基上,然后在无菌条件下,置45℃～50℃中烘30分钟,以消除多余的水分;最后加入冷却至50℃的上层培养基约15mL,将底层培养基全覆盖。置28℃～30℃、800～1 000 lux光照下培养5～6天。待菌落长出后,便可测定菌落数,将所测得的菌落平均值乘以其稀释倍数即得每毫升(或每克)样品中的光合细菌活菌含量(亿个/mL或亿个g)。

3. 本法优点　鉴于厌氧罐单层平板法在长时间光照下,培养基渗水造成光合细菌菌落扩散,导致所测得的菌数增加,重复性差,甚至导致菌落成片而无法计数。半固体试管法虽能解决培养基渗水问题,但由于试管为圆柱体,计数过程中易于造成重复多次计数,使所测得的数量多于实际数。双层培养法既解决了厌氧条件,又无培养基渗水问题,而且由于所生菌落处于同一水平面上,便于观察计数,从而所测得之结果较为准确。

(三)半固体试管法

刘军义等(2003)采用半固体试管测定光合细菌含量效果亦好。该法具体操作如下:

1. R培养基的配制　乙酸钠3.0g,$NaHCO_3$ 1.0g,NH_4Cl 1.0g,K_2HPO_4 0.5g,$MgCl_2$ 0. 2g,氯化亚铁-EDTA 0.005g,NaCl 5.0g,抗氧化剂0.25g,琼脂粉8g,用蒸馏水定容至1 000mL,pH值7.4±0.2。

2. 具体方法　①吸取25mL待测样品放入装有225mL生理盐水的无菌三角瓶中,混合均匀后制成10^{-1}的稀释菌液。

②用10mL无菌吸管吸取10^{-1}的样品放入盛有90mL生理盐水的无菌三角瓶中,混合均匀后制成10^{-2}的稀释菌液。按此法继续将菌液稀释至10^{-6}、10^{-7}、10^{-8}等稀释液。

③选用合适的连续3个稀释度的菌悬液进行试管计数。方法是分别用1mL无菌吸管吸取1mL菌液放入25mL具塞试管内,每个稀释度的菌液至少有3支试管做重复。然后于各管中迅速注入25mL 45℃的R培养基,并立即摇匀,待冷凝后,再加入5mL 1%的无菌纯琼脂培养基覆盖。同时,用无菌生理盐水代替菌液作为对照。

④将试管置于25℃～30℃、2 000～5 000 lux光照下培养72小时,待长出呈粉红色、红色或深红色并像个铁饼状的小菌落后,立即进行计数。如果菌落不明显,可继续培养24～28小时。一般要求菌落数在25～200个较为合适范围。倘若不能立即计数,应将试管存放在0℃～4℃中暂存,但不能超过24h。

⑤将所测得的菌落平均值乘以其稀释倍数即为每毫升或每克样品中的光合细菌活菌数。

(四)分光光度法

孙军德等(2001)利用紫外可见分光光度计,测定得光合细菌的最大吸光度(OD值)在322 nm波长处。然后配制系列10倍稀释度的光合细菌菌液,于 322 nm 处测定各稀释度菌液的 OD 值。以菌液含菌量(亿个/mL)为纵坐标,OD 值为横坐标,绘图得一直线。表明菌液含菌量与其在 322nm 处的 OD 值呈正相关。

然后据数学统计中的最小二乘法,建立了光合细菌菌液在波长 322 nm 处的 OD 值与其含菌量之间的直线回归方程为:Y＝20.291X－0.604。

式中 X 为某待测菌液在波长 322 nm 处的 OD 值,Y 为含菌量。将其代入上述方程中,便可迅速获得该菌液的含菌量(亿个/mL 或 g)。

该法快速可靠,但必须对待测菌液预先依本法确定其最大吸光度是否也在 322 nm 处,否则必须重建一个合适的回归方程。

三、有效活菌数的 MPN 五管测定法

(一)样品稀释

吸取 10.0mL 液体菌剂(固体菌剂需称取 10.0g)加入 90mL (对于固体菌剂则用 100mL)无菌水(或无菌生理盐水)中,并加入数颗小玻珠,静置 20 小时,在旋转式摇床上以 200 r/min 转速充分振荡 30 分钟,即得 10^{-1} 稀释度的菌悬液。

用无菌移液管吸取 5.0mL 上述菌悬液加入盛有 45mL 无菌水的三角瓶中,充分振荡摇匀,得到 10^{-2} 稀释度的菌悬液,依此法制成 10^{-3}、10^{-4}、10^{-5}、…10^{-10} 等稀释度的菌悬液(每个稀释度应更换一支无菌移液管)。

(二)加　样

选择最后 5 个适宜的连续稀释度,用无菌移液管分别吸取不同稀释度的菌悬液 1.0mL,加入已准备好的盛有 9.0mL 无菌培养基的螺口试管(或具胶塞的试管)中,每一稀释度重复接 5 支试管(不同稀释度间要更换无菌移液管),同时用无菌培养液做空白对照。

(三)培　养

接种后立即旋紧试管上的塑料帽盖(或塞紧胶塞)并摇匀。对厌氧的光合细菌来说,可在接种后立即摇匀,加入厚约 1cm 的无菌石蜡液体覆盖液面以隔绝空气,旋好帽盖或小胶塞封口,然后将试管置于适宜条件下培养。光合细菌则用 40 W 钨丝灯泡连续照光,保温 28℃～32℃,培养期间要经常转动试管,以使光照均匀,培养 10～12 天后,统计出现光合细菌生长(培养物应呈紫

红色)的试管数。

(四)有效活菌数的计算

根据出现光合细菌(或其他待测细菌)生长的阳性试管数,查 MPN、LgMPN 表(附表 2),即可计算出光合细菌的有效活菌数,以亿个/mL 或亿个/g 表示。

计算方法:利用下式可算出原菌液的最大可能含菌量:

1mL(或 1g)样品中的有效活菌数＝菌数近似值×数量指标第一位数的稀释倍数;

例如,某批菌剂测得的光合细菌之结果是:接 10^{-8} 稀释度的 5 支试管全部出现生长(阳性),接种 10^{-9} 稀释度的 5 支试管中有 2 支试管为阳性,接种 10^{-10} 稀释度的 5 支试管全部不生长(阴性),即检验结果为 5—2—0,查表得知相当于第一稀释管 1mL 的最大可能数(MPN)为 4.9,则该被测菌剂含菌数为 4.9×10^{8} 个/mL(或 g)。

当实际应用时,应包含所有试管都生长的稀释倍数直至全部都不生长的稀释倍数。因此,要选择适宜的 5 个连续稀释倍数的稀释液进行接种。在这些稀释倍数中,如何求 MPN 值,可做如下处理:

一是,在全部 5 支试管中均出现生长的稀释度中,将出现生长的稀释倍数最高的那一级放入数列。例如,为 5—5—3—0—0 时,则取 5—3—0 数列。

二是,在全部 5 支试管中均不出现生长的稀释度中,将稀释度倍数最低的一级放入数列。例如,为 5—3—0—0—0 时,则取 5—3—0 数列。

三是,如果应用上述两条规则,会出现采用如 5—5—4—3—0 这样的 4 个等级的稀释度的情况。此时,可先取前面的 5—4—3 数列,后取 4—3—0 数列,分别求出 LgMPN,然后算出其真数的平均值。在此数列中,数列 5—4—3 的 LgMPN 为 1.447,数列 4—3—0 的 LgMPN 为 0.431＋1(后一数列与前一数列相应稀释了 10 倍,故要加 1 进行校正),则(1.447＋1.431)/2＝1.439,故 MPN＝27.5。

如果待测样品中光合细菌的含量较低,而 10^{-6}、10^{-7}、10^{-8}、10^{-9}、10^{-10} 5 个稀释度菌悬液不适宜测定,则可选用稀释倍数低的菌悬液接种测定。

附表 2　MPN，Lg MPN 表

阳性试管数			MPN（相当于第一稀释管 1mL）	LgMPN	阳性试管数			MPN（相当于第一稀释管 1mL）	LgMPN
第一稀释管	第二稀释管	第三稀释管			第一稀释管	第二稀释管	第三稀释管		
0	0	0	0	—	5	0	1	3.1	0.491
0	1	0	0.18	0.255—1	5	1	0	3.3	0.519
1	0	0	0.20	0.301—1	5	1	1	4.6	0.663
1	1	0	0.40	0.602—1	5	2	0	4.9	0.690
2	0	0	0.45	0.653—1	5	2	1	7.0	0.845
2	0	1	0 .68	0.833—2	5	2	2	9.5	0.978
2	1	0	0 .68	0.833—1	5	3	0	7.9	0.898
2	2	0	0.93	0.968—1	5	3	1	11.0	1.041
3	0	0	0.78	0.892—1	5	3	2	14.0	1.146
3	0	1	1.1	0.041	5	4	0	13.0	1.114
3	1	0	1.1	0.041	5	4	1	17.0	1.230
3	2	0	1.4	0.146	5	4	2	22.0	1.342
4	0	0	1.3	0.114	5	4	3	28.0	1.447
4	0	1	1.7	0.230	5	5	0	24.0	1.380
4	1	0	1.7	0.230	5	5	1	35.0	1.544
4	1	1	2.1	0.322	5	5	2	54.0	1.732
4	2	0	2.2	0.342	5	5	3	92.0	1.964
4	2	1	2.6	0.415	5	5	4	160.0	2.204
4	3	0	2.7	0.431	5	5	5	>180.0	>2.255
5	0	0	2.3	0.362					

附录二　固体发酵培养芽孢杆菌的活菌含量测定法

目前,饲料微生物分析采用的基本方法是稀释分离法培养,饲料添加剂如枯草芽孢杆菌的活菌计数方法,尚无国家标准和行业标准。迄今仍将待测样品经系列 10 倍稀释后,采用琼脂平板培养,统计其所产生的菌落数来测算其活菌含量。

一、芽孢杆菌琼脂培养基

蛋白胨 1%,酵母膏 0.5%,葡萄糖 0.5%,NaCl 0.5%,K_2HPO_4 0.055%,$MnSO_4$ 0.025%,琼脂 2%,pH 值 7.2～7.5。

培养基配好后,盛于三角瓶中,于 121℃热压灭菌 30 分钟后待用。

二、样品的制备

采样应不少于 500g,从中称取 10g(精确到 0.01g),加入带玻璃珠的盛有 90mL 无菌生理盐水的三角瓶中,静置 20 分钟后在旋转式摇床上以转速 200 r/min 充分振荡 30 分钟,即成 1 次三角瓶摇瓶母液的菌悬液,获得 $1:10^1$ 的浓度(即 10^{-1})。用无菌吸管吸取 1mL 上述菌悬液加入 9mL 无菌生理盐水的试管中,混匀后即成 $1:10^2$ 稀释度(即 10^{-2})的菌悬液;按此法继续稀释,分别得 $1:10^3$、$1:10^4$…$1:10^{10}$(即 10^{-3}、10^{-4}…10^{-10})等浓度稀释液。注意每配制一个稀释度必须更换一支无菌吸管。

三、测　定

用无菌吸管分别吸取上述稀释度较高(如 10^{-8}、10^{-9}、10^{-10})的菌悬液 1mL,加至直径 9～12cm 的无菌培养皿中,然后将已灭菌并冷却至 45℃的芽孢琼脂培养基注入皿内,与菌液充分混合均匀。每个稀释度均应有 6 个重复。同时,有 1 个只加无菌水(代替菌悬液)的空白对照。均置于 37℃培养箱中培养 24 小时。培养结束后,于每个稀释度中挑取 5～10 个菌落的菌体,涂片和做革兰氏染色,进行显微镜观察识别后再行计数菌落。枯草芽孢杆菌在琼脂平板上经 37℃培养 24 小时所形成的菌落,直径可达 1～2 mm,呈灰白色,边缘不整齐,有皱褶和具黏稠性。

四、菌落计数

一是，以平板上出现的 30～300 个菌落数的稀释度平板为计数标准。

二是，当只有 1 个稀释度，其平均菌落数在 30～300 之间时，则取该平均菌落数乘以其稀释倍数。

三是，若有 2 个稀释度，其平均菌落数均在 30～300 之间，应按两者菌落总数之比值来决定，若其比值小于 2 应计数两者的平均数，若大于 2 则计数其中稀释度较小的菌落总数。

四是，如果 3 个稀释度的平均菌落数均大于 300，则应按稀释度最高的平均菌落数乘以稀释倍数。

五是，如果 3 个稀释度的平均菌落数均小于 30，则应按稀释度最低的平均菌落数乘以稀释倍数。

六是，如果 3 个稀释度的平均菌落数均不在 30～300 之间，则以最接近的 300 或 30 的平均菌落数乘以稀释倍数。

附录三　芽孢杆菌的芽孢染色法

细菌的芽孢含水量少而脂肪含量高,而且芽孢壁较厚,对染料的透性差,不易着色,而一旦染上颜色,脱色也比较困难。因此,芽孢染色法的基本原则是:采用着色力强的弱碱性染料(如孔雀绿),在加热条件下,延长染色时间以促进标本着色。然后采用脱色方法使标本脱色,菌体颜色褪去,而芽孢上的颜色仍然保留。再用对照的染料进行复染,使菌体染上复染液的颜色,与芽孢形成鲜明的对比,容易辨认。

一、所需器材和试剂

具油镜头的显微镜,酒精灯,火柴,试管夹,载玻片,盛有香柏油和二甲苯的小玻瓶,吸水纸,擦镜纸,蒸馏水。

孔雀绿染色液,番红水溶液(配方见后注)。

二、染色步骤和方法

(一)制　片

吸取一小滴蒸馏水滴于干净的载玻片上,用经过火焰灼烧过的无菌接种环以无菌操作方式挑取微量菌体置于水滴中,涂成均匀的薄层,在空气中干燥,也可将涂面朝上在酒精灯上方微微加热,加快水分蒸发,但切勿紧靠火焰或加热时间过长,以防菌体烤焦变形。然后将已干燥的涂片面朝上,在酒精灯火焰外层尽快地来回通过 2～3 次,以杀死菌体,固定细胞结构,以便染色。待玻片冷却后进行染色。

(二)染　色

在涂片面上铺 1 层滤纸片(也可不铺),在滤纸片上滴加孔雀绿染色液,使滤纸片湿润,当染色液冒出蒸汽时开始计算时间,并且在涂片处不断添加孔雀绿染色液,勿使干涸或沸腾,仅能冒蒸汽,如此保持 5～10 分钟。

冷却后用自来水细流冲洗至流出的水无绿色为止。

(三)复　染

用番红染色液染色1～2分钟,倾去残余染料后用水轻轻冲洗至流出的水无红色为止。

(四)镜　检

用吸水纸吸去涂片上残留的水分并干燥后,用油镜观察。结果应为芽孢呈绿色,而菌体呈红色。

注:染色液配方

1. 孔雀绿染色液

孔雀绿	50g
蒸馏水	100mL

先将孔雀绿研细,加入少许95%酒精溶解,再加入蒸馏水至100mL。静置30分钟后过滤待用。

2. 番红复染液

番红(沙黄,碱性藏花红)	25g
95%酒精	100mL

先将番红溶解于95%酒精中,配成25%的番红酒精液作为母液,保存于棕色瓶中,使用时吸取番红酒精母液10mL与80mL蒸馏水混匀后供用。

附录四　农用微生物菌剂国家标准(GB 20287—2006)

前　言

本标准5.1、5.3和第8章条文为强制性条款。

本标准的附录A、附录C和附录D为规范性附录,附录B为资料性附录(注:本书略)。

农用微生物菌剂

1. 范围

本标准规定了农用微生物菌剂(即微生物接种剂)的术语和定义,产品分类、要求、试验方法、检测规则、包装、标识、运输和贮存。

本标准适用于农用微生物菌剂类产品。

2. 规范性引用文件(略)

3. 术语和定义(略)

4. 产品分类

产品按剂型可分为液体、粉剂、颗粒型;按内含的微生物种类或功能特性可分为根瘤菌菌剂、固氮菌菌剂、解磷类微生物菌剂、硅酸盐微生物菌剂、光合细菌菌剂、有机物料腐熟剂、促生菌剂、菌根菌剂、生物修复菌剂等。

5. 要求

5.1 菌种

生产用的微生物菌种应安全、有效。生产者应提供菌种的分类鉴定报告,包括属及种的学名、形态、生理生化特性和鉴定依据等完整资料。生产者应提供菌种安全性评价资料。采用生物工程菌,应具有允许大面积释放的生物安全性有关批文。

5.2 产品外观(略)

5.3 产品技术指标

5.3.1 农用微生物菌剂产品的技术指标见表1,其中有机物料腐熟剂产品的技术指标按表2执行。

表 1　农用微生物菌剂产品的技术指标

项　目	剂　型		
	液　体	粉　剂	颗　粒
有效活菌数(cfu)a,亿/g(mL)　≥	2.0	2.0	1.0
霉菌杂菌数,个/g(mL)　≤	3.0×10^6	3.0×10^6	3.0×10^4
杂菌率,%　≤	10.0	20.0	30.0
水分,%　≤	—	35.0	20.0
细度,%　≥	—	80	80
pH 值	5.0～8.0	5.5～8.5	5.5～8.5
保质期 b,月　≥	3	6	6

a. 复合菌剂,每一种有效菌的数量不得少于 0.01 亿个/g(mL);以单一的胶质芽孢杆菌(*Bacillus mucilaginosus*)制成的粉剂产品中有效活菌数不少于 1.2 亿个/g。

b. 此项仅在监督部门或仲裁双方认为有必要时检测。

表 2　有机物料腐熟剂产品的技术指标

项　目	剂　型		
	液　体	粉　剂	颗　粒
有效活菌数(cfu),亿个/g(mL)　≥	1.0	0.50	0.50
纤维素酶活 a,u/g(mL)　≥	30.0	30.0	30.0
蛋白酶活 b,u/g(mL)　≥	15.0	15.0	15.0
水分,%　≤	—	35.0	20.0
细度,%　≥	—	70	70
pH 值	5.0～8.5	5.5～8.5	5.5～8.5
保质期 c,月　≥	3	6	6

a.以农作物秸秆类为腐熟对象测定纤维素酶活。

b.以畜禽粪便类为腐熟对象测定蛋白酶活。

c. 此项仅在监督部门或仲裁双方认为有必要时检测。

5.3.2 农用微生物菌剂产品中无害化指标。

见表 3。

表 3　农用微生物菌剂产品中无害化指标

参　数		标准极限
粪大肠菌群数,个/g(mL)	≤	100
蛔虫卵死亡率,%	≥	95
砷及其化合物(以 As 计),mg/kg	≤	75
镉及其化合物(以 Cd 计),mg/kg	≤	10
铅及其化合物(以 Pb 计),mg/kg	≤	100
铬及其化合物(以 Cr 计),mg/kg	≤	150
汞及其化合物(以 Hg 计),mg/kg	≤	5

6. 试验方法

6.1 仪器设备(略)

6.2 试剂(略)

6.3 产品参数的检测

6.3.1 外观(感官)的测定

取少量样品放到白色搪瓷盘(或白色塑料调色板)中,仔细观察样品的颜色、形状、质地。

6.3.2 有效活菌数的测定

采用平板计数法,根据所测微生物的种类选用适宜的培养基。若采用最大可能数(Most Probable Number,MPN)5 管法,遵照附录 C 的规定(注:可参考附录一中的 MPN 5 管法)。

6.3.2.1 系列稀释

称取样品 10g(精确到 0.01g),加入带玻璃珠的 100mL 的无菌水中(液体菌剂取 10.0mL 加入 90mL 的无菌水中),静置 20 min,在旋转式摇床上 200 r/min 充分振荡 30 min,即成母液菌悬液(基础液)。

用无菌移液管分别吸取 5.0mL 上述母悬液加入 45mL 无菌水中,按 1∶10 进行系列稀释,分别得到 $1:1\times10^1$,$1:1\times10^2$,$1:1\times10^3$,$1:1\times10^4$…稀释的菌悬液(每个稀释度应更换无菌移液管)。

6.3.2.2 加样和培养

每个样品取 3 个连续适宜的稀释度,用无菌移液管分别吸取不同稀释度菌悬液 0.1mL,加至预先制备好的固体培养基平板上,分别用无菌玻璃刮刀将不同稀释度的菌悬液均匀地涂于琼脂表面。

每一稀释度重复 3 次,同时以无菌水做空白对照,于适宜的条件下培养。

6.3.2.3 菌落识别

根据所检测菌种的技术资料,每个稀释度取不同类型的代表菌落通过涂片、染色、镜检等技术手段确认有效菌。当空白对照培养皿出现菌落数时,检测结果无效,应重做。

6.3.2.4 菌落计数

已出现 20～300 个菌落的稀释度的平板为计数标准(丝状真菌为 10～150 个菌落数),分别统计有效菌数目和杂菌数目。当只有 1 个稀释度,其平均菌落数在 20～300 个之间时,则以该平均菌落数计算。若有 2 个稀释度,其平均菌落数均在 20～300 个之间时,应按两者菌落总数之比值决定。若其比值小于等于 2 应计算两者的平均数;若大于 2 则以稀释度小的菌落平均数计算。有效活菌数按式(1)或式(2)计算:

$Nm = kV_1/(MoV_2) \times 10^{-8}$ …………………(1)

$Nv = kV_1/(VoV_2) \times 10^{-8}$ …………………(2)

式中:

Nm——质量有效活菌数,亿个/g

Nv——体积有效活菌数,亿个/mL

k——稀释倍数

V_1——基础液体积,mL

V_2——菌悬液加入量,mL

Vo——样品量,mL

Mo——样品量,g

6.3.3 霉菌杂菌数的测定

采用马丁培养基,测定方法同 6.3.2。

6.3.4 杂菌率的测定

除样品有效菌外其他的菌均为杂菌。样品中杂菌率按式(3)计算:

$M = N_1/(N_1 + N) \times 100$ ……………(3)

式中:

M——样品杂菌率,%

N_1——杂菌数,亿个/g(mL)

N——有效活菌数,亿个/g(mL)

6.3.5 水分的测定

将空铝盒置于干燥箱中105℃±2℃烘干0.5 h，冷却后称量记录空铝盒的质量。然后称取2份平行样品(颗粒型样品，应先粉碎过1.0 mm试验筛)，每份20g(精确到0.01g)，分别加入铝盒中并记录质量。将装好样品的铝盒置于干燥箱中(105±2)℃下烘干4～6 h。取出置于干燥器中冷却20 min后进行称量。水分含量按式(4)计算(结果为两次测定的平均值)：

$W=(m_1-m_2)/(m_1-m_0)\times 100$……………(4)

式中：

W——样品水分含量，%

m_0——空铝盒的质量，g

m_1——样品和铝盒的质量，g

m_2——烘干后样品和铝盒的质量，g

6.3.6 细度的测定

6.3.6.1 粉剂样品

称取样品50g(精确到0.1g)，放入300 mL烧杯中，加200 mL水浸泡10～30 min后倒入孔径0.18 mm的试验筛中，然后用水冲洗，并用刷子轻轻地刷筛面上的样品，直至筛下流出清水为止。将试验筛连同筛上样品放入干燥箱中，在(105±2)℃烘干4～6 h，冷却后称量筛上样品质量。样品细度按式(5)计算：

$S=\{1-m_1/[m_0(1-w)]\}\times 100$…………(5)

式中：

S——筛下样品质量分数，%

m_1——小孔径试验筛上样品质量，g

m_0——样品质量，g

6.3.6.2 颗粒样品

称取样品50g(精确到0.1g)，将两个不同孔径的试验筛(1.0 mm和4.75 mm)摞在一起放在底盘上(大孔径试验筛放在上面)。样品倒入大孔径试验筛内筛样品，然后称小孔径试验筛上的样品质量。颗粒细度按式(6)计算：

$g=m_1/m_0\times 100$…………(6)

式中：

g——样品质量分数，%

m_1——小孔径试验筛上样品质量，g

m_0——样品质量，g

6.3.7 pH 值的测定

打开酸度计电源预热 30 min，用标准溶液校准。pH 值的测定，每个样品重复 3 次，计算 3 次的平均值

6.3.7.1 液剂样品

用量筒取 40 mL 样品放入 50 mL 的烧杯中，直接用酸度计测定，仪器读数稳定后记录。

6.3.7.2 粉剂样品

称取样品 15g，放入 50 mL 的烧杯中，按 1∶2(样品：无离子水)的比例将无离子水加到烧杯中(如果样品含水量低，可根据基质类型按 1∶3～5 的比例加无离子水)，搅拌均匀。然后静置 30 min，测样品悬液的 pH 值，仪器读数稳定后记录。

6.3.7.3 颗粒样品

样品先研碎过 1.0 mm 试验筛，按照 6.3.7.2 的方法测定。

6.3.8 粪大肠菌群的测定

应符合 GB/T 19524.1《肥料中粪大肠菌群的测定》的规定。

6.3.9 蛔虫卵死亡率的测定

应符合 GB/T 19524.2《肥料中蛔虫卵死亡率的测定》的规定。

6.3.10 纤维素酶活、蛋白酶活的测定

应符合附录 D 的规定(注：具体测定方法可参考有关生物化学实验指导书)。

6.3.11 砷、镉、铅、铬、汞的测定

应符合 GB 18877－2002 中 5.12～5.17 的规定。

6.3.12 保质期的检验

在产品说明书标明的保质期前，按 6.3.1～6.3.11 方法测定产品相应指标。

7. 检验规则

本标准中产品技术指标的数字修约应符合 GB 8170 的规定；产品质量合格判定应符合 GB 1250 中修约值比较法的规定

7.1 抽样

按每一发酵罐菌液(或每批固体发酵)加工成的产品为一批，进行抽样检验，抽样过程严格避免杂菌污染。

7.1.1 抽样工具

无菌塑料袋(瓶)，金属勺，抽样器，量筒，牛皮纸袋，胶水，抽样封条和抽样单等。

7.1.2 抽样方法和数量

一般在成品库中抽样,采用随机法抽取。

抽样以件为单位,小包装以每一包装箱为 1 件。随机抽取 3～5 件,每件中随机抽取 1 袋(瓶);若每袋(瓶)包装小于 500g(mL)的产品,应多抽几件。大包装产品以 1 袋(桶)为 1 件,随机抽取 5～10 件,在无菌条件下,每件取样 500g(mL),然后将抽取样品混匀,按四分法分装 3 袋(瓶),每袋(瓶)不少于 500g(mL)。

7.2 检验分类(略)

7.3 判定规则

7.3.1 具下列任何一条款者,均为合格产品

a. 检验结果各项技术指标均符合标准要求的产品;

b. 在产品的外观、水分、细度、pH 值等检测项目中,有 1 项不符合要求,而其他各项技术指标符合要求的产品。

7.3.2 具下列任何一条款者,均为不合格产品

a. 有效菌数不符合技术指标;

b. 霉菌杂菌数不符合技术指标;

c. 杂菌率不符合技术指标;

d. 粪大肠菌群不符合技术指标;

e. 蛔虫卵死亡率不符合技术指标;

f. 砷、镉、铅、铬、汞中任一含量不符合技术指标;

g. 有机物料腐熟剂产品中所测酶活不符合技术指标;

h. 在外观、水分、细度、pH 值等检测项目中,有 2 项(含)以上不符合要求。

8. 包装、标识、运输和贮存

参见 NY 885—2004《农用微生物产品标识要求》。

附录五　我国生产销售农用益生菌菌剂的部分公司

广西新胜利农业生产资料有限责任公司

产品：光合细菌，枯草芽孢杆菌，地衣芽孢杆菌，巨大芽孢杆菌，蜡样芽孢杆菌，胶质芽孢杆菌等菌剂

广西北海市群林生物工程有限公司

产品：枯草芽孢杆菌，地衣芽孢杆菌，反硝化细菌，微生物有机肥专用菌等菌剂

上海汉和生物科技有限公司

产品：光合细菌，枯草芽孢杆菌，地衣芽孢杆菌，巨大芽孢杆菌，蜡样芽孢杆菌，胶质芽孢杆菌等菌剂

上海碧莱清生物科技有限公司

产品：复合芽孢杆菌，硝化细菌，反硝化细菌等菌剂

广东海富药业有限公司

产品：反硝化细菌菌剂

广州多宇多生物科技有限公司

产品：硝化细菌菌剂

广州三兴生物技术有限公司

产品：光合细菌，EM 菌等菌剂

广东佛山市碧沃丰生物科技股份有限公司

产品：EM 菌剂

广州益品生物科技有限公司

产品：芽孢杆菌，EM 菌，发酵床菌种

河北益微生物技术有限公司

产品：硝化细菌，反硝化细菌等菌剂

河北沧州方元生物工程有限公司

产品：硝化细菌，反硝化细菌等菌剂

河北沧州华雨生物科技有限公司

产品：枯草芽孢杆菌剂

河北石家庄圣福生物科技有限公司

产品:枯草芽孢杆菌,光合细菌,生态肥水素等菌剂

北京华农生物工程有限公司

产品:枯草芽孢杆菌,地衣芽孢杆菌,蜡样芽孢杆菌等菌剂

康源绿洲生物科技(北京)有限公司

产品:枯草芽孢杆菌剂

河北邢台思倍特生物科技有限公司

产品:枯草芽孢杆菌,地衣芽孢杆菌,凝结芽孢杆菌,侧孢芽孢杆菌,嗜酸芽孢杆菌,胶冻芽孢杆菌等菌剂

武汉丰甜生物科技有限公司

产品:光合活水素,EM菌,菌毒净,酵母鱼壮素,微生物益水素

江西南昌市江特农业发展有限公司

产品:光合细菌,硝化细菌,EM等菌剂

江苏盐城市远山生物技术有限公司

产品:反硝化细菌剂

江苏高邮市绿科生物技术有限公司

产品:光合细菌冻干粉,枯草芽孢杆菌,多功能农药降解菌剂

主要参考文献

第一篇

[1] 东秀珠,蔡妙英,等. 常见细菌系统鉴定手册[J].北京:科学出版社,2001.

[2] 王兰,廖丽华. 光合细菌的分离鉴定及对养殖水的净化研究[J].微生物学杂志,2004,24(2):7-9.

[3] 安立超,高瑾,等. 红色非硫光合细菌的生长特性研究[J].环境污染治理技术与设备,2004,5(12):35-37.

[4] 魏玉利,邹 宁,等. 光合细菌几种培养方式的比较. 安徽农业科学,2007,35(29):9126～9167

[5] H 李斯著(赵可夫译). 自养细菌的生物化学[M]. 北京: 科学出版社,1960.

[6] 汤佩松,阎龙飞. 光合作用机理研究进展概况. 光合作用研究进展[M]. 北京: 科学出版社,1976.

[7] 倪黎纲,王志鹏,等. 氧、光照时间、pH 值等理化因子影响光合细菌生长的研究[J].内陆水产,2004(3):41-42.

[8] 朱延钊. 沼泽红假单胞菌的分离与培养[J].中国水产,2002(4):69-70.

[9] 徐成斌,孟雪莲,等. 光合细菌分离方法的优化研究[J].辽宁农业科学,2011(3):9-11.

[10] 张李阳,吴向华,等. 光合细菌保存方法的优化研究[J].淡水渔业,2005,35(3):26-27.

[11] 王家芳,章西海,等,光合细菌 B_3 菌株固定化保存方法的研究[J].安徽农业科学,2011,(2):676～678.

[12] 朱章玉,俞吉安,等. 光合细菌的研究及其应用[J].上海: 上海交通大学出版社,1960.

[13] 小林正泰. 光合细菌处理高浓度有机废水[J].发酵与工业,1978,36(9)753-760.

［14］ 王兰，廖丽华. 光合细菌固定化及对养殖水净化的研究[J].微生物杂志，2005，25(3)：50-53.

［15］ 陈繁忠，朱好根，等. 利用光合细菌处理养猪场污水的试验研究[J].环境工程，2000，18(5)：10-12.

［16］ 王育锋，宫修清，等. 用红色无硫细菌液培育鱼种试验[J].齐鲁渔业，1992，(3)：3-6.

［17］ 王育锋，孔祥峰. 光合细菌在池塘鱼种培育中最佳施用方式研究[J].淡水渔业，1993，23(3)：38-39.

［18］ 陈昌福，张松柏. 绿氧灵与光合细菌配合使用净化温室养鳖池水的效果[J].科学养鱼，2004，(12)：72 .

［19］ 伊玉华，南春华. 光合细菌在对虾养殖上的应用[J].大连水产学院学报，1990，5(1)：66-69.

［20］ 杨绍斌.复合光合细菌对鱼塘水氮态氮、H2S 的去除泖应.环境科学与技术，200——28(4)：25～26

［21］ 郭秒，慕跃林，等. 复合光合细菌对热带鱼养殖水质净化作用的研究[J].水产科学，2004，23(1)：30-32.

［22］ 周丹丹，李延云，等. 光合细菌与芽孢杆菌对淡水养殖水体修复实验研究[J].中兽医医药杂志，2011，(4)：10-12.

［23］ 刘毅，袁月华. 固定化光合细菌净化养殖水质研究[J].水利渔业，2008，28(2)：86-88.

［24］ 赵巧玲，李谷，等. 光合细菌强化对精养鱼塘藻类群落结构的影响[J].淡水渔业，2010，40(6)：61-65.

［25］ 吴国庆，张琳，等. 固定化 PSB 细胞技术研究及应用[J].环境科学研究，1994，7(6)：51-55.

［26］ 朱铁群，雷庆锋，等. 固定化光合细菌研究与应用[J].水利渔业，2006，26(6)：4-7.

［27］ 韩庆祥，钱新民，等. 固定化光合细菌处理催化裂化与加氢废水[J].化工环保，1998，18(2)：67-73.

［28］ 毛雪慧，徐明芳，等. 光合细菌固定化及其处理含油废水的研究[J]..农业环境科学学报，2009，28(7)：94-99.

［29］ 杨云龙，薛嵘，等. 固定化 PSB 处理亚硫酸钠造纸废水[J].中国环境科学，2001，21(4)：351-354.

［30］ 郭养浩，王德强，等.固定化红螺菌生物转盘反应器处理味精工业

废水,中国环境科学,200——20(3):229~232

[31] 朱励华,韩茵. 光合细菌的培养及其在水产养殖中的应用[J].水产养殖,1997(2): 25-27.

[32] 俞吉安,兰先德. 光合细菌中类胡萝卜素对脂质过氧化抑制作用研究[J].上海交通大学学报,1998,32(3): 107-110.

[33] 王俊卿,张肇铭. 沼泽红假单胞菌的番茄红素含量[J].应用与环境生物学报,2004,10(5): 660-662.

[34] 张世静,曾焕泰,等. 光合细菌对小白鼠毒性测试及生殖生长观察[J].福建师范大学学报,1998,14(2): 75-81.

[35] 方立超,王斌,等. 沼泽红假单胞菌 2C 菌株的安全性评价[J].氨基酸和生物资源,2005,27(2): 52-54,74.

[36] 黄皓,姚祖旭,等. 光合细菌在水产养殖中应用的研究(3)——光合细菌作为仔鱼开口饵料的价值[J].湛江水产学院学报,1990,10(1): 58-61,85.

[37] 刘中,于伟君等. 光合细菌在淡水养殖中的应用研究[J].水产科学,1995,14(3): 13- 17.

[38] 吴向华,杨启银,等. 光合细菌在暗纹东方鲀养殖上的应用[J].水利渔业,2004,24(6): 62- 64.

[39] 杨健康,张永红,等. 光合细菌饲料添加剂喂养欧鳗三类苗的效果分析研究[J].江西水产科技,1996,(3): 15-17.

[40] 黄钧,韦勇刚,等. 在饲料中添加光合细菌饲养月鳢鱼种的初步试验[J].广西畜牧兽医,2000,16(1): 17-18,34.

[41] 龚惠卿,肖建利. 施用光合细菌饲养金鱼的效果[J].水产养殖,1992,(6): 7-9.

[42] 禤金彩,袁爱群,等. 活性光合细菌对改善水产养殖体系水质状况的作用初探[J].广西农业生物科学,2005,24(2): 149-152.

[43] 张道南,孙其焕,等. 红螺菌科光合细菌的分离、培养及其作为鱼虾类饵料添加剂的初步研究[J].水产学报,1988,12(4): 367-369.

[44] 尹伦甫,胡万顺. 光合细菌在观赏鱼饲养中的应用试验[J].水产科技情报,2004,31(2): 84-85.

[45] 张鹏,陈玉春,等. 光合细菌对观赏鱼养殖水体净化作用的研究[J].饲料博览・技术版,2008(5): 31-33.

[46] 陈斌,吴天星. 类胡萝卜素改善水产动物体色研究进展[J].中国饲

料,2004(15):32-33.

[47] 田维熙,张华北. 光合细菌的净水功能及其在对虾防病中的应用[J].饲料与畜牧,1995(4):12-13.

[48] 吉海平,李君. 光合细菌应用动态[J].生物工程进展,1997,17(4):46-50.

[49] 许进香,韩继福,等. 光合细菌(PSB)促进对虾生长的作用机理初探[J].饲料工业,1992,13(4):31-32.

[50] 王建文. 光合细菌在斑节对虾养殖上的应用[J].广西水产科技,1999(1):34-36.

[51] Safia omar Abukar,莫天砚,等. 光合细菌在罗氏沼虾育苗池内的变化及对虾苗生长的影响[J].广西畜牧兽医,2001,17(1):7-9.

[52] 王典."龙源"益生菌液在水稻田养蟹上的应用效果[J].垦殖与稻作,2005,(6):42-43.

[53] 陈应江,尹金来,等. 光合细菌对暂养蟹苗生长发育的影响[J].水产养殖,1997(5):24.

[54] 王怡平,莱英,等. 固定化光合细菌在中华绒螯蟹人工育苗中的应用[J].水产学报,1999,23(2):156-161.

[55] 黄金林,汤锦如,等. 光合细菌在家禽水产养殖中的应用研究[J].江苏农业研究,2000,21(4):15-17.

[56] 姚志军,王育锋,等. 光合细菌对鳖的促长作用研究[J].齐鲁渔业,1996,13(5):30-31.

[57] 王育锋,彭秀真. 光合细菌在甲鱼快速养殖中的作用[J].中国农学通报,1996,12(5):44-45.

[58] 王立超,孙德华,等. 光合细菌在刺参育苗中的应用[J].齐鲁渔业,2005,22(12):26-27.

[59] 李君华,刘佳亮,等. 芽孢杆菌与光合细菌协同作用对养殖刺参的影响[J].渔业现代化,2013,4(1):7-11.

[60] 鞠文. 光合细菌在池塘蚌鱼混养中的应用[J].中国水产,2002,(12):47.

[61] 安树升,胡守义,等. 光合细菌培育海湾扇贝幼体的生产试验[J].水产科学,1996,15(3):22～25

[62] 刘志刚,吴勇胜. 光合细菌在马氏珠母贝育苗中的应用[J].湛江海洋大学学报,1998,18(1):19～23

[63] 薛超波,王国良,等. 光合细菌在贝类育苗中的应用[J].水产科学,2004,23(3):41~42

[64] 魏文志,陈 立. 光合细菌在卤虫饵料中的应用[J]. 水产科学,2004,23(1):15~17

[65] 姚雪梅,兰珍贵,等. 光合细菌配合面包酵母与藻粉培养轮虫的实验[J]. 齐鲁渔业,2003,20(6):31~33

[66] 庄惠如,曾焕泰,等. 鱼塘施放光合细菌条件下浮游植物的变种[J].福建师范大学学报,1997,13(1):86~93

[67] 陆建学,盛文权,等. 光合细菌对多刺裸腹溞培养的影响[J]. 海洋渔业,2007,29(3):235~239

[68] 尹伦甫,胡万顺. 光合细菌在观赏鱼饲养中的应用试验[J]. 水产科技情报,2004,31(2):84~85

[69] 丁志超,王桂英. 梭子蟹育苗使用 PSB 替代抗生素技术[J]. 齐鲁渔业,2004,21(2):4

[70] 祝莹,杨绍斌. 臭氧配合复合光合细菌对虹鳟鱼病的防治研究[J]. 湖北农业科学,2009,48(3):685~687

[71] 易力,汪 洋. 4 株 PSB 对病原菌的拮抗功能研究[J]. 渔业致富指南,2008,(1):63~64

[72] 邱宏端,陈智伟,等. 耐盐红螺菌对水产养殖病害细菌的拮抗作用[J]. 水产学报,2003,27(1):69~74

[73] 张信娣,金叶飞,等. PSB 对鱼病原菌生长的影响[J]. 中国生态农业学报,2008,16(3):659~663

[74] 王梦亮,郭小青,等. 光合细菌(PSB)对鲤鱼肠道菌群及肠消化功能的影响[J]. 中国微生态杂志,1999,11(3):146~147

[75] 沈锦玉,尹文林,等. 光合细菌 HZPSB 对水产养殖水质的改良和对鱼类促生长作用[J]. 科学通报,2004,20(6):481~484

[76] 王立华,战培荣. 固定化光合细菌应用于鲤鱼种运输的初步研究[J]. 淡水渔业,1997,27(1):11~12

[77] 袁林建,吴建华. 光合细菌在水产养殖中的应用要点[J]. 水产养殖,2010,(3):27

[78] 常钟,刘春朝,等. 饮水中添加光合细菌对提高雏鸡成活率的效果[J]. 饲料研究,1994,(11)27~28

[79] 马玉胜,朱国生. 日粮中添加光合细菌饲喂蛋鸡的试验[J]. 中国

饲料,1996,(4):29

[80] 陈德华,吉 林,等.光合细菌添加剂饲养蛋鸡试验[J].饲料工业,1994,15(5):11～12

[81] 刘春朝,钱新民,等[J].光合细菌饲料添加剂的生产及其对肉鸡生长性能的影响。中国饲料,1995,(9):14～15

[82] 高登文,李同树,等.饮水中添加光合细菌对蛋鸡产蛋后期生产性能的影响[J].饲料研究,1996,(3):7～9

[83] 韩继福,刘明宝,等.日粮中添加光合细菌对肉鸡生长性能的影响[J].饲料工业,1992,(4):23～24

[84] 王书恩,高春亭,等.添加光合细菌液对商品肉鸡增重的试验[J].当代畜牧,1995,(5):34～35

[85] 顾拥建.光合细菌添加剂饲养火鸡的效果[J].中国家禽,1997,(1):40

[86] 刘务典,彭先友,等.光合细菌在肉鸡中的应用初报[J].湖北畜牧兽医,1999,(3):26～27

[87] 汪莉,卫中贵,等.光合细菌(PSB)对乌鸡生产性能的影响[J].中国家禽,2002,24(9):12～14

[88] 祝国芹,姜静颖,等.高活性光合细菌的分离培养及应用[J].水产科学,1994,13(1):6～10

[89] 浙江绍兴县饲料公司.光合细菌在肉鸡生产中的应用[J].饲料研究,1990,(4):29

[90] 林志新,薛太白.光合细菌作为饲料添加剂在肉鸡饲料中的应用[J].上海农业学报,1991,7(3):10～15

[91] 孙衍明,杜来臻.雏鸡饲喂光合细菌的效果[J].山东畜牧兽医,1992,(3):6～8

[92] 郭利川.光合细菌在雏鸡防病中的效果试验[J].饲料与畜牧,1995,(4):10～12

[93] 周全伟,张建军,等.光合细菌对仔猪黄白痢的防治及增重试验[J].畜牧与饲料,1998,(4):8～9

[94] 陶政策,史存德.断奶仔猪,产蛋鸡日粮中添加PSB液的饲喂效果[J].云南畜牧兽医,2000,(3):27

[95] 权小芳,马晓丰,等.光合细菌对动物的营养作用及对动物疾病的防治作用[J].中国动物保健,2011,(2):27～30

[96] 罗卫星，蔡惠芳，等. 光合细菌在分娩母猪饲养中的应用效果[J]. 山地农业生物学报，2010，29(4)：312～316

[97] 田维熙，王 叶，等. 光合细菌在奶牛、肉牛饲养中应用的试验[J]. 中国饲料，2000，(13)：11～12

[98] 俞吉安，叶永钧，等. 光合细菌中类胡萝卜素对脂质过氧化抑制作用研究[J]. 上海交通大学学报，1998，32(3)：107～110

[99] 张淑会，崔焕芹，等. 光合细菌在奶牛饲养中的应用效果[J]. 山东饲料，2003，(11)：25～26

[100] 王叶，田维熙，等. 光合细菌促进羊生长及防病治病的效应[J]. 中国草食动物，2003，23(3)：3～4

[101] 俞吉安，张承康，等. 光合细菌的抗氧化作用机理探讨[J]. 发光学报，2000，21(3)：219～221

[102] 熊琦，张肇铭. 光合细菌增强高脂大鼠抗氧化能力的初步研究[J]. 山西大学学报，2002，25(3)：249～251

[103] 王俊卿，张肇铭. 光合细菌对鸡蛋产量及抗氧化活性的影响[J]. 中国家禽，2002，24(11)：13～14

[104] 周茂洪，邹邻邻，等. 水稻根系血色红假单胞菌的分离及生理生态特性研究[J]. 浙江农学报，2002，14(1)：28～33

[105] 王秋菊，焦 峰，等. 光合细菌浸种对水稻种子萌发的影响[J]. 作物杂志，2012，(3)：126～128

[106] 张桂馥，汪金龙，等. 稻田施用光合细菌效果的初步研究[J]. 江苏农业学报，1988，4(3)：24～28

[107] 冯丽菊，陈 俊. 光合细菌在水稻上应用[J]. 上海农业科技，1997，(6)：48

[108] 薛德林，王 伟，等. 光合细菌 N9281 生物学特性及其应用[J]. 生物技术，2004，14(2)：42～44

[109] 徐春和，臧 勇，等. 生物有机肥在水稻上的应用效果[J]. 垦殖与稻作，2004，(4)：43～45

[110] 赵强. 光合生物有机肥在有机水稻生产中的应用效果[J]. 辽宁城乡环境科技，2004，24(1)：10～11

[111] 史清亮，贺跃武，等. 光合细菌在农业上的应用研究[J]. 山西农业科学，2000，28(2)：59～62

[112] 王秋菊，崔战利，等. 光合细菌在水稻上的施用方法及作用机理

研究[J]. 中国农学通报,2006,22(1):176～178

[113] 李俊峰,王梦亮. 光合细菌对农田生态系统的影响[J]. 山西农业科学,2002,30(1):52～56

[114] 钱森和,杨超英,等. 光合细菌对玉米种子萌发及其部分生物学指标影响的研究[J]. 吉林农业科学,2012,37(2):34～37,58

[115] 夏宏,夏 青,等. 光合细菌在苹果上的应用[J]. 山西农业科学,1998,26(2):95

[116] 夏宏,夏 青,等. 光合细菌及复合剂在番茄上的应用研究[J]. 山西农业科学,1999,27(4):47～49

[117] 谷军,杨 旭. 光合细菌菌肥在番茄、黄瓜上的应用[J]. 安徽农业科学,2002,30(4):592～ 593

[118] 武丽娜. 光合细菌对水培黄瓜苗期生长的影响[J]. 安徽农业科学,2012,40(11):6409～6410,6477

[119] 李堃宝,俞 皓,等. 光合细菌在保护地樱桃番茄中的应用[J]. 上海交通大学学报,1995,29(3):152～156

[120] 陈克,杜国营. 光合细菌在蔬菜栽培及废水处理中的应用[J]. 农业与技术,2005,25(6):106～110

[121] 邵双,崔心栋. 光合细菌促进黄瓜幼苗生长作用的研究[J]. 沈阳化工大学学报,2010,24(3):215～218

[122] 张文海. 光合细菌在黄瓜上的应用效果[J]. 绿色科技,2013,(2):71～72

[123] 吴小平,阮妙春,等. 光合细菌在萝卜上的应用研究[J]. 福建农业科技,2000,(2):11～12

[124] 张德咏,刘 勇. 光合细菌 PSB 一 1 对几种蔬菜种子发芽及成苗的作用[J]. 湖南农业科学,2001,(1):31～32

[125] 李俊霖,孟玉平,等. 光合细菌对温室茄子产量及品质的影响[J]. 现代农业科技,2012,(11):76～77

[126] 刘勇,张德咏,等. 光合细菌 PSB－1 对辣椒苗期生长和产量的影响[J]. 湖南农业科学,200(5):19～20

[127] 夏宏,夏青,等. 光合细菌在早熟甘蓝、油菜上的应用研究[J]. 山西农业大学学报,2000,20(2):116～118

[128] 赖仕彬,杨柳青,等. 空心菜上施用“台龙宝”光合细菌活性液肥的效果[J]. 农技服务,2009,26(3):70

[129] 赵彩霞,洪坚平. 光合细菌对水培蔬菜硝酸盐含量的影响[J]. 科技情报开发与经济,2007,17(10):150～152

[130] 彭智平,李文英,等. 光合细菌对菜心产量和品质的效应评价[J]. 广东农业科学,2012,3(1):11～13

[131] 彭桂香,张茜,等. 光合细菌 sbg11 培养条件的优化及施用于生菜上的效果[J]. 广东农业科学,2012,(23):78～81

[132] 魏新田,徐志恩,等. 农用光合细菌在芝麻生产上的应用[J]. 河南农业科学,2000,(9):7～8

[133] 吴小平,郑耀通,等. 大豆田间施用光合细菌的效果[J]. 福建农林大学学报,2003,32(1):117～119

[134] 吴小平. 光合细菌在烟草上的应用[J]. 福建农业大学学报,1999,28(4):471～473

[135] 魏克强,宋 欣,等. 光合细菌对烟草与药用植物远缘杂种后代生长及化学成分的影响[J]. 中国生态农业学报,2008,16(3):655～658

[136] 徐云."风行" 光合细菌叶面肥在茶叶上的应用技术[J]. 农村实用技术,2006,(1):50

[137] 曹蓬勃,张志勇,等. 光合细菌发酵液对棉花种子萌发和幼苗生长的影响[J]. 中国棉花,2011,(7):35～36

[138] 李军,张 辉,等. 光合细菌菌剂在提高板蓝根品质中的应用研究[J]. 中国医药导报,2011,8(13):58～59

[139] 林志新,俞吉安,等. 光合细菌 P4 株对植物抗病毒活性的诱导作用[J]. 上海农业学报,1992,8(4):64～68

[140] 刘勇,张德咏,等. 光合细菌 PSB－1 对辣椒病毒病的防治作用[J]. 湖南农业科学,2000,(6):30～31

[141] 文吉辉,黄志农,等. 光合细菌菌剂对辣椒产量及其病虫害的影响[J]. 辣椒杂志(季刊),2013,(1):19～22

[142] 谷军,杨旭,光合细菌菌肥在番茄、黄瓜上的应用[J].安徽农业科学,2002,30(4):592～593

[143] 张桂馥,汪金龙等.稻田施用光合细菌效果的初步研究[J].江苏农业学报,1988,4(3):24～28

[144] 李俊峰,王梦亮. 光合细菌对农田生态系统的影响[J]. 山西农业科学,2002,30(1):52～56

[145] 张信娣,曹 慧,等. 光合细菌和有机肥对土壤主要微生物类群和

上壤酶活性的影响[J]. 土壤,2008,40(3):443～447

[146] 杨绍斌,曾艳君,等. 复合光合细菌在蔬菜绿色食品生产中的应用[J]. 安徽农业科学,2005,33(6):1075～1076

[147] 杨绍斌,牛志涛,等. 复合光合细菌对食用菌农药残留降解的研究[J]. 食用菌,2005,(3):29～30

[148] 张丽萍,张义贤. 光合细菌对有机磷农药毒害大麦的缓解作用[J]. 山西大学学报,2005,28(1):94～97

[149] 张德咏,谭新球,等. 一株能降解有机磷农药甲胺磷的光合细菌HP－1的分离及生物学特性的研究[J]. 生命科学研究,2005,9(3):247～253

[150] 郑卓辉,曹湛才,等. 光合细菌对菜心农药残留的降解效果[J]. 广东农业科学,2007,(7):74～75

[151] 李乐,李兰生,等. 固定化光合细菌降解氧化乐果[J]. 农业环境科学学报,2006,25(增刊): 721～724

[152] 张松柏,张德咏,等. 降解甲氰菊酯光合细菌的分离鉴定及其降解特性研究[J]. 农业环境科学学报,2009,28(1):140～144

[153] 罗源华,张战泓,等. 一株降解甲氰菊酯的光合细菌的分离鉴定及其降解酶初步分析[J]. 天津农业科学,2009,15(2):1～5

[154] 戴建平,程菊娥,等. 光合细菌 PSB07－15 对辣椒及土壤中甲氰菊酯残留的生物修复[J]. 生态环境学报,2010,19(10):2441～2444

[155] 白红娟,肖根林,等. 光合细菌减少蔬菜中 Pb、Cd 及呋喃丹污染的研究[J]. 中国土壤与肥料,2013,(2):94～99

第二篇

[1] 比嘉照夫(冯玉润译). 拯救地球大变革[M]. 北京: 中国农业大学出版社,1996.

[2] 赵健亚,周为琴,等. 有效微生物的组成特性及其应用[J].饲料博览,2004(11):7-9.

[3] 黄超培,赵鹏,等.有效微生物群净化湖水致畸毒性实验研究[J].应用预防医学,2007,13(6):321～324

[4] 张晓霞. EM 生物蛋白的氨基酸营养分析的研究[J].现代测量与实验室管理,2008(3):27-29.

［5］ 詹益全，汪植三，等. 新型 EM 菌剂的研制［J］.家畜生态，2001，22(3)：9-13.

［6］ 熊小京，胄晓婷，等. 有效微生物复壮过程特性研究［J］.厦门大学学报，2007，46(1)：107-110.

［7］ 李捍东，王庆生. 优势复合菌群用于城市生活污水净化新技术的研究［J］.环境科学，2000，5(13)：14-16.

［8］ 田永淑，EM 复合培养液对生活污水的净化作用［J］.河北理工学院学报，2004，(2)：147～149

［9］ 徐晓梅. EM 技术在环境保护方面的应用及发展前景［M］. 甘肃化工，2000，21(4)：175-178.

［10］ 刘雨，赵庆良，等. 生物膜法污水处理技术［M］. 北京：中国建筑工业出版社，2000.

［11］ 王国平，黄晓菊，等. 应用 EM 技术处理生活污水的研究［J］.徐州建筑职业技术学院学报，2002，2(3)：33-35.

［12］ 张凤杰. 利用 EM 处理污水的方法研究［J］.大连民族学院学报，2004，6(1)：66-68.

［13］ 黄永春. 有效微生物菌群对养虾水体细菌生态和水质的影响［J］.广东海洋大学学报，2009，29(1)：44-48.

［14］ 罗文，杨立华，等. 有效微生物对水产养殖水体的净化作用［J］.绍兴文理学院学报，2008，28(9)：34-37，42.

［15］ 王平，吴晓英，等. 应用有效微生物群(EM)处理富营养化源水的试验研究［J］.环境科学研究，2005，17(3)：39-43.

［16］ 聂发辉，项东玲，等. 应用 PFS－EM 组合工艺处理藻型富营养化源水的研究［J］.给水排水，2004，30(2)：7-11.

［17］ 梁近光，黄增贤，等. 有效微生物群控制富营养化湖泊蓝藻的效应［J］.中山大学学报，2000，39(1)：81-85.

［18］ 赵铁柱，穆维好. EM 原露在无公害水产品养殖方面的成功范例［J］.中国水产，2002(4)：62-63.

［19］ 黄永春，吴友义. EM 在长毛对虾养殖中的应用研究［J］.福建畜牧兽医，1997(3)：6-8.

［20］ 李平，祝叶，等. EM 在罗氏沼虾养殖中的应用试验［J］.水产养殖，2002(4)：23-24.

［21］ 张光良. EM 原露在南美白对虾养殖中的应用［J］.科学养鱼，2003

(5):53.

[22] Uma A. Abraham T. J,Jeyaseelan M. J. et al. Effect of Probiotic Feed Supplement on Parformance and Disease Resistance of Indian White Shrimp Penacus Inidcus H. Milne. Edwards. J. Aqua,1999,14(22):159-164.

[23] 张宇,何敏. EM在重口裂腹鱼养殖中的应用[J].科学养鱼,2007,(5):68.

[24] 韩士群,刘海琴,等. 有益微生物饲料添加剂对水体生态和鱼生长的影响[J].江苏农业科技,2005(2):91-94.

[25] 黄博,操向文,等. EM技术在奥尼罗非鱼养殖的应用效果研究[J].内陆水产,2009(8):48-51.

[26] 郭凤鸣,杨华军,等. 河蟹池塘应用生物制剂试验[J].科学养鱼,2007(2):35.

[27] 黎建斌. EM在温室养龟中的运用效果[J].内陆水产,2003(10):28-29.

[28] 方云东. EM菌在南美白对虾养殖中的应用试验[J].北京水产,2004(2):30-31.

[29] 叶明彬,古河祥,等. 有益微生物(EM)在绿海龟稚龟培育中的应用[J].中国水产,2004(6):51-52.

[30] 华荣生,葛莉莉,等. EM在水产养殖中的应用[J].科学养鱼,2001(6):40-41.

[31] 江敏,等. 微生物及生物滤器在罗氏沼虾亲虾越冬中的应用[J].水产科技情报,2000,27(1):13-18.

[32] 李维炯,倪永珍. EM的研究与应用[J].生态学杂志,1995(14):58-62.

[33] 伍莉,王一鸣,等. EM对大口鲶血液学指标影响的研究[J].饲料研究,2004(5):7-10.

[34] 晋建丽,王建彬. 利用EM技术改善畜禽养殖场环境质量的探讨[J].畜禽业,2008(总234): 12-13.

[35] 魏玉明,杨瑞基,等. 有效微生物群技术在集约化养猪生产中的应用[J].甘肃农业大学学报,1998,33(1):25-28.

[36] 胡明德,谢保胜. EM发酵饲料对断奶仔猪的增重效果[J].青海畜牧兽医杂志,1999,29(1):7-8.

[37] 韦仁和. EM原露在乳猪生产上的应用效果[J].农村养殖技术,1998(10):25.

[38] 杨旺,李结义,等. EM 原露在育肥猪中的应用研究[J].农村养殖技术,1998,(9):26-27.

[39] 赵静杰,张连瑞. 用 EM 液处理玉米秸饲喂肉牛的效果观察[J]. 饲料博览:技术版,2008,(1):31～33

[40] 苏睿,李梁才,等. 探讨 EM 在奶牛饲养中的应用实效[J]. 中国奶牛,1998,(4):25～26

[41] 张建文,罗继学,等. 奶牛生产中应用有效微生物技术的试验研究[J]. 甘肃农业大学学报,1999,33(1):29～31,20

[42] 宋洛文,禹学礼,等. EM 在奶牛饲养中的应用研究[J]. 河南畜牧兽医,2000,21(1):18～19

[43] 徐胜林,马士文,等. EM 制剂在奶牛生产中的应用试验[J]. 山东畜牧兽医,2001,(5):7

[44] 司丽芳,任洪涛,等. EM 发酵鸡粪与秸秆粉制作饲料的最佳比例[J]. 河南科技大学学报(农学版),2003,23(2):33～35

[45] 黄庆飞,戴永恒,等. EM 菌技术在奶牛饲养中的应用效果研究[J]. 广西畜牧兽医,2004,20(3):118～119

[46] 李泽英,刘海东,等. EM 复合微生态制剂喂奶牛试验[J]. 黑龙江动物繁殖,2001,9(4):31

[47] 陈龙如,王生根,等. EM 有效微生物在肉犬养殖中的应用技术初报[J]. 中国养犬杂志,2000,11(3):22～23

[48] 黄玉德,杨晓红,等. EM 菌液在肉兔生产中的应用[J]. 兽药与饲料添加剂,1998,3(2):29～30

[49] 温飞跃. EM 微生物制剂对生长兔的效果观察[J]. 中国养兔杂志,1998,(1):13～14

[50] 林和官,蔡佩双. EM 饲喂肉兔效果观察[J]. 福建畜牧兽医,1998,(2):12

[51] 薛帮群,李桂兰,等. EM 菌液对肉兔生长发育的效果[J]. 中国养兔杂志,1999,(4):6～7

[52] 刘铮铸,巩元芳. 用 EM 制剂处理玉米秸粉饲喂肉兔的效果[J]. 中国养兔杂志,2000,(1):11～12

[53] 杨葆春. EM 发酵饲料对幼兔增重效果的影响[J]. 黑龙江畜牧兽医,2002,(2):22～23

[54] 王家富,尹 伟,等. 日粮中加入 EM 发酵菜籽饼对生长育肥兔的增

重效果[J]. 中国养兔杂志,2006,(4):20～21

[55] 黄玉德,王 峰. 用 EM 技术处理饲料饲喂家兔试验[J]. 中国养兔杂志,1998,(4):11～13

[56] 安永义,王新谋. 活菌添加剂对肉仔鸡粪臭和肉仔鸡生产性能影响的研究[J]. 饲料研究,1996,(12):2～4,17

[57] 汪明,倪永珍,等. EM 在肉用仔鸡生产中的应用[J]. 中国家禽,1999,21(3):21～22

[58] 刘宏远,赵晓国,等. EM 制剂对蛋鸡生产性能的影响[J]. 中国家禽,1999,21(3):24

[59] 许俊才,周国安. 有益微生物制剂在蛋鸡中的应用研究[J]. 中国家禽,1997,19(10):3～5

[60] 付连军,赵庶吏,等. EM 菌对蛋鸡蛋重的影响[J]. 中国家禽,1997,19(10):19

[61] 张建文,孙志诚. 蛋鸡生产中有效微生物群技术的应用[J]. 甘肃农业大学学报,1997,32(4):353～356

[62] 刘华周,张妙玲,等. EM 生物技术在蛋鸡生产中的应用研究[J]. 中国家禽,1997,19(12):9～10

[63] 刘跃生,叶中锦. EM 菌剂与杀痢王治疗仔猪白痢的对比试验[J]. 湖南畜牧兽医,2000,(1):11～12

[64] 黄秀华. EM 有效微生物菌剂对生长猪的初步实验效果[J]. 饲料研究,1997,(5):8～9

[65] 马曙生,靳智勇,等. 用 EM 防治新生仔猪腹泻试验[J]. 青海畜牧兽医杂志,1999,(1):11～12

[66] 孙黎,赵海君,等. 微生物制剂用于肉鸡生产的试验效果报告[J]. 黑龙江畜牧兽医,2000,(1):14～15

[67] 顾拥建. 光合细菌添加剂饲养火鸡的效果[J]. 中国家禽,1997,19(1):40

[68] 郑世山,陈龙星. EM 技术对肥育猪应用及效果的影响[J]. 饲料研究,1997,(5):10～11

[69] 王彩兰,王晓冬,等. EM 有效微生物饲喂蛋鸡效果的研究[J]. 畜牧兽医杂志,2001,20(2):3～6

[70] 沈宪文,田 野,等. 微生态制剂对鸡蛋品质的影响[J]. 中国家禽,1999,21(11):20

[71] 王富金,李钟乐,等. EM 对产蛋鸡蛋品质的影响[J]. 延边大学农学学报,2002,24(2):118～121

[72] 黄宏坤,王 军. 微生态制剂 EM 对育肥猪生产性能及产品品质的影响[J]. 中国草食动物,2000,2(2):9～11

[73] 郑德富,李 寿,等. 种鸡使用 EM 添加剂对后代性别比例的影响[J]. 广西畜牧兽医,2002,18(1):9～11

[74] 黄廷钰. 用有效微生物群 EM 饲养蚯蚓的试验研究初报[J]. 微生物学杂志,1997,17(1):30～31

[75] 杭柏林,李 杰,等. EM 在蜜蜂养殖上的应用[J]. 中国蜂业,2008,59(12):28～29

[76] 李涣玲,张序春.EM 作为鸡饲料添加剂的应用效果[J].饲养研究,1997,(5):5～6

[77] 朱芝秀,金汤东,等. 微生态制剂 EM 对蜜蜂微孢子体外发芽抑制实验[J]. 江西农业大学学报,2007,29(1): 114～118,137

[78] 金汤东,罗建能,等. 结合春繁规律,采用 EM 技术综合防治蜂群疾病[J]. 蜜蜂杂志,2007,(12): 23～24

[79] 邓厚群. 用 EM 原露养蜂的注意事项[J]. 蜜蜂杂志,2009,(3): 18

[80] 江西省天意生物技术开发有限公司. EM 原露应用于蚕业生产的试验初报[J]. 农村养殖技术,1998,(12): 22～23

[81] 姚祥,李 兵,等. EM 有效微生物菌剂在家蚕生产上的应用效果[J]. 江苏蚕业,1998,(3): 53～55

[82] 潘玉荣,谭亚丽,等. EM 对水稻种子发芽的影响[J]. 吉林农业科学,1998,(2): 61～62

[83] 王术,戴俊英,等. 水稻应用有效微生物群(EM)试验[J]. 垦殖与稻作,1999,(2): 22～23

[84] 涂显平,李志新,等. 有效微生物活菌制剂在水稻栽培上的应用效果[J]. 湖北农学院学报,2000,20(4): 298～300

[85] 同小娟,李维炯,等. 有效微生物堆肥对冬小麦生长发育的影响[J]. 农业现代化研究,2003,24(6): 456～458,463

[86] 马玉霞,路开梅,等. EM 原露对小麦产量和品质的影响[J]. 河南农业科学,2004,(7): 46～49

[87] 岳寿松,戴俊英,等. 喷洒有效微生物群(EM)对小麦旗叶衰老和籽粒产量的影响[J]. 沈阳农业大学学报,1997,28(3): 171～174

［88］ 李伟，李 岩，等. 有效微生物（EM）对春小麦、春油菜的增产效应［J］. 内蒙古农业科技，2005(5)：30～31

［89］ 吴留松，李振高，等. 有效微生物群（EM）对几种作物的增产效应［J］. 土壤，1995，27(4)：219～221

［90］ 崔钦，周桂林，等. EM 生物制剂浸玉米种子的增产效果［J］. 沈阳农业大学学报，1997，28(1)：79～80

［91］ 王鹏文，黄瑞冬，等. EM 对玉米生理特性和产量的作用研究初报［J］. 玉米科学，1996，4(1)：39～42

［92］ 张烈，戴俊英，等. 有效微生物群对玉米植株生长与代谢的影响［J］. 农业现代化研究，1999，20(6)：355～358

［93］ 同小娟，李维炯，等. EM 堆肥对夏玉米生长发育的影响研究［J］. 中国生态农业学报，2003，11(4)：18～20

［94］ 陈胜利，孙庆余，等. EM 菌剂在种植业上的应用与促增效应［J］. 微生物学杂志，2002，22(1)：63～64

［95］ 段玉云，曾黎琼，等. EM 对马铃薯生长的影响研究［J］. 西南农业学报，2005，18(6)：752～754

［96］ 田志宏，汪志伟，等. 有效微生物活菌制剂对马铃薯产量性状的影响［J］. 耕作与栽培，2003，(1)：55～56

［97］ 赵凤娟. EM 有效微生物制剂在棚（室）黄瓜上的应用效果［J］. 河北农业，2003，(9)：12

［98］ 刘万荣，梁 全. 有效微生物制剂在大棚黄瓜生产上的应用［J］. 植保技术与推广，2001，21(10)：47

［99］ 曹永强，王海英，等. EM 处理大豆增产作用机理的研究初报［J］. 辽宁农业科学，2003，(2)：18～20

［100］ 高东范，李 文，等. EM 制剂在西瓜上的应用研究［J］. 河南科学，1998，16(3)：376～378

［101］ 朱忠贵，娄无忌. EM 在苇沫育菇中的应用研究［J］. 食用菌，2000，22(3)：10～12

［102］ 王广印，马新立，等［J］. 有益菌对有机质的分解作用及对蔬菜的增产效应［J］. 广东农业科学，2006，(10)：45～46

［103］ 冀素梅，安永勤，等. EM 在果树生产上的效应［J］. 山西果树，2002，(1)：23～24

［104］ 王辑义. EM 在三月红荔枝上的应用初报［J］. 广西农业科学，

1997,(5): 230～231

[105] 纪旺盛,陈清西,等. EM对“福眼”龙眼果实发育的效应[J]. 中国南方果树,2006,35(1): 36～37

[106] 贺丽华,姜洪华,等. EM制剂在葡萄上应用试验[J]. 山西果树,2004,(4): 39～40

[107] 丁磊,陆德彪,等. EM在茶树上的应用效果研究[J]. 中国茶叶,1997,19(2): 16～17

[108] 蔡继琨,杜建国,等. EM对柠条生长及天然草场改良的应用研究[J]. 内蒙古畜牧科学,2001,22(5): 9～11

[109] 周光萍. EM微生物菌剂在猕猴桃上的应用试验[J]. 落叶果树,1999,(3): 43

[110] 丁钉. 有益微生物群(EM)的应用价值[J]. 生物学通报,1999,33(5): 24

[111] 吴应元,宋元周. 生姜生产应用EM生物技术效果好[J]. 安徽农业,2000,(1): 25

[112] 苏正淑,张宪政,等. EM对小麦抗旱增产效果研究初报[J]. 辽宁农业科学,1997,(4): 45～47

[113] 任大明,王 术,等. 有效微生物群在玉米生产中作用机理研究[J]. 玉米科学,1999,7(1): 62～64

[114] 张 烈,戴俊英,等. 有效微生物群对玉米植株抗倒伏性的影响[J]. 国外农学一杂粮作物,1998,18(2): 46～47

[115] 刘亚丽,张 羽,等. 有效微生物在核桃楸育苗上的应用效果[J]. 东北林业大学学报,2004,32(5):21～22

[116] 李刚,姜晓莉,等. EM处理老参地对土壤酶活性影响的研究[J]. 农业与技术,2001,21(2): 33～35,38

[117] 刘亚光,郑旭含,等. 有效微生物(EM)对绿磺隆降解的研究[J]. 东北农业大学学报,2007,38(3): 356～360

[118] 宁志刚,王 维,等. 复合微生物菌剂在猪粪堆肥中的试验研究[J]. 安徽农学通报,2010,16(1): 59～62

第三篇

[1] 黄秀梨. 微生物学(第二版)[M]. 北京：高等教育出版社，2003.

[2] 刘秀花. 芽孢杆菌生物学及其应用[M]. 开封：河南大学出版社，2007.

[3] 孔健.农业微生物技术[M]. 北京:化学工业出版社，2005.

[4] 齐海萍，钱和，等. 纳豆——一种值得开发的食品[J].食品科技，2003(1)：91-93

[5] 吴根福，虞左明，等. 杭州西湖水域可培养异养细菌的群落多样性[J]. 生物多样性，2003，1 1(6)：467～474

[6] 黄丽静，运珞珈，等. 城市公园湖水体中异养菌与主要污染物的相关性研究[J]. 卫生研究，2005，34(1)：52～54

[7] 王 瑶，邓毛程. 利用甘蔗糖蜜和高浓度谷氨酸废液培养枯草芽孢杆菌的研究[J].甘蔗糖业，2007(3)：46-49，45.

[8] 黄小琴，刘勇，等. 枯草芽孢杆菌 BS 2004 固体发酵与干燥工艺研究[J].现代农业科技，2011(1)：186-187，190.

[9] 吴希阳，Kevin Healey，等. 芽孢杆菌益生菌在水产业的应用[J].渔业现代化，2007，34(4)：40-43.

[10] 温崇庆，薛明，等. 蜡样芽孢杆菌对凡纳滨对虾幼体变态的影响[J].水产科学，2007，26(8)：440-444.

[11] 李卓佳，袁丰华，等. 地衣芽孢杆菌对尖吻鲈生长和消化酶活性的影响[J].台湾海峡，2011，30(1)：43-48.

[12] 郝向举，李义. 蟹源地衣芽孢杆菌 ESB_3 对中华绒螯蟹生长及部分免疫指标的影响研究[J].饲料工业，2011，32(2)：23-27.

[13] 胡德朋，唐家毅，等. 枯草芽孢杆菌的分离鉴定及酶系分布的研究[J].水产科学，2008，27(2)：86-88.

[14] 丁贤，李卓佳，等. 芽孢杆菌对凡纳滨对虾生长和消化酶活性的影响[J].中国水产科学，2004，11(6)：580-584.

[15] 张秀文，齐遵利，等. 芽孢杆菌的作用机理及其在断奶仔猪日粮中的应用研究[J].饲料工业，2007，28(20)：47-49.

[16] 李卓佳，郭志勋，等. 应用芽孢杆菌调控虾池微生态的初步研究

[J].海洋科学,2006,30(11):28-31.

[17] 潘康成,杨金龙,等.枯草芽孢杆菌制剂在南美白对虾育苗上的应用[J].饲料研究,2004,(12):33-34.

[18] 张克强,李野,等.芽孢杆菌菌剂在水产养殖中的应用初探[J].海洋科学,2006,30(9):88-91.

[19] 朱长生,陈志燕,等.三种微生物制剂对有机废水中氨氮及亚硝酸盐的影响[J].水产养殖,2011,32(1):47-49.

[20] 罗勇胜,李卓佳,等.光合细菌与芽孢杆菌协同净化养殖水体的研究[J].农业环境科学学报,2006,25(增刊):206-210.

[21] 杨汉博,潘康成.不同剂量益生芽孢杆菌对肉鸡免疫功能的影响[J].兽药与饲料添加剂,2003,8(4):8-10.

[22] Sun,等(孙鹏摘译).纳豆枯草芽孢杆菌对断奶前犊牛生长性能和免疫功能的影响[J].J Dairy Sci.,2010,93(12):5851-5855.

[23] 马春全,邱青波.微生态制剂——MXY 892 菌粉的研制[J].黑龙江八一农垦大学学报,2000,12(2):76-79.

[24] 曹国文.蜡样芽孢杆菌悬浮剂治疗断奶仔猪应激性腹泻的试验[J].畜禽业,2001,(6):35.

[25] 霍军,程会昌,等.抗生素与芽孢杆菌制剂对猪生产性能影响的比较研究[J].现代畜牧兽医,2004,(11):19-20.

[26] 陈旭东,马秋刚,等.芽孢杆菌制剂对仔猪生产性能的影响[J].中国饲料,2003,(16):12 13.

[27] 周映华,李秋云,等.复合益生菌制剂对断奶仔猪生产性能的影响[J].饲料研究,2007,(3):43-44.

[28] 傅义刚,郑诚.益生素对肉鸡生产性能和一些生理生化指标影响的研究[J].饲料工业,1997,18(5):39～40.

[29] 王子彦,何明清,等.鱼微生物饲料添加剂在不同营养水平下对鱼的促生长研究[J].四川农业大学学报,1994(12):658-660.

[30] 刘延贺.益生素在养鸡生产中的应用[J].郑州牧专学报,1996,16(2):24-26.

[31] 潘康成,王振华,等.枯草芽孢杆菌制剂对肉鸡生长性能的影响研究[J].饲料广角,2004,(21):33-35.

[32] 辛娜,刁其玉,等.芽孢杆菌制剂对蛋鸡生产性能及品质的影响[J].中国农学通报,2011,27(7):322-325.

[33] 张旭,周旺平,等.芽孢杆菌制剂对蛋鸡生产性能和蛋品质的影响[J].家畜生态学报,2010,31(6):34-38,56.

[34] 陆俊贤,龚建森,等.枯草芽孢杆菌制剂对如皋黄鸡生长性能与屠宰性能的影响[J].江苏农业科学,2011(1):238-239.

[35] 储晨亮,孙爱娟.芽孢杆菌制剂对蛋鸡生产性能的影响[J].饲料广角,2011(1):28-29.

[36] 苏军,汪莉,等.益生素与有机酸对肉鸡生产性能的综合效应[J].中国饲料,1999,(8):17-18,20.

[37] 孙燕,边连全,等.枯草芽孢杆菌和抗生素对断奶仔猪生长性能的影响[J].中国畜牧杂志,2011,47(7):59-62.

[38] 倪学勤,蔡宝祥,等.益生芽孢杆菌对抗生素的敏感性及其质粒的检测[J].中国微生态学杂志,1999,11(4):203-204.

[39] 王刚,刘凤英,等.内生细菌 B_3-7 的运动性参与其在小麦根系的内生定植和对小麦全蚀病的生物防治[J].植物病理学报,2011,41(5):526-533.

[40] 来航线,杨保伟,等.9 株芽孢杆菌的初步分离鉴定与拮抗性试验[J].西北农林科技大学学报,2004,32(7):93-96.

[41] 盛存波,安德荣,等.一株猕猴桃溃疡病的芽孢杆菌分离和筛选研究初报[J].中国农学通报,2005,21(12):346-348.

[42] 韩锦峰,叶波平.陈化发酵期间烤烟叶面微生物活性及其应用研究[J].中国烟草科学,1997,1(4):13-14.

[43] 王星云,宋卡魏,等.枯草芽孢杆菌菌剂的开发应用[J].广西热带农业,2007(2):32-35.

[44] 陈志谊,任海英,等.戊唑醇和枯草芽孢杆菌协同作用防治蚕豆枯萎病及增效机理初探[J].农药学学报,2002,4(4):40-44.

[45] 杨胜远,陈桂光,等.芽孢杆菌 Bacillus sp. X—98—2 对杧果保鲜作用[J].食品科学,2004,25(3):180-183.

[46] 陶晶,李军,等.芽孢杆菌组合 BC1-8 对番茄的促生防病效果及其促生机制初探[J].植物保护,2010(1):87-91.

[47] 柳艳艳,骆洪义,等.巨大芽孢杆菌(BM002)生物有机肥对油菜生长发育的影响[J].山东农业科学,2012,44(7):63-66.

[48] 何红,邱思鑫,等.辣椒内生细菌 Bs—1 和 Bs—2 在植物体内的定殖及鉴定.微生物学报,2004,44(1):13～18

[49] 杜立新,冯书亮,等.枯草芽孢杆菌 Bs—2O8 和 Bs—209 菌株在番

茄叶面及土壤中定植能力的研究. 河北农业大学学报，2004，27(6)：78～82

[50] 李改玲，韩丽丽，等. 枯草芽孢杆菌 QM3 对番茄早疫病菌的拮抗机制初探. 陕西农业科学，2011，(1)：3～5

[51] 任士伟，邢小霞，等. 生防芽孢杆菌的分离筛选与初步鉴定. 现代农药，2011，10(1)：44～47

[52] 陈中义，张 杰，等. 植物病害生防芽孢杆菌抗菌机制与遗传改良研究. 植物病理学报，2003，33(2)：97～103

第四篇

[1] 张玲华，邝哲师，等. 高效硝化细菌的富集培养与分离[J].浙江农业学报，2002，14(6)：348-350.

[2] 曾胡龙，蔡生力，等. 一种从环境中分离和富集硝化细菌的方法[J].水产学报，2007，31(6)：737-742.

[3] 郑平. 环境微生物学[M]. 杭州：浙江大学出版社，2003.

[4] 何 芳，康贻军，等. 一株高耐氧反硝化细菌的筛选及其反硝化产物确定. 微生物学通报，2008，35(1)：35～39

[5] 张小玲，梁运祥. 一株反硝化细菌的筛选及其反硝化特性的研究[J].淡水渔业，2006，36(5)：28-32.

[6] 周立祥，黄峰源，等. 好氧反硝化菌的分离及其在土壤氮素转化过程中的作用[J].土壤学报，2006，43(3)：430-434.

[7] 王春光，薛祥朝. 复合硝化细菌制剂降低亚硝酸盐浓度的应用[J].科学养鱼，2006，(10)：20-21.

[8] 罗晓华. 反硝化细菌的作用及其在水产上的应用[J].渔业致富指南，2008，(3)：22-23.

[9] 庞德彬，周晓飞，等. 硝化细菌应用及实践[J].中国水产，2007，(10)：81-82.

[10] 李长玲，黄翔鹄，等. 硝化细菌改善鱼苗培育环境增强罗非鱼抗逆性研究[J].渔业现代化，2008，35(5)：29-33.

[11] 梁拥军，孙向军，等. 硝化细菌在澳洲银鲈工厂化养殖中的应用初探[J].安徽农业科学，2009，37(1)：165-166.

[12] 孟令博，韩英，等. 硝化细菌对淡水水族箱水质及养殖观赏鱼影响

的初步研究[J].水产学杂志,2005,18(1):43-47.

[13] 辛明秀,赵颖,等.反硝化细菌在污水脱氮中的作用[J].微生物学通报,2007,34(4):773-776.

[14] 罗晓华.反硝化细菌的作用及其在水产上的应用[J].渔业致富指南,2008(3):22-23.

[15] 李平,张山,等.细菌好氧反硝化研究进展[J].微生物学杂志,2005,25(1):60-64 .

[16] 姚晓丽,梁运祥.一株反硝化细菌在景观水净化处理中的作用[J].环境科学与技术,2006,29(11): 62-64.

[17] 曹国民,张彤,等.固定化细胞单级生物脱氮研究[J].中国环境科学,2000,20(3):237-240.

[18] 李正魁,濮培民.净化湖泊水体氮污染的固定化反硝化菌研究[J].湖泊科学,2000,12(2):119-123.

[19] 吴美仙,李科,等.反硝化细菌及其在水产养殖中的应用[J].浙江师范大学学报,2008,31(4):467-471.

[20] 冯春晖,于岚,等.养殖水体复合功能菌的分离及其性能[J].城市环境与城市生态,2005,18(5):30-32.

第五篇

[1] 尹莘耘.抗生菌肥料及其应用[M].北京:农业出版社,1966.

[2] 陈国相.微生物及其在农业上的应用[M].石家庄:河北人民出版社,1980.

[3] 郭维烈.实用微生物技术[M].北京:科学技术文献出版社,1991.

[4] 洪坚平,谢英荷,等.农业微生物资源的开发与利用[M].北京:中国林业出版社,2000.

[5] 李智.5406抗生菌肥特性及其使用方法[J].生物加工过程,2003,1(2):50-52.

[6] 吴观以,谢英荷,等.抗生菌肥料的作用和应用[M].北京:中国林业出版社,2000.